Areum Math new series

편입수학은 한아름 ④ 선형대수

편입수학은

한아름 ❹ 선형대수

초 판 1쇄 2024년 03월 06일

지은이 한아름
펴낸이 류종렬

펴낸곳 미다스북스
본부장 임종익
책임편집 이다경
책임진행 김가영, 윤가희, 이예나, 안채원, 김요섭, 임인영, 권유정

등록 2001년 3월 21일 제2001-000040호
주소 서울시 마포구 양화로 133 서교타워 711호
전화 02) 322-7802~3
팩스 02) 6007-1845
블로그 http://blog.naver.com/midasbooks
전자주소 midasbooks@hanmail.net
페이스북 https://www.facebook.com/midasbooks425

© 한아름, 미다스북스 2024, Printed in Korea.

ISBN 979-11-6910-539-2 13410

값 33,000원

※ 파본은 본사나 구입하신 서점에서 교환해드립니다.
※ 이 책에 실린 모든 콘텐츠는 미다스북스가 저작권자와의 계약에 따라 발행한 것이므로
　　인용하시거나 참고하실 경우 반드시 본사의 허락을 받으셔야 합니다.

미다스북스는 다음 세대에게 필요한 지혜와 교양을 생각합니다

한아름 선생님은…

법대를 졸업하고 수학 선생님을 하겠다는 목표로 수학과에 편입하였습니다.
우연한 기회에 편입수학 강의를 시작하게 되었고 인생의 터닝포인트가 되었습니다.

편입은 결코 쉬운 길이 아닙니다. 수험생은 먼저 용기를 내야 합니다. 그리고 묵묵히 공부하며 합격이라는 결과를 얻기까지
외로운 자신과의 싸움을 해야 합니다. 저 또한 그 편입 과정의 어려움을 알기에 용기 있게 도전하는 학생들에게 조금이나마
힘이 되어주고 싶습니다. 그 길을 가는 데 제가 도움이 될 수 있다면 저 또한 고마움과 보람을 느낄 것입니다.

무엇보다도, 이 책은 그와 같은 마음을 바탕으로 그동안의 연구들을 정리하여 담은 것입니다. 자신의 인생을 개척하고자 결정한
여러분께 틀림없이 도움이 될 수 있을 것이라고 생각합니다.

그 동안의 강의 생활에서 매 순간 최선을 다했고 두려움을 피하지 않았으며 기회가 왔을 때 물러서지 않고 도전했습니다. 앞으로
도 초심을 잃지 않고 1타라는 무거운 책임감 아래 더 열심히 노력하겠습니다. 믿고 함께 한다면 합격이라는 목표뿐만 아니라
인생의 새로운 목표들도 이룰 수 있을 것입니다.

여러분의 도전을 응원합니다!!

▶ 유튜브 "편입수학은 한아름"
▶ 카카오톡 ID   areummath
▶ 네이버 "편입수학은 한아름"
▶ 현장강의 _ 브라운 편입학원

유튜브 〈편입수학은 한아름〉

브라운 편입학원

Areum Math 수강생 후기

아름쌤 수업을 듣다 보면 전혀 관계없어 보였던 개념끼리 얽히고설켜 여러 가지 문제의 접근 방식, 개념 이해 방식 수준의 차원이 달라집니다. 개념이 쉽고 인상 깊게 박힌다는 것만큼 좋은 일도 없을 겁니다! 그리고 선생님이 주시는 할 수 있다는 긍정 에너지가 큰 힘이 되었습니다. 아직도 '아름매스 파이팅!' 하셨던 모습이 생생하네요! 5월부터 시험 보는 그날까지 저를 끝까지 이끌어주신 한아름 선생님! 정말 감사드립니다. 제게는 큰 은인이시자 최고의 선생님이십니다.

- 김○우 (한양대학교 신소재공학과)

1타는 1타인 이유가 있습니다. 편입 기간을 아름쌤과 함께 보내면서 느낀 게 있기 때문에 자신 있게 추천해 드립니다. 교재 퀄리티, 개념 강의 퀄리티가 굉장히 높아요. 노베이스도 커버가 가능할 만큼 설명을 잘해주셔서 시험장에서도 아름쌤 목소리가 들릴 정도입니다. 현강 수강생은 말할 것도 없고 인강 수강생까지 이름을 외우십니다. 아름쌤을 전적으로 믿고 따랐기에 목표하는 대학에 입학할 수 있었습니다. 아름쌤, 조교님들 감사합니다♥

- 홍○주 (중앙대학교 에너지시스템공학과)

아름쌤 수업은 기적입니다. 불가능한 일을 가능하게 만들어주시기 때문이죠. 저는 9월에 시작하기로 마음먹고 다른 선생님들께 지금부터 시작해도 괜찮을지 상담 메일을 보낸 적이 있습니다. 힘들 것 같다는 답변만 받아서 포기해야 하나 했는데 한아름쌤이 긍정적인 얘기들을 많이 해주셔서 끝까지 포기하지 않을 수 있었습니다. 무엇보다 개념 강의가 최고입니다. 아름쌤이 구성하신 기본서의 목차나 내용의 순서, 문제 순서 등은 소름 돋을 정도로 유기적으로 연결되어 있습니다. 다른 선생님들과 차별화되어 있습니다.

- 김○연 (건국대학교 의생명공학과)

아름쌤은 열정 그 자체세요. 쌤 수업은 공부와 공부에 도움 되는 얘기로 알차게 구성되어 있습니다. 교수님의 눈빛만 봐도 얼마나 열정적으로 가르치시는지 와닿을 거예요. 쉬는 시간에도 쌤은 앞에 계속 서서 모든 질문을 받아줍니다. 쌤 수업을 듣고 있으면 그 열정이 저에게도 들어와서 정말 열심히 공부해야겠다는 의지가 생깁니다.

- 강○민 (성균관대학교 소프트웨어학과)

아름쌤 수업의 장점은 탄탄한 개념과 완벽한 문제풀이입니다. 처음에는 이해하기 어려운 개념도 이해하기 쉽게 반복해서 가르쳐주십니다. 또한 기출문제와 유사한 유형의 문제로 이루어진 문제풀이집은 실제 편입 시험을 볼 때 도움이 됩니다. 아름쌤은 편입이라는 힘난한 길을 같이 걸어가주시는 노련한 길동무십니다.

- 김○우 (한양대학교 미래자동차공학과)

아름쌤 수업은 코어(core)입니다. 보편타당한 개념과 최빈출 문제를 가르쳐주십니다. 이렇게 핵심적인 부분을 채우고 그 이후에 부가적인 것을 채워주시기 때문에 중요도 순으로 빠르게 학습할 수 있었습니다. 판서가 정말 깔끔하시고 무엇보다 교재가 정말 잘 되어 있습니다. 시중에 나와 있는 것들보다 훨씬 섬세합니다. 늘 가장 빠르고 좋은 풀이를 위해 끊임없이 고민하시는 아름쌤은 바보세요. 우리밖에 모르는 바보!

- 신○지 (한양대학교 수학과)

수학은 한아름 선생님을 전적으로 믿고 따르시길 바랍니다. 개념이면 개념, 시험이면 시험! 저는 한아름 선생님의 수업을 듣고 나서야 미적분의 개념을 깨닫기 시작했습니다. 한아름 선생님을 고등학생 때 만났더라면 편입을 안 했을 것 같다는 생각이 들 정도였습니다. 또한 편입은 시간이 촉박한 시험입니다. 그렇기에 시험 전략도 필요합니다. 한아름 선생님은 선생님만의 방법으로 시간을 단축할 방법들을 소개해주십니다. 그리고 아름쌤은 매년 100명이 넘는 수강생들의 이름을 다 기억하십니다. 고3 때 담임 선생님보다 더 담임 선생님 같으세요.

- 신○호 (중앙대학교 소프트웨어학과)

아름쌤은 이해하기 쉽게 설명을 해주시고 복잡한 공식도 외우기 쉽게 알려주십니다. 아름쌤만의 비법 덕에 많은 문제를 쉽게 풀 수 있었습니다. 또한 여러 색의 분필을 사용하셔서 깔끔하게 판서를 해주셔서 이해하기 정말 좋았습니다. 파이널 때에는 직접 만드신 문제들로 시험을 보는데 학생들이 어려워하고 헷갈리는 부분들을 건드리는 문제들이라 스스로 부족한 점을 파악할 수 있었습니다.

- 신○연 (이화여자대학교 건축학과)

선생님은 수업하실 때 학생들의 이해도를 점검하시고 넘어가십니다. 아름쌤의 시크릿 풀이법은 항상 놀라울 정도였습니다. 아름쌤은 제 생명의 은인입니다. 죽어가는 제 수학 능력에 심폐 소생술을 하셨고 감히 넘보지도 못했던 학교에 합격할 수 있도록 이끌어주셨기 때문입니다. 실제 시험장에서도 선생님의 목소리가 들렸습니다. 그럼 '이 문제는 맞히겠구나!' 하고 자신감이 생겼습니다. 정말정말 진심으로 감사합니다!

- 양○희 (한양대학교 유기나노공학과)

아름쌤 수업을 들으면 질문할 거리가 별로 없습니다. 학생들이 뭘 헷갈려하고 어려워하는지 너무 잘 알고 계셔서 콕 집어 강의해 주십니다. 저는 원서 접수 시즌에 불안감이 커져 아름쌤을 시도 때도 없이 찾아갔습니다. 너무 죄송하고도 감사했습니다. 쌤께서 '쓰고 싶은데 써~ 어차피 잘 갈 건데, 뭘.' 이렇게 말씀해주셔서 정말 힘이 되었습니다. 쌤 덕분에 제가 끝까지 스스로를 믿고 달릴 수 있었던 것 같습니다.

- 이○림 (중앙대학교 나노바이오소재공학과)

교재 너무너무 좋아요. 수업은 더 좋아요♥ 수업시간에 풀 집중하게 되는 수업은 처음이었어요! 언제든 질문 받아주시고 학습 방향도 잡아주셔서 올바른 방향으로 공부할 수 있었습니다. 아름쌤 수업과 교재만 마스터하면 모든 문제를 풀 수 있습니다!

- 최○지 (한양대학교 산업공학과)

아름쌤과 상담을 딱 한 번 했습니다. 이미 수업에서 쓸데없는 걱정을 떨쳐주시고 동기 부여가 되는 말씀을 많이 해주셔서 상담이 필요 없었기 때문입니다. 그리고 수강생들이 복습을 잘 안 해서 다시 설명하실 때면 정신 차리라고 쓴소리도 해주십니다. 아름쌤 은 쓰러지려는 수강생들을 지지해주는 지지대라고 생각합니다.

- 김○석 (성균관대학교 바이오메카트로닉스학과)

미적분 공부는 잘 하고 있죠? 우리가 배울 선형대수는 미적분과 아무런 연관성이 없습니다. 따라서 미적분 수업을 듣지 않은 학생도 선형대수 수업을 따라오는 데 전혀 문제가 없습니다. 미적분은 계산을 주로 했다면 선형대수는 정의에 입각한 논리적 접근입니다. 앞으로 배울 선형대수학(Linear Algebra)은 벡터공간(선형공간), 고윳값, 선형변환, 연립방정식과의 관계성 연구와 관련된 부분입니다. 이렇게 말하면 거창해 보이지요? 그래서 쉽게 생각하겠습니다. "선형대수는 행렬을 통한 일차연립방정식 풀이를 배우는 과목이다."라고 받아들이고, 거기서부터 뻗어나가면 되겠습니다.

철저한 복습 계획이 필요

미적분을 수강하고 선형대수를 수강한 학생의 경우는 선형대수를 학습하는 동안 미적분 교재를 2회독 할 계획을 세워야 합니다. 점점 학습량과 복습량이 늘어나기 때문에 조금만 복습이 밀려도 더 많은 시간을 쏟아야 합니다. 당일 복습과 누적 복습을 철저하게 해서 다독을 할수록 각 과목의 큰 그림이 그려지고 부족한 단원을 인지할 수 있습니다. 복습할 때 처음 완독이 어렵지만 1회독을 하고 나면 2회독, 3회독 복습하는 것은 훨씬 수월해집니다. 따라서 복습 분량을 정해서 철저한 누적 복습을 꼭 해야 합니다.

선형대수 최근 출제 경향 & 상위권을 위한 전략적 학습

선형대수는 벡터공간과 행렬의 연산으로 나눌 수 있습니다. 선형대수의 기출문제 출제 경향을 분석하면 챕터 1과 챕터 2에서 70%가량 출제되었습니다. 이 단원에서 출제되는 문제들은 난이도가 낮고 정형화된 형태들이므로 수업 내용과 기본서를 반복적으로 복습하여 출제 유형을 익혀야 합니다. 챕터 3과 챕터 4의 선형변환은 상위권에서 주로 출제가 되고 문제의 난이도와 변별력이 높습니다. 또한 복잡한 행렬의 계산이 많아서 시간이 오래 걸리는 문제도 많기 때문에 상위권을 목표로 한 학생들이라면 다른 학생들보다 우위에 있기 위해서는 반드시 이 단원을 정복해야 합니다. 또한 어려운 문제는 1~2 문제에 불과합니다. 노력해서 이루지 못할 것은 없으므로 의지를 갖고 수업에 임한다면 충분히 고득점이 가능합니다.

선형대수 학습법

첫째, 목차를 파악하자.

합격의 지름길 중 하나는 문제의 유형을 파악하는 것입니다. 따라서 이 교재를 만들 때, 각 단원명을 문제의 유형별로 정리해두었습니다. 목차를 보면서 유형별로 학습을 해서 본인이 부족한 부분을 잘 파악할 수 있길 바랍니다. 그렇게 한다면 결과적으로 선형대수의 큰 그림을 그릴 수 있을 것입니다.

둘째, 생소하고 어렵게 느껴지는 어휘를 소리 내서 공부하자.

수학을 좋아하고 자신감이 있는 학생들도 벡터공간, 일차독립, 일차종속, 기저, 차원 등등 생소한 단어들을 듣게 되면 수업시간이 매우 곤혹스러울 거라고 생각합니다. 저 또한 그랬습니다. 내용이 어려운 것이 아니라 단어가 어려운 것이기 때문에 이를 해결하기 위해서는 입으로 소리 내서 말해보는 것이 가장 효율적이고 효과적입니다. 그래서 수업시간에 "벡터공간이란?", "기저란?" 이렇게 많이 질문을 던집니다. 그때 직접 말을 해보는 연습을 하고, 평상시에도 이런 용어들을 사용하면서 질문하는 습관을 기르는 것이 매우 중요합니다.

셋째, 단원별 유기적인 관계를 파악하자.

연립방정식, 고윳값과 고유벡터, 선형변환 등 굉장히 많은 양의 내용을 배웁니다. 그렇다면 이 방대한 양을 누가 어떻게 잘 연결해서 잘 정리하느냐가 상위권 대학의 합격 전략입니다. 이 내용들이 서로 다른 것 같지만 실질적인 풀이법이 같은 경우도 있고, 같은 내용을 다른 표현법으로 나타낸 것이기도 합니다. 따라서 모든 내용을 연립방정식으로 압축해서 정리하는 여러분만의 표현법이 필요합니다.

"태산이 높다하되 하늘아래 뫼이로다."

산이 아무리 높다 하더라도 오르고 또 오르면 못 오를 리 없지만 산이 높다고만 여기고 오르기를 포기하는 사람은 결코 산 정상에 오르는 경험을 할 수 없습니다. 여러분들이 편입을 해야겠다고 결심했다면 그 목표만을 위해서 긍정적인 마인드로 집중해야 합니다. 따라서 여러분의 인생 제2막을 열기 위해서 더 이상 피하지 말고 앞으로 나가세요. 그렇게 한다면 분명 여러분의 날개를 펼쳐 더 높이 비상(飛上)할 수 있을 것입니다. Areum Math는 그 길에서 항상 여러분을 응원하고 함께 하겠습니다!!!

한아름 드림

선형대수 집중 공략의 Key

어려운 용어를 소리 내서 읽기

선형대수를 배우면서 학생들이 어려워하는 것을 생각해 본다면, 첫 번째는 어려운 용어입니다. 생소하고 어려운 용어를 영어 단어를 외우는 것처럼 소리 내서 읽고, 외워야 합니다. "아는 만큼 보이고, 아는 만큼 들린다."는 말처럼 눈과 귀에 익숙한 용어들은 더 이상 문제가 되지 않습니다. 따라서 정확한 정의와 개념을 가지고 용어에 대한 정리가 필요합니다. 영어에 비유하자면 고급 어휘를 배우는 마음가짐으로 공부하시길 바랍니다.

유기적인 관계를 파악하기

두 번째는 방대한 학습량입니다. 대학에서는 선형대수를 1년에 걸쳐서 배우지만, 이 책을 보고 있는 여러분은 2개월에 걸쳐 배우기 때문에 짧은 시간에 많은 양을 배우는 것은 사실입니다. 그러나 서로 연관성을 가지고 있다는 것만 파악한다면 서로 다른 문제처럼 보여도 같은 내용임을 알 수 있을 것입니다. 아래 그림을 보세요. 많은 내용이 있지만, 결국은 연립방정식으로 모이게 됩니다. 여러분이 선형대수를 공부하면서 무엇에 집중을 해야 하는지를 아시겠나요? '구슬이 서 말이라도 꿰어야 보배다.'라는 말을 이럴 때 사용하는 것 같습니다.

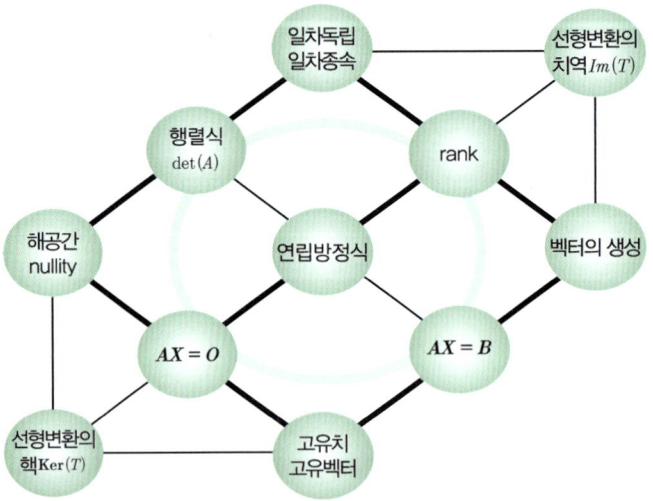

Areum Math 3 원칙

여러분이 이 교재를 완벽하게 마스터하기 위해서 세 가지 원칙을 지켜주세요.

수업!! 복습!! 질문!! 너무 식상하고 당연한 얘기 같지만, 가장 중요한 원칙입니다.

▮ 수업

수업 시간에 학습 내용을 최대한 이해해야 합니다. 필기를 하다가 수업 내용을 놓쳐서는 안 됩니다. 때문에 필기가 필요하다면 연습장을 이용해서 빠르게 하시고, 수업 후 책에 옮겨 적으면서 복습하는 것을 권해드립니다.

▮ 복습

에빙하우스의 '망각의 법칙'을 들어본 적이 있나요? 수업 후 몇 시간만 지나도 수업 내용을 금방 잊어버립니다. 그래서 수업 후 당일 복습을 원칙으로 하고, 공부할 시간과 공부할 분량을 정해서 매일매일 복습하는 것이 효율적입니다.

목차의 ☑☑☑☑은 전체 커리큘럼을 마치는 동안 최소한 기본서를 5회 이상 반복 학습하기 위한 표시입니다. 해당 목차를 복습할 때마다 체크를 하면 복습을 시각화하고, 성취감도 올릴 수 있습니다. 체크를 하기 위해서라도 복습을 꾸준하게 해보세요. 이것이 누적 복습을 하는 방법입니다.

▮ 질문

공부를 하다보면 자신이 무엇을 알고 무엇을 모르는지도 잘 모릅니다. 그러나 선생님에게 질문을 하면서 어떤 내용을 모르고 있고 어떤 부분이 부족한가를 스스로 인지할 수 있을 것입니다. 또한 막연하게 알고 있던 것을 정확하게 정리할 수도 있습니다. 그래서 질문은 실력이 향상되는 지름길이라는 것을 스스로 느낄 것입니다.

이 원칙을 생활화하면 여러분은 반드시 목표달성에 성공할 것입니다.

힘든 시기가 있을 지라도 극복하고 나면 결코 힘든 시기가 아니었음을 깨닫게 됩니다.

끝까지 여러분과 함께 목표 달성을 위해서 Fighting!!

커리큘럼

Areum Math 커리큘럼

	기본 · 심화				
개념	편입수학 베이직	미적분과 급수	다변수 미적분	선형대수	공학수학
당일복습	D.I 1	D.I 2	D.I 3	D.I 4	D.I 5
누적복습	N.J 1	N.J 2	N.J 3	N.J 4	N.J 5

	실전	파이널
연도별 기출	2015 / 2016 / … / 2023 / 2024 / …	시크릿 모의고사 대학별 직전특강
대학별 기출	가천대, 가톨릭대, 광운대, 건국대, 경기대, 경희대, 국민대, 단국대, 동국대, 명지대, 서강대, 서울시립대, 서울과학기술대, 성균관대, 세종대, 숙명여대, 숭실대, 아주대, 이화여대, 인하대, 중앙대, 한국공학대, 한국항공대, 한성대, 한양대, 홍익대	

❖ 올인원 교재는 기본서 복습용으로 활용해야 합니다.
❖ 편입수학 익힘책, 1200제 문제집은 자습용 교재로 활용해주세요.

대학별 출제과목

편입수학 베이직	미적분과 급수	다변수 미적분				건국대, 숙명여대, 아주대
편입수학 베이직	미적분과 급수	다변수 미적분	선형대수			경기대, 동국대, 명지대, 세종대, 중앙대, 이화여대
편입수학 베이직	미적분과 급수	다변수 미적분	선형대수	공학수학		가천대, 가톨릭대, 국민대, 광운대, 경희대, 단국대, 서울과학기술대, 서강대, 성균관대, 숭실대, 인하대, 한국공학대, 한양대, 한성대
편입수학 베이직	미적분과 급수	다변수 미적분	선형대수	공학수학	복소함수	시립대, 홍익대, 항공대

Areum Math

_____년 _____월 _____일,

나 _____은(는) 한아름 교수님과 함께

열정과 자신감을 가지고 나아가 목표를 이루겠습니다.

다짐 1, _____

다짐 2, _____

다짐 3, _____

의심으로 가득 찬 마음은

승리로의 여정에 집중할 수 없다.

- 아서 골든(Arthur Golden)

6주 완성 학습 스케줄표

Timeline		강의 내용	교재	수강일	복습 체크				이해도
Chapter 1	**1 Day**	벡터공간 (1)	18~19						
		벡터공간 (2)	20~21						
		일차독립 (1)	22~23						
		일차독립 (2)	24~25						
		기저와 차원 (1)	26~29						
	2 Day	기저와 차원 (2)	30~33						
		좌표벡터 (1)	34~37						
		좌표벡터(2)	38~40						
		행공간과 열공간 (1)	42~45						
		행공간과 열공간 (2)	46~47						
	3 Day	해공간(1)	48~50						
		해공간(2)	51~53						
		그램슈미트 직교화 과정	54~56						
		함수의 직교화 과정	58~61						
Chapter 2	**4 Day**	고윳값의 정의(1)	68~71						
		고윳값의 정의(2)	72~75						
		고윳값의 성질(1)	76~80						
		고윳값의 성질(2)	81~85						
		고윳값의 성질(3)	86~90						
	5 Day	행렬의 대각화(1)	92~95						
		행렬의 대각화(2)	96~98						
		행렬의 대각화(3)	99~101						
		대칭행렬의 직교대각화	102~105						
	6 Day	조르단 표준형(1)	106~108						
		조르단 표준형(2)	109~111						
		행렬지수함수	112~113						
		선형변환(1)	120~122						
		선형변환(2)	123~126						

Timeline		강의 내용	교재	수강일	복습 체크			이해도
Chapter 3	7 Day	표준행렬(1)	128~131					
		표준행렬(2)	132~135					
		표현행렬(1)	136~139					
		표현행렬(2)	140~143					
	8 Day	핵과 치역(1)	144~147					
		핵과 치역(2)	148~153					
		선형변환의 기하학적 의미	154~157					
		회전변환(1)	166~169					
		회전변환(2)	170~171					
Chapter 4	9 Day	반사변환(1)	172~173					
		반사변환(1)	174~175					
		사영변환(1)	176~177					
		사영변환(2)	178~183					
	10 Day	사영변환(3)	184~186					
		이차형식(1)	188~191					
		이차형식(2)	192~195					
		이차형식(3)	196~198					
		이차형식(4)	199~201					
Chapter 5	11 Day	최소제곱해	210~212					
		LU분해(1)	214~215					
		LU분해(2)	216~218					
		QR분해	220~221					
	12 Day	특이값 분해 (1)	222~223					
		특이값 분해 (2)	224~225					
		선형변환의 기저변환 (1)	226~227					
		선형변환의 기저변환 (2)	226~227					

차 례

선형
대수

벡터공간

01 벡터공간

1   벡터공간 & 부분공간

1 벡터공간

벡터의 개념은 R^n 의 순서쌍을 뛰어넘어 수, 함수까지도 벡터라고 정의할 수 있다.

벡터공간(집합)의 두 벡터의 합과, 스칼라 곱으로 얻어진 새로운 벡터들이 동일한 벡터공간(집합) 안에 포함되기를 원한다.

2 벡터공간의 정의

벡터공간은 벡터라는 개체를 원소로 갖는 공집합이 아닌 집합으로서 아래에 열거한 10개의 공리를 조건으로 덧셈과 스칼라 (실수) 곱에 닫혀 있는 집합을 말한다.

벡터집합 V에 대해서 $u, v \in V$이고, 실수 α, β에 대하여 $\alpha u \in V$, $\beta v \in V$, $\alpha u + \beta v \in V$를 만족하는 집합 V를 벡터공간이라고 한다.

(1) 벡터공간을 만족하는 10개의 공리

    $u, v, w \in V$, $\alpha, \beta \in R$ 에 대하여

    ① $u + v \in V$

    ② $u + v = v + u$ (벡터 덧셈에 대한 교환법칙)

    ③ $(u + v) + w = u + (v + w)$ (벡터 덧셈에 대한 결합법칙)

    ④ $u + O = u$ 만족하는 $O \in V$ (덧셈에 대한 항등원)

    ⑤ $u + (-u) = O$ 만족하는 $-u \in V$ (덧셈에 대한 역원)

    ⑥ $\alpha u \in V$

    ⑦ $\alpha(u + v) = \alpha u + \alpha v$ (스칼라 곱셈에 대한 분배법칙)

    ⑧ $(\alpha + \beta)u = \alpha u + \beta u$

    ⑨ $(\alpha \beta)u = \alpha(\beta u)$

    ⑩ $1u = u$

(2) 중요한 벡터공간

    ① 실수들의 집합 R

    ② n중 순서쌍의 집합 R^n

    ③ n차 이하의 다항식들의 집합 P_n

    ④ 전체 수직선 위에서 정의된 실함수 f들의 집합

    ⑤ 행렬의 집합 $M_{m \times n}$

3 영벡터 공간

벡터공간 $V = O$ 은 주로 자명한(trivial) 벡터공간 또는 영벡터공간이라 한다.

4 부분공간 (subspace) $W \subset V$

벡터공간 V의 부분집합 W가 V에서 정의된 벡터의 덧셈과 스칼라 곱셈에 대하여 닫혀 있을 때 W를 V의 부분공간이라 한다. W가 V의 부분공간임을 보이기 위해서 10개의 공리를 증명할 필요 없이 아래 3개의 공리만 보이면 나머지 공리는 자동적으로 성립한다.

(1) 벡터공간 V의 영벡터는 W 안에 존재한다.

(2) 임의의 벡터 $w_1, w_2 \in W$에 대하여 $w_1 + w_2 \in W$ 이다.

(3) 임의의 벡터 $w_1 \in W$, 임의의 실수 α일 때, $\alpha w_1 \in W$ 이다.

5 벡터공간 R^2 의 부분공간 S

S가 R^2의 부분공간이 되는 경우

(1) $S = R^2$

(2) $S = \{O\}$

(3) S는 원점을 지나는 직선이다.

6 벡터공간 R^3 의 부분공간 S

S가 R^3의 부분공간이 되는 경우

(1) $S = R^3$

(2) $S = \{O\}$

(3) S는 원점을 지나는 직선

(4) S는 원점을 지나는 평면이다.

집합 $\{(v_1, v_2, v_3) \in \mathbb{R}^3\}$가 다음 조건을 만족할 때 벡터공간이 아닌 것은?

① $v_1 + v_2 = 0$ ② $v_1 + v_2 + v_3 = 1$ ③ $v_1 + v_3 = 0,\ 2v_2 = v_3$ ④ $v_1 = 2v_2 = 3v_3$

풀이 R^3의 부분공간은 영공간과 원점을 지나는 직선, 원점을 지나는 평면, R^3의 4가지이다.

① $\{(v_1, v_2, v_3) \in R^3 \mid v_1 + v_2 = 0\} = \{(t, -t, s) \in R^3 \mid s, t \in R\}$ 즉, $t(1, -1, 0) + s(0, 0, 1) \in w$ 이고
$(1, -1, 0) \in w$, $(0, 0, 1) \in w$가 덧셈과 스칼라 곱에 대하여 닫혀 있고 영벡터를 포함한다.
이때, $v_1 + v_2 = 0$은 원점을 지나는 평면을 나타낸다.

② $\{(v_1, v_2, v_3) \in R^3 \mid v_1 + v_2 + v_3 = 1\}$은 원점을 포함하지 않는 평면을 나타낸다.
즉, 영벡터가 존재하지 않으므로 벡터공간이 아니다.

③ $\{(v_1, v_2, v_3) \in R^3 \mid v_1 + v_3 = 0, 2v_2 = v_3\} = \{(-t, \frac{1}{2}t, t) \in R^3 \mid t \in R\}$이고 원점을 지나는 두 평면의 교선을 나타낸다.

④ $\{(v_1, v_2, v_3) \in R^3 \mid v_1 = 2v_2 = 3v_3\} = \{(t, \frac{1}{2}t, \frac{1}{3}t) \in R_3 \mid t \in R\} = \{(6t, 3t, 2t) \in R_3 \mid t \in R\}$ $\dfrac{v_1}{1} = \dfrac{v_2}{\frac{1}{2}} = \dfrac{v_3}{\frac{1}{3}}$ 이므로
원점을 지나는 직선을 나타낸다.

---

1. $\mathbb{R}^2$의 부분공간에 대하여 올바르게 설명한 것은?

> ㄱ. $\mathbb{R}^2$의 부분공간은 $\{0\}$과 $\mathbb{R}^2$뿐이다.
>
> ㄴ. $\mathbb{R}^2$의 부분공간은 $\{0\}$, $\mathbb{R}$ 과 $\mathbb{R}^2$뿐이다.
>
> ㄷ. $\mathbb{R}^2$의 부분공간은 $\{0\}$과 $\mathbb{R}^2$ 그리고 $\mathbb{R}^2$의 모든 직선뿐이다.
>
> ㄹ. $\mathbb{R}^2$의 부분공간은 $\{0\}$과 $\mathbb{R}^2$ 그리고 $\mathbb{R}^2$의 원점을 지나는 모든 직선뿐이다.

2. 다음 벡터공간의 부분공간에 관한 기술 중 옳지 않은 것의 개수는?

> 가. 모든 벡터공간은 적어도 두 개의 서로 다른 부분공간을 갖는다.
>
> 나. 실공간 R^3의 부분공간 W에 벡터 u, v가 속하면, 벡터 $u + v$도 W에 속한다.
>
> 다. 실공간 R^3의 부분공간 W에 벡터 $u + v$가 속하면, 벡터 u와 v도 W에 속한다.
>
> 라. 벡터공간 V의 두 개의 부분공간의 교집합은 공집합이 될 수도 있다.
>
> 마. 평면상의 모든 직선은 하나의 벡터에 의해 생성되는 실공간 R^2의 부분공간이다.

필수예제 2

다음 연립방정식의 해집합을 구하고, 그 해집합이 R^3의 부분공간인지 아닌지를 판단하시오.

(1) $\begin{cases} 2x - y - 3z = 0 \\ -x + 2y - 3z = 0 \end{cases}$

(2) $\begin{cases} 2x + 3y - 5z = 3 \\ 4x + 6y - 10z = 6 \end{cases}$

풀이

(1) $A = \begin{pmatrix} 2 & -1 & -3 \\ -1 & 2 & -3 \end{pmatrix} \overset{\sim}{R_1 \leftrightarrow R_2} \begin{pmatrix} -1 & 2 & -3 \\ 2 & -1 & -3 \end{pmatrix} \overset{\sim}{2R_1 + R_2} \begin{pmatrix} -1 & 2 & -3 \\ 0 & 3 & -9 \end{pmatrix} -R_1, \frac{1}{3}R_2 \begin{pmatrix} 1 & -2 & 3 \\ 0 & 1 & -3 \end{pmatrix} \overset{\sim}{2R_2 + R_1} \begin{pmatrix} 1 & 0 & -3 \\ 0 & 1 & -3 \end{pmatrix}$

$z = t$라 하면 $y - 3z = 0 \Rightarrow y = 3z$에서 $y = 3t$, $x - 3z = 0 \Rightarrow x = 3z$에서 $x = 3t$이다.

$\therefore X = \begin{pmatrix} x \\ y \\ z \end{pmatrix} = \begin{pmatrix} 3t \\ 3t \\ t \end{pmatrix} = t\begin{pmatrix} 3 \\ 3 \\ 1 \end{pmatrix}_{t \in R}$ 이고, 해집합은 원점을 지나는 직선이므로 R^3의 부분공간이다. 따라서 해공간이라고 한다.

(2) $\begin{pmatrix} 2 & 3 & -5 & | & 3 \\ 4 & 6 & -10 & | & 6 \end{pmatrix} \overset{\sim}{-2R_1 + R_2} \begin{pmatrix} 2 & 3 & -5 & | & 3 \\ 0 & 0 & 0 & | & 0 \end{pmatrix} \frac{1}{2}R_1 \begin{pmatrix} 1 & \frac{3}{2} & -\frac{5}{2} & | & \frac{3}{2} \\ 0 & 0 & 0 & | & 0 \end{pmatrix}$

선두 1이 존재하는 1열의 변수는 x, 선두 1이 존재하지 않는 2열과 3열의 변수 y, z는 독립변수(자유변수)를 갖는다.

$\begin{pmatrix} x \\ y \\ z \end{pmatrix} = \begin{pmatrix} -\frac{3}{2}s + \frac{5}{2}t + \frac{3}{2} \\ s \\ t \end{pmatrix} = \begin{pmatrix} -\frac{3}{2}s \\ s \\ 0 \end{pmatrix} + \begin{pmatrix} \frac{5}{2}t \\ 0 \\ t \end{pmatrix} + \begin{pmatrix} \frac{3}{2} \\ 0 \\ 0 \end{pmatrix} = s\begin{pmatrix} -\frac{3}{2} \\ 1 \\ 0 \end{pmatrix} + t\begin{pmatrix} \frac{5}{2} \\ 0 \\ 1 \end{pmatrix} + \begin{pmatrix} \frac{3}{2} \\ 0 \\ 0 \end{pmatrix}_{s, t \in R}$

연립방정식의 해는 평면을 매개방정식으로 표현한 것과 같다.

그러나 해집합이 원점을 지나는 평면이 아니므로 벡터공간은 아니다. 따라서 해공간은 아니다.

3. $\mathbb{R}^3$에서 O 벡터가 아닌 임의의 벡터 a, b, c가 주어질 때 다음 집합 중 항상 $\mathbb{R}^3$의 부분공간이 되는 것은?

① a, b 를 지나는 직선
② a, b, c를 지나는 평면
③ a, b, c에 모두 직교하는 벡터들의 집합
④ $\{x \in \mathbb{R}^3 \,|\, (a \cdot x, b \cdot x, c \cdot x) = (0, 0, -1)\}$

4. 다음 중 함수의 벡터공간 $F(\mathbb{R}) = \{f \,|\, f : \mathbb{R} \to \mathbb{R}\}$의 부분공간이 될 수 없는 것은?

① $\{f \in F(\mathbb{R}) \,|\, f$는 2차 다항식$\}$
② $\{f \in F(\mathbb{R}) \,|\, f$는 연속함수$\}$
③ $\{f \in F(\mathbb{R}) \,|\, f$는 우함수$\}$
④ $\{f \in F(\mathbb{R}) \,|\, f$는 기함수$\}$

2   일차독립 & 기저 & 차원

1 일차결합 (linear combination)

(1) 벡터공간 V의 벡터들 $v_1, v_2, \cdots, v_k \in V$의 일차결합을 $a_1 v_1 + a_2 v_2 + \cdots + a_k v_k$과 같이 정의한다. $(a_i \in R)$

(2) 벡터의 일차결합은 열행전개에 의해서 행렬의 곱으로 표현될 수 있다.

$$a_1 v_1 + a_2 v_2 + \cdots + a_k v_k = \begin{pmatrix} \vdots & \vdots & & \vdots \\ v_1 & v_2 & & v_k \\ \vdots & \vdots & & \vdots \end{pmatrix} \begin{pmatrix} a_1 \\ a_2 \\ \vdots \\ a_k \end{pmatrix}$$

2 벡터의 생성 (span)

벡터공간 V의 벡터들 $v_1, v_2, \cdots, v_k \in V$의 일차결합에 의하여 만들어진 모든 벡터를 생성된 벡터라고 하고, 생성된 벡터공간 W는 V의 부분공간이다. $(W \subset V)$ 즉, $\{v_1, v_2, \cdots, v_k\}$은 W를 생성하고, W는 V의 부분공간이다.

$$W = \{a_1 v_1 + a_2 v_2 + \cdots + a_n v_n \,|\, a_i \in R\} \ = \ span\{v_1, v_2, \cdots, v_n\}$$

3 일차독립 (linearly independent) & 일차종속 (linearly dependent)

벡터공간 V의 원소들의 집합 $\{v_1, v_2, \cdots, v_k\}$의 일차결합이 $a_1 v_1 + a_2 v_2 + \cdots + a_k v_k = O$ 을 만족하는 $a_i (1 \leq i \leq k)$가 모두 0이면 (즉, $a_1 = a_2 = \cdots = a_k = 0$)이면 집합 $\{v_1, v_2, \cdots, v_k\}$을 일차독립이라고 하고, $a_i (1 \leq i \leq k)$가 0 이외의 값을 갖는다면 집합 $\{v_1, v_2, \cdots, v_k\}$을 일차종속이라 한다.

4 함수의 일차독립 판정 _ 론스키안 행렬식

만약 함수 $f_1(x), f_2(x), \cdots, f_n(x)$가 구간 $(-\infty, \infty)$에서 $n-1$번 미분가능한 함수이고, 론스키안 행렬식 (Wronskian) $W(x)$가 0이 아닌 해 $x \in (-\infty, \infty)$가 하나라도 존재하면, 이 함수들은 일차독립인 함수(벡터)들이 된다. 반대로 만일 모든 영역에서 $W = 0$이면 이 함수들은 일차종속이다.

$$W(x) = \begin{vmatrix} f_1(x) & f_2(x) & \cdots & f_n(x) \\ f_1'(x) & f_2'(x) & \cdots & f_n'(x) \\ \vdots & \vdots & & \vdots \\ f_1^{(n-1)}(x) & f_2^{(n-1)}(x) & \cdots & f_n^{(n-1)}(x) \end{vmatrix}$$

(1) $W(x) \neq 0$이면, $\{f_1(x), f_2(x), \cdots, f_n(x)\}$는 일차독립이다.

(2) $W(x) = 0$이면, $\{f_1(x), f_2(x), \cdots, f_n(x)\}$는 일차종속이다.

필수예제 3

일차독립인지 일차종속인지 판단하여라.

(1) $\{1, x, x^2\}$ (2) $\{\cos x \sin x, \ \sin 2x\}$

[풀이] (1) $a + bx + cx^2 = 0$이 x의 값에 관계없이 항상 성립하려면 항등식의 성질에 의해 $a = b = c = 0$이어야 하므로 일차독립이다.

[다른 풀이] $W = \begin{vmatrix} 1 & x & x^2 \\ 0 & 1 & 2x \\ 0 & 0 & 2 \end{vmatrix} = 2$이므로 일차독립이다.

(2) $a\cos x \sin x + b\sin 2x = \dfrac{1}{2} a\sin 2x + b\sin 2x = \left(\dfrac{1}{2}a + b\right)\sin 2x = 0$을 만족하기 위해서는 $\dfrac{1}{2}a + b = 0$이므로

$a = 0, b = 0$이외의 값을 갖는다. 따라서 $\{\cos x \sin x, \ \sin 2x\}$는 일차종속이다.

[부연설명] 주어진 집합의 벡터를 변환하면 $\{\cos x \sin x, \ \sin 2x\} = \left\{\dfrac{1}{2}\sin 2x, \sin 2x\right\}$이다. $v_1 = \dfrac{1}{2}\sin 2x, \ v_2 = \sin 2x$ 라 하면 $2v_1 = v_2 \Leftrightarrow 2v_1 - v_2 = 0$이므로 일차종속이다.

[다른 풀이] $W = \begin{vmatrix} \dfrac{1}{2}\sin 2x & \sin 2x \\ \cos 2x & 2\cos 2x \end{vmatrix} = 0$ 이므로 일차종속이다.

---

5. 다음 중 일차독립인 것을 모두 고르시오

① $\{e^x, e^{x^2}\}$ ② $\{e^x, xe^x\}$

③ $\{\ln x, \ln x^2\}$ ④ $\{\sqrt{x} + 5, \ \sqrt{x} + 5x, \ x - 1, \ x^2\}$

⑤ $\{\cos x, \cos x^2\}$ ⑥ $\{\cos^2 x, \sin^2 x, \sec^2 x, \tan^2 x\}$

⑦ $\{\cos 2x, \cos^2 x, 1\}$ ⑧ $\{1, x, x^2, 0\}$

6. 벡터공간 $M_{2 \times 2}$의 원소들의 집합 $\{A_1, A_2, A_3, A_4\}$가 일차독립인지 일차종속인지 판단하시오

(1) $A_1 = \begin{pmatrix} 1 & 0 \\ 1 & 0 \end{pmatrix}$, $A_2 = \begin{pmatrix} 1 & 1 \\ 0 & 0 \end{pmatrix}$, $A_3 = \begin{pmatrix} 1 & 0 \\ 0 & 1 \end{pmatrix}$, $A_4 = \begin{pmatrix} 0 & 0 \\ 1 & 0 \end{pmatrix}$

(2) $A_1 = \begin{pmatrix} 1 & 1 \\ 1 & 1 \end{pmatrix}$, $A_2 = \begin{pmatrix} 0 & 1 \\ 1 & 1 \end{pmatrix}$, $A_3 = \begin{pmatrix} 0 & 0 \\ 1 & 1 \end{pmatrix}$, $A_4 = \begin{pmatrix} 0 & 0 \\ 0 & 1 \end{pmatrix}$

(1) $rank$판정법

$v_1, v_2, \cdots, v_m \in R^n$일 때, 각 벡터를 행벡터로 나열한 $m \times n$행렬 $A = \begin{pmatrix} v_1 \\ v_2 \\ \vdots \\ v_m \end{pmatrix}$에 대하여

① $rank(A) = m$이면 A의 행벡터 집합 $\{v_1, v_2, \cdots, v_m\}$는 일차독립이다.

② $rank(A) < m$이면 A의 행벡터 집합 $\{v_1, v_2, \cdots, v_m\}$는 일차종속이다.

③ $m = n$인 정방행렬 A의 행렬식 $\det(A) \neq 0$이면 행벡터 집합은 일차독립이다.

④ $m = n$인 정방행렬 A의 행렬식 $\det(A) = 0$이면 행벡터 집합은 일차종속이다.

❖ 기본행연산은 벡터들의 관계성을 빠르게 파악하는 방법이다!!

❖ 기본행연산을 통해 씨앗벡터(기저벡터)를 빠르게 구할 수 있다.

(2) 연립방정식 판정법

$v_1, v_2, \cdots, v_m \in R^n$일 때, 일차독립의 정의에 의해서 영벡터를 생성하는 벡터의 일차결합은
연립방정식 $AX = O$으로 나타낼 수 있다.

$$a_1 v_1 + a_2 v_2 + \cdots + a_m v_m = O \Leftrightarrow \begin{pmatrix} v_1 & v_2 & \cdots & v_m \end{pmatrix} \begin{pmatrix} a_1 \\ a_2 \\ \vdots \\ a_m \end{pmatrix} = \begin{pmatrix} 0 \\ 0 \\ \vdots \\ 0 \end{pmatrix} \Leftrightarrow A_{n \times k} X_{k \times 1} = O$$

① 연립방정식 $AX = O$이 자명한 해를 갖는다면 행렬 A의 열벡터는 일차독립이다.

② 연립방정식 $AX = O$이 무수히 많은 해를 갖는다면 행렬 A의 열벡터는 일차종속이다.

6 $n \times n$ 행렬의 동치관계

A가 $n \times n$행렬이면 다음 명제들은 동치이다.

(1) A의 기약행 사다리꼴은 단위행렬 I_n이다.

(2) A는 기본행렬의 곱으로 나타낼 수 있다.

(3) A는 가역행렬이다.

(4) $AX = O$은 자명한 해만을 갖는다.

(5) R^n의 모든 벡터 b에 대하여 $AX = b$는 오직 한 개의 해를 갖는다.

(6) A의 열벡터들은 일차독립이다.

(7) A의 행벡터들은 일차독립이다.

Areum Math Tip

❖ 영벡터를 포함하는 모든 집합은 일차종속이다.

❖ 하나의 벡터 v로 이루어진 집합이 일차독립이기 위한 필요충분조건은 $v \neq 0$이다.

❖ 두 벡터로 이루어진 집합이 일차종속이기 위한 필요충분조건은 한 벡터가 다른 벡터의 스칼라 배(두 벡터가 평행)이다.

필수예제 4

실공간 R^3상의 세 벡터 $\overrightarrow{v_1}=(1,1,2)$, $\overrightarrow{v_2}=(1,0,1)$, $\overrightarrow{v_3}=(2,1,3)$에 대하여 다음 중 옳은 것을 모두 고르면?

> ㄱ. 두 벡터 $\overrightarrow{v_1}$ 와 $\overrightarrow{v_2}$ 는 일차독립이다.　　　ㄴ. 두 벡터 $\overrightarrow{v_2}$ 와 $\overrightarrow{v_3}$ 는 일차독립이다.
>
> ㄷ. 세 벡터 $\overrightarrow{v_1}, \overrightarrow{v_2}, \overrightarrow{v_3}$ 은 일차독립이다.　　　ㄹ. 두 벡터 $\overrightarrow{v_1}, \overrightarrow{v_3}$ 에 의해서 $\overrightarrow{v_2}$는 생성된다.

풀이　ㄱ. (참) $a(1,1,2)+b(1,0,1)=0 \Leftrightarrow a=0, b=0$이므로 일차독립이다.

ㄴ. (참) $a(1,0,1)+b(2,1,3)=0 \Leftrightarrow a=0, b=0$이므로 일차독립이다.

ㄷ. (거짓) $rank$를 통해서 행벡터들의 관계성을 찾자.

$$A=\begin{pmatrix} v_1 \\ v_2 \\ v_3 \end{pmatrix}=\begin{pmatrix} 1&1&2 \\ 1&0&1 \\ 2&1&3 \end{pmatrix}\begin{matrix}\\-R_1+R_2\\-R_1+R_3\end{matrix}\overset{\sim}{}\begin{pmatrix} 1&1&2 \\ 0&-1&-1 \\ 0&-1&-1 \end{pmatrix}\begin{matrix}\\-R_2\\-R_3\end{matrix}\overset{\sim}{}\begin{pmatrix} 1&1&2 \\ 0&1&1 \\ 0&1&1 \end{pmatrix}\overset{\sim}{-R_2+R_3}\begin{pmatrix} 1&1&2 \\ 0&1&1 \\ 0&0&0 \end{pmatrix}$$; 세 벡터 $\{\overrightarrow{v_1}, \overrightarrow{v_2}, \overrightarrow{v_3}\}$는

일차종속이다.

ㄹ. (참) $v_1+v_2=v_3 \Leftrightarrow v_2=v_3-v_1$ 이므로 두 벡터 $\overrightarrow{v_1}, \overrightarrow{v_3}$ 에 의해서 $\overrightarrow{v_2}$는 생성된다.

---

7. 3차원공간 $\mathbb{R}^3$의 세 벡터 $\overrightarrow{u}=(1,2,3)$, $\overrightarrow{v}=(1,1,1)$, $\overrightarrow{w}=(1,a,b)$가 일차독립이기 위한 a와 b의 값이 될 수 있는 것을 고르면?

① $a=1, b=1$　　　② $a=0, b=1$　　　③ $a=0, b=-1$　　　④ $a=-1, b=-3$

8. 세 벡터 $a=(1,2,1)$, $b=(2,1,k)$, $c=(k,0,2)$가 일차종속일 때, k값은?

9. R^4의 세 벡터 $(1,0,3,1), (0,1,-6,-1), (0,2,1,0)$이 일차독립인지 알아보아라.

7 기저 (basis)

벡터공간 V의 벡터로 이루어진 집합 $W = \{v_1, v_2, \cdots, v_k\}$가 다음 두 가지 조건을 만족하면 W를 V의 기저라고 한다.

(i) $W = \{v_1, v_2, \cdots, v_k\}$는 일차독립인 집합

(ii) $W = \{v_1, v_2, \cdots, v_k\}$로 생성된 벡터공간이 V이다. 즉, $V =\ _{span}\{W\}$

❖ 벡터공간을 효율적으로 표기하는 방법이다!!

8 차원 (dimension)

벡터공간 V의 한 기저 W가 n개의 벡터를 원소로 가지고 있다면 V의 또 다른 기저는 n개의 벡터를 원소로 가지고 있다.

즉, 벡터공간 V의 차원은 임의의 기저의 벡터의 개수이고, $\dim V = n$ 이라고 나타낸다.

(1) R^n의 기저 $\therefore \dim(R^n) = n$

- R^2의 표준 기저 $\{e_1 = (1,0), e_2 = (0,1)\}$ $\therefore \dim(R^2) = 2$
- R^3의 표준 기저 $\{e_1 = (1,0,0), e_2 = (0,1,0), e_3 = (0,0,1)\}$ $\therefore \dim(R^3) = 3$

(2) P_n은 n차 이하 다항식 $\therefore \dim(P_n) = n+1$

- P_2의 표준 기저 $\{1, x, x^2\}$ $\therefore \dim(P_2) = 3$
- P_3의 표준 기저 $\{1, x, x^2, x^3\}$ $\therefore \dim(P_3) = 4$
- P_4의 표준 기저 $\{1, x, x^2, x^3, x^4\}$ $\therefore \dim(P_4) = 5$

(3) $M_{m \times n}$는 $m \times n$ 행렬 $\therefore \dim(M_{m \times n}) = mn$

- $M_{2\times2}$의 표준 기저 $\left\{\begin{pmatrix}1&0\\0&0\end{pmatrix}, \begin{pmatrix}0&1\\0&0\end{pmatrix}, \begin{pmatrix}0&0\\1&0\end{pmatrix}, \begin{pmatrix}0&0\\0&1\end{pmatrix}\right\}$ $\therefore \dim(M_{2\times2}) = 4$
- $M_{3\times3}$의 표준 기저 $\left\{\begin{pmatrix}1&0&0\\0&0&0\\0&0&0\end{pmatrix}, \begin{pmatrix}0&1&0\\0&0&0\\0&0&0\end{pmatrix}, \cdots, \begin{pmatrix}0&0&0\\0&0&0\\0&0&1\end{pmatrix}\right\}$ $\therefore \dim(M_{3\times3)} = 9$

(4) 영벡터공간 O의 차원은 $\dim(O) = 0$ 으로 정의한다.

Areum Math Tip

기저의 표현법은 유일하지 않다.

ex 1 $P_2 =\ _{span}\{1, x, x^2\} =\ _{span}\{1, 1+x, 1+x+x^2\}$

ex 2 $R^3 =\ _{span}\{e_1 = (1,0,0), e_2 = (0,1,0), e_3 = (0,0,1)\} =\ _{span}\{v_1 = (1,2,1), v_2 = (1,-1,3), v_3 = (1,1,4)\}$

필수 예제 5

다음 보기에서 항상 옳은 것만을 있는 대로 고른 것은? (단, ×는 벡터의 벡터적(외적)이다.)

> ㄱ. 벡터공간 $\mathbb{R}^3$의 두 벡터 $\vec{v}$, $\vec{w}$가 일차독립이면 $\vec{v}$, $\vec{w}$, $\vec{v} \times \vec{w}$도 일차독립이다.
>
> ㄴ. 벡터공간 $\mathbb{R}^3$의 두 벡터 $\vec{v}$, $\vec{w}$가 일차종속이면 $\vec{v} \times \vec{w}$는 영벡터이다.
>
> ㄷ. 벡터공간 $\mathbb{R}^3$의 세 벡터 $\vec{v_1}$, $\vec{v_2}$, $\vec{v_3}$가 $\mathbb{R}^3$의 기저이면 $\vec{v_1} - \vec{v_2}$, $\vec{v_1} + \vec{v_2}$, $\vec{v_2} + \vec{v_3}$는 $\mathbb{R}^3$의 기저이다.

풀이 ㄱ. (참) 두 벡터 $\vec{v_1}$, $\vec{v_2}$가 일차독립이므로 두 벡터는 평행이 아니다. 따라서 두 벡터의 외적 $\vec{v_1} \times \vec{v_2}$는 $\vec{v_1}$, $\vec{v_2}$에 각각 수직이다. 즉, 세 벡터 $\vec{v_1}$, $\vec{v_2}$, $\vec{v_1} \times \vec{v_2}$는 서로 평행하지 않으므로 일차독립이다.

ㄴ. (참) 두 벡터 $\vec{v_1}$, $\vec{v_2}$가 일차종속이므로 $\vec{v_2} = k\vec{v_1}$ (단, k는 임의의 상수)이다. 따라서 $\vec{v_1} \times \vec{v_2} = \vec{v_1} \times k\vec{v_1} = 0$이다.

ㄷ. (참) $a(\vec{v_1} - \vec{v_2}) + b(\vec{v_1} + \vec{v_2}) + c(\vec{v_2} + \vec{v_3}) = 0$이라 하면 $(a+b)\vec{v_1} + (-a+b+c)\vec{v_2} + c\vec{v_3} = 0$이고 세 벡터 $\vec{v_1}$, $\vec{v_2}$, $\vec{v_3}$가 벡터공간 R^3의 기저이므로 위의 식을 만족시키는 상수는 $a+b=0$, $-a+b+c=0$, $c=0$ 즉, $a=b=c=0$뿐이다. 따라서 $\vec{v_1} - \vec{v_2}$, $\vec{v_1} + \vec{v_2}$, $\vec{v_2} + \vec{v_3}$는 일차독립이고 벡터공간 R^3의 기저가 된다.

[다른 풀이] $v_1 = i, v_2 = j, v_3 = k$라고 한다면 $\vec{v_1} - \vec{v_2} = (1, -1, 0)$, $\vec{v_1} + \vec{v_2} = (1, 1, 0)$, $\vec{v_2} + \vec{v_3} = (0, 1, 1)$가 되어 세 벡터는 일차 독립이므로 R^3의 기저가 된다.

10. 세 벡터 $u = \begin{bmatrix} 2 \\ 6 \\ 4 \end{bmatrix}$, $v = \begin{bmatrix} 1 \\ 0 \\ 1 \end{bmatrix}$, $w = \begin{bmatrix} a \\ b \\ 5 \end{bmatrix}$가 3차원 공간 R^3의 기저벡터(basis vector)가 되기 위한 a, b값이 될 수 없는 것은?

① $a = 4, b = 0$　　② $a = 4, b = 2$　　③ $a = 3, b = 3$　　④ $a = 4, b = 3$

11. 다음 〈보기〉 중 벡터공간 R^3의 기저인 것은?

> ⓐ $\{(1, 0, 0), (2, 2, 0), (3, 3, 3)\}$　　ⓑ $\{(3, 1, -4), (2, 5, 6), (1, 4, 8)\}$
>
> ⓒ $\{(2, -3, 1), (4, 1, 1), (0, -7, 1)\}$　　ⓓ $\{(1, 6, 4), (2, 4, -1), (-1, 2, 5)\}$

다음 중 $\mathbb{R}^3$의 부분공간 $W = \{(x, y, z) \in \mathbb{R}^3 \mid x + 2y + 3z = 0\}$의 기저가 될 수 없는 것은?

① $\{(-5, 1, 1), (-7, 2, 1)\}$　　　　　　② $\{(-5, 1, 1), (2, -1, 0)\}$

③ $\{(3, 0, 1), (2, -1, 0)\}$　　　　　　④ $\{(1, 1, -1), (-7, 2, 1)\}$

풀이　$x + 2y + 3z = 0$은 원점을 지나는 평면이므로 보기의 두 벡터가 평면 위의 점을 나타내거나 두 벡터의 외적이 평면의 법선벡터와
일치해야 한다. 보기의 벡터(점)를 평면의 방정식에 대입하여 평면 위의 벡터(점)인지를 확인하고 일차독립 여부를 확인하자.
① $-5 + 2 \cdot 1 + 3 \cdot 1 = 0$, $-7 + 2 \cdot 2 + 3 \cdot 1 = 0$이므로 평면 위의 점이고, 두 벡터는 일차독립이다.
② $2 + 2(-1) + 3 \cdot 0 = 0$이므로 두 벡터는 평면 위의 점이고, 두 벡터는 일차독립이다.
③ $3 + 2 \cdot 0 + 3 \cdot 1 \neq 0$이므로 평면 위의 점이 아니다.
④ $1 + 2 \cdot 1 + 3(-1) = 0$이므로 평면 위의 점이고, 두 벡터는 일차독립이다.

12. 다음 중 벡터공간 R^3의 기저인 것을 고르시오

① $\{(2, -3, 1), (4, 1, 1), (0, -7, 1)\}$
② $\{(1, 6, 4), (2, 4, -1), (-1, 2, 5)\}$
③ $\{(3, 1, -4), (2, 5, 6), (1, 4, 8)\}$
④ $\{(1, 0, 0), (1, 1, 0), (0, 1, 0)\}$

13. 다음 중 공간 R^3의 모든 벡터가 주어진 세 벡터 $\vec{v_1}$, $\vec{v_2}$, $\vec{v_3}$의 일차결합으로 표현될 수 있도록 하는 a의 값을 고르면?

$$\vec{v_1} = (1, 2, a), \quad \vec{v_2} = (1, a, 2), \quad \vec{v_3} = (a, 1, 2)$$

① 1　　　　　　② 2　　　　　　③ 3　　　　　　④ -3

필수예제 7

행렬식이 0 인 3×3 행렬 M 의 열벡터를 각각 v_1, v_2, v_3 라고 할 때, 다음 중 올바른 것을 모두 고르시오 (여기서 v_1, v_2, v_3 는 영벡터는 아니다.)

(가) $v_1 \times v_2$ 와 v_3 은 서로 수직이다.

(나) $av_1 + bv_2 = v_3$ 을 만족하는 a, b 를 항상 찾을 수 있다.

(다) $\{v_1, v_2, v_3\}$ 은 $\mathbb{R}^3$ 의 기저가 될 수 없다.

풀이 행렬식이 0 인 3×3 행렬 M의 열벡터를 각각 v_1, v_2, v_3 라고 하면 v_1, v_2, v_3는 일차종속이다.

(가) $|M| = (v_1 \times v_2) \bullet v_3 = 0$ 이고, $v_1 \times v_2 \neq 0$이라면 $v_1 \times v_2$ 와 v_3 는 수직이다.

그러나 $rank(A) = 1$ 이라 하면 $v_1 // v_2 // v_3$ 이므로 $v_1 \times v_2 = \vec{0}$ 이므로 $v_1 \times v_2$ 와 v_3 는 서로 수직이라고 할 수 없다. (거짓)

(나) (반례) $v_1 = (1, 1, 1)$, $v_2 = (2, 2, 2)$, $v_3 = (1, 2, 3)$ 이라고 하면 $av_1 + bv_2 = v_3$ 을 만족하는 a, b 는 존재하지 않는다. (거짓)

(다) v_1, v_2, v_3 는 일차종속이므로 $\{v_1, v_2, v_3\}$ 은 $\mathbb{R}^3$의 기저가 될 수 없다. (참)

❖ $\det(M) = 0$이므로 $rank\,M = 1$, $rank\,M = 2$인 경우들을 생각할 수 있어야 한다.

14. 두 벡터 $(-1, 1, 0)$, $(0, 1, 2)$ 에 의해 생성된 원점을 지나는 평면에 벡터 $u = (1, 0, a)$ 가 놓이도록 a의 값을 정하시오.

15. 세 벡터 $u = \langle 2, -1, c \rangle, v = \langle 2, 2, 0 \rangle, w = \langle -1, 1, 2 \rangle$ 가 한 평면 위에 있을 때, 상수 c의 값은?

벡터 v_1, v_2, v_3, v_4에 의해 생성되는 $\mathbb{R}^3$의 부분공간에 속하는 벡터는?

$$v_1 = \begin{bmatrix} 1 \\ 1 \\ 2 \end{bmatrix}, \quad v_2 = \begin{bmatrix} 2 \\ 1 \\ 3 \end{bmatrix}, \quad v_3 = \begin{bmatrix} 4 \\ 3 \\ 7 \end{bmatrix}, \quad v_4 = \begin{bmatrix} 1 \\ 2 \\ 3 \end{bmatrix}$$

① $\begin{bmatrix} -1 \\ 4 \\ 2 \end{bmatrix}$ ② $\begin{bmatrix} 4 \\ 1 \\ -3 \end{bmatrix}$ ③ $\begin{bmatrix} 2 \\ -3 \\ 5 \end{bmatrix}$ ④ $\begin{bmatrix} 1 \\ -3 \\ -2 \end{bmatrix}$

풀이 주어진 v_1, v_2, v_3, v_4에 의해서 생성된 벡터공간을 V라 하고, 벡터의 관계성을 파악하기 행렬 A의 행벡터로 놓고 $rank$를 구하자.

$$A = \begin{pmatrix} v_1 \\ v_2 \\ v_3 \\ v_4 \end{pmatrix} = \begin{pmatrix} 1 & 1 & 2 \\ 2 & 1 & 3 \\ 4 & 3 & 7 \\ 1 & 2 & 3 \end{pmatrix} \sim \begin{pmatrix} 1 & 1 & 2 \\ 0 & -1 & -1 \\ 0 & -1 & -1 \\ 0 & 1 & 1 \end{pmatrix} \sim \begin{pmatrix} 1 & 1 & 2 \\ 0 & 1 & 1 \\ 0 & 0 & 0 \\ 0 & 0 & 0 \end{pmatrix} \sim \begin{pmatrix} 1 & 0 & 1 \\ 0 & 1 & 1 \\ 0 & 0 & 0 \\ 0 & 0 & 0 \end{pmatrix}$$ 이므로 $rank(A)=2$이고, $\dim(V)=2$이다.

V의 기저를 $\{(1,0,1),(0,1,1)\}$라고 할 수 있고, V는 원점을 지나는 평면이라고 할 수 있다.

즉, $V = {}_{span}\{(1,0,1),(0,1,1)\} = \{(x,y,z) \in R^3 \mid x+y-z = 0\}$이다.

따라서 벡터 (x,y,z)가 $x+y=z$를 만족한다면 벡터공간에 속한다. R^3의 부분공간 V에 속하는 벡터는 ④ $(1,-3,-2)$이다.

16. 벡터 $v_1 = \begin{bmatrix} 1 \\ 2 \\ -2 \end{bmatrix}$, $v_2 = \begin{bmatrix} 5 \\ 4 \\ -7 \end{bmatrix}$, $v_3 = \begin{bmatrix} 3 \\ 2 \\ -4 \end{bmatrix}$, $v_4 = \begin{bmatrix} 4 \\ 2 \\ t \end{bmatrix}$에 의해 생성되는 R^3의 부분공간을 H라 하자.
$s = \dim H$일 때, $s+t$의 값은?

17. 다음 벡터들이 생성하는 부분공간의 차원은?

$$v_1 = (1,2,1), v_2 = (1,-1,3), v_3 = (1,1,4)$$

18. 네 벡터 $\vec{v_1} = (1,0,0,0,1)$, $\vec{v_2} = (-2,1,-1,2,-2)$, $\vec{v_3} = (0,5,-4,9,0)$, $\vec{v_4} = (2,10,-8,18,2)$로 생성되는 $\mathbb{R}^5$의 부분공간 W의 차원은?

필수예제 9

벡터공간 R^4의 두 부분공간 V, W를 다음과 같이 정의할 때, $\dim(V) + \dim(W) + \dim(V \cap W)$ 의 값은?

$$\begin{cases} V = \{(a,b,c,d) \in R^4 \mid b+c+d = 0\} \\ W = \{(a,b,c,d) \in R^4 \mid a+b = 0, c = 2d\} \end{cases}$$

[풀이]

$V = \left\{ \begin{pmatrix} a \\ b \\ c \\ -b-c \end{pmatrix} \middle| a,b,c \in R \right\} = a\begin{pmatrix} 1 \\ 0 \\ 0 \\ 0 \end{pmatrix} + b\begin{pmatrix} 0 \\ 1 \\ 0 \\ -1 \end{pmatrix} + c\begin{pmatrix} 0 \\ 0 \\ 1 \\ -1 \end{pmatrix}$ 이므로 $\dim V = 3$이다.

$W = \left\{ \begin{pmatrix} -t \\ t \\ 2s \\ s \end{pmatrix} \middle| s,t \in R \right\} = t\begin{pmatrix} -1 \\ 1 \\ 0 \\ 0 \end{pmatrix} + s\begin{pmatrix} 0 \\ 0 \\ 2 \\ 1 \end{pmatrix}$ 이므로 $\dim W = 2$이다.

$V \cap W = \{(a,b,c,d) \in R \mid b+c+d = 0, a+b = 0, c = 2d\}$를 모두 만족해야 하므로

$d = t, c = 2t$라 하면 $b + 2t + t = 0$에서 $b = -3t, a = 3t$ $\Rightarrow$ $V \cap W = \left\{ \begin{pmatrix} 3t \\ -3t \\ 2t \\ t \end{pmatrix} \middle| t \in R \right\}$ 이고 $\dim(V \cap W) = 1$이다.

$\therefore \dim V + \dim W + \dim(V \cap W) = 3 + 2 + 1 = 6$

---

19. 벡터공간 $W = \left\{ \begin{pmatrix} x_1 \\ x_2 \\ x_3 \end{pmatrix} \middle| x_1 + 2x_3 = 0, \ x_2 - x_3 = 0 \right\}$ 의 차원을 구하시오.

20. 벡터공간 $W = \left\{ \begin{bmatrix} x_1 \\ x_2 \\ x_3 \\ x_4 \end{bmatrix} \in R^4 \middle| x_2 + x_3 + x_4 = 0, \ x_1 + x_2 = 0, \ x_3 = 2x_4 \right\}$ 의 차원을 구하시오

21. 4차원 벡터공간 R^4에 대해서 부분공간 $\left\{ \begin{bmatrix} x_1 \\ x_2 \\ x_3 \\ x_4 \end{bmatrix} \in R^4 \middle| x_1 = 2x_2, \ x_3 + x_4 = 0 \right\}$ 의 차원은?

모든 3×3 행렬들로 이루어진 벡터공간 $M_3(R)$에 대하여 $\begin{cases} a_{1j}+a_{2j}+a_{3j}=0 & (j=1,2,3) \\ a_{i1}+a_{i2}+a_{i3}=0 & (i=1,2,3) \\ a_{11}+a_{22}+a_{33}=0 \\ a_{13}+a_{22}+a_{31}=0 \end{cases}$ 을

만족하는 모든 행렬을 $U(a_{ij}) \in M_3(\mathbb{R})$라고 하고, $a_{ij}=-a_{ji}(1 \leq i, j \leq 3)$을 만족하는 모든 행렬을 $W(a_{ij}) \in M_3(R)$라고 하자. 부분 공간 $U+W=\{u+w \mid u \in U, w \in W\}$의 차원은?

풀이 (i) $\begin{cases} a_{1j}+a_{2j}+a_{3j}=0 & (j=1,2,3) \\ a_{i1}+a_{i2}+a_{i3}=0 & (i=1,2,3) \\ a_{11}+a_{22}+a_{33}=0 \\ a_{13}+a_{22}+a_{31}=0 \end{cases}$ 을 만족하는 3×3 행렬을 $U = \begin{bmatrix} a & b & c \\ d & e & f \\ g & h & i \end{bmatrix}$라 할 때,

$a_{1j}+a_{2j}+a_{3j}=0\ (j=1,2,3) \Rightarrow$ 각 열의 성분의 합은 0이다.

$a_{i1}+a_{i2}+a_{i3}=0\ (i=1,2,3) \Rightarrow$ 각 행의 성분의 합은 0이다.

$a_{11}+a_{22}+a_{33}=0 \Rightarrow$ 주대각성분의 합 $tr(A)=0$이고, $a_{13}+a_{22}+a_{31}=0 \Leftrightarrow c+e+g=0$이다.

$$U = \begin{bmatrix} a & b & c \\ d & e & f \\ g & h & i \end{bmatrix} = \begin{bmatrix} a & b & -a-b \\ d & 2a+b+d & -2a-b-2d \\ -a-d & -2a-2b-d & 3a+2b+2d=-3a-b-d \end{bmatrix}$$

식을 정리하면 $3a+2b+2d=-3a-b-d \Leftrightarrow 6a=-3b-3d \Leftrightarrow b=-2a-d$이므로

$$U = \begin{bmatrix} a & -2a-d & a+d \\ d & 0 & -d \\ -a-d & 2a+d & -a \end{bmatrix}$$ 이고 $\dim(U)=2$ 이다.

(ii) $a_{ij}=-a_{ji}$ 을 만족하는 3×3 행렬을 $W = \begin{bmatrix} a & b & c \\ d & e & f \\ g & h & i \end{bmatrix}$라고 할 때, W는 교대행렬을 의미한다.

$$W = \begin{bmatrix} a & b & c \\ d & e & f \\ g & h & i \end{bmatrix} = \begin{bmatrix} 0 & b & c \\ -b & 0 & f \\ -c & -f & 0 \end{bmatrix}$$ 이고 $\dim(W)=3$ 이다.

(iii) (i), (ii)를 동시에 만족하는 3×3 행렬을 $C = \begin{bmatrix} a & b & c \\ d & e & f \\ g & h & i \end{bmatrix} = \begin{bmatrix} 0 & b & -b \\ -b & 0 & b \\ b & -b & 0 \end{bmatrix}$ 이고, $\dim(U \cap W)=1$ 이다.

$\therefore \dim(U+W) = \dim(U)+\dim(W)-\dim(U \cap W) = 2+3-1 = 4$

22. 다음 벡터공간의 차원을 구하시오.

(1) $V = \{A \in M_2(R) | AB = 0\}$ (단, $B = \begin{pmatrix} 1 & -1 \\ -2 & 2 \end{pmatrix}$)

(2) $V = \left\{ \begin{pmatrix} x & y \\ z & w \end{pmatrix} \middle| \ x + y + z + w = 0 \right\}$

(3) $V = \{A \in M_4(R) | A = A^t\}$

(4) $W = \{A \in M_4(R) | A = -A^t\}$

23. 실수 성분을 갖는 $n \times n$ 행렬의 벡터공간을 $R^{n \times n}$이라 하고, $W = \{A \in M_{n \times n} | A^t = -A\}$라고 할 때, 부분공간 W의 차원은? (단, $n \geq 3$이고 A^t는 A의 전치행렬을 나타낸다.)

① $n - 1$ ② $\dfrac{n(n-1)}{2}$ ③ $\dfrac{n(n+1)}{2}$ ④ $n + 1$

24. 실수 성분을 갖는 $n \times n$ 행렬의 벡터공간을 $R^{n \times n}$이라 하고, $V = \{A \in M_{n \times n} | A^t = A\}$라고 할 때, 부분공간 V의 차원은? (단, $n \geq 3$이고 A^t는 A의 전치행렬을 나타낸다.)

① $n - 1$ ② $\dfrac{n(n-1)}{2}$ ③ $\dfrac{n(n+1)}{2}$ ④ $n + 1$

3 좌표벡터

1 좌표벡터의 정의

$W = \{w_1, w_2, \cdots, w_k\}$가 V의 순서기저이고

임의의 벡터 $v \in V$에 대하여 벡터들의 일차결합 $v = a_1w_1 + a_2w_2 + \cdots + a_kw_k$을 만족할 때

$\begin{pmatrix} a_1 \\ a_2 \\ \vdots \\ a_k \end{pmatrix}$를 기저 W에 대응하는 v의 좌표벡터 또는 좌표행렬이라고 한다. $\Rightarrow [v]_W = \begin{pmatrix} a_1 \\ a_2 \\ \vdots \\ a_k \end{pmatrix}$

2 기저에 따른 좌표벡터

기저의 표기법은 유일하지 않다.

벡터공간 V의 순서기저가 $W = \{w_1, w_2, \cdots, w_k\}$와 $U = \{u_1, u_2, \cdots, u_k\}$가 있다고 하자.

임의의 벡터 $v \in V$에 대하여 $v = a_1w_1 + a_2w_2 + \cdots + a_kw_k = b_1u_1 + b_2u_2 + \cdots + b_ku_k$를 만족할 때

$\begin{pmatrix} a_1 \\ a_2 \\ \vdots \\ a_k \end{pmatrix}$를 기저 W에 의한 v의 좌표벡터라고 한다. $\Rightarrow [v]_W = \begin{pmatrix} a_1 \\ a_2 \\ \vdots \\ a_k \end{pmatrix}$

$\begin{pmatrix} b_1 \\ b_2 \\ \vdots \\ b_k \end{pmatrix}$를 기저 U에 의한 v의 좌표벡터라고 한다. $\Rightarrow [v]_U = \begin{pmatrix} b_1 \\ b_2 \\ \vdots \\ b_k \end{pmatrix}$

❖ 기저벡터의 순서가 바뀌면 좌표벡터의 값도 달라진다.

❖ $[v]_W \neq [v]_U$

3 벡터공간 R^n의 좌표벡터

R^n의 순서기저를 $\{v_1, v_2, \cdots, v_n\}$라고 하자. 벡터 $v_k \in R^n (1 \leq k \leq n)$의 일차결합으로

$b = \begin{pmatrix} b_1 \\ b_2 \\ \vdots \\ b_n \end{pmatrix} \in R^n$이 생성된다면 열행전개에 의해서 연립방정식 $AX = b$의 형태로 나타낼 수 있다.

$a_1v_1 + a_2v_2 + \cdots + a_nv_n = b \Leftrightarrow \begin{pmatrix} v_1 & v_2 \cdots v_n \end{pmatrix} \begin{pmatrix} a_1 \\ a_2 \\ \vdots \\ a_n \end{pmatrix} = \begin{pmatrix} b_1 \\ b_2 \\ \vdots \\ b_n \end{pmatrix} \Leftrightarrow AX = b$

이때, 연립방정식 $AX = b$가 유일해를 갖는다면 X가 생성된 벡터 b의 좌표벡터이다.

4 **표준기저에 대응하는 좌표벡터**

(1) R^n의 표준기저에 대한 좌표벡터

R^n의 표준기저 $E = \{e_1,\ e_2,\ \cdots,\ e_n\}$와 $X = (x_1, x_2, \cdots, x_n) \in R^n$에 대하여 일차결합으로 표현하면

$$X = x_1 e_1 + x_2 e_2 + \cdots + x_n e_n = \left(e_1\, e_2 \cdots e_n \right) \begin{pmatrix} x_1 \\ x_2 \\ \vdots \\ x_n \end{pmatrix} \text{이다.}$$

따라서 X를 표준기저 E에 대한 좌표벡터는 $[X]_E = X$이다.

ex) $(3,4,5) = 3(1,0,0) + 4(0,1,0) + 5(0,0,1)$ 이므로 $(3,4,5)$를 R^3의 표준기저로 나타낼 때 좌표벡터
$(3,4,5)$ 이다.

(2) 이차 이하의 다항식 P_2의 표준기저에 대한 좌표벡터

P_2의 표준기저 $E = \{1,\ x,\ x^2\}$와 $f(x) = a + bx + cx^2 \in P_2$에 대하여 일차결합으로 표현하면

$f(x) = a + bx + cx^2 = a \cdot 1 + b \cdot x + c \cdot x^2$이다.

따라서 $f(x)$의 표준기저 E에 대한 좌표벡터는 $[f(x)]_E = \begin{pmatrix} a \\ b \\ c \end{pmatrix}$이다.

(3) 2차 정방행렬 $M_{2 \times 2}$의 표준기저에 대한 좌표벡터

$M_{2 \times 2}$의 표준기저 $E = \left\{ \begin{pmatrix} 1 & 0 \\ 0 & 0 \end{pmatrix}, \begin{pmatrix} 0 & 1 \\ 0 & 0 \end{pmatrix}, \begin{pmatrix} 0 & 0 \\ 1 & 0 \end{pmatrix}, \begin{pmatrix} 0 & 0 \\ 0 & 1 \end{pmatrix} \right\}$와 행렬 $A = \begin{pmatrix} a & b \\ c & d \end{pmatrix} \in M_{2 \times 2}$에 대하여 일차결합으로

표현하면 $A = a\begin{pmatrix} 1 & 0 \\ 0 & 0 \end{pmatrix} + b\begin{pmatrix} 0 & 1 \\ 0 & 0 \end{pmatrix} + c\begin{pmatrix} 0 & 0 \\ 1 & 0 \end{pmatrix} + d\begin{pmatrix} 0 & 0 \\ 0 & 1 \end{pmatrix}$이다.

따라서 행렬 A의 표준기저 E에 대한 좌표벡터는 $[A]_E = \begin{pmatrix} a \\ b \\ c \\ d \end{pmatrix}$이다.

R^3의 순서기저 $S = \{(1,0,2),(-1,3,1),(1,1,1)\}$에 대한 벡터 $V=(0,1,2)$의 좌표행렬을 구하여라.

풀이 $av_1 + bv_2 + cv_3 = v$의 좌표벡터 $(a,\,b,\,c)$는 $AX = B$꼴의 연립방정식 $\begin{pmatrix} 1 & -1 & 1 \\ 0 & 3 & 1 \\ 2 & 1 & 1 \end{pmatrix}\begin{pmatrix} a \\ b \\ c \end{pmatrix} = \begin{pmatrix} 0 \\ 1 \\ 2 \end{pmatrix}$의 해이다.

$$\left(A \mid B\right) \underset{-2R_1 + R_3}{\sim} \begin{pmatrix} 1 & -1 & 1 & 0 \\ 0 & 3 & 1 & 1 \\ 0 & 3 & -1 & 2 \end{pmatrix} \underset{-R_2 + R_3}{\sim} \begin{pmatrix} 1 & -1 & 1 & 0 \\ 0 & 3 & 1 & 1 \\ 0 & 0 & -2 & 1 \end{pmatrix} \underset{-\frac{1}{2}R_3}{\sim} \begin{pmatrix} 1 & -1 & 1 & 0 \\ 0 & 3 & 1 & 1 \\ 0 & 0 & 1 & -\frac{1}{2} \end{pmatrix} \underset{\substack{-R_3 + R_2 \\ -R_3 + R_1}}{\sim} \begin{pmatrix} 1 & -1 & 0 & \frac{1}{2} \\ 0 & 3 & 0 & \frac{3}{2} \\ 0 & 0 & 1 & -\frac{1}{2} \end{pmatrix}$$

$$\underset{\frac{1}{3}R_2}{\sim} \begin{pmatrix} 1 & -1 & 0 & \frac{1}{2} \\ 0 & 1 & 0 & \frac{1}{2} \\ 0 & 0 & 1 & -\frac{1}{2} \end{pmatrix} \underset{R_2 + R_1}{\sim} \begin{pmatrix} 1 & 0 & 0 & 1 \\ 0 & 1 & 0 & \frac{1}{2} \\ 0 & 0 & 1 & -\frac{1}{2} \end{pmatrix} \qquad \therefore\ X = \begin{pmatrix} a \\ b \\ c \end{pmatrix} = \begin{pmatrix} 1 \\ \frac{1}{2} \\ -\frac{1}{2} \end{pmatrix}$$

25. R^2에서 벡터 $\vec{v} = (3,2)$를 기본기저 $\{\vec{e_1} = (1,0), \vec{e_2} = (0,1)\}$로 표현하면 $3\vec{e_1} + 2\vec{e_2}$이다.

새로운 기저 $\{\vec{b_1} = (2,1), \vec{b_2} = (1,-1)\}$을 이용하여 $\vec{v} = c_1\vec{b_1} + c_2\vec{b_2}$로 표현할 때 $c_1 + c_2$를 구하시오.

26. 집합 $S = \left\{ \begin{bmatrix} 1 \\ 2 \\ 1 \end{bmatrix}, \begin{bmatrix} 2 \\ 9 \\ 0 \end{bmatrix}, \begin{bmatrix} 3 \\ 3 \\ 4 \end{bmatrix} \right\}$가 R^3의 기저일 때, 벡터 $\begin{bmatrix} 5 \\ -1 \\ 9 \end{bmatrix}$의 S에 관한 좌표벡터의 성분의 합은?

필수예제 12

열벡터가 $a_1 = \begin{pmatrix} 1 \\ -3 \\ 2 \\ 2 \end{pmatrix}$, $a_2 = \begin{pmatrix} -1 \\ 4 \\ -5 \\ 6 \end{pmatrix}$, $a_3 = \begin{pmatrix} 2 \\ 1 \\ -3 \\ -4 \end{pmatrix}$, $a_4 = \begin{pmatrix} -1 \\ -1 \\ 8 \\ 1 \end{pmatrix}$인 행렬 $A = (a_1\ a_2\ a_3\ a_4)$에 대하여,

연립방정식 $Ax = b$의 해 x의 모든 성분이 다른 경우의 b는?

① $b = a_1 - a_2 + 2a_3$ ② $b = 2a_1 + a_2 + 2a_4$ ③ $b = a_2 - a_4$ ④ $b = a_1 + a_2 - 2a_3 - 3a_4$

풀이 $Ax = b$의 연립방정식의 해가 존재하면 b는 A의 열벡터의 일차결합에 의해 생성되고, 해 x는 일차결합된 벡터들의 계수이고, 이것을 b의 좌표벡터라고 한다.

① $b = 1 \cdot a_1 - a_2 + 2a_3$의 좌표벡터는 $(1, -1, 2, 0)$이다.

② $b = 2a_1 + a_2 + 2a_4$의 좌표벡터$= (2, 1, 0, 2)$이다.

③ $b = a_2 - a_4$의 좌표벡터$= (0, 1, 0, -1)$이다.

④ $b = a_1 + a_2 - 2a_3 - 3a_4$의 좌표벡터$= (1, 1, -2, -3)$이다.

x의 모든 성분이 다른 경우는 b의 좌표벡터의 성분이 모두 다른 것이므로 ①이 정답이다.

---

27. $P_2(R)$의 순서기저 $\beta = \{1, 1+t, 1+t+t^2\}$가 주어졌다. $3t^2 + 6t + 4$의 좌표벡터를 구하시오.

28. 벡터공간 $M_{2 \times 2}$의 기저 $V = \{A_1, A_2, A_3, A_4\}$에 대응하는 A의 좌표벡터를 구하시오.

(1) $A_1 = \begin{pmatrix} 1 & 0 \\ 1 & 0 \end{pmatrix}$, $A_2 = \begin{pmatrix} 1 & 1 \\ 0 & 0 \end{pmatrix}$, $A_3 = \begin{pmatrix} 1 & 0 \\ 0 & 1 \end{pmatrix}$, $A_4 = \begin{pmatrix} 0 & 0 \\ 1 & 0 \end{pmatrix}$, $A = \begin{pmatrix} 6 & 2 \\ 5 & 3 \end{pmatrix}$

(2) $A_1 = \begin{pmatrix} 1 & 1 \\ 1 & 1 \end{pmatrix}$, $A_2 = \begin{pmatrix} 0 & 1 \\ 1 & 1 \end{pmatrix}$, $A_3 = \begin{pmatrix} 0 & 0 \\ 1 & 1 \end{pmatrix}$, $A_4 = \begin{pmatrix} 0 & 0 \\ 0 & 1 \end{pmatrix}$, $A = \begin{pmatrix} 6 & 2 \\ 5 & 3 \end{pmatrix}$

5 기저변환행렬

(1) X를 순서기저 V에서 순서기저 U로 변환해 주는 행렬을 기저변환행렬 (추이행렬, 전이행렬) 이라고 한다.

$$\Rightarrow X_{V \to U} = [V]_U = U^{-1}V$$

$$\because [U]_E[X]_U = [V]_E[X]_V \Leftrightarrow [X]_U = ([U]_E)^{-1}[V]_E[X]_V = [E]_U[V]_E[X]_V = [V]_U[X]_V$$

(2) X를 순서기저 U에서 순서기저 V로 변환해 주는 행렬을 기저변환행렬 (추이행렬, 전이행렬) 이라고 한다.

$$\Rightarrow X_{U \to V} = [U]_V = V^{-1}U$$

$$\because [U]_E[X]_U = [V]_E[X]_V \Leftrightarrow [X]_V = ([V]_E)^{-1}[U]_E[X]_U = [E]_V[U]_E[X]_U = [U]_V[X]_U$$

6 기저변환행렬의 합성

(1) $[V]_U[U]_V = [U]_U = I \Leftrightarrow (U^{-1}V)(V^{-1}U) = U^{-1}VV^{-1}U = I$

(2) $[V]_W[U]_V = [U]_W \Leftrightarrow (W^{-1}V)(V^{-1}U) = W^{-1}VV^{-1}U = W^{-1}U$

(3) $[U]_W[V]_U = [V]_W \Leftrightarrow (W^{-1}U)(U^{-1}V) = W^{-1}UU^{-1}V = W^{-1}V$

Areum Math Tip

R^2의 표준기저 $E = \left\{ e_1 = \begin{pmatrix} 1 \\ 0 \end{pmatrix}, e_2 = \begin{pmatrix} 0 \\ 1 \end{pmatrix} \right\}$와 순서기저 $U = \left\{ u_1 = \begin{pmatrix} 1 \\ 1 \end{pmatrix}, u_2 = \begin{pmatrix} -1 \\ 1 \end{pmatrix} \right\}$, $V = \left\{ v_1 = \begin{pmatrix} 2 \\ 1 \end{pmatrix}, v_2 = \begin{pmatrix} -1 \\ 2 \end{pmatrix} \right\}$ 가 있다.

(1) U를 E로 나타내 보자.

$$u_1 = \begin{pmatrix} 1 \\ 1 \end{pmatrix} = 1\begin{pmatrix} 1 \\ 0 \end{pmatrix} + 1\begin{pmatrix} 0 \\ 1 \end{pmatrix} = \begin{pmatrix} 1 & 0 \\ 0 & 1 \end{pmatrix}\begin{pmatrix} 1 \\ 1 \end{pmatrix} = E[u_1]_E, \quad u_2 = \begin{pmatrix} -1 \\ 1 \end{pmatrix} = -1\begin{pmatrix} 1 \\ 0 \end{pmatrix} + 1\begin{pmatrix} 0 \\ 1 \end{pmatrix} = \begin{pmatrix} 1 & 0 \\ 0 & 1 \end{pmatrix}\begin{pmatrix} -1 \\ 1 \end{pmatrix} = E[u_2]_E$$

$$U = \begin{pmatrix} u_1 & u_2 \end{pmatrix} = E\begin{pmatrix} [u_1]_E & [u_2]_E \end{pmatrix} = E[U]_E$$

❖ U의 벡터들을 E로 나타낸 좌표벡터들의 집합은 $\begin{pmatrix} [u_1]_E & [u_2]_E \end{pmatrix} = [U]_E = E^{-1}U = U$이다.

(2) E를 U로 나타내 보자.

$$e_1 = \begin{pmatrix} 1 \\ 0 \end{pmatrix} = \frac{1}{2}\begin{pmatrix} 1 \\ 1 \end{pmatrix} - \frac{1}{2}\begin{pmatrix} -1 \\ 1 \end{pmatrix} = \begin{pmatrix} 1 & -1 \\ 1 & 1 \end{pmatrix}\begin{pmatrix} \frac{1}{2} \\ -\frac{1}{2} \end{pmatrix} = U[e_1]_U, \quad e_2 = \begin{pmatrix} 0 \\ 1 \end{pmatrix} = \frac{1}{2}\begin{pmatrix} 1 \\ 1 \end{pmatrix} + \frac{1}{2}\begin{pmatrix} -1 \\ 1 \end{pmatrix} = \begin{pmatrix} 1 & -1 \\ 1 & 1 \end{pmatrix}\begin{pmatrix} \frac{1}{2} \\ \frac{1}{2} \end{pmatrix} = U[e_2]_U$$

$$E = \begin{pmatrix} e_1 & e_2 \end{pmatrix} = U\begin{pmatrix} [e_1]_U & [e_2]_U \end{pmatrix} = U[E]_U$$

❖ E의 벡터들을 U로 나타낸 좌표벡터들의 집합은 $\begin{pmatrix} [e_1]_U & [e_2]_U \end{pmatrix} = [E]_U = U^{-1}E = U^{-1}$이다.

(3) V의 벡터들을 E로 나타낸 좌표벡터들의 집합은 $\left([v_1]_E \quad [v_2]_E\right) = [V]_E = E^{-1}V = V$이다.

(4) E의 벡터들을 V로 나타낸 좌표벡터들의 집합은 $\left([e_1]_V \quad [e_2]_V\right) = [E]_V = V^{-1}E = V^{-1}$이다.

(5) U의 벡터들을 V로 나타낸 좌표벡터들의 집합은 $\left([u_1]_V \quad [u_2]_V\right) = [U]_V = V^{-1}U$이다.

(6) V의 벡터들을 U로 나타낸 좌표벡터들의 집합은 $\left([v_1]_U \quad [v_2]_U\right) = [V]_U = U^{-1}V$이다.

$$v_1 = \begin{pmatrix} 2 \\ 1 \end{pmatrix} = \frac{3}{2}\begin{pmatrix} 1 \\ 1 \end{pmatrix} - \frac{1}{2}\begin{pmatrix} -1 \\ 1 \end{pmatrix} = \frac{3}{2}u_1 - \frac{1}{2}u_2 = U[v_1]_U,$$

$$v_2 = \begin{pmatrix} -1 \\ 2 \end{pmatrix} = \frac{1}{2}\begin{pmatrix} 1 \\ 1 \end{pmatrix} + \frac{3}{2}\begin{pmatrix} -1 \\ 1 \end{pmatrix} = \frac{1}{2}u_1 + \frac{3}{2}u_2 = U[v_2]_U$$

$$V = U\left([v_1]_U \quad [v_2]_U\right) = U[V]_U \iff [V]_U = U^{-1}V$$

(7) 벡터 $X = \begin{pmatrix} 3 \\ 9 \end{pmatrix}$를 순서기저 U에 대한 벡터의 일차결합을 행렬의 곱으로 나타내면 다음과 같다.

$$[X]_E = 6u_1 + 3u_2 = 6\begin{pmatrix} 1 \\ 1 \end{pmatrix} + 3\begin{pmatrix} -1 \\ 1 \end{pmatrix} = \begin{pmatrix} 1 & -1 \\ 1 & 1 \end{pmatrix}\begin{pmatrix} 6 \\ 3 \end{pmatrix} = [U]_E[X]_U$$

⇒ X를 순서기저 U에서 표준기저 E로 변환해 주는 행렬을 기저변환행렬 (추이행렬, 전이행렬) 이라고 한다.

⇒ $X_{U \to E} = [U]_E = E^{-1}U = U$

(8) 벡터 $X = \begin{pmatrix} 3 \\ 9 \end{pmatrix}$를 순서기저 V에 대한 벡터의 일차결합을 행렬의 곱으로 나타내면 다음과 같다.

$$[X]_E = 3v_1 + 3v_2 = 3\begin{pmatrix} 2 \\ 1 \end{pmatrix} + 3\begin{pmatrix} -1 \\ 2 \end{pmatrix} = \begin{pmatrix} 2 & -1 \\ 1 & 2 \end{pmatrix}\begin{pmatrix} 3 \\ 3 \end{pmatrix} = [V]_E[X]_V$$

⇒ X를 순서기저 V에서 표준기저 E로 변환해 주는 행렬을 기저변환행렬 (추이행렬, 전이행렬) 이라고 한다.

⇒ $X_{V \to E} = [V]_E = E^{-1}V = V$

(9) 벡터 $X = \begin{pmatrix} 3 \\ 9 \end{pmatrix}$를 순서기저 U, V에 대한 벡터의 일차결합을 행렬의 곱으로 나타내면 다음과 같다.

$$[X]_E = [U]_E[X]_U = [V]_E[X]_V$$

❖ X를 순서기저 V에서 순서기저 U로 변환해 주는 행렬을 기저변환행렬 (추이행렬, 전이행렬) 이라고 한다.

$X_{V \to U} = [V]_U = U^{-1}V$

∵ $[U]_E[X]_U = [V]_E[X]_V \iff [X]_U = ([U]_E)^{-1}[V]_E[X]_V = [E]_U[V]_E[X]_V = [V]_U[X]_V$

❖ X를 순서기저 U에서 순서기저 V로 변환해 주는 행렬 을 기저변환행렬 (추이행렬, 전이행렬) 이라고 한다.

$X_{U \to V} = [U]_V = V^{-1}U$

∵ $[U]_E[X]_U = [V]_E[X]_V \iff [X]_V = ([V]_E)^{-1}[U]_E[X]_U = [E]_V[U]_E[X]_U = [U]_V[X]_U$

$P_2(R)$의 순서기저 $\beta = \{1,\ 1+t,\ 1+t+t^2\}$가 주어졌다. $3t^2+6t+4$의 좌표벡터를 구하시오.

[풀이] $P_2(R)$의 순서기저 $\beta = \{\beta_1,\ \beta_2,\ \beta_3\}$에 대하여 $\beta_1 = 1$, $\beta_2 = 1+t,$, $\beta_3 = 1+t+t^2$이라 하면

$a\beta_1 + b\beta_2 + c\beta_3 = a(1) + b(1+t) + c(1+t+t^2) = a+b+c+(b+c)t+ct^2 = 4+6t+3t^2$을 만족해야 한다.

$a = -2, b = 3, c = 3$이므로 $3t^2+6t+4$의 좌표벡터는 $(-2, 3, 3)$이다.

[다른 풀이] 기저변환행렬을 이용하자.

P_2의 표준기저 $E = \{1, t, t^2\}$에 대하여 $[\beta]_E = \begin{pmatrix} 1 & 1 & 1 \\ 0 & 1 & 1 \\ 0 & 0 & 1 \end{pmatrix}$, $[f(t)]_E = [3t^2+6t+4]_E = \begin{pmatrix} 4 \\ 6 \\ 3 \end{pmatrix}$이다.

$f(t)$를 기저 E에서 β로 기저변환을 시키면

$[\beta]_E [f(t)]_\beta = [f(t)]_E \Leftrightarrow \begin{pmatrix} 1 & 1 & 1 \\ 0 & 1 & 1 \\ 0 & 0 & 1 \end{pmatrix}\begin{pmatrix} a \\ b \\ c \end{pmatrix} = \begin{pmatrix} 4 \\ 6 \\ 3 \end{pmatrix} \Leftrightarrow \begin{pmatrix} 1 & 1 & 1 & \vdots & 4 \\ 0 & 1 & 1 & \vdots & 6 \\ 0 & 0 & 1 & \vdots & 3 \end{pmatrix} \sim \begin{pmatrix} 1 & 1 & 0 & \vdots & 1 \\ 0 & 1 & 0 & \vdots & 3 \\ 0 & 0 & 1 & \vdots & 3 \end{pmatrix} \sim \begin{pmatrix} 1 & 0 & 0 & \vdots & -2 \\ 0 & 1 & 0 & \vdots & 3 \\ 0 & 0 & 1 & \vdots & 3 \end{pmatrix}$이므로 $[f(t)]_\beta = \begin{pmatrix} -2 \\ 3 \\ 3 \end{pmatrix}$이다.

29. 벡터공간 $P_2(R)$의 순서기저 $\{1, x-1, (x-1)(x-2)\}$에 대한 벡터 $f(x) = 1+x+x^2$의 좌표벡터는?

30. 1차 다항식 벡터공간 $P_1 = \{ax+b \,|\, a, b \in \mathbb{R}\}$의 순서기저 $\{x, 1\}$에서 순서기저 $\{2x-1, 2x+1\}$로 바꾸는 좌표변환행렬은?

① $\dfrac{1}{4}\begin{bmatrix} 1 & -2 \\ 1 & 2 \end{bmatrix}$ ② $\dfrac{1}{4}\begin{bmatrix} 2 & 2 \\ -1 & 1 \end{bmatrix}$ ③ $\dfrac{1}{2}\begin{bmatrix} 1 & -2 \\ 1 & 2 \end{bmatrix}$ ④ $\dfrac{1}{2}\begin{bmatrix} 2 & 2 \\ -1 & 1 \end{bmatrix}$

31. 2차 이하의 다항식들의 벡터공간 P_2에서 기저 $B = \{x, 1+x, 1-x+x^2\}$과

$C = \{v_1(x), v_2(x), v_3(x)\}$에 대하여, 기저 B에서 기저 C로의 기저변환행렬을 $Q = \begin{pmatrix} 1 & 0 & 0 \\ 0 & 2 & 1 \\ -1 & 1 & 1 \end{pmatrix}$이라

할 때, C의 원소로서 적절하지 않은 것은?

① $-x^2+2x$ ② $-x^2-2x+1$ ③ $2x^2-2x+1$ ④ $2x^2-3x+1$

MEMO

4 | 행렬이 갖는 기본 공간

1 행공간 (row space) & 열공간 (column space)

(1) 행렬 A의 행벡터로 생성된 부분공간을 행공간이라 하고, 기호 $Row(A)$로 나타낸다.

행렬 A의 행공간의 차원은 $rank\,A$와 같다. 즉, $\dim(Row(A)) = rank(A)$ 이다.

(2) 행렬 A의 열벡터로 생성된 부분공간을 열공간이라 하고, 기호 $Col(A)$로 나타낸다.

행렬 A의 열공간의 차원은 $rank(A^t)$와 같다. 즉, $\dim(Col(A)) = rank(A^t)$ 이다.

(3) 행렬 A의 열공간은 A^T의 행공간과 같다. $\Leftrightarrow Col(A) = Row(A^T)$

(4) 행렬 A의 행공간은 A^T의 열공간과 같다. $\Leftrightarrow Row(A) = Col(A^T)$

(5) $rank(A) = rank(A^T)$이므로, $\dim(Row(A)) = \dim(Col(A))$

(6) $m \times n$행렬 A의 행공간 $Row(A) \subset R^n$, 열공간 $Col(A) \subset R^m$이다.

❖ 차원이 같다고 해서 벡터공간 또는 기저가 같은 것이 아님을 주의해야 한다.

2 행공간 & 열공간의 기저

행렬 A와 행동치관계에 있는 사다리꼴 행렬 또는 기약사다리꼴 행렬 B가 존재할 때,

(1) 선두 1을 갖는 행렬 B의 모든 행벡터는 행렬 A의 행공간의 기저이다.

(2) 선두 1을 갖는 행렬 A의 모든 열벡터는 행렬 A의 열공간의 기저이다.

3 영공간 (해공간, null space)

(1) $AX = O$이 되는 X의 집합을 A의 해공간 또는 영공간이라 한다.

영공간은 $N_A = \{X \in R^n | AX = O\}$이고, R^n의 부분공간이다.

(2) 영공간의 차원(퇴화차수)은 $\dim(N_A) = nullity(A)$ 로 나타낸다.

(3) $A \in M_{m \times n}$, $X \in R^n$일 때, $rank(A) + nullity(A) = n$

(4) 직교여공간(직교보공간)

W가 $m \times n$인 행렬 A의 행벡터들의 집합이라면,

W에 수직인 벡터들의 집합을 W의 '직교보공간'이라 하고, $W^\perp$ 이라고 표기한다.

(5) $AX = O$ 의 해공간은 A의 모든 행벡터들과 수직인 벡터의 집합이다.

그러므로 행렬 A의 행공간 W의 직교여공간 $W^\perp$이 행렬 A의 해공간 N_A와 같다.

즉, A가 $m \times n$행렬이면 A의 행공간과 A의 해공간은 서로 직교여공간이다.

(6) $W = Row(A) \subset R^n$이고, $W^\perp = nullspace(A) \subset R^n$ $\Rightarrow$ $\dim(W) + \dim(W^\perp) = n$

❖ 행렬 A의 행공간과 해공간은 서로 일차독립의 관계이다.

Areum Math Tip

선형연립방정식 $AX = b$의 해가 존재할 필요충분조건은 b가 A의 열공간의 원소이다.

$b \in Col(A)$ 즉, 벡터 b는 행렬 A의 열벡터들의 일차결합에 의해서 생성된다.

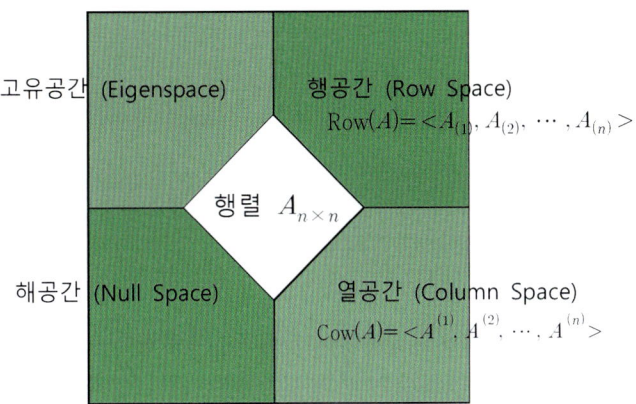

고유공간 (Eigenspace)

행공간 (Row Space)
$$Row(A) = <A_{(1)}, A_{(2)}, \cdots, A_{(n)}>$$

행렬 $A_{n \times n}$

해공간 (Null Space)

열공간 (Column Space)
$$Cow(A) = <A^{(1)}, A^{(2)}, \cdots, A^{(n)}>$$

n개의 미지수를 갖는 선형연립방정식에 대하여 선행변수의 개수 + 자유변수의 개수 = n이 성립한다.

선행변수의 개수 $= rank(A)$, 자유변수의 개수 $= nullity(A)$이다.

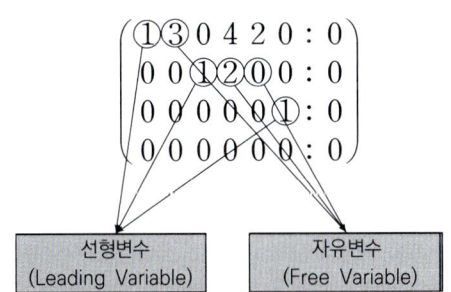

선형변수
(Leading Variable)

자유변수
(Free Variable)

행렬 $A = \begin{pmatrix} 1 & 2 & -2 & 1 \\ 1 & 2 & -1 & 3 \\ 2 & 4 & 0 & 10 \end{pmatrix}$ 의 행공간과 열공간의 기저와 차원을 각각 구하시오.

풀이 (i) 행공간을 구하자.

$$A = \begin{pmatrix} 1 & 2 & -2 & 1 \\ 1 & 2 & -1 & 3 \\ 2 & 4 & 0 & 10 \end{pmatrix} \sim \begin{pmatrix} 1 & 2 & -2 & 1 \\ 0 & 0 & 1 & 2 \\ 0 & 0 & 4 & 8 \end{pmatrix} \sim \begin{pmatrix} 1 & 2 & -2 & 1 \\ 0 & 0 & 1 & 2 \\ 0 & 0 & 0 & 0 \end{pmatrix} \sim \begin{pmatrix} 1 & 2 & 0 & 5 \\ 0 & 0 & 1 & 2 \\ 0 & 0 & 0 & 0 \end{pmatrix} = B$$

기본 행연산의 결과에 의해서 행동치관계에 놓인 행렬 B의 행공간과 A의 행공간은 같다.

여기서 선두 1을 가진 두 행을 각각 $u_1 = (1, 2, 0, 5)$, $u_2 = (0, 0, 1, 2)$라 하면

A의 행공간 $Row(A) = span\{u_1, u_2\}$이다. 또한 행공간은 2차원이다. ($\because \dim(Row(A)) = rank(A)$)

❖ 기저의 표현법이 유일하지 않으므로 행공간의 기저는 $\{(1, 2, -2, 1), (0, 0, 1, 2)\}$라고 할 수도 있다.

❖ $Row(A) \subset R^4$

(ii) 열공간을 구하자.

행렬 A의 열공간은 A^t의 행공간이므로 $A^t = \begin{pmatrix} 1 & 1 & 2 \\ 2 & 2 & 4 \\ -2 & -1 & 0 \\ 1 & 3 & 10 \end{pmatrix} \sim \begin{pmatrix} 1 & 1 & 2 \\ 0 & 0 & 0 \\ 0 & 1 & 4 \\ 0 & 2 & 8 \end{pmatrix} \sim \begin{pmatrix} 1 & 1 & 2 \\ 0 & 1 & 4 \\ 0 & 0 & 0 \\ 0 & 0 & 0 \end{pmatrix} \sim \begin{pmatrix} 1 & 0 & -2 \\ 0 & 1 & 4 \\ 0 & 0 & 0 \\ 0 & 0 & 0 \end{pmatrix} = C$

기본 행연산의 결과에 의해서 행동치관계에 놓인 행렬 C의 행공간과 A^t의 행공간은 같다.

여기서 선두 1을 가진 두 행을 각각 $s_1 = (1, 0, -2)$, $s_2 = (0, 1, 4)$라 하면 A의 열공간은 A^t의 행공간과 같다.

$Row(A^T) = span\{s_1, s_2\}$이다. 또한 열공간은 2차원이다. ($\because \dim(Col(A)) = rank(A^t)$)

❖ 기저의 표현법이 유일하지 않으므로 열공간의 기저는 $\left\{ \begin{pmatrix} 1 \\ 1 \\ 2 \end{pmatrix}, \begin{pmatrix} 0 \\ 1 \\ 4 \end{pmatrix} \right\}$ 또는 $\left\{ \begin{pmatrix} 1 \\ 0 \\ -2 \end{pmatrix}, \begin{pmatrix} 0 \\ 1 \\ 4 \end{pmatrix} \right\}$ 라고 할 수도 있다.

❖ $Col(A) \subset R^3$

[다른 풀이] $A = \begin{pmatrix} 1 & 2 & -2 & 1 \\ 1 & 2 & -1 & 3 \\ 2 & 4 & 0 & 10 \end{pmatrix} \sim \begin{pmatrix} 1 & 2 & -2 & 1 \\ 0 & 0 & 1 & 2 \\ 0 & 0 & 4 & 8 \end{pmatrix} \sim \begin{pmatrix} 1 & 2 & -2 & 1 \\ 0 & 0 & 1 & 2 \\ 0 & 0 & 0 & 0 \end{pmatrix} \sim \begin{pmatrix} 1 & 2 & 0 & 5 \\ 0 & 0 & 1 & 2 \\ 0 & 0 & 0 & 0 \end{pmatrix} = B$에서

선두 1은 행렬 B의 1열과 3열에 존재한다. 그렇다면 A의 열공간의 기저는 행렬 A의 1열 $\begin{pmatrix} 1 \\ 1 \\ 2 \end{pmatrix}$과 3열 $\begin{pmatrix} -2 \\ -1 \\ 0 \end{pmatrix}$의 벡터이다.

32. 행렬 $\begin{pmatrix} 1 & 0 & 1 & 0 \\ 0 & 2 & 0 & 2 \\ 6 & 7 & 6 & 7 \\ 6 & 7 & 8 & 9 \end{pmatrix}$ 의 열공간의 차원은?

33. 다음 중 $A = \begin{pmatrix} 2 & 3 & 1 \\ -1 & -1 & 1 \\ 2 & 1 & -5 \end{pmatrix}$ 의 행공간에 속하지 않는 것은?

① $(1,\ 0,\ -4)$ ② $(0,\ 1,\ 3)$ ③ $(2,\ 1,\ -5)$ ④ $(1,\ 0,\ 0)$

34. $v_1 = (1, -1, -2), v_2 = (5, -4, -7), v_3 = (-3, 1, 0)$에 대하여 $u = (-4, 3, k)$가 v_1, v_2, v_3에 의해서 생성된 공간에 생기도록 하는 k의 값은?

35. 네 벡터 $v_1 = (1, 0, 0, 0, 2), v_2 = (-2, 1, -3, -2, -4), v_3 = (0, 5, -14, -9, 0), v_4 = (2, 10, -28, -18, 4)$에 의해 생성된 R^5의 부분공간 W에 대하여 다음 중 W의 기저벡터가 아닌 것은?

① $(0, 1, -3, -2, 0)$ ② $(0, 0, 1, 1, 0)$ ③ $(1, 0, 0, 0, 2)$ ④ $(1, 0, 1, 0, 0)$

첫째, 둘째, 넷째 열이 각각 $\begin{pmatrix} 1 \\ -1 \\ 3 \end{pmatrix}$, $\begin{pmatrix} 0 \\ -1 \\ 1 \end{pmatrix}$, $\begin{pmatrix} 1 \\ -2 \\ 1 \end{pmatrix}$인 행렬 A의 기약행 사다리꼴이 $\begin{pmatrix} 1 & 0 & 2 & 0 & -2 \\ 0 & 1 & -5 & 0 & -3 \\ 0 & 0 & 0 & 1 & 6 \end{pmatrix}$

일 때, 행렬 A의 셋째 열과 다섯째 열의 성분을 구하시오.

풀이
$A = \begin{pmatrix} 1 & 0 & a & 1 & d \\ -1 & -1 & b & -2 & e \\ 3 & 1 & c & 1 & f \end{pmatrix} \sim \begin{pmatrix} 1 & 0 & 2 & 0 & -2 \\ 0 & 1 & -5 & 0 & -3 \\ 0 & 0 & 0 & 1 & 6 \end{pmatrix}$ 이므로

행공간의 기저는 $u = (1, 0, 2, 0, -2)$, $v = (0, 1, -5, 0, -3)$, $w = (0, 0, 0, 1, 6)$이다. 세 벡터 u, v, w의 일차결합으로 행렬 A의 행벡터를 생성한다.

행렬 A의 1행 $(1, 0, a, 1, d) = 1 \cdot (1, 0, 2, 0, -2) + 0 \cdot (0, 1, -5, 0, -3) + 1 \cdot (0, 0, 0, 1, 6) = (1, 0, 2, 1, 4)$

행렬 A의 2행 $(-1, -1, b, -2, e) = -1 \cdot (1, 0, 2, 0, -2) - 1 \cdot (0, 1, -5, 0, -3) - 2 \cdot (0, 0, 0, 1, 6)$
$$= (-1, -1, 3, -2, -7)$$

행렬 A의 3행 $(3, 1, c, 1, f) = 3 \cdot (1, 0, 2, 0, -2) + 1 \cdot (0, 1, -5, 0, -3) + 1 \cdot (0, 0, 0, 1, 6) = (3, 1, 1, 1, -3)$

따라서 A의 3열은 $\begin{pmatrix} a \\ b \\ c \end{pmatrix} = \begin{pmatrix} 2 \\ 3 \\ 1 \end{pmatrix}$이고, 5열은 $\begin{pmatrix} d \\ e \\ f \end{pmatrix} = \begin{pmatrix} 4 \\ -7 \\ -3 \end{pmatrix}$이다.

풀이
기본행 연산을 통해 행렬 A의 열공간의 기저가 $U = \begin{pmatrix} 1 \\ -1 \\ 3 \end{pmatrix}$, $V = \begin{pmatrix} 0 \\ -1 \\ 1 \end{pmatrix}$, $W = \begin{pmatrix} 1 \\ -2 \\ 1 \end{pmatrix}$임을 알 수 있었다.

따라서 세 번째 열과 다섯 번째 열벡터도 행렬 A의 열공간의 원소임을 알 수 있다.

$A = \begin{pmatrix} 1 & 0 & a & 1 & d \\ -1 & -1 & b & -2 & e \\ 3 & 1 & c & 1 & f \end{pmatrix}$, $C = \begin{pmatrix} 1 & 0 & 1 \\ -1 & -1 & -2 \\ 3 & 1 & 1 \end{pmatrix}$, $X = \begin{pmatrix} x_1 & x_2 \\ y_1 & y_2 \\ z_1 & z_2 \end{pmatrix}$, $B = \begin{pmatrix} a & d \\ b & e \\ c & f \end{pmatrix}$라고 할 때

세 벡터 U, V, W의 일차결합에 의해서 행렬 A의 3열 $B_1 = \begin{pmatrix} a \\ b \\ c \end{pmatrix}$과 5열 $B_2 = \begin{pmatrix} d \\ e \\ f \end{pmatrix}$이 생성되었다.

$x_1 U + y_1 V + z_1 W = B_1$, $x_2 U + y_2 V + z_2 W = B_2$ $\Leftrightarrow$ $CX = B$

$\begin{pmatrix} C & | & B \end{pmatrix} \sim \begin{pmatrix} 1 & 0 & 1 & a & d \\ -1 & -1 & -2 & b & e \\ 3 & 1 & 1 & c & f \end{pmatrix} \sim \begin{pmatrix} 1 & 0 & 0 & 2 & -2 \\ 0 & 1 & 0 & -5 & -3 \\ 0 & 0 & 1 & 0 & 6 \end{pmatrix}$이므로 연립방정식의 해는 $X = \begin{pmatrix} x_1 & x_2 \\ y_1 & y_2 \\ z_1 & z_2 \end{pmatrix} = \begin{pmatrix} 2 & -2 \\ -5 & -3 \\ 0 & 6 \end{pmatrix}$이다.

$2U - 5V + 0W = \begin{pmatrix} a \\ b \\ c \end{pmatrix}$ $\Leftrightarrow$ $2\begin{pmatrix} 1 \\ -1 \\ 3 \end{pmatrix} - 5\begin{pmatrix} 0 \\ -1 \\ 1 \end{pmatrix} + 0\begin{pmatrix} 1 \\ -2 \\ 1 \end{pmatrix} = \begin{pmatrix} 2 \\ 3 \\ 1 \end{pmatrix}$이므로 행렬 A의 3열은 $\begin{pmatrix} a \\ b \\ c \end{pmatrix} = \begin{pmatrix} 2 \\ 3 \\ 1 \end{pmatrix}$이다.

$-2U - 3V + 6W = \begin{pmatrix} d \\ e \\ f \end{pmatrix}$ $\Leftrightarrow$ $-2\begin{pmatrix} 1 \\ -1 \\ 3 \end{pmatrix} - 3\begin{pmatrix} 0 \\ -1 \\ 1 \end{pmatrix} + 6\begin{pmatrix} 1 \\ -2 \\ 1 \end{pmatrix} = \begin{pmatrix} 4 \\ -7 \\ -3 \end{pmatrix}$이므로 행렬 A의 5열은 $\begin{pmatrix} d \\ e \\ f \end{pmatrix} = \begin{pmatrix} 4 \\ -7 \\ -3 \end{pmatrix}$이다.

MEMO

36. 행렬 M의 기약행사다리꼴 (row-reduced echelon form)이 $\begin{pmatrix} 1 & 0 & -2 & 0 & 2 \\ 0 & 1 & -3 & 0 & 5 \\ 0 & 0 & 0 & 1 & 6 \end{pmatrix}$ 으로 주어진다고 하자.

M의 첫째, 둘째, 넷째 열이 각각 $\begin{pmatrix} 1 \\ 1 \\ 2 \end{pmatrix}$, $\begin{pmatrix} 3 \\ 1 \\ -1 \end{pmatrix}$, $\begin{pmatrix} 2 \\ 1 \\ 1 \end{pmatrix}$ 일 때, M의 3행의 성분을 모두 합하면?

37. 다음 행렬을 고려하자. 3차원 공간상의 벡터 $x \in R^3$에 대해서 $y = Ax$라고 할 때, 다음 중 y값이 될 수 없는 것은?

$$A = \begin{bmatrix} 1 & 1 & 2 \\ 0 & 1 & 1 \\ 1 & 0 & 1 \end{bmatrix}$$

① $y = \begin{bmatrix} 6 \\ 3 \\ 3 \end{bmatrix}$ ② $y = \begin{bmatrix} 5 \\ 2 \\ 3 \end{bmatrix}$ ③ $y = \begin{bmatrix} 3 \\ 3 \\ 0 \end{bmatrix}$ ④ $y = \begin{bmatrix} 3 \\ 2 \\ 2 \end{bmatrix}$

38. 다음 연립방정식의 해가 존재하지 않는 b는?

$$\begin{bmatrix} 1 & 0 & 1 \\ 2 & 1 & 1 \\ 1 & 1 & 0 \end{bmatrix} \begin{bmatrix} x_1 \\ x_2 \\ x_3 \end{bmatrix} = \begin{bmatrix} b_1 \\ b_2 \\ b_3 \end{bmatrix} = b$$

① $b = \begin{bmatrix} 2 \\ 2 \\ 0 \end{bmatrix}$ ② $b = \begin{bmatrix} 2 \\ 3 \\ 1 \end{bmatrix}$ ③ $b = \begin{bmatrix} 1 \\ 1 \\ 1 \end{bmatrix}$ ④ $b = \begin{bmatrix} 0 \\ -1 \\ -1 \end{bmatrix}$

3×3 행렬 A를 다음과 같다고 하고, W를 $W = \{X \in \mathbb{R}^3 \mid AX = O\}$라 하자. $\dim(W) \geq 1$이 되는 모든 실수 a의 값의 합은?

$$A = \begin{pmatrix} 1 & 1 & 1 \\ 1 & 2 & a+1 \\ 2 & 1 & a^2 \end{pmatrix}$$

풀이 W는 $AX = O$의 해공간이므로 $rankA + nullityA = 3 \Leftrightarrow rankA + \dim W = 3$이다.

$\dim W \geq 1$이기 위해서는 $rankA < 3$이어야 하므로 $\det A = 0$이어야 한다.

$|A| = \begin{vmatrix} 1 & 1 & 1 \\ 0 & 1 & a \\ 0 & -1 & a^2-2 \end{vmatrix} = a^2 + a - 2 = 0$에서 $a = 1, -2$이다. 따라서 a의 합은 -1이다.

---

39. 행렬 $A = \begin{pmatrix} 1 & 2 & 1 & 5 \\ 2 & 4 & -3 & 0 \\ -3 & 1 & 2 & -1 \\ 1 & 2 & -1 & 1 \end{pmatrix}$에 대하여 다음을 구하시오.

(1) 행렬 A의 행공간의 차원

(2) 행렬 A의 열공간의 차원

(3) 벡터공간 $N(A) = \{v \in R^4 \mid Av = O\}$의 차원

(4) 선형방정식 $AX = O$의 해공간의 차원

40. 행렬 $A = \begin{bmatrix} a_{11} & a_{12} & a_{13} \\ a_{21} & a_{22} & a_{23} \\ a_{31} & a_{32} & a_{33} \end{bmatrix}$의 역행렬 A^{-1}가 존재하기 위한 조건을 모두 고르면? (단, 행렬의 모든 성분은 실수)

a. A의 행렬식 $\det(A)$가 0이 아니다.

b. $rank(A) = 3$이다. 여기서 $rank(A)$는 A의 계수(rank)를 의미한다.

c. $Null(A) = \{(0, 0, 0)\}$이다. 여기서 $Null(A)$은 A의 영공간(null space)을 의미한다.

d. 세 벡터 (a_{11}, a_{12}, a_{13}), (a_{21}, a_{22}, a_{23}), (a_{31}, a_{32}, a_{33})는 일차독립이다.

필수예제 17

벡터공간 R^4의 두 부분공간 V, W를 다음과 같이 정의할 때, $\dim(V) + \dim(W) + \dim(V \cap W)$ 의 값은?

$$\begin{cases} V = \{(a, b, c, d) \in R^4 \,|\, b+c+d = 0\} \\ W = \{(a, b, c, d) \in R^4 \,|\, a+b = 0,\ c = 2d\} \end{cases}$$

풀이 연립방정식의 관점으로 접근을 해보자.

$V = \left\{ X = \begin{pmatrix} a \\ b \\ c \\ d \end{pmatrix} \,\middle|\, AX = (0\,1\,1\,1)\begin{pmatrix} a \\ b \\ c \\ d \end{pmatrix} = 0 \right\}$ 는 $A = (0\,1\,1\,1)$의 해공간이다. 차원정리에 의해서 $rank\,A = 1$이고,

$\dim V = nullity\,A = 3$이다.

$V = \left\{ X = \begin{pmatrix} a \\ b \\ c \\ d \end{pmatrix} \,\middle|\, BX = \begin{pmatrix} 1 & 1 & 0 & 0 \\ 0 & 0 & 1 & -2 \end{pmatrix}\begin{pmatrix} a \\ b \\ c \\ d \end{pmatrix} = \begin{pmatrix} 0 \\ 0 \end{pmatrix} \right\}$ 는 $B = \begin{pmatrix} 1 & 1 & 0 & 0 \\ 0 & 0 & 1 & -2 \end{pmatrix}$의 해공간이다. 차원정리에 의해서

$rank\,B = 2$이고, $\dim W = nullity\,B = 2$이다.

$V \cap W = \left\{ X = \begin{pmatrix} a \\ b \\ c \\ d \end{pmatrix} \,\middle|\, CX = \begin{pmatrix} 0 & 1 & 1 & 1 \\ 1 & 1 & 0 & 0 \\ 0 & 0 & 1 & -2 \end{pmatrix}\begin{pmatrix} a \\ b \\ c \\ d \end{pmatrix} = \begin{pmatrix} 0 \\ 0 \\ 0 \end{pmatrix} \right\}$ 는 $C = \begin{pmatrix} 0 & 1 & 1 & 1 \\ 1 & 1 & 0 & 0 \\ 0 & 0 & 1 & -2 \end{pmatrix}$의 해공간이다. 차원정리에 의해서

$rank\,C = 3$이고, $\dim(V \cap W) = nullity\,C = 1$이다.

$\therefore \dim V + \dim W + \dim(V \cap W) = 3 + 2 + 1 = 6$

❖ 필수예제 9번과 풀이를 비교해 보시오

❖ $\dim(V+W) = \dim V + \dim W - \dim(V \cap W)$

---

41. 벡터공간 $W = \left\{ \begin{pmatrix} x_1 \\ x_2 \\ x_3 \end{pmatrix} \,\middle|\, x_1 + 2x_3 = 0,\ x_2 - x_3 = 0 \right\}$의 차원을 구하시오

42. 벡터공간 $W = \left\{ \begin{bmatrix} x_1 \\ x_2 \\ x_3 \\ x_4 \end{bmatrix} \in R^4 \,\middle|\, x_2 + x_3 + x_4 = 0,\ x_1 + x_2 = 0,\ x_3 = 2x_4 \right\}$의 차원을 구하시오

벡터공간 R^3의 부분공간 $W=\{(0,2,4),(1,1,2),(1,5,10)\}$이 미지수 x, y, z에 관한 동차 일차방정식의 해공간 $\{(x,y,z) \mid ax+by+2z=0\}$이 될 때, $a+b$의 값은?

풀이 W가 연립방정식의 해공간이므로

$$W=\{(x,y,z)\mid ax+by+2z=0\}=\{(0,2,4),(1,1,2),(1,5,10)\}={}_{span}\{(0,1,2),(1,1,2)\}={}_{span}\{(1,0,0)(0,1,2)\}$$

이다. 평면 $ax+by+2z=0$ 위에 세 점 $(0,0,0)$, $(1,0,0)$, $(0,1,2)$가 존재한다.

대입하여 값을 구하면 $a=0$, $b=-4$, 따라서 $a+b=-4$이다.

[다른 풀이] $v_1=(1,0,0)$, $v_2=(0,1,2)$는 평면을 생성한다.

$$\begin{vmatrix} i & j & k \\ 1 & 0 & 0 \\ 0 & 1 & 2 \end{vmatrix}=k<0,\ -2,\ 1> \ ;\ \text{평면의 법선벡터와 비례관계이다.}$$

따라서 $k=2$이면 $\Rightarrow$ $<0,\ -4,\ 2>$ $\Rightarrow$ $0\cdot x-4y+2z=0$ $\therefore a=0$, $b=-4$ 따라서 $a+b=-4$이다.

❖ R^3의 부분공간이 2차원이면 원점을 지나는 평면의 방정식, 1차원이면 원점을 지나는 직선을 생각할 수 있어야 한다.

43. 세 벡터 $v_1=(1,-2,1)$, $v_2=(1,-1,3)$, $v_3=(1,1,7)$로 생성되는 R^3의 부분공간 W의 직교여공간 $W^\perp$의 차원을 구하시오.

44. 세 벡터 $V_1=(1,-1,0)$, $V_2=(1,3,2)$, $V_3=(1,1,1)$으로 생성되는 R^3의 부분공간 W의 직교여공간 $W^\perp$의 차원은?

45. 행렬 $A=\begin{pmatrix} 1 & 1 & 1 & 2 \\ -1 & 0 & -2 & 2 \\ 1 & 0 & 1 & 1 \end{pmatrix}$에 대하여 벡터공간 $N(A)=\{x\in R^4 \mid Ax=0\}$의 차원은?

필수예제 19

행렬 $A = \begin{pmatrix} 1 & 2 & 3 & 5 \\ 2 & 4 & 8 & 8 \\ 0 & 0 & 1 & -1 \end{pmatrix}$ 에 대하여 벡터방정식 $A\vec{X} = \vec{b}$의 해 $\vec{X} = (x_1, x_2, x_3, x_4)$가 존재하는

모든 벡터 $\vec{b} = (b_1, b_2, b_3)$들의 집합을 S라 할 때, 다음 벡터 중에서 S에 수직인 것은?

① $(-2, -1, 2)$ ② $(2, -1, 2)$ ③ $(-2, 1, 2)$ ④ $(2, 1, 2)$

풀이 연립방정식 $A\vec{X} = \vec{b}$의 해가 존재하므로 벡터 $\vec{b} \in Col(A)$이다. 또한 $\vec{b}$들의 집합 S가 $Col(A)$이다.

$$A^T = \begin{pmatrix} 1 & 2 & 0 \\ 2 & 4 & 0 \\ 3 & 8 & 1 \\ 5 & 8 & -1 \end{pmatrix} \sim \begin{pmatrix} 1 & 2 & 0 \\ 0 & 0 & 0 \\ 0 & 2 & 1 \\ 0 & -2 & -1 \end{pmatrix} \sim \begin{pmatrix} 1 & 2 & 0 \\ 0 & 2 & 1 \\ 0 & 0 & 0 \\ 0 & 0 & 0 \end{pmatrix}$$ 이고, $u_1 = (1, 2, 0)$, $u_2 = (0, 2, 1)$이라 하자.

$Col(A) = Row(A^t) = \,_{span}\{u_1, u_2\}$이다. $S = Col(A)$에 수직인 벡터를 $S^\perp$을 구하자.

$S^\perp = \,_{span}\{u_1 \times u_2\}$이므로 $\begin{vmatrix} i & j & k \\ 1 & 2 & 0 \\ 0 & 2 & 1 \end{vmatrix} = \langle 2, -1, 2 \rangle$이다.

즉 $S = \{(x, y, z) \mid 2x - y + 2z = 0\}$인 평면이고, $S^\perp = (2, -1, 1)$인 평면의 법선벡터이다.

[다른 풀이] 객관식 보기를 활용하자. u_1, u_2와 직접 내적을 해서 0이 되는 벡터를 찾는다.

---

46. $W = \{(x, y, z) \mid x + 2y + z = 0\}$ 일 때, W의 직교여공간(othogonal complement) $W^\perp$의 기저가 될 수 있는 것은?

① $(1, -1, 1)$ ② $(0, 1, -2)$ ③ $(1, 2, 1)$ ④ $(2, -1, 0)$

---

47. $U = \{(x, y, z, w) \mid y + z + w = 0\}$ 일 때, U의 직교여공간(othogonal complement) $U^\perp$의 기저가 될 수 있는 것은?

① $(1, -2, 1, 1)$ ② $(0, 1, 1, 1)$ ③ $(0, -1, 2, -1)$ ④ $(1, 1, -1, 1)$

벡터 $v = (v_1, v_2, v_3, v_4)$는 $a = (1, 1, 1, 0)$, $b = (1, 1, 0, 1)$, $c = (1, 0, 1, 1)$와 모두 수직이다.
아래 〈보기〉에서 옳은 것은? (단, $v \neq 0$)

가. $3v_1 + 2v_2 + 2v_3 + 2v_4 = 0$

나. $v_1^2 - v_2 - v_3 - v_4 = 0$

다. v와 $d = (0, 1, 1, 1)$는 수직이다.

라. $v = \alpha a + \beta b + \gamma c$를 만족하는 상수 α, β, γ가 존재한다.

풀이 $v = (v_1, v_2, v_3, v_4)$는 $a = (1, 1, 1, 0)$, $b = (1, 1, 0, 1)$, $c = (1, 0, 1, 1)$과 모두 수직이므로

$$\begin{cases} a \cdot v = 0 \\ b \cdot v = 0 \\ c \cdot v = 0 \end{cases} \Leftrightarrow \begin{pmatrix} 1 & 1 & 1 & 0 \\ 1 & 1 & 0 & 1 \\ 1 & 0 & 1 & 1 \end{pmatrix} \begin{pmatrix} v_1 \\ v_2 \\ v_3 \\ v_4 \end{pmatrix} = \begin{pmatrix} 0 \\ 0 \\ 0 \end{pmatrix}$$

$$\begin{pmatrix} 1 & 1 & 1 & 0 \\ 1 & 1 & 0 & 1 \\ 1 & 0 & 1 & 1 \end{pmatrix} \sim \begin{pmatrix} 1 & 1 & 1 & 0 \\ 0 & 0 & -1 & 1 \\ 0 & -1 & 0 & 1 \end{pmatrix} \sim \begin{pmatrix} 1 & 1 & 1 & 0 \\ 0 & -1 & 0 & 1 \\ 0 & 0 & -1 & 1 \end{pmatrix} \sim \begin{pmatrix} 1 & 1 & 0 & 1 \\ 0 & -1 & 0 & 1 \\ 0 & 0 & 1 & -1 \end{pmatrix} \sim \begin{pmatrix} 1 & 0 & 0 & 2 \\ 0 & 1 & 0 & -1 \\ 0 & 0 & 1 & -1 \end{pmatrix}$$

$\Leftrightarrow v_1 = -2v_4, v_2 = v_4, v_3 = v_4$이므로 v는 $(-2, 1, 1, 1)$을 기저로 갖는다. 즉 $v = span\{(-2, 1, 1, 1)\}$이다.

가. (참) $3v_1 + 2v_2 + 2v_3 + 2v_4 = 0 \Leftrightarrow -6 + 2 + 2 + 2 = 0$이 성립한다.

나. (거짓) $v_1^2 - v_2 - v_3 - v_4 = 0 \Leftrightarrow 4 - 1 - 1 - 1 \neq 0$이 성립하지 않는다.

다. (거짓) $v \cdot d = (-2, 1, 1, 1) \cdot (0, 1, 1, 1) = 1 + 1 + 1 \neq 0$이므로 v와 d는 서로 수직이 아니다.

라. (거짓) v는 a, b, c가 만들어내는 공간에 수직하므로 a, b, c가 만들어내는 공간 안에 속하지 않는다.
따라서 $v = \alpha a + \beta b + \gamma c$을 만족하는 상수 α, β, γ는 존재하지 않는다. 그러므로 보기 중 옳은 명제는 "가"뿐이다.

48. 벡터공간 R^4의 네 개의 벡터 $(1, 2, 1, 2), (3, 0, -1, 0), (2, 1, 0, 1), (1, -1, -1, -1)$에 모두 수직인 벡터들로 이루어진 R^4의 부분공간의 차원은?

49. 실수 성분을 갖는 7×10행렬 A의 행공간과 열공간을 각각 R_A, C_A라 하자. $\dim(C_A) = 4$일 때, $\dim(R_A^\perp)$를 구하면? (단, $R_A^\perp$는 R_A의 모든 원소에 직교하는 벡터공간을 나타내고, 임의의 부분공간 W에 대하여 $\dim(W)$는 W의 차원을 나타낸다.)

필수예제 21

모든 성분이 0인 6×3 행렬을 O라 하자. 영행렬이 아닌 6×3 행렬 A에 대하여 $A\begin{bmatrix} 1 & 2 & 3 \\ 1 & -1 & -1 \\ 5 & 1 & 3 \end{bmatrix} = O$ 일 때,

$\mathrm{rank}(A)$ 를 구하면?

풀이 $AB = O$을 만족하므로 행렬 A의 행벡터와 행렬 B의 열벡터는 수직관계이다.

즉, B의 열벡터는 A의 영공간(해공간)의 벡터라고 할 수 있다.

$B = \begin{bmatrix} 1 & 2 & 3 \\ 1 & -1 & -1 \\ 5 & 1 & 3 \end{bmatrix} \sim \begin{bmatrix} 1 & 2 & 3 \\ 0 & -3 & -4 \\ 0 & -9 & -12 \end{bmatrix} \sim \begin{bmatrix} 1 & 2 & 3 \\ 0 & 3 & 4 \\ 0 & 0 & 0 \end{bmatrix}$ 이므로 $rankB = 2 \leq nullityA$이다.

6×3의 행렬 A가 영행렬은 아니므로 $rankA \geq 1$이고, $rankA + nullityA = 3$을 만족해야 하므로 $rankA = 1$이다.

---

50. 행렬 $A = \begin{pmatrix} 0 & 1 & 0 & 0 \\ 0 & 0 & 2 & 0 \\ 0 & 0 & 0 & 3 \\ 0 & 0 & 0 & 0 \end{pmatrix}$ 가 존재한다. 행렬 A, A^2, A^3의 영공간(null space)의 차원을 각각 m, n, p라고 할 때,

$m + n + p$의 값은?

---

51. 3×4행렬 A에 대하여 $A\begin{pmatrix} 1 & 0 \\ 0 & 3 \\ 0 & 0 \\ 0 & 0 \end{pmatrix} = \begin{pmatrix} 0 & 6 \\ 1 & 3 \\ 0 & 9 \end{pmatrix}$일 때, A의 영공간의 차원으로 가능한 값의 최대와 최소의 합은?

---

52. 7×4행렬 A 의 영공간(null space)이 가질 수 있는 가장 큰 차원을 a, 가장 작은 차원을 b라 하고,
6×10 행렬 B 의 영공간이 가질 수 있는 가장 큰 차원을 c, 가장 작은 차원을 d라 할 때, $abcd$의 값은?
(단, A와 B가 영행렬은 아니다.)

그람-슈미트(Gram-Schmidt) 직교화 과정은 R^n의 영이 아닌 임의의 부분공간의 직교기저 또는 정규직교기저를 찾는 방법이다.

(1) 서로 수직인 기저를 직교기저라고 한다.

(2) R^n의 영이 아닌 벡터들의 직교집합은 일차독립이다.

(3) 크기가 1이면서 서로 수직인 기저를 정규직교기저라고 한다.

(4) 직교기저가 아닌 기저가 주어졌을 때, 직교기저로 만드는 것을 그람-슈미트 직교화 과정이라고 한다.

    ex R^2에서 $\{e_1, e_2\}$는 직교기저이다.

    R^2에서 $v_1 = (1, 2)$, $v_2 = (-2, 1)$는 직교기저이다.

    R^2에서 $w_1 = (2, 1)$, $w_2 = (1, 3)$는 기저이지만, 직교기저는 아니다.

(5) R^3의 기저 $V = \{v_1, v_2, v_3\}$를 직교기저 $W = \{w_1, w_2, w_3\}$, 정규직교기저 $U = \{u_1, u_2, u_3\}$로 바꾸는 과정

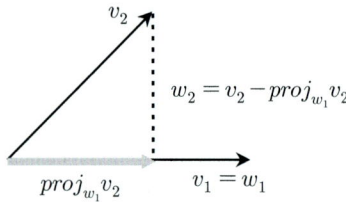 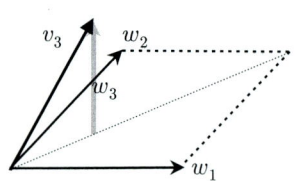

① 직교화 과정

$w_1 = v_1$

$w_2 = v_2 - proj_{w_1} v_2$

$w_3 = v_3 - proj_{w_1} v_3 - proj_{w_2} v_3$

② 정규직교화 과정

$u_1 = \dfrac{v_1}{\| v_1 \|} = \dfrac{w_1}{\| w_1 \|}$

$u_2 = \dfrac{v_2 - proj_{u_1} v_2}{\| v_2 - proj_{u_1} v_2 \|} = \dfrac{w_2}{\| w_2 \|}$

$u_3 = \dfrac{v_3 - proj_{u_1} v_3 - proj_{u_2} v_3}{\| v_3 - proj_{u_1} v_3 - proj_{u_2} v_3 \|} = \dfrac{w_3}{\| w_3 \|}$

즉, R^3은 $Span\{v_1, v_2, v_3\} = Span\{w_1, w_2, w_3\} = Span\{u_1, u_2, u_3\}$이다.

(6) W의 직교기저 $\{w_1, w_2, w_3\}$가 있다면 벡터 $w \in W$는 $w = proj_{w_1} w + proj_{w_2} w + proj_{w_3} w$로 나타낼 수 있다.

(7) 기저 $V = \{v_1, v_2, v_3\}$를 그람-슈미트 직교화 과정을 통해서 직교기저 $W = \{w_1, w_2, w_3\}$를 만들 때, 평행육면체의 부피의 값은 $|v_1 \cdot (v_2 \times v_3)| = |w_1| |w_2| |w_3|$이 성립한다.

필수예제 22

벡터 $u = (-2, 1, 3)$을 실공간 R^3의 직교기저 $B = \{(1, 0, 1), (1, 1, -1), (-1, 2, 1)\}$을 정규화(normalization)한 정규직교기저(orthonormal basis)의 일차결합으로 나타낼 때, 계수들의 곱을 구하면?

풀이 직교기저 B를 정규화하면 $W = \left\{ u_1 = \dfrac{1}{\sqrt{2}}(1, 0, 1),\ u_2 = \dfrac{1}{\sqrt{3}}(1, 1, -1),\ u_3 = \dfrac{1}{\sqrt{6}}(-1, 2, 1) \right\}$이므로

u벡터는 정규직교기저의 일차결합으로 나타낼 수 있다. 즉, 직교행렬 A에 대하여 $(A^{-1} = A^t)$

$$AX = u \Leftrightarrow \begin{pmatrix} \dfrac{1}{\sqrt{2}} & \dfrac{1}{\sqrt{3}} & -\dfrac{1}{\sqrt{6}} \\ 0 & \dfrac{1}{\sqrt{3}} & \dfrac{2}{\sqrt{6}} \\ \dfrac{1}{\sqrt{2}} & -\dfrac{1}{\sqrt{3}} & \dfrac{1}{\sqrt{6}} \end{pmatrix} \begin{pmatrix} a \\ b \\ c \end{pmatrix} = \begin{pmatrix} -2 \\ 1 \\ 3 \end{pmatrix} \Leftrightarrow X = A^t u \Leftrightarrow \begin{pmatrix} a \\ b \\ c \end{pmatrix} = \begin{pmatrix} \dfrac{1}{\sqrt{2}} & 0 & \dfrac{1}{\sqrt{2}} \\ \dfrac{1}{\sqrt{3}} & \dfrac{1}{\sqrt{3}} & -\dfrac{1}{\sqrt{3}} \\ -\dfrac{1}{\sqrt{6}} & \dfrac{2}{\sqrt{6}} & \dfrac{1}{\sqrt{6}} \end{pmatrix} \begin{pmatrix} -2 \\ 1 \\ 3 \end{pmatrix}$$

$a = u_1 \cdot u = \dfrac{1}{\sqrt{2}}$, $b = u_2 \cdot u = \dfrac{-4}{\sqrt{3}}$, $c = u_3 \cdot u = \dfrac{7}{\sqrt{6}}$

따라서 계수의 곱은 $\dfrac{1}{\sqrt{2}} \times \left(-\dfrac{4}{\sqrt{3}} \right) \times \dfrac{7}{\sqrt{6}} = -\dfrac{14}{3}$이다.

TIP 순서기저의 일차결합으로 생성되는 벡터를 연립방정식 $AX = B$의 꼴로 나타낼 때 좌표벡터는 연립방정식의 해 X이다.

53. 3차원 공간에서 세 개의 벡터 $\vec{v_1} = (2, 1, 0)$, $\vec{v_2} = (0, 0, 3)$, $\vec{v_3} = (0, 2, 2)$로 이루어진 기저 $\{ \vec{v_1}, \vec{v_2}, \vec{v_3} \}$로부터 그람-슈미트 직교화 과정을 거쳐 만들어진 직교기저 $\{ \vec{w_1}, \vec{w_2}, \vec{w_3} \}$에 대하여 $|\vec{w_1}| |\vec{w_2}| |\vec{w_3}|$의 값은? (단, $|\vec{w}|$은 벡터 $\vec{w}$의 길이)

54. 집합 $U = \left\{ u_1 = \dfrac{1}{\sqrt{3}}(1, 1, 1),\ u_2,\ u_3 = \dfrac{1}{\sqrt{2}}(0, 1, -1) \right\}$이 $\mathbb{R}^3$의 정규직교기저일 때, 벡터 $v = (1, 1, -1)$을 U에서의 좌표로 표현한 것을 구하시오.

① $(1, 1, 1)$ ② $\dfrac{1}{\sqrt{3}}(1, -\sqrt{2}, \sqrt{6})$ ③ $(1, -1, 1)$ ④ $\dfrac{3}{\sqrt{8}}(1, 1, \sqrt{6})$

55. $v_1 = \dfrac{1}{\sqrt{3}}(1, 1, 1), v_2 = \dfrac{1}{\sqrt{2}}(1, 0, -1), v_3 = (a, b, c)$ 가 공간 $\mathbb{R}^3$ 의 직교정규기저

(orthonormal basis)를 이룬다고 하자. 세 벡터 v_1, v_2, v_3 를 첫 번째, 두 번째, 세 번째 열로 가지는

행렬 A 에 대하여, A^{-1} 의 3행의 성분의 합을 구하시오. (단, a 는 양의 실수)

56. 벡터공간 R^3의 정규직교기저 $\{v_1, v_2, v_3\}$에 대하여 W의 좌표벡터 (a, b, c)이다. $bc = \dfrac{x\sqrt{y}}{z}$ 라고할 때

$x + y + z$의 값을 구하시오. (단, x, y, z는 서로소이다.)

$$v_1 = \left(\frac{3}{\sqrt{11}}, \frac{1}{\sqrt{11}}, \frac{1}{\sqrt{11}} \right) \quad v_2 = \left(\frac{-1}{\sqrt{6}}, \frac{2}{\sqrt{6}}, \frac{1}{\sqrt{6}} \right) \quad v_3 = \left(\frac{-1}{\sqrt{66}}, \frac{-4}{\sqrt{66}}, \frac{7}{\sqrt{66}} \right) \quad W = (-1, 1, 2)$$

57. 벡터공간 R^3의 정규직교기저 $\{v_1, v_2, v_3\}$에 대하여 W의 좌표벡터 (a, b, c)이다. 이 때 $a + b + c = \dfrac{x}{y}$ 의

xy값을 구하시오. (단, x, y는 서로소이다.)

$$v_1 = \left(\frac{2}{3}, \frac{1}{3}, \frac{2}{3} \right) \qquad v_2 = \left(\frac{1}{3}, \frac{2}{3}, \frac{-2}{3} \right) \qquad v_3 = \left(\frac{2}{3}, \frac{-2}{3}, \frac{-1}{3} \right) \qquad W = (2, 0, 5)$$

MEMO

6 함수의 직교화과정

1 벡터의 내적

R^3의 서로 다른 두 벡터를 각각 $u = (u_1, u_2, u_3)$, $w = (w_1, w_2, w_3)$라고 할 때, 벡터의 내적을 다음과 같이 정의한다.

$$(u, w) = u \cdot w = u_1 w_1 + u_2 w_2 + u_3 w_3$$

벡터의 내적은 다음과 같은 특성을 갖는다.

(1) $(u, w) = (w, u)$

(2) $(ku, w) = k(w, u) = (w, ku)$ (단, k는 스칼라)

(3) $(u + v, w) = (u, w) + (v, w)$

(4) $u = 0$이면 $(u, u) = 0$이고 $u \neq 0$이면 $(u, u) > 0$이다.

(5) $\| u \| = \sqrt{(u, u)}$

(6) $(u, w) = 0$이면 $u \perp w$

(7) $proj_u w = \dfrac{w \cdot u}{u \cdot u} u = \dfrac{(w, u)}{(u, u)} u$

2 함수의 내적

구간 $[a, b]$에서 정의된 두 함수 f_1, f_2의 내적(inner product)은 다음과 같이 정의한다.

$$(f_1, f_2) = \int_a^b f_1(x) f_2(x)\, dx$$

3 직교함수

아래의 식이 성립하면 두 함수 f_1, f_2가 구간 $[a, b]$에서 서로 직교한다고 정의한다.

$$(f_1, f_2) = \int_a^b f_1(x) f_2(x)\, dx = 0$$

[참고]

일반적으로 두 벡터가 직교한다는 것은 서로 수직인 된다는 기하학적 의미를 갖지만 두 함수의 직교는 기하학적 의미가 없다.

4 직교집합

만약 실숫값을 갖는 함수들의 집합 $\{\phi_0(x), \phi_1(x), \phi_2(x), \cdots\}$이 구간 $[a, b]$에서 아래와 같은 관계를 갖는다면 이 집합을 직교집합이라고 한다.

$$(\phi_m(x), \phi_n(x)) = \int_a^b \phi_m(x)\, \phi_n(x)\, dx = 0 \quad (단, \ m \neq n)$$

5 크기, 놈 (norm)

벡터의 크기 $\| u \| = \sqrt{(u, u)}$와 마찬가지로 함수의 크기를 다음과 같이 정의한다.

$$\| \phi_m(x) \| = \sqrt{(\phi_m(x), \phi_m(x))} = \sqrt{\int_a^b \phi_m^2(x)\, dx}$$

필수예제 23

구간 $[-\pi, \pi]$에서 집합 $\{1, \cos x, \cos 2x, \cos 3x, \cdots, \sin x, \sin 2x, \sin 3x, \cdots \}$ 가 직교함을 보여라.

풀이 (ⅰ) $\displaystyle\int_{-\pi}^{\pi} 1 \cdot \cos nx\, dx = \left[\frac{1}{n}\sin nx\right]_{-\pi}^{\pi} = 0 \ (\because n\text{은 정수})$

(ⅱ) $\displaystyle\int_{-\pi}^{\pi} 1 \cdot \sin nx\, dx = \left[-\frac{1}{n}\cos nx\right]_{-\pi}^{\pi} = 0 \ (\because n\text{은 정수})$

(ⅲ) n, m은 정수이고 $n \neq m$일 때,

$$\int_{-\pi}^{\pi} \cos nx \cdot \cos mx\, dx = \frac{1}{2}\int_{-\pi}^{\pi}\{\cos(n+m)x + \cos(n-m)x\}\,dx$$

$$= \frac{1}{2}\left[\frac{1}{n+m}\sin(n+m)x + \frac{1}{n-m}\sin(n-m)x\right]_{-\pi}^{\pi} = 0 \ (\because n+m, n-m\text{은 정수})$$

(ⅳ) n, m은 정수이고 $n \neq m$일 때,

$$\int_{-\pi}^{\pi} \sin nx \cdot \sin mx\, dx = -\frac{1}{2}\int_{-\pi}^{\pi}\{\cos(n+m)x - \cos(n-m)x\}\,dx$$

$$= -\frac{1}{2}\left[\frac{1}{n+m}\sin(n+m)x - \frac{1}{n-m}\sin(n-m)x\right]_{-\pi}^{\pi} = 0 \ (\because n+m, n-m\text{은 정수})$$

(ⅴ) n, m은 정수일 때,

$$\int_{-\pi}^{\pi} \sin nx \cdot \cos mx\, dx = \frac{1}{2}\int_{-\pi}^{\pi}\{\sin(n+m)x + \sin(n-m)x\}\,dx$$

$$= \frac{1}{2}\left[\frac{-1}{n+m}\cos(n+m)x + \frac{-1}{n-m}\cos(n-m)x\right]_{-\pi}^{\pi} = 0 \ (\because n+m, n-m\text{은 정수})$$

$\therefore \{1, \cos x, \cos 2x, \cdots, \sin x, \sin 2x, \cdots\}$는 직교집합이다.

---

58. 구간 $[-\pi, \pi]$에서 집합 $\{1, \cos x, \cos 2x, \cos 3x, \cdots, \sin x, \sin 2x, \sin 3x, \cdots \}$ 의 놈을 찾아라.

59. 다음 중 옳은 것의 개수는?

(가) $\displaystyle\int_{-\pi}^{\pi} \cos 3x \sin 5x\, dx = 0$ (나) $\displaystyle\int_{-\pi}^{\pi} \cos 3x \cos 5x\, dx = 0$

(다) $\displaystyle\int_{-\pi}^{\pi} \sin 3x \sin 5x\, dx = 0$ (라) $\displaystyle\int_{-\pi}^{\pi} \cos 3x \sin 3x\, dx = 0$

6 $P_2(x)$ 의 직교화 과정

그람-슈미트 직교화 과정에 의해서 구간 $[a,b]$에서 P_2의 기저 $\{v_1,v_2,v_3\}$를 통해 직교기저 $\{w_1,w_2,w_3\}$를 구할 수 있다.

❖ 구간 $[-1,1]$에서 P_2의 표준기저 $\{1,\,x,x^2\}$에 대한 직교기저는 $\left\{1,\,x,x^2-\dfrac{1}{3}\right\}$이다.

표준기저 $\{v_1=1,\ v_2=x,\ v_3=x^2\}$라 하고, 직교기저는 $\{w_1,w_2,w_3\}$라 하자.

$w_1=v_1=1$

$$w_2=v_2-proj_{w_1}v_2=x-\frac{(x,1)}{(1,1)}\,1=x-\frac{\displaystyle\int_{-1}^{1}x\,dx}{\displaystyle\int_{-1}^{1}1\,dx}=x$$

$w_3=v_3-proj_{w_1}v_3-proj_{w_2}v_3$

$$=x^2-\frac{(x^2,1)}{(1,1)}\,1-\frac{(x^2,x)}{(x,x)}\,x=x^2-\frac{\displaystyle\int_{-1}^{1}x^2dx}{\displaystyle\int_{-1}^{1}1dx}-\frac{\displaystyle\int_{-1}^{1}x^3dx}{\displaystyle\int_{-1}^{1}x^2dx}\,x=x^2-\frac{1}{3}$$

---

7 $P_2(x)$ 의 정규화 과정

❖ 구간 $[-1,1]$에서 P_2의 표준기저 $\{1,\,x,x^2\}$에 대한 정규직교기저는 $\left\{\dfrac{1}{\sqrt{2}},\,\sqrt{\dfrac{3}{2}}\,x,\,\sqrt{\dfrac{45}{8}}\left(x^2-\dfrac{1}{3}\right)\right\}$이다.

직교기저는 $\{w_1,w_2,w_3\}$라 하고, 정규직교기저는 $\{u_1,u_2,u_3\}$라 하자.

$$u_1=\frac{w_1}{\|w_1\|}=\frac{1}{\sqrt{(1,1)}}=\frac{1}{\sqrt{\displaystyle\int_{-1}^{1}1\,dx}}=\frac{1}{\sqrt{2}}$$

$$u_2=\frac{w_2}{\|w_2\|}=\frac{x}{\sqrt{(x,x)}}=\frac{x}{\sqrt{\displaystyle\int_{-1}^{1}x^2dx}}=\sqrt{\frac{3}{2}}\,x$$

$$u_3=\frac{w_3}{\|w_3\|}=\frac{x^2-\dfrac{1}{3}}{\sqrt{\left(x^2-\dfrac{1}{3},x^2-\dfrac{1}{3}\right)}}=\frac{x^2-\dfrac{1}{3}}{\sqrt{\displaystyle\int_{-1}^{1}x^4-\dfrac{2}{3}x^2+\dfrac{1}{9}\,dx}}=\sqrt{\frac{45}{8}}\left(x^2-\frac{1}{3}\right)$$

필수예제 24

차수가 2차 이하이고, 실수 계수를 갖는 다항식들의 벡터공간을 $P_2(R)$이라 하자. $P_2(R)$ 위에서 내적을 $\langle f(x), g(x) \rangle = \int_{-1}^{1} f(x) g(x) \, dx$와 같이 정의한다. 다음 설명 중 옳지 않은 것은?

① 다항식 1, x는 서로 수직이다.

② 다항식 x, $x-1$ 사이의 각을 θ라 할 때, $\cos\theta = \dfrac{1}{2}$ 이다.

③ 다항식 1의 길이는 2이다.

④ $P_2(R)$은 3개의 다항식으로 구성된 정규직교기저를 갖는다.

풀이 ① (참) $\langle 1, x \rangle = \int_{-1}^{1} 1 \cdot x \, dx = 0$이므로 1과 x는 서로 수직이다.

② (참) $\langle x, x-1 \rangle = \|x\| \cdot \|x-1\| \cdot \cos\theta$이고

$$\langle x, x-1 \rangle = \int_{-1}^{1} x(x-1) \, dx = \int_{-1}^{1} (x^2 - x) \, dx = \frac{2}{3}$$

$$\langle x, x \rangle = \int_{-1}^{1} x^2 \, dx = \frac{2}{3} \Rightarrow \|x\| = \sqrt{\frac{2}{3}}$$

$$\langle x-1, x-1 \rangle = \int_{-1}^{1} (x^2 - 2x + 1) \, dx = \frac{2}{3} + 2 = \frac{8}{3} \Rightarrow \|x-1\| = \sqrt{\frac{8}{3}}$$

$$\langle x, x-1 \rangle = \|x\| \cdot \|x-1\| \cdot \cos\theta \Rightarrow \frac{2}{3} = \sqrt{\frac{2}{3}} \sqrt{\frac{8}{3}} \cos\theta \Rightarrow 2 = 4\cos\theta \Rightarrow \cos\theta = \frac{1}{2}$$

$$\therefore \theta = \frac{\pi}{3}$$

③ (거짓) $\langle 1, 1 \rangle = \int_{-1}^{1} 1 \, dx = 2$이므로 $\|1\| - \sqrt{2}$

④ (참) 그람-슈미트 직교화 과정으로 정규직교기저를 만들 수 있다.

60. 구간 $[0,1]$에서 이차 이하의 다항식 P_2의 표준기저 $\{1, x, x^2\}$에 대한 직교기저를 구하시오.

61. 구간 $[-1,1]$에서 연속인 모든 함수들로 구성된 내적 공간 $C[-1,1]$에서 내적을 $\langle f, g \rangle = \int_{-1}^{1} f(x)g(x)dx$로 정의할 때, $C[-1,1]$의 두 벡터 $1, 1+x$가 이루는 각은?

선배들의 이야기 ++

편입 스펙

인하대학교 (수학교육과) / 학점 3.65 / 토익 875 / 군복무 병행

합격 대학

성균관대학교 (소프트웨어학과) / 중앙대학교 (소프트웨어학과) / 경희대학교 (컴퓨터공학과) / 건국대학교 (컴퓨터공학과)

편입 동기 & 목적

수학과 아이들을 좋아해서 수학교사가 되고자 수학교육과에 진학했으나, 여러 계기들로 교사로서의 삶이 진정 원하는 삶일까 하는 생각이 들었습니다. 그러던 중 전적대 코딩교과목에서 흥미를 느껴 조금 더 탐구해 보았고, 복수전공을 신청했으나 실패 후 입대하였습니다. 이때 훈련소에서 만난 동기가 편입이란 제도를 추천해줘서 나에게 적합한 제도라는 생각이 들어 본격적으로 준비를 시작하였습니다.

공부는 꾸준히 밀도 있게!

저는 22.6.27~ 23.12.26까지 군 복무기간 중에 편입을 준비하였고, 본격적으로는 23년 2월부터 준비를 시작했습니다. 군대에서 준비하지만 수능 영어 1등급, 전적대 수학교육과로 남들보다 베이스가 좋기에 열심히 하면 합격할 수 있겠다고 생각했고, 이에 최선을 다했습니다.

평일은 하루 최대 6시간, 평균 4~5시간 정도 공부했고 주말에는 평균 8~9시간 정도 공부했습니다. 순수 공부시간을 최대한 많이 확보하려고 했습니다. 화장실에서도 단어를 봤고, 불침번 전후로 몰래 숨어 공부도 했습니다.

자투리 시간에는 끊어서 공부할 수 있는 단어, 지문, 수학 복습 같은 것을 위주로 했고 주말의 긴 시간을 이용해 인강을 최대한 몰아 들으며 평일에는 이를 복습하고 공부하며 영·수 전체적으로 탄탄히 개념을 쌓아갔습니다. 수학에 있어서 가장 중요한 것은 무작정 진도만 나가는 것이 아니라 강의를 듣고 본인의 이해와 복습, 문제풀이로 체화하는 것이라고 생각합니다.

그렇기에 강의뿐만 아니라 복습과 기본문제 풀이에도 많은 시간을 쏟았고, 덕분에 훈련이나 휴가같이 공부의 흐름이 끊기더라도 약간만 시간 투자를 통해서 효율적인 공부를 했었다고 생각합니다. 또한 개인적으로 공부를 핑계로 주위의 인간관계를 놓치고 싶지는 않았습니다. 이에 부대사람들과도 친밀히 보내고 풋살도 하고 같이 평일 외출도 가끔씩 나가고자 하였고, 휴가 나가서는 여자친구와 즐거운 시간을 보냈던 것 같습니다. 이러한 것들이 정신적으로 힐링이 되었기에 장기적으로 공부를 꾸준히 밀도 있게 하는 데 큰 힘이 되지 않았나 싶습니다.

계획이 어긋나도, 실패가 두려워도 현실적으로 대처하기

저는 제 계획이 어긋날 때가 가장 힘들었습니다. 1년 계획을 세우고 이를 위한 월별 계획을 세워 이를 목표로 매월 공부했는데, 군인 특성상 훈련이나 근무, 그리고 체력적, 시간적 문제로 기존에 세운 계획을 이루지 못하는 경우가 절반 이상이었습니다. 그럴 때마다 너무 스트레스를 받았고, 실패할까봐 두려웠으며 밤을 새지 못하는 현실, 샐 수 있더라도 그를 받쳐주지 않는 체력 때문에 스스로에게 화가 많이 났던 것 같습니다. 그럴수록 공부에 몰입이 훨씬 잘 돼서 어느 정도 목표에 근접할 때도 있었으나, 이러한 날들이 반복되다보니 지쳐서 주말 하루를 통으로 날리는 경우도 있었습니다.

이는 경험을 통해 계획을 조금 더 현실적인 방안으로 수정하고 여러 방법으로 스트레스를 풀며 극복보다는 완화되어진 것 같습니다. 스스로의 한계를 느끼고 영어 4:수학 6 이었던 비율을 수학 8:영어 2로 바꿔서 영어는 단어와 감각만 채우고 수학에 많은 시간을 투자했습니다. 또한 일과시간 중에는 공부 생각을 잊고 동기와 후임들과 즐겁게 보내고자 하였습니다.

모의고사 영어성적	2월	6월	10월
원점수	92.5	82.5	62.5
백분위	98.5	93.2	74.9

모의고사 수학성적	2월	6월	10월
원점수	92	76	72
백분위	79.4	92.7	85.4

99% 개념 이해로 서성한 대비까지 충분!

쉽게 이해가 잘 되게 가르치십니다. 쉽게 공부하는 것이 가장 효율적인 방법이라고 생각합니다. 수학은 암기보다 이해를 통해 공부하여 백지에 개념을 다 쓰고 모르는 사람에게 설명을 할 수 있을 정도로 잘 알고 있어야 합니다.

선생님은 베이스가 없는 학생들도 잘 이해될 정도로 쉽게 설명을 해주십니다. 또한 무턱대고 어려운 내용까지 이해시키는 것이 아니라 그러한 부분은 조금 더 쉽게 풀어서 설명하시고 학생들이 받아들이도록 한다는 점에서 좋았습니다.

서성한 대비도 충분합니다. 범위가 무수히 많은 편입수학을 공부하는 데 있어서 암기로 커버되는 부분은 한정적일 것입니다. 선생님의 강의로 99% 개념에 대한 이해를 하며 기출이나 선생님의 교재로 학습을 하면 서성한을 대비하기는 충분하다고 생각합니다.

편입 후배들에게 주는 세 가지 조언

하고 싶은 말이 많지만 세 가지만 꼭 알았으면 좋겠습니다.

1) 꾸준히 하자 (쉬는 시간을 가지자)

6개월 이상 무언가에만 시간을 쏟는다는 것은 결코 쉬운 일이 아닙니다. 편입준비 초반부에는 일주일에 하루 정도 쉬는 날을 정하여 중간에 번아웃이 오는 일이 없도록 하는 것을 추천 드립니다. 꾸준히 하기만 해도 합격에 매우 가까워질 것 입니다. 후반부에는 어차피 쉬라 해도 무조건 열심히 하게 되어 있습니다.

2) 복습은 선택이 아닌 필수다!

편입수학은 양이 엄청 많습니다. 복습을 하지 않으면 후반부에 개념이 기억이 안나 무조건 강의를 다시 듣거나 개념에 구멍이 난 채로 시험에 응시하게 될 것입니다. 이래도 복습을 안하는 사람이 있을 것입니다. 시험은 상대평가니까 여러분들은 복습을 하는 것만으로 복습 안 하는 많은 사람들을 이길 수 있습니다.

3) 절호의 기회다

정시전형으로 건국대 이상의 학교에 들어가기 위해서는 수능평균 2등급이 필요한 것으로 알고 있습니다. 베이스가 없는 사람이 1년만에 위 등급을 만들기는 현실적으로 불가능하지만 편입을 통해서 건국대 이상의 학교에 진학하는 것은 충분히 가능하다고 생각합니다. 단 한 번뿐인 절호의 기회라 생각하고 열심히 임하면 좋은 결과 있을 것 같습니다.

면접은 외우지 말고 확실한 키워드를 숙지할 것!

성균관대학교 소프트웨어학과 면접은 5분동안 면접관(교수) 두 분과 2:1로 진행합니다.

소프트웨어학과 면접의 경우 인성 질문보다는 전공지식이 주를 이루기에 간단한 지원동기와 학업계획을 준비한 후 전공 지식에 시간을 쏟았습니다. 저는 비동일계로서 c언어와 python의 문법과 미니 프로젝트를 진행한 것이 전부였고 cs지식이 단 하나도 없었기에 문법 복습과 자료구조와 알고리즘에 대해서 얇고 넓게 공부하고자 하였습니다.

너무 깊게는 공부하지 않았고 포인터가 뭔지, 정렬이 뭐고 어떤 종류가 있는지, 시간 복잡도가 뭔지와 같이 간단한 개념들 위주로 공부한 후 이에 대한 꼬리질문을 준비하는 식으로 하였습니다. 꼬리질문 준비가 면접의 핵심이라고 생각합니다.

면접장에서 제가 받은 질문은 다음과 같습니다.

1. 지원동기랑 학업계획 말해 주세요

2. 퀵 정렬 뭔지 아시나요/ 퀵 정렬의 시간복잡도가 어떻게 되는지 설명해 주세요/ 조금 더 자세히 왜 그런 시간복잡도를 가지는지 설명해 주세요

3. 포인터 변수에 ++를 하는게 어떤 의미인가요

당황해서 아는 것도 돌려 말하다 보니 위의 내용만 말하다 끝이 났습니다. 면접 준비하시는 분들은 대본을 외우지 말고 질문에 대한 대답의 확실한 키워드만 숙지하는 것을 추천드립니다.

- 서○호 (성균관대학교 소프트웨어학과)

고윳값과 고유벡터

02 고윳값과 고유벡터

1 고윳값과 고유벡터의 정의

1 정의

n차 정방행렬 A가 선형 연립방정식 $AV = \lambda V$를 만족하는 영벡터가 아닌 벡터 V가 존재할 때,

λ를 A의 고윳값 또는 고윳값(eigenvalue)이라 하고, 벡터 V를 고윳값 λ에 대응하는 고유벡터(eigenvector)라 한다.

2 고윳값

(1) 고윳값 구하기

$$AV = \lambda V \Leftrightarrow AV - \lambda V = O \Leftrightarrow AV - \lambda IV = O \Leftrightarrow (A - \lambda I)V = O$$

↳ V는 영벡터 이외의 해를 갖기 때문에 연립방정식의 해 V는 무수히 많다.

(2) $\det(A - \lambda I) = |A - \lambda I| = 0$ 또는 $|\lambda I - A| = 0$은 고윳값을 구하는 식이다.

(3) $n \times n$ 행렬의 특성방정식은 λ에 대한 n차 방정식이므로 중근과 복소근을 포함하여 정확히 n개의 근이 존재한다.

(4) 특성다항식

$$\det(\lambda I - A) = \lambda^n + a_{n-1}\lambda^{n-1} + \cdots + a_1\lambda + a_0 = 0 \text{ 일 때,}$$

$$P(\lambda) = \lambda^n + a_{n-1}\lambda^{n-1} + \cdots + a_1\lambda + a_0 \text{ 를 } A\text{의 특성다항식이라 한다.}$$

① 고윳값의 합 $\lambda_1 + \lambda_2 + \cdots + \lambda_n = -a_{n-1}$는 $tr(A)$와 같다.

② 고윳값의 곱 $\lambda_1\lambda_2 \cdots \lambda_n = (-1)^n a_0$은 $\det(A)$와 같다.

(5) A와 A^t의 고윳값은 같다. $(A - \lambda I)^t = A^t - \lambda I$이고, 행렬식의 성질에 의해서 $\det(A - \lambda I) = \det(A^t - \lambda I)$가

성립한다. 따라서 A와 A^t는 특성다항식이 같으므로 A와 A^t의 고윳값은 같다. 그러나 고유공간이 같은 것은 아니다.

3 고유벡터

(1) 연립방정식 $(A - \lambda I)V = O$의 해가 고윳값 λ에 대응하는 고유벡터이다.

(2) 행렬 $A - \lambda I$의 해공간 $E_\lambda = \{V \in R^n | (A - \lambda I)V = O\}$를 행렬 A의 고윳값 λ에 대응하는

고유공간(eigenspace) 이라고 한다. 고유공간은 영벡터와 λ에 대응하는 모든 고유벡터를 포함한다.

(3) 서로 다른 고윳값에 대응하는 고유벡터들은 일차독립이다.

(4) V가 A의 고유벡터이면 벡터의 스칼라 곱인 αV $(\alpha \neq 0)$도 A의 고유벡터이다.

필수예제 25

다음 행렬들의 고윳값과 고유벡터를 구하시오.

(1) $A = \begin{pmatrix} 1 & 2 \\ 2 & 1 \end{pmatrix}$

(2) $A = \begin{pmatrix} 3 & -2 & 0 \\ -2 & 3 & 0 \\ 0 & 0 & 5 \end{pmatrix}$

풀이 (1) step1) 고윳값 구하기

$|A - \lambda I| = \begin{vmatrix} 1-\lambda & 2 \\ 2 & 1-\lambda \end{vmatrix} = \lambda^2 - 2\lambda - 3 = (\lambda+1)(\lambda-3) = 0$ 이므로 고윳값은 $\lambda = -1, 3$ 이다.

step2) 고유벡터 구하기

(i) $\lambda = -1$일 때, $(A+I)v = \begin{pmatrix} 2 & 2 \\ 2 & 2 \end{pmatrix}\begin{pmatrix} x \\ y \end{pmatrix} = \begin{pmatrix} 0 \\ 0 \end{pmatrix}$이므로 $\therefore v = \begin{pmatrix} x \\ y \end{pmatrix} = \begin{pmatrix} t \\ -t \end{pmatrix} = t\begin{pmatrix} 1 \\ -1 \end{pmatrix}$ $(t \neq 0$인 모든 실수)

(ii) $\lambda = 3$일 때, $(A-3I)v = \begin{pmatrix} -2 & 2 \\ 2 & -2 \end{pmatrix}\begin{pmatrix} x \\ y \end{pmatrix} = \begin{pmatrix} 0 \\ 0 \end{pmatrix}$이므로 $\therefore v = \begin{pmatrix} x \\ y \end{pmatrix} = t\begin{pmatrix} 1 \\ 1 \end{pmatrix}$$(t \neq 0$인 모든 실수)

step3) 고윳값 -1의 고유공간은 $E_{\lambda = -1} = \left\{ \begin{pmatrix} 1 \\ -1 \end{pmatrix} \right\}$이고, 고윳값 3의 고유공간은 $E_{\lambda = 3} = \left\{ \begin{pmatrix} 1 \\ 1 \end{pmatrix} \right\}$이다.

(2) step1) 고윳값 구하기

$|A - \lambda I| = \begin{vmatrix} 3-\lambda & -2 & 0 \\ -2 & 3-\lambda & 0 \\ 0 & 0 & 5-\lambda \end{vmatrix} = (5-\lambda)\begin{vmatrix} 3-\lambda & -2 \\ -2 & 3-\lambda \end{vmatrix} = (5-\lambda)(\lambda^2 - 6\lambda + 9 - 4)$

$= (5-\lambda)(\lambda-1)(\lambda-5) = 0 \qquad \therefore \lambda = 1, 5, 5$

step2) 고유벡터 구하기

(i) $\lambda = 1$일 때, $(A-I)v = 0$

$\begin{pmatrix} 2 & -2 & 0 \\ -2 & 2 & 0 \\ 0 & 0 & 4 \end{pmatrix}\begin{pmatrix} x \\ y \\ z \end{pmatrix} = \begin{pmatrix} 0 \\ 0 \\ 0 \end{pmatrix}$ $(A-I) \sim \begin{pmatrix} 1 & -1 & 0 \\ 0 & 0 & 1 \\ 0 & 0 & 0 \end{pmatrix}$ $\therefore v = \begin{pmatrix} x \\ y \\ z \end{pmatrix} = \begin{pmatrix} t \\ t \\ 0 \end{pmatrix} = t\begin{pmatrix} 1 \\ 1 \\ 0 \end{pmatrix}$ $(t \neq 0, \ t \in R)$

$rank(A-I) = 2$, $nullity(A-I) = 1$이고 이때, 해공간의 차원은 $\lambda = 1$에 대응되는 고유벡터의 개수이다.

(ii) $\lambda = 5$일 때, $(A-5I)v = 0$

$\begin{pmatrix} -2 & -2 & 0 \\ -2 & -2 & 0 \\ 0 & 0 & 0 \end{pmatrix}\begin{pmatrix} x \\ y \\ z \end{pmatrix} = \begin{pmatrix} 0 \\ 0 \\ 0 \end{pmatrix}$ $(A-5I) \sim \begin{pmatrix} 1 & 1 & 0 \\ 0 & 0 & 0 \\ 0 & 0 & 0 \end{pmatrix}$ $\therefore v = \begin{pmatrix} -t \\ t \\ s \end{pmatrix} = t\begin{pmatrix} -1 \\ 1 \\ 0 \end{pmatrix} + s\begin{pmatrix} 0 \\ 0 \\ 1 \end{pmatrix}$ $(s, t \neq 0, \ s, t \in R)$

$rank(A-5I) = 1$, $nullity(A-5I) = 2$이고 이때, 해공간의 차원은 $\lambda = 5$에 대응되는 고유벡터의 개수이다.

step3) 고윳값 1의 고유공간은 $E_{\lambda = 1} = \left\{ \begin{pmatrix} 1 \\ 1 \\ 0 \end{pmatrix} \right\}$이고, 고윳값 5의 고유공간은 $E_{\lambda = 5} = \left\{ \begin{pmatrix} -1 \\ 1 \\ 0 \end{pmatrix}, \begin{pmatrix} 0 \\ 0 \\ 1 \end{pmatrix} \right\}$이다.

2×2 대칭행렬 $A = [a_{ij}]$ 에 대하여 고윳값이 $3, -2$ 이고 대응하는 고유벡터가 각각 $\begin{pmatrix} 3 \\ 4 \end{pmatrix}, \begin{pmatrix} -4 \\ 3 \end{pmatrix}$ 일 때, $a_{12} + a_{22}$ 의 값을 구하면?

풀이 이차정방행렬을 $\begin{pmatrix} a & b \\ b & c \end{pmatrix}$ 라 하면 벡터방정식 $AX = \lambda X$ 에 대입하면

(i) $\lambda = 3$ 인 경우 : $\begin{pmatrix} a & b \\ b & c \end{pmatrix}\begin{pmatrix} 3 \\ 4 \end{pmatrix} = 3\begin{pmatrix} 3 \\ 4 \end{pmatrix}$ $\cdots$ ①

(ii) $\lambda = -2$ 인 경우 : $\begin{pmatrix} a & b \\ b & c \end{pmatrix}\begin{pmatrix} -4 \\ 3 \end{pmatrix} = -2\begin{pmatrix} -4 \\ 3 \end{pmatrix}$ $\cdots$ ②

①, ②에서 $\begin{pmatrix} a & b \\ b & c \end{pmatrix}\begin{pmatrix} 3 & -4 \\ 4 & 3 \end{pmatrix} = \begin{pmatrix} 9 & 8 \\ 12 & -6 \end{pmatrix}$ 이므로

$\begin{pmatrix} a & b \\ b & c \end{pmatrix} = \begin{pmatrix} 9 & 8 \\ 12 & -6 \end{pmatrix}\begin{pmatrix} 3 & -4 \\ 4 & 3 \end{pmatrix}^{-1} = \frac{1}{25}\begin{pmatrix} 9 & 8 \\ 12 & -6 \end{pmatrix}\begin{pmatrix} 3 & 4 \\ -4 & 3 \end{pmatrix} = \begin{pmatrix} -\frac{1}{5} & \frac{12}{5} \\ \frac{12}{5} & \frac{6}{5} \end{pmatrix}$ 이다. 따라서 $a_{12} + a_{22} = \frac{18}{5}$ 이다.

62. 다음 행렬 $\begin{pmatrix} 4 & -3 & 1 \\ 2 & -1 & 2 \\ 0 & 0 & 3 \end{pmatrix}$ 의 고윳값이 아닌 것은?

① 1   ② 2   ③ 3   ④ 4

63. 행렬 $A = \begin{pmatrix} 1 & 0 & 1 \\ 2 & 2 & 0 \\ 8 & 0 & 3 \end{pmatrix}$ 의 고윳값(eigenvalue)이 아닌 것은?

① 1   ② -1 ③ 2   ④ 5

64. $A = \begin{pmatrix} 6 & -5 \\ 3 & -2 \end{pmatrix}$ 의 고윳값(λ)과 고유벡터($\vec{v}$)가 올바르게 대응된 것을 모두 고르면?

ㄱ. $\lambda = 1, \vec{v} = (1, 1)$ ㄴ. $\lambda = -1, \vec{v} = (1, -1)$
ㄷ. $\lambda = 3, \vec{v} = (5, 3)$ ㄹ. $\lambda = -5, \vec{v} = (-5, 3)$

필수 예제 27

다음 〈보기〉에서 행렬 $A = \begin{pmatrix} 7 & 1 & -2 \\ -3 & 3 & 6 \\ 2 & 2 & 2 \end{pmatrix}$ 의 고윳값 6에 대응하는 고유벡터는 모두 몇 개인가?

(가) $\begin{pmatrix} 2 \\ 0 \\ 1 \end{pmatrix}$
(나) $\begin{pmatrix} 1 \\ 1 \\ 1 \end{pmatrix}$
(다) $\begin{pmatrix} 0 \\ 2 \\ 1 \end{pmatrix}$
(라) $\begin{pmatrix} 4 \\ 2 \\ 3 \end{pmatrix}$

풀이 $AV = 6V$를 만족하는 벡터 V를 구하자.

가. $\begin{pmatrix} 7 & 1 & -2 \\ -3 & 3 & 6 \\ 2 & 2 & 2 \end{pmatrix}\begin{pmatrix} 2 \\ 0 \\ 1 \end{pmatrix} = \begin{pmatrix} 12 \\ 0 \\ 6 \end{pmatrix} = 6\begin{pmatrix} 2 \\ 0 \\ 1 \end{pmatrix}$
나. $\begin{pmatrix} 7 & 1 & -2 \\ -3 & 3 & 6 \\ 2 & 2 & 2 \end{pmatrix}\begin{pmatrix} 1 \\ 1 \\ 1 \end{pmatrix} = \begin{pmatrix} 6 \\ 6 \\ 6 \end{pmatrix} = 6\begin{pmatrix} 1 \\ 1 \\ 1 \end{pmatrix}$

다. $\begin{pmatrix} 7 & 1 & -2 \\ -3 & 3 & 6 \\ 2 & 2 & 2 \end{pmatrix}\begin{pmatrix} 0 \\ 2 \\ 1 \end{pmatrix} = \begin{pmatrix} 0 \\ 12 \\ 6 \end{pmatrix} = 6\begin{pmatrix} 0 \\ 2 \\ 1 \end{pmatrix}$
라. $\begin{pmatrix} 7 & 1 & -2 \\ -3 & 3 & 6 \\ 2 & 2 & 2 \end{pmatrix}\begin{pmatrix} 4 \\ 2 \\ 3 \end{pmatrix} = \begin{pmatrix} 24 \\ 12 \\ 18 \end{pmatrix} = 6\begin{pmatrix} 4 \\ 2 \\ 3 \end{pmatrix}$

따라서 보기의 벡터는 모두 고윳값 6에 대응하는 고유벡터이다.

[다른 풀이] 고윳값 6에 대응하는 고유공간을 직접 구해보자.

$(A - 6I)\begin{pmatrix} x \\ y \\ z \end{pmatrix} = \begin{pmatrix} 0 \\ 0 \\ 0 \end{pmatrix} \Leftrightarrow \begin{pmatrix} 1 & 1 & -2 \\ -3 & -3 & 6 \\ 2 & 2 & -4 \end{pmatrix}\begin{pmatrix} x \\ y \\ z \end{pmatrix} = \begin{pmatrix} 0 \\ 0 \\ 0 \end{pmatrix} \Leftrightarrow \begin{pmatrix} 1 & 1 & -2 \\ 0 & 0 & 0 \\ 0 & 0 & 0 \end{pmatrix}\begin{pmatrix} x \\ y \\ z \end{pmatrix} = \begin{pmatrix} 0 \\ 0 \\ 0 \end{pmatrix} \Leftrightarrow x + y - 2z = 0$

즉, $E_6 = \left\{ \begin{pmatrix} x \\ y \\ z \end{pmatrix} \middle| \ x + y - 2z = 0 \right\}$

따라서 고윳값 6에 대응하는 고유벡터는 $x + y - 2z = 0$ 를 만족해야 한다.

65. 다음 중 행렬 $A = \begin{pmatrix} 5 & -4 & 4 \\ 12 & -11 & 12 \\ 4 & -4 & 5 \end{pmatrix}$ 의 고유벡터가 아닌 것은?

① $\begin{pmatrix} 2 \\ 1 \\ 0 \end{pmatrix}$
② $\begin{pmatrix} 1 \\ 0 \\ -1 \end{pmatrix}$
③ $\begin{pmatrix} 1 \\ 3 \\ 1 \end{pmatrix}$
④ $\begin{pmatrix} 0 \\ 1 \\ 1 \end{pmatrix}$

행렬 $A = \begin{pmatrix} 4 & 0 & 1 \\ -2 & 1 & 0 \\ -2 & 0 & 1 \end{pmatrix}$의 고윳값 $\lambda_1,\ \lambda_2,\ \lambda_3$에 대응하는 고유벡터를 각각 $\boldsymbol{a} = \begin{pmatrix} a_1 \\ 1 \\ a_2 \end{pmatrix}$, $\boldsymbol{b} = \begin{pmatrix} b_1 \\ b_2 \\ 2 \end{pmatrix}$, $\boldsymbol{c} = \begin{pmatrix} 3 \\ c_1 \\ c_2 \end{pmatrix}$이라 할 때,

$\lambda_1\lambda_2\lambda_3 + a_1a_2 + b_1b_2 + c_1c_2$의 값은? (단, $\lambda_1 < \lambda_2 < \lambda_3$)

풀이 $\begin{vmatrix} 4-\lambda & 0 & 1 \\ -2 & 1-\lambda & 0 \\ -2 & 0 & 1-\lambda \end{vmatrix} = (1-\lambda)(\lambda^2 - 5\lambda + 6) = (1-\lambda)(\lambda-2)(\lambda-3)$

(i) $\lambda = 1$일 때, $A - I = \begin{pmatrix} 3 & 0 & 1 \\ -2 & 0 & 0 \\ -2 & 0 & 0 \end{pmatrix} \sim \begin{pmatrix} 1 & 0 & 0 \\ 0 & 0 & 1 \\ 0 & 0 & 0 \end{pmatrix}$이므로 고유공간은 $\left\{ \begin{pmatrix} 0 \\ 1 \\ 0 \end{pmatrix} \right\}$이고, $\boldsymbol{a} = \begin{pmatrix} a_1 \\ 1 \\ a_2 \end{pmatrix} = \begin{pmatrix} 0 \\ 1 \\ 0 \end{pmatrix}$이다.

(ii) $\lambda = 2$일 때, $A - 2I = \begin{pmatrix} 2 & 0 & 1 \\ -2 & -1 & 0 \\ -2 & 0 & -1 \end{pmatrix} \sim \begin{pmatrix} 2 & 0 & 1 \\ 0 & -1 & 1 \\ 0 & 0 & 0 \end{pmatrix}$이므로 고유공간은 $\left\{ \begin{pmatrix} -1 \\ 2 \\ 2 \end{pmatrix} \right\}$이고, $\boldsymbol{b} = \begin{pmatrix} b_1 \\ b_2 \\ 2 \end{pmatrix} = \begin{pmatrix} -1 \\ 2 \\ 2 \end{pmatrix}$이다.

(iii) $\lambda = 3$일 때, $A - 3I = \begin{pmatrix} 1 & 0 & 1 \\ -2 & -2 & 0 \\ -2 & 0 & -2 \end{pmatrix} \sim \begin{pmatrix} 1 & 0 & 1 \\ 0 & -1 & 1 \\ 0 & 0 & 0 \end{pmatrix}$이므로 고유공간은 $\left\{ \begin{pmatrix} 1 \\ -1 \\ -1 \end{pmatrix} \right\}$이고, $\boldsymbol{c} = \begin{pmatrix} 3 \\ c_1 \\ c_2 \end{pmatrix} = \begin{pmatrix} 3 \\ -3 \\ -3 \end{pmatrix}$이다.

그러므로 $\lambda_1\lambda_2\lambda_3 + a_1a_2 + b_1b_2 + c_1c_2 = 6 + 0 - 2 + 9 = 13$이다.

66. 행렬 $A = \begin{bmatrix} 1 & 0 & 1 \\ 0 & 1 & a \\ 2 & 1 & 1 \end{bmatrix}$에 대하여 $(1,\ b,\ -2)$가 A의 고유벡터라고 하자.

행렬 A의 고윳값 중 가장 큰 것을 c, 가장 작은 것을 d라고 할 때, $a+b+c+d$의 값은?

67. 행렬 $\begin{pmatrix} 1 & 1 & 1 \\ 1 & 1 & 1 \\ 1 & 1 & 1 \end{pmatrix}$의 고유벡터를 모두 고른 것은?

(가) $\begin{pmatrix} 2 \\ 2 \\ 2 \end{pmatrix}$	(나) $\begin{pmatrix} 3 \\ 0 \\ -3 \end{pmatrix}$	(다) $\begin{pmatrix} 2 \\ -5 \\ 4 \end{pmatrix}$	(라) $\begin{pmatrix} 3 \\ -7 \\ 4 \end{pmatrix}$

① (가)　　　　② (가), (나)　　　　③ (가), (나), (라)　　　　④ (나), (다), (라)

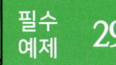

행렬 $\begin{bmatrix} 1 & 0 & 2 \\ 3 & a & 4 \\ 0 & 0 & 5 \end{bmatrix}$ 의 특성방정식이 $x^3 - 8x^2 + bx - 5a = 0$일 때, $a+b$의 값은?

풀이 $|\lambda I - A| = \begin{vmatrix} \lambda-1 & 0 & -2 \\ -3 & \lambda-a & -4 \\ 0 & 0 & \lambda-5 \end{vmatrix} = (\lambda-1)(\lambda-a)(\lambda-5)$ 이므로 특성방정식의 근은 1, 5, a이다.

근과 계수의 관계에 의하여 $\begin{cases} 1+5+a=8 \\ 1\cdot5+5\cdot a+a\cdot1=b \\ 1\cdot5\cdot a=5a \end{cases}$ 즉, $\begin{cases} a+6=8 \\ 6a+5=b \\ 5a=5a \end{cases}$ 이므로 $a=2$, $b=17$이다.

$\therefore a+b=19$

---

68. I_4를 4×4 단위행렬이라 하고, 행렬 $B = \begin{pmatrix} 1 & 1 & 0 & 1 \\ 1 & 1 & 1 & 0 \\ 0 & 1 & 1 & 1 \\ 1 & 0 & 1 & 1 \end{pmatrix}$ 에 대하여 특성다항식이 $P(\lambda)= \det(\lambda I_4 - B)$ 라

할 때, 방정식 $P(\lambda)=0$ 의 모든 근의 합은?

69. 특성다항식이 $P(\lambda) = \lambda^3 - 4\lambda^2 - 4\lambda + 16$인 3×3 행렬 A의 행렬식의 값은?

70. 행렬 $A = \begin{pmatrix} 5 & 0 & 0 \\ 1 & 3 & 4 \\ 2 & 0 & a \end{pmatrix}$ 의 특성방정식(characteristic equation)이 $x^3 - 15x^2 + 71x - 105 = 0$일 때,

실수 a의 값은?

실수체 $\mathbb{R}$ 위의 벡터공간 $\mathbb{R}^3$ 의 기저(basis) $\{v_1, v_2, v_3\}$ 에 대하여 모든 성분이 실수인 3×3 행렬 A 가
$(A-I)(v_1+v_2)=0$, $(A-2I)(v_2+v_3)=0$, $(A+4I)(v_3+v_1)=0$ 을 만족시킬 때, A 의 행렬식과 A 의
대각원소의 합을 각각 구하시오. (단, I 는 3×3 단위행렬이다.)

풀이 $\{v_1, v_2, v_3\}$ 는 R^3 의 기저이므로 일차독립의 관계에 있고, $\{v_1+v_2, v_2+v_3, v_3+v_1\}$ 도 일차독립관계에 있다.

주어진 $(A-I)(v_1+v_2)=0$, $(A-2I)(v_2+v_3)=0$, $(A+4I)(v_3+v_1)=0$ 이 의미하는 것은

A 의 고윳값이 $1, 2, -4$ 이고 v_1+v_2, v_2+v_3, v_3+v_1 는 각 고윳값에 대응하는 고유벡터이다.

따라서 $\det(A) = -8$ 이고, $tr(A) = -1$ 이다.

---

71. 3×3 행렬 A 의 서로 다른 세 고윳값 $\lambda_1, \lambda_2, \lambda_3$ 에 대응되는 고유벡터가 각각 $(1, 2, 1)$, $(0, 1, -1)$, $(1, a, 0)$ 이다. a 의 값이 될 수 없는 것을 구하면?

① 0 　　　　　② 1 　　　　　③ 2 　　　　　④ 3

72. 행렬 $A = \begin{pmatrix} a & b \\ c & d \end{pmatrix}$ 에 대하여, 단위벡터인 2차원 열벡터 u, v 가 있어서 $Au = u$, $Av = 3v$ 가 성립한다. 이때, A 가 될 수 있는 것은?

① $\begin{pmatrix} 2 & 1 \\ -1 & 1 \end{pmatrix}$ 　　② $\begin{pmatrix} 1 & -1 \\ 1 & 3 \end{pmatrix}$ 　　③ $\begin{pmatrix} 2+\sqrt{2} & 1 \\ 1 & 2-\sqrt{2} \end{pmatrix}$ 　④ $\begin{pmatrix} 2+\sqrt{2} & 1 \\ -1 & 2-\sqrt{2} \end{pmatrix}$

73. 역행렬이 존재하는 두 행렬 A, B 가 $A = \begin{pmatrix} 1 & 2 \\ 3 & 4 \end{pmatrix} B + 2B$ 일 때, AB^{-1} 의 고윳값의 곱은?

74. 연립방정식 $\begin{pmatrix} 3 & 2 \\ 1 & 1 \end{pmatrix}\begin{pmatrix} x \\ y \end{pmatrix} = k\begin{pmatrix} x \\ y \end{pmatrix}$ 가 $(0, 0)$ 이 아닌 해를 가지기 위한 k 의 모든 값의 합을 구하시오.

① 3 　　　　　② 4 　　　　　③ 5 　　　　　④ 6

75. 행렬 $A = \begin{pmatrix} 0 & 0 & 1 \\ 0 & 1 & 2 \\ 4 & 0 & 0 \end{pmatrix}$의 고윳값(eigenvalue) 중 가장 큰 것과 가장 작은 것의 차는?

76. 행렬 $A = \begin{pmatrix} 5 & -2 & 3 \\ 0 & 1 & 0 \\ 6 & 7 & -2 \end{pmatrix}$의 고윳값들을 모두 곱한 값은?

77. 행렬 $\begin{pmatrix} 6 & -1 \\ 5 & a \end{pmatrix}$의 고윳값이 $5+2i$와 $5-2i$일 때, a의 값은?

78. 행렬 $A = \begin{pmatrix} 1 & -1 & 1 & -1 & 1 \\ -1 & 1 & -1 & 1 & -1 \\ 1 & -1 & 1 & -1 & 1 \\ -1 & 1 & -1 & 1 & -1 \\ 1 & -1 & 1 & -1 & 1 \end{pmatrix}$의 고윳값들의 합과 곱을 각각 α, β라고 할 때, $\alpha + \beta$의 값은?

79. 행렬 $A = \begin{bmatrix} 1 & 0 & 0 & 1 \\ 0 & 2 & 0 & 0 \\ 0 & 0 & -1 & 0 \\ 1 & 0 & 0 & -2 \end{bmatrix}$의 4개의 고윳값의 곱을 구하시오.

80. 실수성분의 행렬 $\begin{bmatrix} a & b \\ c & d \end{bmatrix}$가 서로 다른 두 개의 실수 고윳값을 항상 갖는 경우는?

① $bc > 0$ ② $a \neq d$, $bc \leq 0$ ③ $(a-d)^2 > 4bc$ ④ $a+d < ad-bc$

n차 정방행렬 A의 고윳값은 λ이고, 대응하는 고유벡터는 V라고 하자.

(1) k가 자연수일 때, A^k의 고윳값은 λ^k이고 고유벡터는 V이다.

(2) A가 가역행렬이면, A^{-1}의 고윳값은 $\dfrac{1}{\lambda}$이고, 고유벡터는 V이다.

(3) α가 스칼라일 때, αA의 고윳값은 $\alpha\lambda$이고, 고유벡터는 V이다.

(4) s가 스칼라일 때, $A-sI$의 고윳값은 $\lambda-s$이고, 고유벡터는 V이다.

(5) α, β가 스칼라일 때, $\alpha A^2 + \beta A$의 고윳값은 $\alpha\lambda^2 + \beta\lambda$이고, 고유벡터는 V이다.

(6) 케일리-해밀턴 정리(Cayley-Hamilton's theorem)

$\quad P(\lambda) = \lambda^n + a_{n-1}\lambda^{n-1} + \cdots + a_1\lambda + a_0 = 0$ 을 A의 특성다항식이라 하면,

$\quad P(A) = A^n + a_{n-1}A^{n-1} + \cdots + a_1 A + a_0 I = O$ 가 성립하는 것이 케일리-해밀턴 정리이다.

(7) 대칭행렬의 고윳값은 실수이고, 서로 다른 고윳값에 대응하는 고유벡터는 서로 수직이다.

(8) 행렬 AB와 BA의 고윳값은 같다. 그러나 고유벡터가 같은 것은 아니다.

$\quad$ 따라서 $tr(AB) = tr(BA)$, $\det(AB) = \det(BA)$ 가 성립한다.

(9) 삼각행렬 또는 대각행렬의 고윳값은 대각성분과 같다.

(10) A의 고윳값의 곱은 $\det(A)$와 같다.

(11) A의 고윳값의 합은 $tr(A)$와 같다.

(12) A와 A^t의 고윳값은 같다.

Areum Math Tip

3×3 행렬 $A = \begin{pmatrix} a_{11} & a_{12} & a_{13} \\ a_{21} & a_{22} & a_{23} \\ a_{31} & a_{32} & a_{33} \end{pmatrix}$ 의 고윳값이 α, β, γ라고 하자.

(i) $A^{-1} = \dfrac{1}{\det(A)}\begin{pmatrix} C_{11} & C_{12} & C_{13} \\ C_{21} & C_{22} & C_{23} \\ C_{31} & C_{32} & C_{33} \end{pmatrix}^t$ 이고, $tr(A^{-1}) = \dfrac{C_{11}+C_{22}+C_{33}}{\det(A)}$ 이다.

(ii) 고윳값의 성질에 의해서 A^{-1}의 고윳값은 $\dfrac{1}{\alpha}, \dfrac{1}{\beta}, \dfrac{1}{\gamma}$ 이고, $tr(A^{-1}) = \dfrac{1}{\alpha} + \dfrac{1}{\beta} + \dfrac{1}{\gamma} = \dfrac{\alpha\beta + \alpha\gamma + \beta\gamma}{\alpha\beta\gamma}$

(i)과 (ii)에 의해서 $tr(A^{-1}) = \dfrac{C_{11}+C_{22}+C_{33}}{\det(A)} = \dfrac{\alpha\beta+\alpha\gamma+\beta\gamma}{\alpha\beta\gamma}$ 이므로 $C_{11}+C_{22}+C_{33} = \alpha\beta+\alpha\gamma+\beta\gamma$ 이다.

(iii) $|\lambda I - A| = (\lambda-\alpha)(\lambda-\beta)(\lambda-\gamma) = \lambda^3 - (\alpha+\beta+\gamma)\lambda^2 + (\alpha\beta+\alpha\gamma+\beta\gamma)\lambda - \alpha\beta\gamma$

$\quad = \lambda^3 - tr(A)\lambda^2 + (C_{11}+C_{22}+C_{33})\lambda - \det(A)$

❖ 3차 정방행렬 A의 특성방정식은 $\lambda^3 - tr(A)\lambda^2 + (C_{11}+C_{22}+C_{33})\lambda - \det(A)$ 임을 꼭 외우자!!

Areum Math Tip

고웃값의 성질 [증명]

(1) $AV = \lambda V$; 양변에 A를 왼쪽에 곱하면, $\Rightarrow A^2 V = \lambda A V = \lambda \lambda V = \lambda^2 V$;

양변에 A를 왼쪽에 곱하면, $\Rightarrow A^3 V = \lambda^2 A V = \lambda^2 \lambda V = \lambda^3 V$

이와 같은 방법으로 식을 정리하면 $A^k V = \lambda^k V$이 성립한다. 따라서 A^k의 고웃값은 λ^k이고 고유벡터는 V이다.

(2) $AV = \lambda V$; 양변에 A^{-1}를 왼쪽에 곱하면,

$\Rightarrow V = \lambda A^{-1} V \Rightarrow \frac{1}{\lambda} V = A^{-1} V \Rightarrow A^{-1} V = \frac{1}{\lambda} V$가 되므로 A^{-1}의 고웃값은 $\frac{1}{\lambda}$이고, 고유벡터는 V이다.

(3) $AV = \lambda V$; 양변에 α를 왼쪽에 곱하면, $\Rightarrow \alpha A V = \alpha \lambda V$가 되므로 αA의 고웃값은 $\alpha \lambda$이고, 고유벡터는 V이다.

(4) $AV = \lambda V$; 양변에 sV를 빼면 $\Rightarrow AV - sV = \lambda V - sV \Rightarrow (A - sI)V = (\lambda - s)V$가 되므로

$A - sI$의 고웃값은 $\lambda - s$이고, 고유벡터는 V이다.

(5) $AV = \lambda V$일 때, (1)과 (3) 성질에 의해서 $\alpha A^2 V = \alpha \lambda^2 V$, $\beta A V = \beta \lambda V$라고 할 수 있고,

더하면 $(\alpha A^2 + \beta A)V = (\alpha \lambda^2 + \beta \lambda)V$이 성립하므로 $\alpha A^2 + \beta A$의 고웃값은 $\alpha \lambda^2 + \beta \lambda$이고, 고유벡터는 V이다.

(6) $AV = \lambda V$일 때, (1) (3) (5) 성질에 의해서

$A^n V + a_{n-1} A^{n-1} V + \cdots + a_1 A V + a_0 I V = \lambda^n V + a_{n-1} \lambda^{n-1} V + \cdots + a_1 \lambda V + a_0 V$

$\Rightarrow \left(A^n + a_{n-1} A^{n-1} + \cdots + a_1 A + a_0 I \right) V = \left(\lambda^n + a_{n-1} \lambda^{n-1} + \cdots + a_1 \lambda + a_0 \right) V$

$\Rightarrow$ 행렬 $A^n + a_{n-1} A^{n-1} + \cdots + a_1 A + a_0 I$의 고웃값은 $\lambda^n + a_{n-1} \lambda^{n-1} + \cdots + a_1 \lambda + a_0$이고, 고유벡터는 V이다.

$\Rightarrow$ 여기서 n차 정방행렬 A의 특성다항식을 $P(\lambda)$라고 한다면 $P(\lambda) = \lambda^n + a_{n-1} \lambda^{n-1} + \cdots + a_1 \lambda + a_0 = 0$이고,

$P(A) = A^n + a_{n-1} A^{n-1} + \cdots + a_1 A + a_0 I$라고 할 때 $P(A)V = P(\lambda)V$을 만족한다.

V는 영벡터가 아니므로 $P(\lambda) = 0$ 따라서 $P(A) = A^n + a_{n-1} A^{n-1} + \cdots + a_1 A + a_0 I = O$가 성립한다.

(7) 대칭행렬의 서로 다른 두 고웃값 λ_1, λ_2에 대응하는 고유벡터를 각각 v_1, v_2라 하자.

대칭행렬의 정의에 의해 $A = A^t$이므로 $v_1{}^t A v_2 = v_1 \cdot A^t v_2 = v_1 \cdot (A v_2) = v_1 \cdot (\lambda_2 v_2) = \lambda_2 (v_1 \cdot v_2)$ ……①

$v_1{}^t A v_2 = v_1{}^t A^t v_2 = (A v_1)^t v_2 = (A v_1) \cdot v_2 = (\lambda_1 v_1) \cdot v_2 = \lambda_1 (v_1 \cdot v_2)$ ……②

①, ② 에 의하여 $\lambda_1 (v_1 \cdot v_2) = \lambda_2 (v_1 \cdot v_2) \Leftrightarrow (\lambda_1 - \lambda_2)(v_1 \cdot v_2) = 0 \Leftrightarrow v_1 \cdot v_2 = 0 \Leftrightarrow v_1 \perp v_2$

(8) AB의 고웃값은 λ이고, 대응하는 고유벡터는 V이다. $\Rightarrow ABV = \lambda V$ 양변에 행렬 B를 곱하자. $\Rightarrow BABV = \lambda BV$이다.

위 식에서 $BV = W$라고 하면 $BAW = \lambda W$가 되고 BA의 고웃값은 λ이고, 대응하는 고유벡터는 W이다.

크기가 3×3인 행렬 A가 $\mathrm{tr}(A)=2$, $\mathrm{tr}(A^2)=6$, $tr(A^3)=8$을 만족할 때, $\det(A)$의 값은?

풀이 3차 정방행렬 A의 고윳값을 x, y, z라 하면 A^2의 고윳값은 x^2, y^2, z^2이고 A^3의 고윳값은 x^3, y^3, z^3이다. 그러므로

$tr(A)=x+y+z=2$, $tr(A^2)=x^2+y^2+z^2=6$, $tr(A^3)=x^3+y^3+z^3=8$이다.

$x^2+y^2+z^2=(x+y+z)^2-2(xy+yz+zx) \Rightarrow 6=4-2(xy+yz+zx) \Rightarrow xy+yz+zx=-1$

$x^3+y^3+z^3=(x+y+z)(x^2+y^2+z^2-xy-yz-zx)+3xyz \Rightarrow 8=2(6+1)+3xyz$

$\therefore \det(A)=xyz=-2$

❖ A^n의 고윳값의 합이 정수(자연수)라면 직관적인 판단도 필요하다.

---

81. 행렬 $A=\begin{pmatrix} 3 & 0 & 1 \\ 0 & 2 & 0 \\ 0 & 2 & 1 \end{pmatrix}$에 대하여 A^4의 고윳값의 합은?

82. $A=\begin{pmatrix} 2 & 1 \\ 1 & 2 \end{pmatrix}$이고, $A^{19}=\begin{pmatrix} a & b \\ c & d \end{pmatrix}$일 때, $a+d$의 값은?

83. 행렬 $A=\begin{pmatrix} 2 & -4 \\ 3 & -5 \end{pmatrix}$에 대하여, $\mathrm{tr}(A^{2024})$의 값은?

84. 행렬 $A=\dfrac{1}{2}\begin{pmatrix} 1 & 1 \\ 1 & -1 \end{pmatrix}$에 대하여 $tr(A^{2016})$의 값은?

필수예제 32

3×3 행렬 A의 특성다항식이 $f(\lambda) = \det(\lambda I - A) = \lambda^3 - 2\lambda^2 - 6\lambda + 1$ 로 주어질 때, 행렬 A^2의 특성다항식을 $p(x) = \det(x I - A^2)$ 라 하면 미분계수 $p'(2)$의 값은? (단, I는 3×3 단위행렬이다.)

풀이 $f(\lambda)$의 식이 쉽게 인수분해 되지 않기 때문에 고윳값의 성질을 이용하자.

행렬 A의 고윳값을 a, b, c라고 할 때, 근과 계수와의 관계에 의해서

$f(\lambda) = \det(\lambda I - A) = \lambda^3 - 2\lambda^2 - 6\lambda + 1 \;\Rightarrow\; a+b+c = 2, \quad ab+bc+ca = -6, \quad abc = -1$이 성립한다.

A^2의 고윳값은 a^2, b^2, c^2이므로

$p(x) = \det(x I - A^2) = x^3 - (a^2 + b^2 + c^2)x^2 + (a^2 b^2 + b^2 c^2 + c^2 a^2)x - a^2 b^2 c^2$이다.

$a^2 + b^2 + c^2 = (a+b+c)^2 - 2(ab+bc+ca) = 4 - 2(-6) = 16$이고

$a^2 b^2 + b^2 c^2 + a^2 c^2 = (ab+bc+ca)^2 - 2abc(a+b+c) = (-6)^2 - 2 \times (-1) \times 2 = 40$이다. 그러므로

$p(x) = x^3 - 16x^2 + 40x - 1, \; p'(x) = 3x^2 - 32x + 40$

$p'(2) = 12 - 64 + 40 = -12$이다.

---

85. 모든 성분이 실수인 2×2 대칭행렬 A가 다음 조건을 만족할 때 A의 행렬식을 구하면?

A^2의 대각합 $= 8$	A^3의 대각합 $= 0$

86. 2×2 행렬 A에 대하여 A^3의 특성다항식(characteristic polynomiail) $q(t)$가 $q(0) = -125$, $q(1) = -248$를 만족한다고 하자. A의 특성방정식을 $p(t)$라 할 때, $p(3)$의 값은?

크기가 3×3인 행렬 A에 대하여, 벡터 $\vec{v_1} = \begin{pmatrix} 1 \\ 2 \\ 1 \end{pmatrix}$이 $\text{null}(A + 2I_3)$ 의 기저벡터이고, 벡터 $\vec{v_2} = \begin{pmatrix} 1 \\ 0 \\ 2 \end{pmatrix}$이

$\text{null}(A - I_3)$ 의 기저벡터일 때, $A^3 \begin{pmatrix} 1 \\ -2 \\ 3 \end{pmatrix}$을 구하시오.   (단, $\text{null}(B)$ 는 행렬 B 의 영공간이다.)

풀이 고윳값과 고유벡터의 정의에 의해 $Av = \lambda v \Rightarrow (A - \lambda I)v = 0$이므로

$\Rightarrow (A + 2I)v_1 = 0, (A - I)v_2 = 0$; v_1, v_2는 각각 고윳값 -2, 1에 대응하는 고유벡터

$A^3 v_1 = (-2)^3 v_1 = -8v_1$, $A^3 v_2 = 1^3 \cdot v_2 = v_2$

$av_1 + bv_2 = \begin{pmatrix} 1 \\ -2 \\ 3 \end{pmatrix}$의 (a,b)를 구하기 위해서 연립방정식을 풀자.

$\begin{pmatrix} 1 & 1 & | & 1 \\ 2 & 0 & | & -2 \\ 1 & 2 & | & 3 \end{pmatrix} \sim \begin{pmatrix} 1 & 1 & | & 1 \\ 0 & -2 & | & -4 \\ 0 & 1 & | & 2 \end{pmatrix} \sim \begin{pmatrix} 1 & 1 & | & 1 \\ 0 & 1 & | & 2 \\ 0 & 0 & | & 0 \end{pmatrix} \sim \begin{pmatrix} 1 & 0 & | & -1 \\ 0 & 1 & | & 2 \\ 0 & 0 & | & 0 \end{pmatrix}$이므로 $a = -1, b = 2$

$A^3 \begin{pmatrix} 1 \\ -2 \\ 3 \end{pmatrix} = A^3(-v_1 + 2v_2) = -A^3 v_1 + 2A^3 v_2 = 8v_1 + 2v_2 = 8\begin{pmatrix} 1 \\ 2 \\ 1 \end{pmatrix} + 2\begin{pmatrix} 1 \\ 0 \\ 2 \end{pmatrix} = \begin{pmatrix} 10 \\ 16 \\ 12 \end{pmatrix}$

87. 2×2행렬 A가 $A\begin{pmatrix} 1 \\ -1 \end{pmatrix} = \begin{pmatrix} 2 \\ -2 \end{pmatrix}$, $A\begin{pmatrix} 1 \\ 1 \end{pmatrix} = \begin{pmatrix} 3 \\ 3 \end{pmatrix}$을 만족할 때, $A^{17}\begin{pmatrix} 11 \\ 3 \end{pmatrix} = \begin{pmatrix} x \\ y \end{pmatrix}$라 할 때,

$x - y$의 값을 구하시오.

88. 3×3행렬 A가 $A\begin{pmatrix} 1 \\ 1 \\ 1 \end{pmatrix} = \begin{pmatrix} 2 \\ 2 \\ 2 \end{pmatrix}$, $A\begin{pmatrix} 2 \\ 0 \\ -1 \end{pmatrix} = \begin{pmatrix} -2 \\ 0 \\ 1 \end{pmatrix}$을 만족할 때, $A^4\begin{pmatrix} -2 \\ 4 \\ 7 \end{pmatrix} = \begin{pmatrix} a \\ b \\ c \end{pmatrix}$일 때,

$a + b + c$의 값을 구하시오.

필수 예제 34

행렬 $\begin{pmatrix} 1 & 2 & 3 \\ 2 & 10 & -1 \\ 3 & -1 & -10 \end{pmatrix}$ 의 고윳값(eigenvalue)들을 α, β, γ라고 하자. $\alpha\beta + \beta\gamma + \gamma\alpha$의 값을 구하시오.

풀이 $\begin{pmatrix} 1 & 2 & 3 \\ 2 & 10 & -1 \\ 3 & -1 & -10 \end{pmatrix}$ 의 고윳값을 α, β, γ라고 $\alpha\beta + \beta\gamma + \gamma\alpha = C_{11} + C_{22} + C_{33} = -114$이다.

89. 주어진 행렬과 각 행렬의 역행렬의 고윳값을 구하시오

(1) $A = \begin{pmatrix} 3 & 1 & 1 \\ 0 & 3 & 1 \\ 0 & 0 & 3 \end{pmatrix}$

(2) $B = \begin{pmatrix} 2 & 1 & 4 & 1 \\ 0 & 3 & 1 & 1 \\ 0 & 0 & 4 & 0 \\ 0 & 0 & 0 & 5 \end{pmatrix}$

90. 행렬 $A = \begin{pmatrix} 1 & -3 & 3 \\ 0 & -5 & 6 \\ 0 & -3 & 4 \end{pmatrix}$ 일 때, A^{-1}의 고유벡터가 아닌 것을 구하시오.

① $\begin{pmatrix} 1 \\ 2 \\ 2 \end{pmatrix}$
② $\begin{pmatrix} 1 \\ 2 \\ 1 \end{pmatrix}$
③ $\begin{pmatrix} 2 \\ 1 \\ 1 \end{pmatrix}$
④ $\begin{pmatrix} 2 \\ 2 \\ 1 \end{pmatrix}$

91. 행렬 $A = \begin{bmatrix} 2 & 1 & 1 \\ 2 & 0 & 1 \\ -1 & 2 & 1 \end{bmatrix}$ 의 역행렬 A^{-1}의 고윳값의 합을 구하시오

92. 행렬 $\begin{pmatrix} 0 & 1 & 1 \\ 1 & 0 & 1 \\ 1 & 1 & 0 \end{pmatrix}$ 의 역행렬의 대각성분의 합을 구하시오

93. 행렬 $A = \begin{bmatrix} -1 & 1 & 0 \\ 0 & -1 & 1 \\ 4 & 3 & 2 \end{bmatrix}$ 의 고윳값을 λ_1, λ_2, λ_3라고 할 때,

$\lambda_1\lambda_2\lambda_3 + \lambda_1\lambda_2 + \lambda_2\lambda_3 + \lambda_1\lambda_3 + \lambda_1 + \lambda_2 + \lambda_3$ 의 값을 구하시오

2×2행렬 A의 고윳값 $\lambda_1 = -1$, $\lambda_2 = 3$에 대응하는 고유벡터를 각각 $x_1 = \begin{bmatrix} 1 \\ -1 \end{bmatrix}$, $x_2 = \begin{bmatrix} 2 \\ -3 \end{bmatrix}$이라 할 때, $(A + I_2)^{1004}$의 모든 성분의 합은? (단, $I_2 = 2 \times 2$단위행렬이다.)

풀이

$\begin{cases} Ax_1 = -1 \cdot x_1 \\ Ax_2 = 3x_2 \end{cases}$ $\Rightarrow A + I$의 고윳값은 0, 4이지만, 고유벡터는 동일하다.

$A + I = B$라고 하면 $Br_1 = 0 \cdot x_1$, $Bx_2 = 4x_2$ 이다.

$B^{1004}x_1 = O$, $B^{1004}x_1 = 4^{1004}x_2$이고, $\begin{pmatrix} 1 \\ 1 \end{pmatrix} = 5\begin{pmatrix} 1 \\ -1 \end{pmatrix} - 2\begin{pmatrix} 2 \\ -3 \end{pmatrix}$이므로

$(A + I_2)^{1004}\begin{pmatrix} 1 \\ 1 \end{pmatrix} = B^{1004}\begin{pmatrix} 1 \\ 1 \end{pmatrix} = B^{1004}(5x_1 - 2x_2) = 5B^{1004}x_1 - 2B^{1004}x_2 = -2 \cdot 4^{1004}\begin{pmatrix} 2 \\ -3 \end{pmatrix}$이다.

따라서 $(A + I)^{1004}$의 모든 원소의 합은 $2 \cdot 4^{1004} = 2^{2009}$이다.

TIP n차 정방행렬 A에 대하여 $A\begin{pmatrix} 1 \\ 1 \\ \vdots \\ 1 \end{pmatrix} = \begin{pmatrix} a \\ b \\ \vdots \\ c \end{pmatrix} = \begin{pmatrix} 1\text{행의 성분의 합} \\ 2\text{행의 성분의 합} \\ \vdots \\ n\text{행의 성분의 합} \end{pmatrix}$이 성립한다. 따라서 A의 모든 성분의 합은 $a + b + c$이다.

94. 행렬 $A = \begin{bmatrix} -1 & 2 & 0 \\ 2 & -1 & 0 \\ 0 & 0 & -1 \end{bmatrix}$에 대하여 A^{2025}의 모든 성분의 합은?

95. 행렬 $A = \dfrac{1}{2}\begin{bmatrix} 3 & -1 \\ -1 & 3 \end{bmatrix}$에 대하여 행렬 A^{10}의 모든 성분의 합을 구하시오.

96. $\begin{pmatrix} 7 & -5 \\ -1 & 3 \end{pmatrix}^{10}\begin{pmatrix} 1 \\ 1 \end{pmatrix} = \begin{pmatrix} a \\ b \end{pmatrix}$일 때, $a + b$의 값은?

크기가 9×9인 행렬 $A = [a_{ij}]$가 다음을 만족한다.

(ㄱ) $\{a_{ij} \,|\, 1 \leq i, j \leq 9\} = \{1, 2, 3, \cdots, 81\}$

(ㄴ) 각각의 정수 $1 \leq p, q \leq 9$에 대하여 $\displaystyle\sum_{i=1}^{9} a_{ip} = \sum_{j=1}^{9} a_{qj}$

만약 A가 가역행렬이라면 역행렬 A^{-1}의 모든 성분의 합이 $\dfrac{t}{s}$일 때 $s+t$의 값을 구하시오.

(단, s, t는 서로소이다.)

풀이 (ㄱ)에 의하여 9×9 행렬의 81개의 원소들은 1, 2 $\cdots$, 81이고 (ㄴ)에 의하여 각 행과 열의 합은 항상 같다.

따라서 모든 성분의 합 : $1 + 2 + \cdots + 81 = \dfrac{81 \cdot 82}{2} = 41 \times 81$이므로 (각 열, 각 행의 합)$= \dfrac{41 \cdot 81}{9} = 41 \cdot 9 = 369$이다.

$$A = (b_{ij}) = \begin{pmatrix} b_{11} & b_{12} & b_{13} & \cdots & b_{19} \\ b_{21} & b_{22} & b_{23} & \cdots & b_{29} \\ b_{31} & b_{32} & b_{33} & \cdots & b_{39} \\ \vdots & \vdots & \vdots & \ddots & \vdots \\ b_{91} & b_{92} & b_{93} & \cdots & b_{99} \end{pmatrix}$$ 이라고 할 때, $A\begin{pmatrix} 1 \\ 1 \\ \vdots \\ 1 \end{pmatrix} = \begin{pmatrix} b_{11} + b_{12} + \cdots + b_{19} \\ b_{21} + b_{22} + \cdots + b_{29} \\ \vdots \\ b_{91} + b_{92} + \cdots + b_{99} \end{pmatrix} = \begin{pmatrix} 369 \\ 369 \\ \vdots \\ 369 \end{pmatrix} = 369 \begin{pmatrix} 1 \\ 1 \\ \vdots \\ 1 \end{pmatrix}$ 이 성립한다.

A의 고윳값 369에 대응하는 고유벡터는 $\begin{pmatrix} 1 \\ 1 \\ \vdots \\ 1 \end{pmatrix}$ 이고 고윳값의 성질에 의해서 A^{-1}의 고윳값 $\dfrac{1}{369}$에 대응하는 고유벡터는 $\begin{pmatrix} 1 \\ 1 \\ \vdots \\ 1 \end{pmatrix}$ 이다.

$A^{-1}\begin{pmatrix} 1 \\ 1 \\ \vdots \\ 1 \end{pmatrix} = \dfrac{1}{369}\begin{pmatrix} 1 \\ 1 \\ \vdots \\ 1 \end{pmatrix}$ 이고 A^{-1}의 모든 성분의 합은 $\dfrac{1}{369} \times 9 = \dfrac{1}{41}$ 이다. $\quad \therefore s + t = 42$이다.

TIP n차 정방행렬 A에 대하여 $A\begin{pmatrix} 1 \\ 1 \\ \vdots \\ 1 \end{pmatrix} = \begin{pmatrix} a \\ b \\ \vdots \\ c \end{pmatrix} = \begin{pmatrix} 1\text{행의 성분의 합} \\ 2\text{행의 성분의 합} \\ \vdots \\ n\text{행의 성분의 합} \end{pmatrix}$ 이 성립한다. 따라서 A의 모든 성분의 합은 $a + b + c$이다.

다음 행렬 $A = \begin{bmatrix} \dfrac{20}{41} & \dfrac{21}{41} \\ \dfrac{21}{41} & \dfrac{20}{41} \end{bmatrix}$ 와 벡터 $\mathbf{x} = \begin{bmatrix} 2 \\ 1 \end{bmatrix}$ 에 대하여 다음을 구하시오.

(1) $\lim\limits_{n \to \infty} A^n \mathbf{w} = \begin{bmatrix} 0 \\ 0 \end{bmatrix}$ 을 만족하는 $\mathbf{w}$를 구하시오.

(2) $\lim\limits_{n \to \infty} A^n \mathbf{x} = \begin{bmatrix} a \\ b \end{bmatrix}$ 일 때, $a+b$ 의 값을 구하시오.

풀이 $B = \begin{pmatrix} 20 & 21 \\ 21 & 20 \end{pmatrix}$ 라고 하면 고윳값 41에 대응하는 고유벡터는 $\begin{pmatrix} 1 \\ 1 \end{pmatrix}$ 이고, 고윳값 -1에 대응하는 고유벡터는 $\begin{pmatrix} 1 \\ -1 \end{pmatrix}$ 이다. 따라서

$A = \dfrac{1}{41} B$ 이므로 A의 고윳값은 $1, -\dfrac{1}{41}$ 이고 대응하는 고유벡터는 각각 $u = \begin{pmatrix} 1 \\ 1 \end{pmatrix}$, $v = \begin{pmatrix} 1 \\ -1 \end{pmatrix}$ 이다.

(1) $\lim\limits_{n \to \infty} A^n u = u$, $\lim\limits_{n \to \infty} A^n v = \lim\limits_{n \to \infty} \left(\dfrac{-1}{41} \right)^n v = O$ 임을 알 수 있다.

따라서 $\lim\limits_{n \to \infty} A^n \mathbf{w} = \begin{bmatrix} 0 \\ 0 \end{bmatrix}$ 을 만족하는 $\mathbf{w}$의 기저는 $\left\{ \begin{bmatrix} 1 \\ -1 \end{bmatrix} \right\}$ 이다. 여기서

(2) $\mathbf{x} = \begin{bmatrix} 2 \\ 1 \end{bmatrix} = \dfrac{3}{2} u + \dfrac{1}{2} v$ 에 대하여 $\lim\limits_{n \to \infty} A^n \mathbf{x} = \lim\limits_{n \to \infty} A^n \left(\dfrac{3}{2} u + \dfrac{1}{2} v \right) = \lim\limits_{n \to \infty} \dfrac{3}{2} A^n u + \dfrac{1}{2} A^n v = \dfrac{3}{2} u = \dfrac{3}{2} \begin{bmatrix} 1 \\ 1 \end{bmatrix}$ 이다.

$\therefore a + b = 3$

❖ $\lim\limits_{n \to \infty} A^n \mathbf{w} = \begin{bmatrix} 0 \\ 0 \end{bmatrix}$ 을 만족하는 $\mathbf{w}$는 1보다 작은 고윳값에 대응하는 고유벡터이다.

97. 다음 행렬 $A = \begin{pmatrix} \dfrac{7}{3} & \dfrac{10}{3} \\ -\dfrac{2}{3} & -\dfrac{2}{3} \end{pmatrix}$ 와 벡터 $\mathbf{x} = \begin{bmatrix} 4 \\ -1 \end{bmatrix}$ 에 대하여 다음을 구하시오

(1) $\lim\limits_{n \to \infty} A^n \mathbf{w} = \begin{bmatrix} 0 \\ 0 \end{bmatrix}$ 을 만족하는 $\mathbf{w}$를 구하시오.

(2) $\lim\limits_{n \to \infty} A^n \mathbf{x} = \begin{bmatrix} a \\ b \end{bmatrix}$ 일 때, $a+b$ 의 값을 구하시오.

98. 행렬 $A = \begin{pmatrix} 3 & 2 \\ 1 & 4 \end{pmatrix}$ 에 대하여 $\lim\limits_{n \to \infty} (tr(A^n))^{\frac{1}{n}}$ 의 값은?

필수예제 38

임의의 정방행렬 A의 대각원소의 합을 $tr(A)$로 나타내고, $B = \begin{bmatrix} 1 & 0 \\ 1 & 2 \end{bmatrix}$, $I = \begin{bmatrix} 1 & 0 \\ 0 & 1 \end{bmatrix}$이라 할 때,

$\displaystyle\sum_{k=1}^{\infty} tr(B^k)\left(\frac{1}{3}\right)^k + \sum_{k=1}^{\infty} \det(B^k)\left(\frac{1}{5}\right)^{k-1}$ 의 값을 구하시오.

풀이 B는 하삼각행렬이므로 고윳값은 1, 2이다.

(i) $\displaystyle\sum_{k=1}^{\infty} tr(B^k)\left(\frac{1}{3}\right)^k = \sum_{k=0}^{\infty}\{1^k + 2^k\}\cdot\frac{1}{3^k} = \sum_{k=1}^{\infty}\left(\frac{1}{3}\right)^k + \sum_{k=1}^{\infty}\left(\frac{2}{3}\right)^k = \frac{\frac{1}{3}}{1-\frac{1}{3}} + \frac{\frac{2}{3}}{1-\frac{2}{3}} = \frac{1}{2} + 2 = \frac{5}{2}$

(ii) $\det(B) = 2$이고 $\det(B^k) = 2^k$이므로

$$\sum_{k=1}^{\infty} \det(B^k)\left(\frac{1}{5}\right)^{k-1} = 5\sum_{k=1}^{\infty} 2^k\left(\frac{1}{5}\right)^k = 5\sum_{k=1}^{\infty}\left(\frac{2}{5}\right)^k = 5\cdot\frac{\frac{2}{5}}{1-\frac{2}{5}} = \frac{10}{3}\text{이다.}$$

$$\therefore \sum_{k=1}^{\infty} tr(B^k)\left(\frac{1}{3}\right)^k + \sum_{k=1}^{\infty} \det(B^k)\left(\frac{1}{5}\right)^{k-1} = \frac{5}{2} + \frac{10}{3} = \frac{35}{6}\text{이다.}$$

[99 ~ 101] 자연수 k에 대하여 $A^k = A^{k-1}\cdot A$을 의미하고 $A^0 = \begin{pmatrix} 1 & 0 \\ 0 & 1 \end{pmatrix}$, a와 b는 서로소일 때

행렬 $A = \begin{pmatrix} -2 & 1 \\ -5 & 4 \end{pmatrix}$ 과 $x = \frac{1}{5}$ 에 대한 다음 문제를 풀이하시오.

99. $\displaystyle\sum_{k=0}^{\infty} \text{tr}(A^k)x^{k-1} = \frac{b}{a}$ 일 때 $a+b$의 값은?

100. $\displaystyle\sum_{k=0}^{\infty} \det(A^k)x^{k-1} = \frac{b}{a}$ 일 때 $a+b$의 값은?

101. $\displaystyle\sum_{k=1}^{\infty} \det(A^k)kx^k = \frac{b}{a}$ 일 때 $|a+b|$ 의 값은?

행렬 $A = \begin{pmatrix} 0 & -2 & -3 \\ 1 & 3 & 3 \\ 0 & 0 & 1 \end{pmatrix}$에 대하여 $A^4 - 3A^3 + A^2 + 2A - 2I$의 대각합과 행렬식의 값을 구하시오.

풀이 $tr(A) = 4$, $C_{11} + C_{22} + C_{33} = 5$, $\det(A) = 2$이므로 $f(x) = x^3 - 4x^2 + 5x - 2 = (x-1)^2(x-2) = 0$이다.

A의 고윳값은 1, 1, 2이고

A^4의 고윳값	1	1	$2^4 = 16$
$-3A^3$의 고윳값	-3	-3	$-3 \cdot 2^3 = -24$
A^2의 고윳값	1	1	$2^2 = 4$
$2A$의 고윳값	2	2	$2 \cdot 2 = 4$
$-2I$의 고윳값	-2	-2	-2
$A^4 - 3A^3 + A^2 + 2A - 2I$의 고윳값	-1	-1	-2

따라서 $A^4 - 3A^3 + A^2 + 2A - 2I$의 대각합은 고윳값의 합이므로 -4, 행렬식은 고윳값의 곱이므로 -2이다.

[다른 풀이] 행렬 A의 특성방정식이 $f(x) = x^3 - 4x^2 + 5x - 2$이므로 케일리-해밀턴 정리에 의해 $A^3 - 4A^2 + 5A - 2I = O$가 성립한다.

$$\begin{array}{r} A + I \\ A^3 - 4A^2 + 5A - 2I \overline{\smash{\big)}\, A^4 - 3A^3 + A^2 + 2A - 2I} \\ - \underline{A^4 - 4A^3 + 5A^2 - 2A} \\ A^3 - 4A^2 + 4A - 2I \\ - \underline{A^3 - 4A^2 + 5A - 2I} \\ -A \end{array}$$

$f(A) = A^4 - 3A^3 + A^2 + 2A - 2I$
$= (A+I)(A^3 - 4A^2 + 5A - 2I) - A$
$= -A$

$\therefore tr(f(A)) = tr(-A) = -tr(A) = -4$,

$\therefore \det(f(A)) = \det(-A) = (-1)^3 \det(A) = -2$

102. 행렬 $A \in M_{3 \times 3}(\mathbb{R})$ 의 고윳값이 $-2, 1, 2$일 때 $\det(2A^2)$ 의 값을 구하면?

103. 행렬 $B = \begin{pmatrix} 1 & 4 & 1 \\ 2 & 1 & 0 \\ -1 & 3 & 1 \end{pmatrix}$ 에 대하여, 행렬 $3B^2 + 5B$ 의 대각성분의 합을 구하시오.

104. $A = \begin{pmatrix} 0 & 0 & 2 \\ 1 & 0 & 1 \\ 0 & 1 & -2 \end{pmatrix}$ 이고 $B = I + A + A^2 + A^3 + \cdots + A^9$일 때, $\det(B)$ 의 값은?

105. 행렬 $A = \begin{bmatrix} 1 & 4 \\ 2 & 3 \end{bmatrix}$ 에 대하여 $A^3 + 3A + 2I$의 고윳값의 합은?

106. 실수 성분을 갖는 2×2 대칭행렬 A 의 대각합이 3, 행렬식이 1 이다. 행렬 B를 $B = 3A^3 + 5A$라 할 때, B 의 대각합은?

행렬 $A = \begin{pmatrix} 9 & 1 & 1 \\ -1 & -9 & 1 \\ 3 & 0 & 0 \end{pmatrix}$에 대하여 $\det(A^3 - 81A)$의 값이 $a^x b^y c^z$일 때 $a+b+c+xyz$의 값을

구하시오. (단, a, b, c는 서로소이다.)

풀이 고윳값을 구하기 어려울 때는 케일리-헤밀턴 정리를 이용하자.

$tr(A) = 0$, $C_{11} + C_{22} + C_{33} = -83$, $\det(A) = 30$이므로 특성방정식 $f(x) = x^3 - 83x - 30$이다.

케일리-헤밀턴 정리에 의해서 $A^3 - 83A - 30I = O$이고, $A^3 - 81A = 2(A + 15I)$이다.

$A + 15I = \begin{pmatrix} 24 & 1 & 1 \\ -1 & 6 & 1 \\ 3 & 0 & 15 \end{pmatrix}$이고, $\det(A^3 - 81A) = \det(2(A + 15I)) = 2^3 |A + 15I| = 2^7 3^3 5^1$이다.

따라서 $a + b + c + xyz = 10 + 21 = 31$이다.

107. 3×3행렬 A의 특성방정식이 $f(\lambda) = \det(\lambda I - A) = \lambda^3 + \lambda + 3$으로 주어진다고 할 때,
$A^5 + 3A^2 + 2A - 3I$의 행렬식과 대각성분의 합을 각각 구하면? (단, I는 3×3단위행렬이다.)

108. 3×3 행렬 A의 특성방정식이 $f(\lambda) = \det(\lambda I - A) = \lambda^3 + 4\lambda + 1$으로 주어진다고 할 때,
$A^5 + A^2 - 6A - 4I$의 행렬식과 고윳값의 합을 각각 구하면? (단, I는 3×3 단위행렬이다.)

109. $A = \begin{pmatrix} 2 & 1 \\ -1 & 4 \end{pmatrix}$일 때, 행렬 $A^4 - 5A^3 + A^2 + 3A - 2I$의 모든 성분(entry)들의 합은 얼마인가?
(단, I는 2×2 단위행렬이다.)

필수예제 41

행렬 $A = \begin{pmatrix} 0 & -2 & -3 \\ 1 & 3 & 3 \\ 0 & 0 & 1 \end{pmatrix}$에 대하여, 다음을 구하시오.

(1) $A^4 = aA^2 + bA + cI$를 만족하는 $a+b+c$의 값을 구하시오.

(2) $A^{-1} = aA^2 + bA + cI$를 만족할 때, $a+b+c$의 값을 구하시오.

풀이 행렬 A의 특성방정식이 $f(x) = x^3 - 4x^2 + 5x - 2 = (x-1)^2(x-2) = 0$이고 A의 고윳값은 1, 1, 2이다.

(1) 케일리-해밀턴 정리에 의해

$A^3 - 4A^2 + 5A - 2I = O \Rightarrow A^3 = 4A^2 - 5A + 2I$; 양변에 A를 곱해서 식정리를 하면

$\Rightarrow A^4 = 4A^3 - 5A^2 + 2A = 4(4A^2 - 5A + 2I) - 5A^2 + 2A = 11A^2 - 18A + 8I = aA^2 + bA + cI \Rightarrow a+b+c = 1$

[다른 풀이]

$A^4 = aA^2 + bA + cI$이 성립하므로 $A^4 V = \lambda^4 V$이고, $(aA^2 + bA + cI)V = (a\lambda^2 + b\lambda + cI)V$이다.

따라서 $(a\lambda^2 + b\lambda + cI)V = \lambda^4 V$가 성립하고, A의 고윳값 $\lambda = 1$을 대입하면 $a+b+c = 1$이 성립한다.

(2) $A^{-1} = aA^2 + bA + cI$의 양변에 A를 곱하여 정리하면 $aA^3 + bA^2 + cA - I = O$이고, 다시 양변에 2를 곱하면

$2aA^3 + 2bA^2 + 2cA - 2I = O$이다. 이 식의 계수를 $A^3 - 4A^2 + 5A - 2I = O$과 비교하면 다음과 같다.

$\begin{cases} 2a = 1 \\ 2b = -4 \\ 2c = 5 \end{cases} \Rightarrow \begin{cases} a = \dfrac{1}{2} \\ b = -2 \\ c = \dfrac{5}{2} \end{cases} \therefore a+b+c = \dfrac{1}{2} - 2 + \dfrac{5}{2} = 1$

[다른 풀이]

$A^{-1} = aA^2 + bA + cI$이 성립하므로 $A^{-1}V = \lambda^{-1}V$이고, $(aA^2 + bA + cI)V = (a\lambda^2 + b\lambda + cI)V$이다.

따라서 $(a\lambda^2 + b\lambda + cI)V = \dfrac{1}{\lambda}V$가 성립하고, A의 고윳값 $\lambda = 1$을 대입하면 $a+b+c = 1$이 성립한다.

110. λ를 $n \times n$ 행렬 A의 고윳값이라 하고, x가 λ에 대응하는 고유벡터일 때, 다음 중 옳지 않은 것은? (I_n은 $n \times n$ 단위행렬)

① λ는 A^T의 고윳값이다.
② x는 λ^5에 대응하는 A^5의 고유벡터이다.
③ A가 가역행렬이면 $1/\lambda$은 A^{-1}의 고윳값이다.
④ $\{x, Ax\}$에 의해서 생성된 $\mathbb{R}^n$의 부분공간의 차원은 2이다.
⑤ $\mathrm{rank}(A - \lambda I_n) = k$ 이면 λ에 대응하는 A의 고유공간의 차원은 $n - k$이다.

111. 행렬 $A = [a_{ij}]_{3 \times 3} (a_{ij} \in \mathbb{R})$에 대하여 다음 중 옳은 것은?

① A가 가역(invertible)일 때, 어떤 자연수 n에 대하여 A^n은 가역이 아닐 수 있다.
② 임의의 자연수 n에 대하여 $\det(nA) = n \det(A)$ 이다.
③ A의 고윳값이 서로 다르면 A는 항상 가역이다.
④ λ가 A의 고윳값이고 v가 λ에 대응되는 A의 고유벡터이면,
　　λ^2은 A^2의 고윳값이고 $2v$는 λ^2에 대응되는 A^2의 고유벡터이다.

112. 다음 (가) ~ (라) 명제 중 참인 것은 모두 몇 개인가?

　　(가) $A^2 = A$인 행렬 A의 고윳값은 0 또는 1이다.

　　(나) 곱할 수 있는 행렬 $A, B \neq 0$에 대하여 $rank(AB) \geq rank(A)$

　　(다) 행렬식이 2인 4×4인 행렬 A의 수반행렬의 행렬식은 8이다.

　　(라) rank가 3인 5×5행렬 A, B는 $AB = O$을 절대 만족할 수 없다.

① 1개　　　　　② 2개　　　　　③ 3개　　　　　④ 4개

3 행렬의 대각화

1 닮음행렬의 정의

n차 정방행렬 A, B에 대하여,

$P^{-1}AP = B$ 또는 $PBP^{-1} = A$를 만족하는 가역행렬 P가 존재하면 행렬 A는 B와 닮음행렬이라고 한다.

2 닮음행렬의 성질

n차 정방행렬 A와 B가 닮음행렬이면 다음 성질이 성립한다.

(1) 특성다항식[방정식]이 같다.   (2) 고윳값이 같다. (고유벡터는 같지 않다.)

(3) $tr(A) = tr(B)$ (4) $\det(A) = \det(B)$

(5) $rank(A) = rank(B)$ (6) $nullity(A) = nullity(B)$

3 대각화

(1) n차 정방행렬 A에 대하여 $P^{-1}AP = D$가 대각행렬이 되게 하는 가역행렬 P가 존재한다면

    'P는 A를 대각화시킨다', 'A는 대각화 가능하다(Diagonalizable)'라고 한다.

(2) 행렬 A가 대각화 가능하다면 A와 D는 닮음행렬이다.

(3) A가 대각화 가능하면 A^n도 대각화 가능하다.

$$\because P^{-1}AP = D \iff AP = PD$$

$$\iff A = PDP^{-1} \iff A^2 = (PDP^{-1})(PDP^{-1}) = PD^2P^{-1} \iff A^n = PD^nP^{-1}$$

4 대각화 가능성의 판단 기준

n차 정방행렬 A에 대하여 다음 성질을 만족한다.

(1) A가 대각화 가능하기 위한 필요충분조건은 A가 n개의 일차독립인 고유벡터를 갖는 것이다.

(2) A가 서로 다른 고윳값이 n개 존재하면 대각화 가능하다.

❖ A의 가역성(역행렬 존재)과 대각화는 관련이 없다.

5 대각화시키는 과정

Step1) A의 n개의 일차독립인 고유벡터 $v_1, v_2, \cdots, v_n$을 구한다.

Step2) 고유벡터는 P의 열벡터로 나열한다. $P = \begin{pmatrix} v_1 & v_2 & \cdots & v_n \end{pmatrix}$, $v_i \in R^n$

Step3) 행렬 D의 대각선상의 항들은 행렬 P의 고유벡터에 대응하는 행렬 A의 고윳값들이다.

    P의 열벡터의 순서가 D의 고윳값의 순서와 관련이 있다. $P^{-1}AP = \begin{pmatrix} \lambda_1 & 0 & \cdots & 0 \\ 0 & \lambda_2 & \cdots & 0 \\ \vdots & \vdots & \ddots & \vdots \\ 0 & 0 & \cdots & \lambda_n \end{pmatrix} = D$

6 중복도

n차 정방행렬 A에 대하여

(1) 고윳값 λ의 대수적 중복도 = 고윳값 λ의 중복된 개수

                     = 특성방정식의 근으로서의 중복도

(2) 고윳값 λ의 기하적 중복도 = 고윳값 λ에 대응하는 고유공간 $E(\lambda)$의 차원 = $\dim(E_\lambda)$

                     = 행렬 $A - \lambda I$의 해공간의 차원 $= nullity(A - \lambda I)$

(3) 대수적 중복도 = 기하적 중복도 ; 대각화 가능하다.

(4) 대수적 중복도 > 기하적 중복도 ; 대각화 가능하지 않다.

(5) $A_{n \times n}$일 때, $m_1 + m_2 + \cdots + m_k = n$

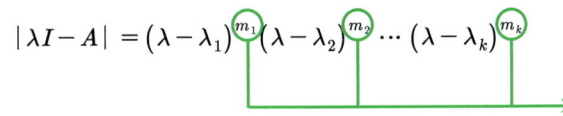

$$|\lambda I - A| = (\lambda - \lambda_1)^{m_1}(\lambda - \lambda_2)^{m_2} \cdots (\lambda - \lambda_k)^{m_k}$$

대수적 중복도

행렬 $A = \begin{pmatrix} 2 & 1 \\ 1 & 2 \end{pmatrix}$ 는 대각화 가능한 행렬이다. 적당한 정칙행렬 P 가 존재하여 $P^{-1}AP$는 대각행렬이다. 이를 만족시키는 정칙행렬 P를 구하시오.

풀이 ① 고윳값 구하기 $|A - \lambda I| = \begin{vmatrix} 2-\lambda & 1 \\ 1 & 2-\lambda \end{vmatrix} = 4 - 4\lambda + \lambda^2 - 1 = \lambda^2 - 4\lambda + 3 = (\lambda - 1)(\lambda - 3) = 0$ $\therefore \lambda = 1, 3$

② 고유벡터 구하기

(ⅰ) $\lambda = 1$일 때, $(A - I)v = O \Rightarrow \begin{pmatrix} 1 & 1 \\ 1 & 1 \end{pmatrix}\begin{pmatrix} x \\ y \end{pmatrix} = \begin{pmatrix} 0 \\ 0 \end{pmatrix}$에서 $x = -y$이므로 $v = \begin{pmatrix} -t \\ t \end{pmatrix} = t\begin{pmatrix} -1 \\ 1 \end{pmatrix}$, $t \in R$

$rank(A-I) = 1$, $nullity(A-I) = 1$

(ⅱ) $\lambda = 3$일 때, $(A - 3I)v = O \Rightarrow \begin{pmatrix} -1 & 1 \\ 1 & -1 \end{pmatrix}\begin{pmatrix} x \\ y \end{pmatrix} = \begin{pmatrix} 0 \\ 0 \end{pmatrix}$에서 $x = y$이므로 $v = \begin{pmatrix} t \\ t \end{pmatrix} = t\begin{pmatrix} 1 \\ 1 \end{pmatrix}$, $t \in R$

$rank(A-3I) = 1$, $nullity(A-3I) = 1$

③ (ⅰ) $P = \begin{pmatrix} -1 & 1 \\ 1 & 1 \end{pmatrix}$이면 $P^{-1} = -\frac{1}{2}\begin{pmatrix} 1 & -1 \\ -1 & -1 \end{pmatrix} = \frac{1}{2}\begin{pmatrix} -1 & 1 \\ 1 & 1 \end{pmatrix}$이므로

$P^{-1}AP = \frac{1}{2}\begin{pmatrix} -1 & 1 \\ 1 & 1 \end{pmatrix}\begin{pmatrix} 2 & 1 \\ 1 & 2 \end{pmatrix}\begin{pmatrix} -1 & 1 \\ 1 & 1 \end{pmatrix} = \frac{1}{2}\begin{pmatrix} -1 & 1 \\ 3 & 3 \end{pmatrix}\begin{pmatrix} -1 & 1 \\ 1 & 1 \end{pmatrix} = \frac{1}{2}\begin{pmatrix} 2 & 0 \\ 0 & 6 \end{pmatrix} = \begin{pmatrix} 1 & 0 \\ 0 & 3 \end{pmatrix}$

(ⅱ) $P = \begin{pmatrix} 1 & -1 \\ 1 & 1 \end{pmatrix}$이면 $P^{-1} = \frac{1}{2}\begin{pmatrix} 1 & 1 \\ -1 & 1 \end{pmatrix}$이므로

$P^{-1}AP = \frac{1}{2}\begin{pmatrix} 1 & 1 \\ -1 & 1 \end{pmatrix}\begin{pmatrix} 2 & 1 \\ 1 & 2 \end{pmatrix}\begin{pmatrix} 1 & -1 \\ 1 & 1 \end{pmatrix} = \frac{1}{2}\begin{pmatrix} 3 & 3 \\ -1 & 1 \end{pmatrix}\begin{pmatrix} 1 & -1 \\ 1 & 1 \end{pmatrix} = \frac{1}{2}\begin{pmatrix} 6 & 0 \\ 0 & 2 \end{pmatrix} = \begin{pmatrix} 3 & 0 \\ 0 & 1 \end{pmatrix}$

---

113. $A = \begin{bmatrix} 1 & 1 & -3 \\ -1 & 3 & 1 \\ -1 & 1 & -1 \end{bmatrix}$일 때, $P^{-1}AP$가 대각행렬이 되는 행렬 P를 고르면?

① $P = \begin{bmatrix} 1 & 2 & 1 \\ 5 & 0 & 1 \\ 1 & 1 & 0 \end{bmatrix}$　　② $P = \begin{bmatrix} 1 & 1 & 1 \\ 5 & 0 & 1 \\ 0 & 1 & 1 \end{bmatrix}$　　③ $P = \begin{bmatrix} 2 & 1 & 1 \\ 5 & 0 & 1 \\ 1 & 1 & 0 \end{bmatrix}$　　④ $P = \begin{bmatrix} 1 & 1 & 1 \\ 5 & 0 & 1 \\ 1 & 1 & 0 \end{bmatrix}$

114. 행렬 $A = \begin{bmatrix} 7 & -2 \\ 4 & 1 \end{bmatrix}$에 대하여 $A = PDP^{-1}$을 만족시키는 행렬 P가 존재할 때, P와 닮은 대각행렬 (diagonal matrix) D를 곱한 행렬 PD는? (P의 첫 행의 원소는 모두 1이다.)

① $\begin{bmatrix} 3 & 0 \\ 0 & 5 \end{bmatrix}$　　② $\begin{bmatrix} 3 & 5 \\ 3 & 5 \end{bmatrix}$　　③ $\begin{bmatrix} 3 & 5 \\ 6 & 5 \end{bmatrix}$　　④ $\begin{bmatrix} 7 & 5 \\ 4 & 5 \end{bmatrix}$

필수예제 43

행렬 $A = \begin{bmatrix} 3 & -2 & 0 \\ -2 & 3 & 0 \\ 0 & 0 & 5 \end{bmatrix}$ 가 있다. 행렬 $P = \begin{bmatrix} 1 & -1 & 0 \\ a & 1 & 0 \\ 0 & 0 & 1 \end{bmatrix}$ 가 $P^{-1}AP = \begin{bmatrix} b & 0 & 0 \\ 0 & c & 0 \\ 0 & 0 & d \end{bmatrix}$ 를 만족시킬 때, $a^2 + b^2 + c^2 + d^2$의

값은?

풀이 $P^{-1}AP = \begin{bmatrix} b & 0 & 0 \\ 0 & c & 0 \\ 0 & 0 & d \end{bmatrix}$ 이므로 대각화 가능한 행렬 A의 고윳값은 b, c, d이다.

$|A - \lambda I| = \begin{vmatrix} 3-\lambda & -2 & 0 \\ -2 & 3-\lambda & 0 \\ 0 & 0 & 5-\lambda \end{vmatrix} = (5-\lambda)\{(3-\lambda)^2 - 4\} = -(\lambda-5)^2(\lambda-1)$ 이므로 행렬 A의 고윳값은 1, 5, 5이다.

또한 행렬 P의 2열과 3열의 벡터는 고윳값 5에 대응하는 고유벡터이므로 나머지 1열의 벡터는 고윳값 1에 대응하는 고유벡터이다.

즉, $A - I = \begin{pmatrix} 2 & -2 & 0 \\ -2 & 2 & 0 \\ 0 & 0 & 4 \end{pmatrix} \sim \begin{pmatrix} 1 & -1 & 0 \\ 0 & 0 & 1 \\ 0 & 0 & 0 \end{pmatrix}$ 이므로 고윳값 1의 고유벡터는 $\begin{pmatrix} 1 \\ 1 \\ 0 \end{pmatrix}$ 이다.

고유벡터의 순서와 고윳값의 순서의 연관성에 의해서 $a=1$, $b=1$, $c=5$, $d=5$이고 $a^2+b^2+c^2+d^2 = 52$이다.

❖ 대칭행렬의 서로 다른 고윳값에 대응하는 고유벡터들은 수직관계를 통해서 고유벡터를 구할 수도 있다.

---

115. $A = \begin{pmatrix} 2 & 2 & 0 \\ 2 & 1 & 1 \\ -7 & 2 & -3 \end{pmatrix}$ 의 고유벡터를 v_1, v_2, v_3이라 할 때, 고유벡터로 이루어진 행렬을 V라고 하자.

$V^{-1}AV$의 모든 원소의 합은?

116. $A = \begin{pmatrix} 0 & 0 & -2 \\ 1 & 2 & 1 \\ 1 & 0 & 3 \end{pmatrix}$ 와 닮은 대각행렬 D의 대각성분의 곱은?

117. $A = \begin{pmatrix} 3 & -2 & 0 \\ -2 & 3 & 0 \\ 0 & 0 & 5 \end{pmatrix}$ 가 어떤 행렬 B에 대하여 $BAB^{-1} = \begin{pmatrix} \alpha & 0 & 0 \\ 0 & \beta & 0 \\ 0 & 0 & \gamma \end{pmatrix}$ 을 만족할 때, $\alpha + \beta + \gamma$의 값을 구하여라.

118. 3×3 행렬 $A = \begin{pmatrix} -1 & 2 & 4 \\ 0 & 3 & 5 \\ 0 & 0 & -7 \end{pmatrix}$ 에 대하여 $A = PDP^{-1}$ 를 만족하는 행렬 $D = \begin{pmatrix} d_1 & 0 & 0 \\ 0 & d_2 & 0 \\ 0 & 0 & d_3 \end{pmatrix}$ 에

대하여 세 수의 곱 $d_1 d_2 d_3$ 의 값을 구하시오.

다음 주어진 행렬들의 대각화 가능 여부를 판단하여라.

(1) $A = \begin{pmatrix} 2 & 0 & 0 \\ 0 & 4 & 0 \\ 1 & 0 & 2 \end{pmatrix}$ (2) $B = \begin{pmatrix} 2 & 0 & 0 \\ -1 & 4 & 0 \\ -3 & 6 & 2 \end{pmatrix}$

풀이 (1) 삼각행렬이므로 고윳값은 $\lambda = 2, 2, 4$이다.

$\lambda = 4$에 대응하는 고유벡터는 1개 존재하고, 대수적 중복도가 2인 $\lambda = 2$의 고유벡터의 개수를 구해보자.

$(A - 2I)v = O \Rightarrow \begin{pmatrix} 0 & 0 & 0 \\ 0 & 2 & 0 \\ 1 & 0 & 0 \end{pmatrix}\begin{pmatrix} x \\ y \\ z \end{pmatrix} = \begin{pmatrix} 0 \\ 0 \\ 0 \end{pmatrix}$에서 $rank(A-2I) = 2$, $nullity(A-2I) = 1$이므로

$\lambda = 2$에 대응되는 고유벡터의 개수는 1이다. 따라서 대각화 불가능하다.

(2) 고윳값은 $2, 2, 4$이므로

$\lambda = 4$에 대응하는 고유벡터는 1개 존재하고, 대수적 중복도가 2인 $\lambda = 2$의 고유벡터의 개수를 구해보자.

$\lambda = 2$일 때, $B - 2I = \begin{pmatrix} 0 & 0 & 0 \\ -1 & 2 & 0 \\ -3 & 6 & 0 \end{pmatrix}$이고, $rank(B-2I) = 1$이므로 $nullity(B-2I) = 2$이다.

즉, $\lambda = 2$에 대응되는 고유벡터는 2개이다. 따라서 B는 서로 다른 고유벡터 3개가 존재하므로 대각화 가능하다.

119. 행렬 $\begin{bmatrix} 2 & 3 \\ c & -1 \end{bmatrix}$이 대각화가능하지 않게 되는 상수 c의 값은?

120. $A = \begin{pmatrix} 1 & 1 & 0 \\ 0 & 1 & 2 \\ 3 & 2 & -2 \end{pmatrix}$라 할 때, 다음 중에서 참인 것을 모두 고르면?

ㄱ. A는 역행렬을 갖는다.

ㄴ. A는 대각화 가능하다.

ㄷ. $(2, -2, 1)$은 A의 고유벡터이다.

45

다음 중 대각화 가능한 행렬을 모두 고르시오.

$$A = \begin{pmatrix} 2 & 1 & 0 \\ 0 & 2 & 1 \\ 0 & 0 & 2 \end{pmatrix} \qquad B = \begin{pmatrix} 1 & -2 & -3 \\ 0 & 3 & 3 \\ 0 & 0 & 2 \end{pmatrix} \qquad C = \begin{pmatrix} 4 & 0 & 1 \\ 2 & 3 & 2 \\ 1 & 0 & 4 \end{pmatrix}$$

 (i) A의 고윳값 2에 대하여 $(A-2I) = \begin{pmatrix} 0 & 1 & 0 \\ 0 & 0 & 1 \\ 0 & 0 & 0 \end{pmatrix}$, $rank(A-2I) = 2$, $nullity(A-2I) = 1$이므로

대수적 중복도는 3이고, 기하적 중복도는 1이므로 대각화 불가능하다.

(ii) B의 고윳값은 $1, 2, 3$이다. 서로다른 고윳값은 서로 일차독립인 고유벡터를 갖기 때문에 행렬 B는 대각화 가능하다.

(iii) $\det(C-\lambda I) = \begin{vmatrix} 4-\lambda & 0 & 1 \\ 2 & 3-\lambda & 2 \\ 1 & 0 & 4-\lambda \end{vmatrix} = (3-\lambda)\begin{vmatrix} 4-\lambda & 1 \\ 1 & 4-\lambda \end{vmatrix} = (3-\lambda)(\lambda^2 - 8\lambda + 15) = (3-\lambda)(\lambda-3)(\lambda-5) = 0$

행렬 C의 고윳값은 $3, 3, 5$이다.

$C-3I = \begin{pmatrix} 1 & 0 & 1 \\ 2 & 0 & 2 \\ 1 & 0 & 1 \end{pmatrix}$이고, $rank(C-3I) = 1$, $nullity(C-3I) = 2$이므로 고윳값 3의 대수적 중복도는 2, 기하적 중복도는 2이다.

고윳값 3에 대응하는 일차독립인 고유벡터는 2개가 존재하고, 고윳값 5에 대응하는 고유벡터는 1개가 존재하므로 행렬 C는 대각화 가능하다.

121. 5×5행렬 A의 고윳값이 $-1, 0, 1, 2, 3$일 때, 다음 명제 중 참인 것을 고르시오.

(가) $rank(A) = 4$

(나) x는 A의 고유다항식 $f(x)$의 인수이다.

(다) $\det\big((A+2I)^{-1}\big) = \dfrac{1}{120}$

(라) A^2은 대각화 가능하다.

122. 행렬 $A_{4 \times 4}$의 고윳값(eigenvalue)가 $0, 1, 2, 3$일 때, 다음 중 틀린 것은?

① A^2의 trace는 14이다.
② A는 대각화 가능하다.
③ A^2는 대각화 가능하다.
④ A의 역행렬이 존재한다.

123. 행렬 $A \in M_{n \times n}(R)$가 대각화 가능한 행렬일 때, 다음 중 대각화 가능한 행렬을 모두 고르면?

ⓐ $15A$ ⓑ $2A^3$ ⓒ $7A^T$

124. 다음 행렬 중 대각화 가능한 행렬을 모두 고르면?

$$A = \begin{pmatrix} 7 & 1 \\ 2 & -2 \end{pmatrix} \qquad B = \begin{pmatrix} -3 & 0 \\ 0 & 8 \end{pmatrix} \qquad C = \begin{pmatrix} 2 & 10 \\ 1 & 5 \end{pmatrix}$$

125. 다음 행렬들 중 실수체 $\mathbb{R}$ 위에서 대각화(diagonalization)가 가능한 행렬을 모두 고르시오.

가. $\begin{pmatrix} -1 & 0 & 1 \\ 3 & 0 & -3 \\ 1 & 0 & -1 \end{pmatrix}$ 나. $\begin{pmatrix} 2 & 0 & 0 \\ 1 & 3 & 0 \\ -3 & 5 & 3 \end{pmatrix}$ 다. $\begin{pmatrix} 4 & -2 & 1 \\ 2 & 0 & 3 \\ 2 & -2 & 3 \end{pmatrix}$ 라. $\begin{pmatrix} 0 & 0 & -2 \\ 1 & 2 & 2 \\ 1 & 0 & 3 \end{pmatrix}$

필수예제 46

크기가 4×4인 행렬 $A = \begin{pmatrix} 1 & 2 & 0 & -3 \\ 0 & 0 & 1 & -1 \\ 0 & 0 & 0 & 2 \\ 0 & 0 & 0 & -1 \end{pmatrix}$에 대하여, A^{2016}의 각 성분의 합은?

풀이 행렬 A의 고윳값은 $1, -1, 0, 0$이고, $rank(A) = 3$, $nullity(A) = 1$이므로 $\lambda = 0$의 대수적 중복도는 2이고, 기하적 중복도는 1이므로 대각화 불가능하다. 행렬 A의 특성방정식 $f(x) = x^2(x-1)(x+1) = x^4 - x^2 = 0$이고 케일리-해밀턴 정리에 의해서 $A^4 - A^2 = O \Leftrightarrow A^4 = A^2 \Leftrightarrow A^8 = A^6 = A^4 = A^2$이 성립한다. 따라서 $A^{2016} = A^2$이다.

$A^2 = \begin{pmatrix} 1 & 2 & 0 & -3 \\ 0 & 0 & 1 & -1 \\ 0 & 0 & 0 & 2 \\ 0 & 0 & 0 & -1 \end{pmatrix}\begin{pmatrix} 1 & 2 & 0 & -3 \\ 0 & 0 & 1 & -1 \\ 0 & 0 & 0 & 2 \\ 0 & 0 & 0 & -1 \end{pmatrix} = \begin{pmatrix} 1 & 2 & 2 & -2 \\ 0 & 0 & 0 & 3 \\ 0 & 0 & 0 & -2 \\ 0 & 0 & 0 & 1 \end{pmatrix}$이므로 $A^{2016} = \begin{pmatrix} 1 & 2 & 2 & -2 \\ 0 & 0 & 0 & 3 \\ 0 & 0 & 0 & -2 \\ 0 & 0 & 0 & 1 \end{pmatrix}$이다.

따라서 모든 성분의 합은 $1 + 2 + 2 + (-2) + 3 + (-2) + 1 = 5$이다.

126. 2×2행렬 A의 고윳값(eigenvalue)이 1과 -1일 때, A^{2014}은? (단, I는 2×2 단위행렬)

127. $A = \begin{bmatrix} 3 & -2 \\ 2 & -3 \end{bmatrix}$일 때, A^{200}은?

① $\begin{bmatrix} 5^{100} & 0 \\ 0 & 5^{100} \end{bmatrix}$ ② $\begin{bmatrix} 2^{200} & 3^{200} \\ 3^{200} & 2^{200} \end{bmatrix}$ ③ $\begin{bmatrix} 5^{200} & 0 \\ 0 & 5^{200} \end{bmatrix}$ ④ $\begin{bmatrix} 3^{200} & 2^{200} \\ 2^{200} & 3^{200} \end{bmatrix}$

128. 행렬 $A = \begin{pmatrix} 1 & 2 \\ 2 & 1 \end{pmatrix}$일 때, A^{100}을 구한 것은?

① $\begin{pmatrix} \dfrac{3^{100}+1}{2} & \dfrac{3^{100}-1}{2} \\ \dfrac{3^{100}-1}{2} & \dfrac{3^{100}+1}{2} \end{pmatrix}$ ② $\begin{pmatrix} \dfrac{3^{100}-1}{2} & \dfrac{3^{100}+1}{2} \\ \dfrac{3^{100}+1}{2} & \dfrac{3^{100}-1}{2} \end{pmatrix}$

③ $\begin{pmatrix} \dfrac{5^{100}-1}{2} & \dfrac{5^{100}+1}{2} \\ \dfrac{5^{100}+1}{2} & \dfrac{5^{100}-1}{2} \end{pmatrix}$ ④ $\begin{pmatrix} \dfrac{5^{100}+1}{2} & \dfrac{5^{100}-1}{2} \\ \dfrac{5^{100}-1}{2} & \dfrac{5^{100}+1}{2} \end{pmatrix}$

실수체 $\mathbb{R}$에서 행렬 $A = \begin{pmatrix} 1 & 1 & 0 \\ 0 & 2 & 2 \\ 0 & 0 & 3 \end{pmatrix}$가 있다. 행렬의 대각화를 이용할 때, 행렬 A^7의 $(1,2)$ 성분의 값은?

풀이 행렬 A는 대각화 가능한 행렬이다. 행렬의 곱 $A^7\begin{pmatrix} 0 \\ 1 \\ 0 \end{pmatrix}$을 통해서 A^7의 2열을 찾을 수 있다.

$$\begin{vmatrix} 1-\lambda & 1 & 0 \\ 0 & 2-\lambda & 2 \\ 0 & 0 & 3-\lambda \end{vmatrix} = (1-\lambda)(2-\lambda)(3-\lambda)$$이므로 $\lambda = 1$, $\lambda = 2$, $\lambda = 3$이다.

(i) $\lambda = 1$일 때, $A - I = \begin{pmatrix} 0 & 1 & 0 \\ 0 & 1 & 2 \\ 0 & 0 & 2 \end{pmatrix} \sim \begin{pmatrix} 0 & 1 & 0 \\ 0 & 0 & 2 \\ 0 & 0 & 0 \end{pmatrix}$ 이므로 $\lambda = 1$에 대응하는 고유벡터는 $u = \begin{pmatrix} 1 \\ 0 \\ 0 \end{pmatrix}$

(ii) $\lambda = 2$일 때, $A - 2I = \begin{pmatrix} -1 & 1 & 0 \\ 0 & 0 & 2 \\ 0 & 0 & 1 \end{pmatrix} \sim \begin{pmatrix} -1 & 1 & 0 \\ 0 & 0 & 2 \\ 0 & 0 & 0 \end{pmatrix}$ 이므로 $\lambda = 2$에 대응하는 고유벡터는 $v = \begin{pmatrix} 1 \\ 1 \\ 0 \end{pmatrix}$이다.

(iii) $\lambda = 3$일 때, $A - 3I = \begin{pmatrix} -2 & 1 & 0 \\ 0 & -1 & 2 \\ 0 & 0 & 0 \end{pmatrix}$ 이므로 $\lambda = 3$에 대응하는 고유벡터는 $w = \begin{pmatrix} 1 \\ 2 \\ 1 \end{pmatrix}$이다.

고윳값의 성질에 의해서 $Au = u \Rightarrow A^7 u = u$, $Av = 2v \Rightarrow A^7 v = 2^7 v$, $Aw = 3w \Rightarrow A^7 w = 3^7 w$ 이 성립한다.

또한 $X = \begin{pmatrix} 0 \\ 1 \\ 0 \end{pmatrix} = -u + v$이므로 $A^7\begin{pmatrix} 0 \\ 1 \\ 0 \end{pmatrix} = A^7 X = A^7(-u + v) = -A^7 u + A^7 v = -u + 2^7 v = -\begin{pmatrix} 1 \\ 0 \\ 0 \end{pmatrix} + 2^7\begin{pmatrix} 1 \\ 1 \\ 0 \end{pmatrix}$이므로

행렬 A^7의 $(1,2)$ 성분의 값은 $-1 + 2^7 = 127$이다.

[다른 풀이] $A^7 = PD^7P^{-1}$를 이용하여 문제를 해결하자.

$$\therefore A^7 = PD^7P^{-1} = \begin{pmatrix} 1 & 1 & 1 \\ 0 & 1 & 2 \\ 0 & 0 & 1 \end{pmatrix}\begin{pmatrix} 1 & 0 & 0 \\ 0 & 2^7 & 0 \\ 0 & 0 & 3^7 \end{pmatrix}\begin{pmatrix} 1 & 1 & 1 \\ 0 & 1 & 2 \\ 0 & 0 & 1 \end{pmatrix}^{-1} = \begin{pmatrix} 1 & 2^7 & 3^7 \\ 0 & 2^7 & 2\cdot 3^7 \\ 0 & 0 & 3^7 \end{pmatrix}\begin{pmatrix} 1 & -1 & 1 \\ 0 & 1 & -2 \\ 0 & 0 & 1 \end{pmatrix} = \begin{pmatrix} 1 & -1+2^7 & 1-2^8+3^7 \\ 0 & 2^7 & -2^8+2\cdot 3^7 \\ 0 & 0 & 3^7 \end{pmatrix}$$

따라서 A^7의 $(1, 2)$ 성분의 값은 $-1 + 2^7 = 127$이다.

129. 실수체 $\mathbb{R}$에서 행렬 $A = \begin{pmatrix} 1 & 1 & 0 \\ 0 & 2 & 2 \\ 0 & 0 & 3 \end{pmatrix}$가 있다. 행렬의 대각화를 이용할 때, 행렬 A^7의 $(2,3)$ 성분의 값은?

필수 예제 48

행렬 $A = \begin{pmatrix} a & b & c \\ d & e & f \\ g & h & i \end{pmatrix}$에 대하여 $\det A = 8$이고 공간 $\mathbb{R}^3$의 영벡터가 아닌 모든 벡터는 행렬 A의 고유벡터일 때, $a+b+c$의 값은? (단, $\det A$는 A의 행렬식이다.)

[풀이] Areum Math Tip을 먼저 확인해 주세요!!

영벡터를 제외한 $\mathbb{R}^3$의 모든 벡터가 행렬 A의 고유벡터라는 표현은 일차독립인 고유벡터가 3개 존재한다는 의미이고, A가 대각화 가능하다는 뜻으로 해석해야 한다.

또한 3차 정방행렬 A의 고윳값의 대수적 중복도와 기하적 중복도가 3일 때 임의의 벡터 $X \in \mathbb{R}^3$가 고유벡터가 될 수 있다.

이 경우 고유벡터는 $\begin{pmatrix} 1 \\ 0 \\ 0 \end{pmatrix}, \begin{pmatrix} 0 \\ 1 \\ 0 \end{pmatrix}, \begin{pmatrix} 0 \\ 0 \\ 1 \end{pmatrix}$이고, $A = PDP^{-1} = \begin{bmatrix} 1 & 0 & 0 \\ 0 & 1 & 0 \\ 0 & 0 & 1 \end{bmatrix}\begin{bmatrix} \lambda_1 & 0 & 0 \\ 0 & \lambda_2 & 0 \\ 0 & 0 & \lambda_3 \end{bmatrix}\begin{bmatrix} 1 & 0 & 0 \\ 0 & 1 & 0 \\ 0 & 0 & 1 \end{bmatrix}^{-1} = \begin{bmatrix} \lambda_1 & 0 & 0 \\ 0 & \lambda_2 & 0 \\ 0 & 0 & \lambda_3 \end{bmatrix}$이다.

그러므로 $\det(A) = 8$을 만족하고 고윳값의 대수적 중복도가 3이 되기 위해서는 고윳값은 $2, 2, 2$일 수밖에 없다.

따라서 $A = \begin{bmatrix} 2 & 0 & 0 \\ 0 & 2 & 0 \\ 0 & 0 & 2 \end{bmatrix}$이고, $a+b+c = 2$이다.

Areum Math Tip

예를 들어 대각화 가능한 행렬 B의 $\lambda = 1$에 대응하는 고유벡터는 $u = \begin{pmatrix} 1 \\ 0 \\ 0 \end{pmatrix}$, $\lambda = 2$에 대응하는 고유벡터는 $v = \begin{pmatrix} 1 \\ 1 \\ 0 \end{pmatrix}$,

$\lambda = 3$에 대응하는 고유벡터는 $w = \begin{pmatrix} 1 \\ 2 \\ 1 \end{pmatrix}$라고 가정하자.

고윳값과 고유벡터의 정의에 의해서 $Au = u$, $Av = 2v$, $Aw = 3w$이 성립한다.

R^3의 임의의 벡터 X가 고유벡터가 되기 위해서는 $AX = \lambda X$가 성립해야 하는데

벡터 $X = \begin{pmatrix} 0 \\ 1 \\ 0 \end{pmatrix} = -u + v$는 $AX = A(-u+v) = -u + 2v$이므로 $AX = \lambda X$가 성립하지 않는다.

따라서 고윳값이 모두 같아야 $AX = \lambda X$이 성립할 수 있다.

또한 3차 정방행렬 A의 고윳값의 대수적 중복도와 기하적 중복도가 3일 때 임의의 벡터 $X \in R^3$가 고유벡터가 될 수 있다.

1 직교대각화

직교행렬 P는 정의에 의해 $PP^T = I, P^{-1} = P^T$가 성립하고, 행렬 P 가 행렬 A를 대각화시킨다면

$P^{-1}AP = P^TAP = D$를 만족하고, 이를 직교대각화라고 한다.

2 대칭행렬의 직교대각화

실수 원소로 된 $n \times n$ 대칭행렬 A에 대하여

(1) 고윳값은 모두 실수이다.

(2) 서로 다른 고윳값에 대응하는 고유벡터는 서로 수직이다.

(3) 고윳값 λ에 대해 대수적 중복도와 기하적 중복도는 같다.

(4) 대수적 중복도를 갖는 고윳값 λ에 대응하는 고유벡터는 서로 일차독립이지만 직교기저가 아닐 수 있다.

　　이 경우 그람–슈미트 과정을 통해 직교기저로 만들 수 있다.

(5) n개의 고유벡터들은 정규직교집합을 이룬다.

❖ 대칭행렬은 n개의 서로 직교인 고유벡터를 항상 구할 수 있으므로, 직교행렬 P를 이용하여 직교대각화 가능하다.

❖ n차 정방행렬 A가 직교대각화 가능하기 위한 필요충분조건은 A가 대칭행렬인 것이다.

필수예제 49

5×5 행렬 $A = \begin{pmatrix} 1 \\ 2 \\ 3 \\ 4 \\ 5 \end{pmatrix} (1\,2\,3\,4\,5)$에 대하여 0이 아닌 다른 고윳값을 구하시오.

풀이 $A = \begin{pmatrix} 1 \\ 2 \\ 3 \\ 4 \\ 5 \end{pmatrix} (1\,2\,3\,4\,5) = \begin{pmatrix} 1 & 2 & 3 & 4 & 5 \\ 2 & 4 & 6 & 8 & 10 \\ 3 & 6 & 9 & 12 & 15 \\ 4 & 8 & 12 & 16 & 20 \\ 5 & 10 & 15 & 20 & 25 \end{pmatrix}$ 이고 $\det(A) = 0$이므로 고윳값 중 0이 존재한다.

A는 대칭행렬이므로 대각화 가능해야 하고 모든 고윳값에 대한 대수적 중복도와 기하적 중복도(고유공간의 차원)가 같다.

$rank(A - 0I) = rank(A) = 1$이고 $nullity(A) = 4$이므로 $\lambda = 0$에 대한 기하적 중복도와 대수적 중복도는 4이다.

$tr(A) = 55$이므로 5차 정방행렬의 5개의 고윳값은 $0, 0, 0, 0, 55$이다. 따라서 0이 아닌 다른 고윳값은 55이다.

130. 행렬 $A = \begin{pmatrix} 1 & -2 \\ -2 & 1 \end{pmatrix}$ 에 대하여 $P^{-1}AP$가 대각행렬이 되게 하는 가역행렬 P의 두 열벡터의 사잇각은?

131. 행렬 $\begin{pmatrix} 0 & 1 & 1 & 1 \\ 1 & 1 & 0 & 1 \\ 1 & 0 & 1 & 1 \\ 1 & 1 & 1 & 0 \end{pmatrix}$의 서로 다른 임의의 두 고윳값을 각각 λ, μ라 하자. λ의 고유벡터를 v, μ의 고유벡터를 w라 할 때, $v^T w$의 값은?

132. 행렬 $K = \begin{pmatrix} 1 & 2 & 3 & 4 & 5 \\ 2 & 0 & 0 & 0 & 0 \\ 3 & 0 & 0 & 0 & 0 \\ 4 & 0 & 0 & 0 & 0 \\ 5 & 0 & 0 & 0 & 0 \end{pmatrix}$ 에 대하여 고윳값 0의 중복도(multiplicity)를 구하면?

133. 행렬 $\begin{pmatrix} 1 & 2 & 3 & 4 \\ 2 & 4 & 6 & 8 \\ 3 & 6 & 9 & 12 \\ 4 & 8 & 12 & 16 \end{pmatrix}$의 서로 다른 고윳값의 개수를 a라 하고 서로 다른 고윳값의 합을 b라 할 때, $a+b$의 값은?

134. 두 행렬 $A = \begin{bmatrix} 3 & 1 & 1 & 1 \\ 1 & 3 & 1 & 1 \\ 1 & 1 & 3 & 1 \\ 1 & 1 & 1 & 3 \end{bmatrix}$와 $B = \begin{bmatrix} -1 & 1 & 1 & 1 \\ 1 & -1 & 1 & 1 \\ 1 & 1 & -1 & 1 \\ 1 & 1 & 1 & -1 \end{bmatrix}$에 대해 $\det A + \det B$ 의 값은?

135. 행렬 $A = \begin{pmatrix} 4 & 2 & 2 \\ 2 & 4 & 2 \\ 2 & 2 & 4 \end{pmatrix}$을 직교대각화 시키는 행렬 P에 대하여 $P\begin{pmatrix} 3 \\ 0 \\ -5 \end{pmatrix} \cdot P\begin{pmatrix} 7 \\ 4 \\ 1 \end{pmatrix}$를 구하시오.

스펙트럼 분해 (고윳값 분해)

대칭행렬 $A_{n \times n}$에 대하여 각각의 고윳값에 대응하는 정규직교 고유벡터를 이용하여

$$P = \begin{pmatrix} u_1 & u_2 & \cdots & u_n \end{pmatrix}, u_i \in R^n, D = \begin{pmatrix} \lambda_1 & 0 & \cdots & 0 \\ 0 & \lambda_2 & \cdots & 0 \\ \vdots & \vdots & & \vdots \\ 0 & 0 & \cdots & \lambda_n \end{pmatrix}$$ 에 대해 $P^T A P = D$, $A = PDP^t$이 성립한다.

A를 $A = PDP^t = \lambda_1 u_1 u_1{}^t + \lambda_2 u_2 u_2{}^t + \cdots + \lambda_n u_n u_n{}^t$와 같이 나타내는 것을 스펙트럼 분해라고 한다.

Areum Math Tip

열-행 전개에 의한 스펙트럼 분해

$$A = PDP^t = \begin{pmatrix} u_1 & u_2 & \cdots & u_n \end{pmatrix} \begin{pmatrix} \lambda_1 & 0 & \cdots & 0 \\ 0 & \lambda_2 & \cdots & 0 \\ \vdots & \vdots & & \vdots \\ 0 & 0 & \cdots & \lambda_n \end{pmatrix} \begin{pmatrix} u_1^t \\ u_2^t \\ \vdots \\ u_n^t \end{pmatrix} = \begin{pmatrix} \lambda_1 u_1 & \lambda_2 u_2 & \cdots & \lambda_n u_n \end{pmatrix} \begin{pmatrix} u_1^t \\ u_2^t \\ \vdots \\ u_n^t \end{pmatrix}$$

$$= \lambda_1 u_1 u_1{}^t + \lambda_2 u_2 u_2{}^t + \cdots + \lambda_n u_n u_n{}^t$$

> **필수 예제 50**

행렬 $A = \begin{pmatrix} 0 & 2 & -1 \\ 2 & 3 & -2 \\ -1 & -2 & 0 \end{pmatrix}$ 는 적당한 직교행렬 P에 대하여 $P^{-1}AP = \begin{pmatrix} -1 & 0 & 0 \\ 0 & -1 & 0 \\ 0 & 0 & 5 \end{pmatrix}$를 만족한다.

P의 열을 순서대로 u_1, u_2, u_3라 할 때, $u_1 u_1^t + u_2 u_2^t$을 구하면?

① $\dfrac{1}{6}\begin{pmatrix} 5 & -2 & 1 \\ -2 & 2 & 2 \\ 1 & 2 & 5 \end{pmatrix}$ 　② $\dfrac{1}{10}\begin{pmatrix} 13 & -4 & 5 \\ -4 & 2 & 0 \\ 5 & 0 & 5 \end{pmatrix}$ 　③ $\begin{pmatrix} 5 & -2 & 1 \\ -2 & 1 & 0 \\ 1 & 0 & 1 \end{pmatrix}$ 　④ $\begin{pmatrix} 2 & -1 & 0 \\ -1 & 1 & 1 \\ 0 & 1 & 2 \end{pmatrix}$

풀이 대칭행렬의 스펙트럼 분해를 이용하면 $A = -u_1 u_1{}^t - u_2 u_2{}^t + 5u_3 u_3{}^t$이고, 식을 정리하면 $u_1 u_1{}^t + u_2 u_2{}^t = 5u_3 u_3{}^t - A$이다.

$\lambda = 5$일 때, $A - 5I = \begin{pmatrix} -5 & 2 & -1 \\ 2 & -2 & -2 \\ -1 & -2 & -5 \end{pmatrix} \sim \begin{pmatrix} 1 & 2 & 5 \\ 0 & 6 & 12 \\ 0 & 12 & 24 \end{pmatrix} \sim \begin{pmatrix} 1 & 2 & 5 \\ 0 & 1 & 2 \\ 0 & 0 & 0 \end{pmatrix} \sim \begin{pmatrix} 1 & 0 & 1 \\ 0 & 1 & 2 \\ 0 & 0 & 0 \end{pmatrix}$이므로 $u_3 = \dfrac{1}{\sqrt{6}}\begin{pmatrix} 1 \\ 2 \\ -1 \end{pmatrix}$이다.

$u_1 u_1{}^t + u_2 u_2{}^t = 5u_3 u_3{}^t - A = \dfrac{5}{6}\begin{pmatrix} 1 \\ 2 \\ -1 \end{pmatrix}\begin{pmatrix} 1 & 2 & -1 \end{pmatrix} - \begin{pmatrix} 0 & 2 & -1 \\ 2 & 3 & -2 \\ -1 & -2 & 0 \end{pmatrix}$

$= \dfrac{5}{6}\begin{pmatrix} 1 & 2 & -1 \\ 2 & 4 & -2 \\ -1 & -2 & 1 \end{pmatrix} - \begin{pmatrix} 0 & 2 & -1 \\ 2 & 3 & -2 \\ -1 & -2 & 0 \end{pmatrix} = \dfrac{1}{6}\begin{pmatrix} 5 & -2 & 1 \\ -2 & 2 & 2 \\ 1 & 2 & 5 \end{pmatrix}$

136. 행렬 $A = \begin{pmatrix} 1 & 2 \\ 2 & -2 \end{pmatrix}$ 를 스펙트럼 분해하시오.

137. 3×3 행렬에 대해 다음의 등식이 성립한다.

이 때, $a(u_1^2 + u_2^2 + u_3^2) + b(v_1^2 + v_2^2 + v_3^2) + c(w_1^2 + w_2^2 + w_3^2)$ 의 값을 구하시오.

(단, T는 transpose를 의미한다.)

$$\begin{bmatrix} 1 & 3 & 2 \\ 3 & 4 & 5 \\ 2 & 5 & 6 \end{bmatrix} = a \begin{bmatrix} u_1 \\ u_2 \\ u_3 \end{bmatrix} \left(\begin{bmatrix} u_1 \\ u_2 \\ u_3 \end{bmatrix}^T \right) + b \begin{bmatrix} v_1 \\ v_2 \\ v_3 \end{bmatrix} \left(\begin{bmatrix} v_1 \\ v_2 \\ v_3 \end{bmatrix}^T \right) + c \begin{bmatrix} w_1 \\ w_2 \\ w_3 \end{bmatrix} \left(\begin{bmatrix} w_1 \\ w_2 \\ w_3 \end{bmatrix}^T \right)$$

138. 3×3 대칭행렬 A의 고윳값이 $2, 2, 8$이고, 이 순서대로 고유벡터 $\begin{bmatrix} -1 \\ 1 \\ 0 \end{bmatrix}$, $\begin{bmatrix} -1 \\ -1 \\ 2 \end{bmatrix}$, $\begin{bmatrix} 1 \\ 1 \\ 1 \end{bmatrix}$ 가

대응될 때, 스펙트럼 분해를 이용하여 구한 A의 모든 성분의 합은?

139. 행렬 $A = \begin{pmatrix} 4 & 0 & 1 \\ 2 & 3 & 2 \\ 1 & 0 & 4 \end{pmatrix}$ 가 R^3의 정규직교기저 $\{u, v, w\}$에 대하여 $A^t A = a u u^t + b v v^t + c w w^t$를 만족할 때

$a + b + c$를 구하시오.

조르단 표준형

1 조르단 블록 (Jordan block)

$$J_i = \begin{pmatrix} \lambda & 1 & 0 & 0 \\ 0 & \lambda & 1 & 0 \\ 0 & 0 & \lambda & 1 \\ 0 & 0 & 0 & \lambda \end{pmatrix}$$ 와 같은 꼴의 정사각행렬 J를 조르단 블록(Jordan block)이라 한다.

조르단 블록은 다음과 같은 구조로 되어 있다.

(1) 모든 대각성분은 똑같다.

(2) 대각성분 바로 위의 성분이 모두 1이다.

(3) 그 밖의 모든 성분이 0이다.

2 조르단 행렬 (Jordan canonical form)

$$J = \begin{pmatrix} J_1 & 0 & \cdots & 0 \\ 0 & J_2 & \cdots & 0 \\ \vdots & \vdots & \ddots & \vdots \\ 0 & 0 & \cdots & J_k \end{pmatrix}$$

(1) 대각화가 가능하지 않은 행렬들에 대해 대각행렬과 유사한 꼴의 행렬로 변환하는 기법에 이용된다.

(2) $n \times n$행렬 J가 주대각선을 따라 조르단 블록 J_i들로 구성되어 있고 조르단 블록들 밖의 성분들은 모두 0일 때,

   J를 조르단 표준형이라 한다.

(3) 조르단 블록의 개수는 일차독립인 고유벡터의 개수와 같다.

(4) $n \times n$행렬 A가 $C^{-1}AC = J$를 만족하는 C가 존재한다면, A와 조르단 표준형 행렬 J는 닮음행렬이라고 한다.

3 특성다항식과 최소다항식

(1) 행렬 $A \in M_n$의 서로 다른 고윳값이 $\{\lambda_1, \lambda_2, \cdots, \lambda_k\}$에 대해 특성다항식이

   $P_A(t) = (t - \lambda_1)^{n_1}(t - \lambda_2)^{n_2} \cdots (t - \lambda_k)^{n_k}$라 할 때, $P_A(A) = O$를 만족한다.(케일리-해밀턴 정리)

(2) 행렬 $A \in M_n$에 대하여 서로 다른 고윳값이 $\{\lambda_1, \lambda_2, \cdots, \lambda_k\}$에 대해 최소다항식이

   $g_A(t) = (t - \lambda_1)^{m_1}(t - \lambda_2)^{m_2} \cdots (t - \lambda_k)^{m_k}$라 할 때, $g_A(A) = O$를 만족한다.

   여기서 m_i는 λ_i에 대응하는 조르단 블록 중 크기가 가장 큰 블록의 크기이다.

(3) A의 조르단 표준형을 알면 A의 최소다항식도 구할 수 있다.

Areum Math Tip

$A = \begin{pmatrix} 0 & 1 \\ 0 & 0 \end{pmatrix}$의 경우 고윳값은 $0, 0$이므로 $\lambda^2 = 0$이고 케일리-해밀턴 정리에 의해서 $A^2 = O$ 이다.

$B = \begin{pmatrix} 0 & 1 & 0 \\ 0 & 0 & 1 \\ 0 & 0 & 0 \end{pmatrix}$의 경우 고윳값은 $0, 0, 0$이므로 $\lambda^3 = 0$이고 케일리-해밀턴 정리에 의해서 $B^3 = O$ 이다.

$\Rightarrow \quad B^2 = \begin{pmatrix} 0 & 1 & 0 \\ 0 & 0 & 1 \\ 0 & 0 & 0 \end{pmatrix}\begin{pmatrix} 0 & 1 & 0 \\ 0 & 0 & 1 \\ 0 & 0 & 0 \end{pmatrix} = \begin{pmatrix} 0 & 0 & 1 \\ 0 & 0 & 0 \\ 0 & 0 & 0 \end{pmatrix}, \quad B^3 = BB^2 = \begin{pmatrix} 0 & 1 & 0 \\ 0 & 0 & 1 \\ 0 & 0 & 0 \end{pmatrix}\begin{pmatrix} 0 & 0 & 1 \\ 0 & 0 & 0 \\ 0 & 0 & 0 \end{pmatrix} = \begin{pmatrix} 0 & 0 & 0 \\ 0 & 0 & 0 \\ 0 & 0 & 0 \end{pmatrix}$

$C = \begin{pmatrix} 0 & 1 & 0 & 0 \\ 0 & 0 & 1 & 0 \\ 0 & 0 & 0 & 1 \\ 0 & 0 & 0 & 0 \end{pmatrix}$의 경우 고윳값은 $0, 0, 0, 0$ 이므로 $\lambda^4 = 0$이고 케일리-해밀턴 정리에 의해서 $C^4 = O$ 이다.

$C^2 = \begin{pmatrix} 0 & 1 & 0 & 0 \\ 0 & 0 & 1 & 0 \\ 0 & 0 & 0 & 1 \\ 0 & 0 & 0 & 0 \end{pmatrix}\begin{pmatrix} 0 & 1 & 0 & 0 \\ 0 & 0 & 1 & 0 \\ 0 & 0 & 0 & 1 \\ 0 & 0 & 0 & 0 \end{pmatrix} = \begin{pmatrix} 0 & 0 & 1 & 0 \\ 0 & 0 & 0 & 1 \\ 0 & 0 & 0 & 0 \\ 0 & 0 & 0 & 0 \end{pmatrix} \qquad C^3 = CC^2 = \begin{pmatrix} 0 & 1 & 0 & 0 \\ 0 & 0 & 1 & 0 \\ 0 & 0 & 0 & 1 \\ 0 & 0 & 0 & 0 \end{pmatrix}\begin{pmatrix} 0 & 0 & 1 & 0 \\ 0 & 0 & 0 & 1 \\ 0 & 0 & 0 & 0 \\ 0 & 0 & 0 & 0 \end{pmatrix} = \begin{pmatrix} 0 & 0 & 0 & 1 \\ 0 & 0 & 0 & 0 \\ 0 & 0 & 0 & 0 \\ 0 & 0 & 0 & 0 \end{pmatrix}$

$C^4 = CC^3 = \begin{pmatrix} 0 & 1 & 0 & 0 \\ 0 & 0 & 1 & 0 \\ 0 & 0 & 0 & 1 \\ 0 & 0 & 0 & 0 \end{pmatrix}\begin{pmatrix} 0 & 0 & 0 & 1 \\ 0 & 0 & 0 & 0 \\ 0 & 0 & 0 & 0 \\ 0 & 0 & 0 & 0 \end{pmatrix} = \begin{pmatrix} 0 & 0 & 0 & 0 \\ 0 & 0 & 0 & 0 \\ 0 & 0 & 0 & 0 \\ 0 & 0 & 0 & 0 \end{pmatrix}$

Areum Math Tip

• 아래 주어진 조르단 표준형 행렬에 대해서 설명해보자.

$$J_A = \begin{pmatrix} 2 & 1 & 0 & 0 & 0 & 0 & 0 & 0 \\ 0 & 2 & 1 & 0 & 0 & 0 & 0 & 0 \\ 0 & 0 & 2 & 0 & 0 & 0 & 0 & 0 \\ 0 & 0 & 0 & 2 & 0 & 0 & 0 & 0 \\ 0 & 0 & 0 & 0 & 3 & 1 & 0 & 0 \\ 0 & 0 & 0 & 0 & 0 & 3 & 0 & 0 \\ 0 & 0 & 0 & 0 & 0 & 0 & 0 & 1 \\ 0 & 0 & 0 & 0 & 0 & 0 & 0 & 0 \end{pmatrix}$$

풀이 특성방정식은 $P(t) = (\lambda - 2)^4 (\lambda - 3)^2 \lambda^2$을 갖는 8차 정사각행렬 A의 표준형이다.(대수적 중복도의 합 = 행렬의 크기)

(1) 고윳값 2의 대수적 중복도는 4, 기하적 중복도는 2 (조르단 블록이 2개)

(2) 고윳값 3의 대수적 중복도는 2, 기하적 중복도는 1 (조르단 블록이 1개)

(3) 고윳값 0의 대수적 중복도는 2, 기하적 중복도는 1 (조르단 블록이 1개)

고윳값 2의 조르단 블록의 사이즈는 3×3, 1×1중 큰 사이즈인 3을 선택, 고윳값 0과 3의 조르단 블록의 사이즈는

2×2이므로 사이즈는 2를 선택해서 최소다항식 $g(\lambda) = (\lambda - 2)^3 (\lambda - 3)^2 \lambda^2$을 알 수 있다.

따라서 $(A - 2I)^3 (A - 3I)^2 A^2 = O$를 만족한다.

다음 조르단 표준형 행렬 $J = \begin{pmatrix} 1 & 0 & 0 & 0 & 0 \\ 0 & 2 & 1 & 0 & 0 \\ 0 & 0 & 2 & 1 & 0 \\ 0 & 0 & 0 & 2 & 0 \\ 0 & 0 & 0 & 0 & 2 \end{pmatrix}$ 을 설명하시오.

풀이

$$J = \begin{pmatrix} 1 & 0 & 0 & 0 & 0 \\ 0 & 2 & 1 & 0 & 0 \\ 0 & 0 & 2 & 1 & 0 \\ 0 & 0 & 0 & 2 & 0 \\ 0 & 0 & 0 & 0 & 2 \end{pmatrix} = \begin{pmatrix} J_1 & & 0 \\ & J_2 & \\ 0 & & J_3 \end{pmatrix}$$

J의 조르단 블록의 개수 : 3

J의 고윳값 : 1, 2, 2, 2, 2

J의 특성다항식: $(\lambda-1)(\lambda-2)^4$

J의 최소다항식: $(\lambda-1)(\lambda-2)^3$

$$J-2I = \begin{pmatrix} -1 & 0 & 0 & 0 & 0 \\ 0 & 0 & 1 & 0 & 0 \\ 0 & 0 & 0 & 1 & 0 \\ 0 & 0 & 0 & 0 & 0 \\ 0 & 0 & 0 & 0 & 0 \end{pmatrix}, \ (J-2I)^2 = \begin{pmatrix} (-1)^2 & 0 & 0 & 0 & 0 \\ 0 & 0 & 0 & 1 & 0 \\ 0 & 0 & 0 & 0 & 0 \\ 0 & 0 & 0 & 0 & 0 \\ 0 & 0 & 0 & 0 & 0 \end{pmatrix}, \ (J-2I)^3 = \begin{pmatrix} (-1)^3 & 0 & 0 & 0 & 0 \\ 0 & 0 & 0 & 0 & 0 \\ 0 & 0 & 0 & 0 & 0 \\ 0 & 0 & 0 & 0 & 0 \\ 0 & 0 & 0 & 0 & 0 \end{pmatrix}$$

$rank(J-2I) = 3$, $rank(J-2I)^2 = 2$, $rank(J-2I)^3 = 1$, $rank(J-2I)^4 = 1$

$rank(J-I) = 4$, $rank(J-I)^2 = 4$, $rank(J-I)^3 = 4$, $\cdots$

---

140. 행렬 $B = \begin{pmatrix} 2 & -1 & 0 & 1 \\ 0 & 3 & -1 & 0 \\ 0 & 1 & 1 & 0 \\ 0 & -1 & 0 & 3 \end{pmatrix}$ 의 조르단 표준형을 구하면?

① $\begin{pmatrix} 2 & 1 & 0 & 0 \\ 0 & 2 & 1 & 0 \\ 0 & 0 & 2 & 0 \\ 0 & 0 & 0 & 3 \end{pmatrix}$

② $\begin{pmatrix} 2 & 1 & 0 & 0 \\ 0 & 2 & 0 & 0 \\ 0 & 0 & 2 & 0 \\ 0 & 0 & 0 & 3 \end{pmatrix}$

③ $\begin{pmatrix} 2 & 1 & 0 & 0 \\ 0 & 2 & 0 & 0 \\ 0 & 0 & 3 & 0 \\ 0 & 0 & 0 & 3 \end{pmatrix}$

④ $\begin{pmatrix} 2 & 0 & 0 & 0 \\ 0 & 2 & 0 & 0 \\ 0 & 0 & 3 & 0 \\ 0 & 0 & 0 & 3 \end{pmatrix}$

---

141. 행렬 $J = \begin{pmatrix} 2 & 1 & 0 & 0 & 0 \\ 0 & 2 & 0 & 0 & 0 \\ 0 & 0 & 3 & 1 & 0 \\ 0 & 0 & 0 & 3 & 1 \\ 0 & 0 & 0 & 0 & 3 \end{pmatrix}$ 와 닮은(similar) 임의의 행렬 A에 대한 설명 중 옳지 않은 것은?

① A는 고윳값 $2, 3$을 갖는다.

② A는 $(1, 0, 0, 0, 0)$을 고유벡터로 갖는다.

③ 행렬 $(A-3I)^3$의 계수는 2이다.

④ A의 대각합은 13이다.

필수예제 52

행렬 $A = \begin{pmatrix} 0 & 3 & a \\ 0 & 1 & 0 \\ 0 & 0 & b \end{pmatrix}$에 대하여 다음 중 옳은 것을 모두 고르시오.

가. A의 최소다항식(minimal polynominal)은 $m(x) = x(x-1)(x-b)$이다.

나. $b = 1$이면 행렬 A는 대각화가 가능하다.

다. $a = b$이면 행렬 A는 대각화가 가능하다.

풀이

(가) $b = 1$일 때 $P^{-1}AP = \begin{pmatrix} 0 & 0 & 0 \\ 0 & 1 & 0 \\ 0 & 0 & 1 \end{pmatrix}$이므로 최소다항식은 $\lambda(\lambda-1)$이다.

(나) $b = 1$이면 $A = \begin{pmatrix} 0 & 3 & a \\ 0 & 1 & 0 \\ 0 & 0 & 1 \end{pmatrix}$이고 A의 고윳값은 $\lambda = 0, 1, 1$이므로 특성방정식은 $f(\lambda) = \lambda(\lambda-1)^2 = 0$이다.

$\lambda = 1$에 대응하는 고유벡터 v_1은 $(A-I)v_1 = 0$에서 $A - I = \begin{pmatrix} -1 & 3 & a \\ 0 & 0 & 0 \\ 0 & 0 & 0 \end{pmatrix}$이므로 $rankA = 1$, $nullityA = 2$

즉 $\lambda = 1$의 대수적 중복도와 기하적 중복도가 일치하므로 A는 대각화 가능하다.

(다) $a = b$이면 $A = \begin{pmatrix} 0 & 3 & b \\ 0 & 1 & 0 \\ 0 & 0 & b \end{pmatrix}$이므로 고윳값은 $0, 1, b$이다.

(i) $b \neq 0$, $b \neq 1$이면 A는 대각화 가능

(ii) $b = 1$이면 A는 대각화 가능($\because$ (나))

(iii) $b = 0$이면 $A = \begin{pmatrix} 0 & 3 & 0 \\ 0 & 1 & 0 \\ 0 & 0 & 0 \end{pmatrix}$이고 고윳값은 $0, 0, 1$이다. $A - 0 \cdot I = A$이고 $rankA = 1$이고

$nullityA = 2$이므로 $\lambda = 0$의 대수적 중복도와 기하적 중복도가 같다. 따라서 대각화 가능하다.

옳은 것은 (나), (다)이다.

---

142. 다음 행렬의 대각화 가능 여부를 확인하고, 특성다항식과 최소다항식을 구하시오.

(1) $A = \begin{bmatrix} 2 & 0 & 0 \\ -1 & 4 & 0 \\ -3 & 6 & 2 \end{bmatrix}$
(2) $B = \begin{bmatrix} 2 & 0 & 0 \\ 0 & 4 & 0 \\ 1 & 0 & 2 \end{bmatrix}$

특성다항식은 $p_A(x) = (x+2)^8(x-4)^4(x-5)^2$이고 최소다항식은 $m_A(x) = (x+2)^3(x-4)^2(x-5)$를 만족하는 행렬 A에 대하여 다음을 구하시오.

(1) $rank(A+2I)^3 + rank(A-4I)^2 + rank(A-5I)$을 구하시오.

(2) $rank(A+2I) = 11$ 일 때, $rank(A+2I)^2$을 구하시오.

(3) $rank(A+2I) = 10$ 일 때, $rank(A+2I)^2$ 값으로 가능한 값을 구하시오.

풀이 $P_A(x) = (x+2)^8(x-4)^4(x-5)^2$이므로 대수적 중복도의 합을 통해서 행렬 A의 크기는 14×14이다.

고윳값 4와 5의 조르단 블록은 $(A+2I)^n$을 해도 절대 O행렬이 되지 않는다.

(1) 최소다항식을 통해서 $rank(A-2I)^3 = 6$, $rank(A-4I)^2 = 10$, $rank(A-5I) = 12$임을 알 수 있다.

따라서 $rank(A+2I)^3 + rank(A-4I)^2 + rank(A-5I) = 30$이다.

(2) $rank(A+2I) + nullity(A+2I) = 14$를 만족하고 $rank(A+2I) = 11 = 6+5$이므로 $nullity(A+2I) = 3$이다.

$rank(A+2I) = 11$을 통해서 $\lambda = -2$의 조르단 블록은 3개이고, 그 블록에 존재하는 1의 개수는 5임을 알 수 있다.

또한 최소다항식을 통해서 조르단 블록의 사이즈 중 제일 큰 것이 3×3이고 3×3짜리 2개와 크기 2×2짜리 1개를 갖는다.

$(A+2I)^2$을 할 경우 $\lambda = -2$의 조르단 블록에 남아있는 1의 개수는 2개이다. 따라서 $rank(A+2I)^2 = 6+2 = 8$이다.

(3) $rank(A+2I) + nullity(A+2I) = 14$를 만족하고 $rank(A+2I) = 10 = 6+4$이므로 $nullity(A+2I) = 4$이다.

$rank(A+2I) = 10$을 통해서 $\lambda = -2$의 조르단 블록은 4개이고, 그 블록에 존재하는 1의 개수는 4임을 알 수 있다.

또한 최소다항식을 통해서 조르단 블록의 사이즈 중 제일 큰 것이 3×3이다. 조르단 블록의 경우의 수를 나눠보자.

(i) $\begin{pmatrix} 2&1&0&0&0&0&0&0 \\ 0&2&1&0&0&0&0&0 \\ 0&0&2&0&0&0&0&0 \\ 0&0&0&2&1&0&0&0 \\ 0&0&0&0&2&1&0&0 \\ 0&0&0&0&0&2&0&0 \\ 0&0&0&0&0&0&2&0 \\ 0&0&0&0&0&0&0&2 \end{pmatrix}$ 블록의 크기가 3×3짜리 2개, 1×1짜리 2개를 갖는다면

$rank(A+2I)^2 = 6+2 = 8$이다.

(ii) $\begin{pmatrix} 2&1&0&0&0&0&0&0 \\ 0&2&1&0&0&0&0&0 \\ 0&0&2&0&0&0&0&0 \\ 0&0&0&2&1&0&0&0 \\ 0&0&0&0&2&0&0&0 \\ 0&0&0&0&0&2&1&0 \\ 0&0&0&0&0&0&2&0 \\ 0&0&0&0&0&0&0&2 \end{pmatrix}$ 블록의 크기가 3×3짜리 1개, 2×2짜리 2개, 1×1짜리 1개인 경우

$rank(A+2I)^2 = 6+1 = 7$이다.

143. 행렬 A와 닮은 행렬 $J = \begin{pmatrix} 2&0&0&0&0 \\ 0&2&1&0&0 \\ 0&0&2&0&0 \\ 0&0&0&3&1 \\ 0&0&0&0&3 \end{pmatrix}$ 에 대하여 $A^4 + aA^3 + bA^2 + cA + dI = O$를 만족할 때, d의 값은?

144. 행렬 $A = \begin{pmatrix} 1&0&1&1&0 \\ 0&1&0&0&0 \\ 0&0&1&0&0 \\ 0&0&0&1&0 \\ 1&1&1&1&2 \end{pmatrix}$ 의 최소다항식(minimal polynomial)은?

145. 두 행렬 $A = \begin{pmatrix} 5&0&0&0 \\ 1&5&0&0 \\ 0&0&5&4 \\ 0&0&0&5 \end{pmatrix}$, $B = \begin{pmatrix} 5&0&0&0 \\ 3&5&4&0 \\ 0&0&5&0 \\ 0&0&0&5 \end{pmatrix}$ 의 특성다항식(characteristic polynomial)을

각각 $f_A(x)$, $f_B(x)$, 최소다항식(minimal polynomail)을 각각 $g_A(x)$, $g_B(x)$라 하자. 〈보기〉에서 옳지 않은 것을 있는 대로 고르시오.

〈보기〉

ㄱ. $f_A(x) = f_B(x)$

ㄴ. $g_A(x) = g_B(x)$

ㄷ. A와 B는 닮은 행렬(similar matrix)이다.

ㄹ. $f_A(x) = g_B(x)h(x)$인 실수 계수 다항식 $h(x)$가 존재한다.

1 행렬 지수함수의 정의

행렬 지수함수(matrix exponential function) $e : M_{n \times n} \to M_{n \times n}$은 정사각행렬을 다른 정사각행렬로 보내는 행렬 함수다.

$e^A = \displaystyle\sum_{n=0}^{\infty} \frac{1}{n!} A^n$과 같은 급수로 정의한다.

위의 급수는 항상 수렴하므로, 행렬 지수는 항상 존재한다.

2 행렬 지수함수의 성질

행렬 A, B는 임의의 정사각행렬이다.

(1) $e^0 = I_{n \times n}$

(2) $AB = BA$이면, $e^A e^B = e^{A+B} = e^B e^A$, $e^{aA} e^{bA} = e^{(a+b)A}$

(3) $AB \neq BA$이면 $e^A e^B \neq e^{A+B} \neq e^B e^A$

(4) A가 대각화 가능하면 $e^A = P e^D P^{-1}$, $e^D = \begin{pmatrix} e^{\lambda_1} & 0 \\ 0 & e^{\lambda_2} \end{pmatrix}$

(5) $\det(e^A) = e^{tr(A)}$, $tr(e^A) = e^{\lambda_1} + e^{\lambda_2}$

Areum Math Tip

$A = PDP^{-1}$으로 대각화 가능한 행렬이라고 하자.

$$e^A = \sum_{n=0}^{\infty} \frac{1}{n!} A^n = I + A + \frac{1}{2!} A^2 + \frac{1}{3!} A^3 + \cdots = PP^{-1} + PDP^{-1} + PD^2 P^{-1} + \cdots$$

$$= P \left(I + D + \frac{1}{2!} D^2 + \frac{1}{3!} D^3 + \cdots \right) P^{-1} = P e^D P^{-1}$$

$$= P \left(I + \begin{pmatrix} \lambda_1 & 0 \\ 0 & \lambda_2 \end{pmatrix} + \begin{pmatrix} \frac{1}{2!} \lambda_1^2 & 0 \\ 0 & \frac{1}{2!} \lambda_2^2 \end{pmatrix} + \begin{pmatrix} \frac{1}{3!} \lambda_1^3 & 0 \\ 0 & \frac{1}{3!} \lambda_2^3 \end{pmatrix} + \cdots \right) P^{-1}$$

$$= P \begin{pmatrix} 1 + \lambda_1 + \frac{1}{2!} \lambda_1^2 + \cdots & 0 \\ 0 & 1 + \lambda_2 + \frac{1}{2!} \lambda_2^2 + \cdots \end{pmatrix} P^{-1} = P \begin{pmatrix} e^{\lambda_1} & 0 \\ 0 & e^{\lambda_2} \end{pmatrix} P^{-1}$$

따라서 $e^D = \begin{pmatrix} e^{\lambda_1} & 0 \\ 0 & e^{\lambda_2} \end{pmatrix}$이고, $\det(e^A) = \det(P e^D P^{-1}) = \det(e^D) = e^{\lambda_1} \cdot e^{\lambda_2} = e^{\lambda_1 + \lambda_2}$ 이다.

❖ 행렬 A가 대각화가 불가능하면 규칙성을 이용하여 전개를 하여야 한다.

필수 예제 54

$A = \begin{pmatrix} -2 & 4 \\ -1 & 3 \end{pmatrix}$ 일 때, 지수 행렬 $e^{2A} = \sum_{k=0}^{\infty} \dfrac{(2A)^k}{k!}$ 를 구하면?

① $\begin{pmatrix} 1 & 0 \\ 0 & 1 \end{pmatrix}$

② $\begin{pmatrix} -\dfrac{1}{3}e^4 + \dfrac{4}{3}e^{-2} & \dfrac{4}{3}e^4 - \dfrac{4}{3}e^{-2} \\ -\dfrac{1}{3}e^4 + \dfrac{1}{3}e^{-2} & \dfrac{4}{3}e^4 - \dfrac{1}{3}e^{-2} \end{pmatrix}$

③ $\begin{pmatrix} -\dfrac{1}{3}e^4 - \dfrac{4}{3}e^{-2} & \dfrac{4}{3}e^4 - \dfrac{4}{3}e^{-2} \\ -\dfrac{1}{3}e^4 - \dfrac{1}{3}e^{-2} & \dfrac{4}{3}e^4 - \dfrac{1}{3}e^{-2} \end{pmatrix}$

④ $\begin{pmatrix} -\dfrac{1}{3}e^4 - \dfrac{4}{3}e^{-2} & \dfrac{4}{3}e^4 + \dfrac{4}{3}e^{-2} \\ -\dfrac{1}{3}e^4 - \dfrac{1}{3}e^{-2} & \dfrac{4}{3}e^4 + \dfrac{1}{3}e^{-2} \end{pmatrix}$

풀이 $e^A = Pe^D P^{-1} = P\begin{pmatrix} e^{\lambda_1} & 0 \\ 0 & e^{\lambda_2} \end{pmatrix}P^{-1}$ 이므로 $e^{2A} = Pe^{2D}P^{-1} = P\begin{pmatrix} e^{2\lambda_1} & 0 \\ 0 & e^{2\lambda_2} \end{pmatrix}P^{-1}$ 이다.

A의 고윳값은 $2, -1$이고 대응되는 고유벡터는 각각 $\begin{pmatrix} 1 \\ 1 \end{pmatrix}, \begin{pmatrix} 4 \\ 1 \end{pmatrix}$이다.

$e^{2A} = \begin{pmatrix} 1 & 4 \\ 1 & 1 \end{pmatrix}\begin{pmatrix} e^4 & 0 \\ 0 & e^{-2} \end{pmatrix}\begin{pmatrix} -\dfrac{1}{3} & \dfrac{4}{3} \\ \dfrac{1}{3} & -\dfrac{1}{3} \end{pmatrix} = \begin{pmatrix} -\dfrac{1}{3}e^4 + \dfrac{4}{3}e^{-2} & \dfrac{4}{3}e^4 - \dfrac{4}{3}e^{-2} \\ -\dfrac{1}{3}e^4 + \dfrac{1}{3}e^{-2} & \dfrac{4}{3}e^4 - \dfrac{1}{3}e^{-2} \end{pmatrix}$

TIP $tr(e^A) = e^{\lambda_1} + e^{\lambda_2}$을 활용해서 객관식 답을 빠르게 고를 수 있다.

146. 다음 주어진 행렬에 대하여 e^A를 구하시오

(1) $A = \begin{pmatrix} 0 & 1 \\ 1 & 0 \end{pmatrix}$

(2) $A = \begin{pmatrix} 1 & 2 \\ 0 & 1 \end{pmatrix}$

147. 행렬 $A = \begin{pmatrix} 1 & 2 \\ 2 & 3 \end{pmatrix}$에 대하여 e^A의 행렬식은?

선배들의 이야기 ++

편입스펙

공주대학교 (전기공학과) / 학점 3.65 / 토익 875

합격대학

한양대학교 (유기나노공학과) / 중앙대학교 (전자전기공학부) / 홍익대학교 (전자전기공학부)

서울과학기술대 (전자공학과) / 국민대학교 (자동차공학과) / 건국대학교 (전기전자공학과)

아름쌤을 믿고 갈 수 있었던 다섯 가지 이유

웃기게도 제가 한아름 선생님에 입문한 이유는 단순히 친구 추천 때문이었습니다. 워낙 하루 이틀 만에 편입 하는 것을 결정한 터라 저에겐 정보도, 고민할 시간도 별로 없었습니다. 그럼 어떤 것들이 저의 마음이 아름쌤을 후반기까지 믿고 갈 수 있도록 했는지에 대해서 말씀드리겠습니다.

아름쌤의 장점은 학생들의 마음 즉 소비자들의 마음을 살 줄 안다는 것입니다. 수강생이 몇 명이건 상관없이 하나하나 안 빠트리고 얼굴과 이름을 기억하며 잘 챙겨주십니다. 이런 세세한 관심을 통해 수많은 학생들 중 단지 한 명이 아닌, 1:1 과외를 하는 느낌을 받았습니다.

두 번째로는 편입수학 양이 정말 방대할 뿐만 아니라 점점 시간이 지날수록 수학시험의 난이도는 어려워지고 있고, 단순 암기로는 해결되지 않는 문제들이 올해 기출에서도 계속해서 등장하고 있습니다. 그렇기에 이해를 통한 암기를 강조하는 아름쌤의 강의는 시험장에서 더 빛을 발합니다.

세 번째로는 수학을 잘하는 사람부터 못하는 사람까지 구분 없이 전부 커버가 가능하다는 점이고, 이는 다양한 합격자들의 통계로 증명이 가능합니다.

네 번째는 문제를 단순하게 많이 풀고, 많은 공식들을 외우는 것이 아닌 가장 적게 공부하고 가장 압축적으로 효율을 뽑아낼 수 있는 강의라는 점입니다. 그렇기에 학교를 병행하는 학생들처럼 극한의 효율을 원하는 사람들에게도 추천합니다.

다섯 번째는 쌤과의 소통이 활발해서 상담이나 조언을 정말 거리낌 없이 들을 수 있다는 점입니다. 저같은 유리멘탈은 이런 점들로 도움을 많이 받았습니다.

결국 선택은 지능순입니다.

시험 공부에 지름길은 없지만 적어도 우리 포장된 길로는 갑시다. 아름매쓰 파이팅!

– 홍○범 (한양대학교 유기나노공학과)

편입스펙
세종대학교 (물리천문학과) / 학점 3.65 / 토익 670

합격대학
한양대학교 (기계공학부) / 성균관대학교 (기계공학부) / 중앙대학교 (기계공학과)
경희대학교 (기계공학과) / 서울시립대학교 (물리학과) / 건국대학교 (기계항공공학부)

일상적으로 느껴졌던 열등감을 해소하기 위한 도전
저는 고등학교 시절 수리 논술을 통해 높은 학교에 갈 수 있을 거라는 자신감이 있었습니다. 하지만 입시에 실패하게 되면서 제 자신의 부족함을 자책하게 되었고, 좌절감에 빠졌습니다. 등굣길에 매일 마주치는 건국대학교, 한양대학교 학생들을 마주칠 때마다 열등감을 느꼈습니다. 저는 이러한 학별 콤플렉스를 해소하고, 또 제가 공부해 보고 싶었던 기계공학을 전공해 보고 싶어 편입에 도전하게 되었습니다!

영어는 암기, 수학은 이해가 첫번째입니다
영어는 모두가 말하듯이 꾸준하고 방대한 영어단어 암기가 가장 중요하다고 생각합니다. 저는 엑셀에 영어단어와 뜻을 따로 정리해 두고 매번 순서를 바꿔가며 눈으로 외웠습니다. 같은 순서로 정리되어 있는 영어단어 책을 반복적으로 외우면 영어 단어의 위치나 뉘앙스 같은 부수적인 요소가 외워져, 막상 실전에서 마주쳤을 때, 정확한 뜻을 떠올릴 수 없을 것 같았기 때문입니다. 처음에는 다섯 시간 동안 200개 정도를 외울 수 있었지만, 수십 회독을 한 후에는 두 시간 동안 천 개의 단어 정도를 봤습니다.

편입 수학은 첫째가 이해, 둘째가 암기라고 말하고 싶습니다. 편입수학은 허수 공간이나 행렬 등 이전에 접해보지 못했다면 매우 난해한 개념들이 많습니다. 그렇기 때문에 공식이나 개념을 단순 암기하는 것만으로는 어려운 응용문제를 풀 수 없습니다. 직감이 통하지 않는 영역이기 때문입니다. 특히 상위권 학교 진학을 목표로 하고 있다면, 더더욱 깊은 이해가 중요합니다. 편입 수학의 이러한 특징 덕분에 아름쌤의 교육 기조가 빛을 발할 수 있다고 생각합니다. 단계적이고 탄탄한 개념을 쌓아갈 수 있도록 강의하시는 아름쌤의 강좌와 촘촘하고 정갈하게 작성된 아름쌤 기본서의 시너지는 대학 수학이라는 막막한 대양 한가운데 표류하는 당신의 나침반이 되어 줄 것입니다.

힘들어도 이겨낼 수 있습니다! 버틸 수 있습니다!
저는 3월에 편입 준비를 시작하여 9개월 정도를 모니터 속의 아름쌤과 함께 보냈습니다. 저는 9개월을 오롯이 제 방에서 공부하였는데, 이 중에서도 7~8월 여름이 가장 힘들었습니다. 방에 에어컨이 없어 몸이 땀에 항상 젖어 있어 온몸에 발진이 올라왔었고,

주변에 편입을 준비하는 사람이 없어 너무나 고독했습니다. 많은 날을 공부했지만, 공부할 날이 많이 남은 시기였고, 처음 시작했을 때 열정은 모두 고갈되었던 때였습니다. GP에서 근무할 때보다도 훨씬 훨씬 우울하였었고, 매일매일 포기하고 싶다는 생각을 수십 차례 했었습니다. 하지만 아름쌤과 아름매스 동기들과 서로 응원하며, 이를 악물고 버티다 보니 어찌어찌 다 지나왔고, 이를 좋은 결과로 보답 받았습니다. 아름 매스! 제 후배분들도 힘들어도 포기하지 마세요. 이겨낼 수 있도록, 버틸 수 있도록 제가 응원하겠습니다. 화이팅!!!

- 가○순 (한양대학교 기계공학부)

MEMO

02 | 고윳값과 고유벡터

선형변환

03 선형변환

1 선형변환

1 함수

넓은 의미에서 함수는 사상(mapping)과 같은 뜻으로 사용한다. 사상 가운데 공간(space)에서 공간으로 대응하는 사상을 변환 (transformation)이라 한다. 여기서 공간이란 기하학에서 말하는 n차원 공간 $\mathbb{R}^n$ 뿐 아니라 벡터공간 등도 포함해서 말하는 것이다. 변환의 예로는 좌표평면에서 평행이동, 대칭이동, 회전변환, 확대·축소 변환 등이 있다.

2 선형변환 (linear transformation)

두 벡터공간 V에서 W로의 사상(함수)를 $T : V \to W$ 이라 하자. 벡터 $u, v \in V$, 스칼라 a, b에 대하여 다음 두 가지 성질을 만족할 때, T를 V에서 W으로의 선형사상 또는 선형변환 (linear transformation) 이라 한다.

$$(1)\ T(u+v) = T(u) + T(v) \qquad (2)\ T(\alpha v) = \alpha T(v)$$

즉, $T(au + bv) = aT(u) + bT(v)$가 성립한다.

3 선형변환의 성질

선형변환 $T : V \to W$ 이라 하자. ($u, v \in V,\ a, b \in R$)

(1) $T(0) = 0$ (2) $T(-v) = -T(v)$

(3) $T(u-v) = T(u) - T(v)$ (4) $T(au - bv) = aT(u) - bT(v)$

4 행렬변환 (matrix transformation)

A가 $m \times n$행렬일 때, 임의의 벡터 $X \in R^n$에 대하여 $T(X) = AX$으로 정의하면 T_A는 R^n에서 R^m으로의 선형변환이 된다. 이를 행렬변환이라 한다.

5 역변환 (inverse transformation)

(1) 만약 $T : V \to W$ 가 전단사인 선형변환이라면 $T(v) = X$가 성립하는 $v \in V$가 존재할 때, $T^{-1}(X) = v$가 정의된 역변환 $T^{-1} : W \to V$가 선형변환이 성립된다.

(2) A가 $n \times n$행렬일 때, 임의의 벡터 $X \in R^n$에 대하여 $T(X) = AX$으로 정의된 행렬변환의 역변환은 $T^{-1}(X) = A^{-1}X$가 성립한다.

6 특수한 선형변환

(1) 영변환(zero transformation)

임의의 벡터 $v \in V$에 대하여 $T : V \to W$을 $T(v) = O$으로 정의하면 T는 선형변환이 된다. 이를 영변환이라 한다.

(2) 항등변환(identity transformation)

임의의 벡터 $v \in V$에 대하여 $T : V \to W$을 $T(v) = v$로 정의하면 T는 선형변환이 된다. 이를 항등변환이라 한다.

7 좌표변환

R^n의 기저 $V=\{v_1, v_2, \cdots, v_n\}$와 $X=(x_1, x_2, \cdots, x_n) \in R^n$에 대하여 $X \rightarrow [X]_V$는 V에 대한 좌표변환(좌표사상)도 선형성을 만족하는 선형변환이다.

$$[X+Y]_V = [X]_V + [Y]_V \qquad [kX]_V = k[X]_V$$

ex) R^3의 기저 $V=\{v_1, v_2, v_3\}$에 대하여

$av_1 + bv_2 + cv_3 = X,\ dv_1 + ev_2 + fv_3 = Y$를 만족한다면 $[X]_V = \begin{pmatrix} a \\ b \\ c \end{pmatrix}$이고 $[Y]_V = \begin{pmatrix} d \\ e \\ f \end{pmatrix}$이다.

(i) $X + Y = (a+d)v_1 + (b+d)v_2 + (c+f)v_3$ 이고

$$[X+Y]_V = \begin{pmatrix} a+d \\ b+e \\ c+f \end{pmatrix} = \begin{pmatrix} a \\ b \\ c \end{pmatrix} + \begin{pmatrix} d \\ e \\ f \end{pmatrix} = [X]_V + [Y]_V$$ 가 성립한다.

(ii) $k(av_1 + bv_2 + cv_3) = kX \Leftrightarrow kav_1 + kbv_2 + kcv_3 = kX$이므로

$$[kX]_V = \begin{pmatrix} ka \\ kb \\ kc \end{pmatrix} = k \begin{pmatrix} a \\ b \\ c \end{pmatrix} = k[X]_V$$ 이다.

Areum Math Tip

1. $T : R^3 \rightarrow R^2$ 를 $T(x,y,z) = (x,y)$ 로 정의하면 T는 선형변환임을 보이시오.

풀이 R^3의 임의의 벡터 $u = (u_1, u_2, u_3)$, $v = (v_1, v_2, v_3)$, $X = (x,y,z)$ 라고 하고, $k \in R$에 대하여

$T(u) = T(u_1, u_2, u_3) = (u_1, u_2)$, $T(v) = T(v_1, v_2, v_3) = (v_1, v_2)$, $T(X) = T(x, y, z) = (x, y)$ 이다.

(1) $T(u+v) = T(u_1 + v_1, u_2 + v_2, u_3 + v_3) = (u_1 + v_1,\ u_2 + v_2) = T(u) + T(v)$

(2) $T(kX) = T(kx, ky, kz) = (kx, ky) = k(x, y) = kT(X)$

선형성을 만족하므로 주어진 변환(함수) T는 선형변환이다.

2. $T : R^2 \rightarrow R^2$ 를 $T(x,y) = (x, y+1)$ 로 정의하면 T는 선형변환이 아님을 보이시오.

풀이 R^2의 임의의 벡터 $u = (u_1, u_2)$, $v = (v_1, v_2)$에 대하여

$T(u) = T(u_1, u_2) = (u_1, u_2 + 1)$, $T(v) = T(v_1, v_2) = (v_1, v_2 + 1)$ 이다.

$T(u) + T(v) = (u_1 + v_1, u_2 + v_2 + 2)$ 이고, $T(u+v) = T(u_1 + v_1, u_2 + v_2) = (u_1 + v_1, u_2 + v_2 + 1)$ 이다.

따라서 $T(u+v) \neq T(u) + T(v)$ 이므로 T는 선형변환이 아니다.

실수 성분 $n \times n$ 행렬로 이루어진 벡터공간을 M_n 이라 하고, 행렬 $A = (a_{ij}) \in M_n$에 대하여 다음 보기의 함수 중 M_n 에서 $\mathbb{R}$ 로 가는 선형사상 $F : M_n \to \mathbb{R}$ 인 것만을 있는 대로 고르면?

> (ㄱ) $F(A) = a_{ij}$ (ㄴ) $F(A) = Tr(A)$ (ㄷ) $F(A) = \det(A)$

풀이 $A = (a_{ij})$, $B = (b_{ij}) \in M_n$, $c \in R$라고 하자.

(ㄱ) (i) $F(A+B) = a_{ij} + b_{ij} = F(A) + F(B)$

     (ii) $F(cA) = ca_{ij} = cF(A)$

     따라서 $F(A) = a_{ij}$ 는 선형사상이며 $F : M_n \to \mathbb{R}$ 을 만족한다.

(ㄴ) (i) $F(A+B) = Tr(A+B) = Tr(A) + Tr(B) = F(A) + F(B)$

     (ii) $F(cA) = Tr(cA) = cTr(A) = cF(A)$

     따라서 $F(A) = Tr(A)$ 는 선형사상이며 $F : M_n \to \mathbb{R}$ 을 만족한다.

(ㄷ) $F(A+B) = \det(A+B) \neq det(A) + \det(B)$ 이므로 사상 $F(A) = \det(A)$ 는 선형사상이 아니다.

148. 함수 $T : \mathbb{R} \to \mathbb{R}$ 가 선형변환이고 $T(1) = 2$일 때, 임의의 실수 x에 대한 함수 $T(x)$를 구하시오.

     ① $T(x) = 2x$ ② $T(x) = 2x^2$ ③ $T(x) = x+1$ ④ $T(x) = \dfrac{1}{2}x + \dfrac{1}{2}$

149. 벡터공간 V의 각 원소 $v \in V$에 대하여 사상 $f : V \to V$를 아래와 같이 정의할 때, 선형사상이 아닌 것을 고르시오.

     ① $f(v) = O$(단, O은 V의 영벡터)

     ② $f(v) = 2v$

     ③ $f(v) = v + w$(단, $w \in V$는 주어진 영이 아닌 벡터)

     ④ $f(v) = -v$

필수예제 56 선형변환의 기본문제 _ 선형성을 이용한 함숫값 구하기

선형변환 $T:\mathbb{R}^2 \to \mathbb{R}^3$가 $T(1,1)=(1,0,2)$, $T(2,3)=(1,-1,4)$일 때, $T(8,11)$을 구하면?

① $(3,-8,5)$　　② $(1,-3,8)$　　③ $(5,-3,16)$　　④ $(11,3,16)$

풀이 $v_1=(1,1)$, $v_2=(2,3)$이라 하자. $av_1+bv_2=(8,11)$이므로 $\begin{pmatrix}1&2\\1&3\end{pmatrix}\begin{pmatrix}a\\b\end{pmatrix}=\begin{pmatrix}8\\11\end{pmatrix}$이고,

확대행렬(붙임행렬)로 나타내면 $\begin{pmatrix}1&2&|&8\\1&3&|&11\end{pmatrix}\sim\begin{pmatrix}1&2&|&8\\0&1&|&3\end{pmatrix}\sim\begin{pmatrix}1&0&|&2\\0&1&|&3\end{pmatrix}$　　$\therefore a=2, b=3$

$av_1+bv_2=(8,11)$의 양변에 선형변환을 취하면 $T(av_1+bv_2)=T(8,11)$; 선형변환의 선형성에 의하여

$aT(v_1)+bT(v_2)=T(8,11)$ ⇒ $a(1,0,2)+b(1,-1,4)=T(8,11)$

⇒ $2(1,0,2)+3(1,-1,4)=T(8,11)$

⇒ $(5,-3,16)=T(8,11)$

따라서 정답은 ③이다.

150. 선형변환 $L:R^2\to R^3$이 $L(4,3)=(1,2,5)$, $L(6,1)=(3,6,1)$일 때, $L(5,2)$의 각 성분의 합은?

151. 선형변환(linear transformation) $L:R^3\to R^2$에서, $L(1,0,2)=(1,0)$이고 $L(-1,1,-1)=(1,-1)$일 때, $L(3,1,7)$의 값은?

152. 일차변환 $T:\mathbb{R}^2\to\mathbb{R}^3$이 $T(1,1)=(1,0,2)$와 $T(2,3)=(1,-1,4)$를 만족할 때, $T(8,11)=(a,b,c)$라 하면, $a+b+c$의 값은?

벡터공간 R^3의 기저 $B = \{(1,0,0),(2,1,0),(1,-1,1)\}$이 있다. 선형사상 $T: R^3 \to R^2$ 이
$T(1,0,0) = (1,2)$, $T(2,1,0) = (1,2)$, $T(1,-1,1) = (2,5)$를 만족할 때, $T(x,y,z)$은?

① $(x+y, 2x+2y+z)$

② $(x-y, 2x-2y+z)$

③ $(x+y+2z, 2x+2y+5z)$

④ $(x-y+2z, 2x-2y+5z)$

풀이 표준기저에 대한 함숫값을 구해보자.

$T(1,0,0) = (1,2)$

$T(2,1,0) = 2T(1,0,0) + T(0,1,0) = 2(1,2) + T(0,1,0) = (1,2)$ ⇒ $T(0,1,0) = (-1,-2)$

$T(1,-1,1) = T(1,0,0) - T(0,1,0) + T(0,0,1) = (1,2) - (-1,-2) + T(0,0,1) = (2,5)$ ⇒ $T(0,0,1) = (0,1)$

$T(x,y,z) = xT(1,0,0) + yT(0,1,0) + zT(0,0,1) = x(1,2) + y(-1,-2) + z(0,1) = (x-y, 2x-2y+z)$이

성립하므로 정답은 ②이다.

[다른 풀이] 객관식 보기를 활용하자.

①번 보기 _ $T(x,y,z) = (x+y, 2x+2y+z)$일 때, $T(1,0,0) = (1,2)$는 성립하지만 $T(2,1,0) \neq (1,2)$이다.

③번 보기 _ $T(x,y,z) = (x+y+2z, 2x+2y+5z)$일 때, $T(1,0,0) = (1,2)$는 성립하지만 $T(2,1,0) \neq (1,2)$이다.

④번 보기 _ $T(x,y,z) = (x-y+2z, 2x-2y+5z)$일 때, $T(1,0,0) = (1,2)$, $T(2,1,0) = (1,2)$는 성립하지만
$T(1,-1,1) \neq (2,5)$이다.

②번 보기 _ $T(x,y,z) = (x-y, 2x-2y+z)$라면 $T(1,0,0) = (1,2)$, $T(2,1,0) = (1,2)$, $T(1,-1,1) = (2,5)$도
성립하므로 함숫값을 만족하는 함수가 맞다.

153. $T: \mathbb{R}^3 \to \mathbb{R}^2$이 선형변환이고 $T(1,0,0) = (1,0)$, $T(1,1,0) = (2,0)$, $T(1,1,1) = (0,3)$일 때,
$T(5,3,1)$은?

154. 선형사상 $L: R^2 \to R^3$에서 $L\begin{bmatrix} 1 \\ 0 \end{bmatrix} = \begin{bmatrix} 1 \\ 0 \\ 2 \end{bmatrix}$, $L\begin{bmatrix} 1 \\ -1 \end{bmatrix} = \begin{bmatrix} -1 \\ 1 \\ -1 \end{bmatrix}$일 때, $L\begin{bmatrix} 2 \\ 3 \end{bmatrix}$은?

필수예제 58 선형변환 $T : R^n \to R^m$ 는 행렬변환이다.

선형변환 $L : \mathbb{R}^3 \to \mathbb{R}^3$ 를 $L(x, y, z) = (2x+y-z,\ x+3y-2z,\ x+z)$ 와 같이 정의하고 L^{-1} 를 L 의 역변환이라고 할 때, 벡터 $L^{-1}(3, 2, -1)$ 의 모든 성분의 합을 구하시오.

풀이 문제가 행벡터로 제시했더라도 열벡터로 볼 수 있어야 한다.

선형변환은 $L\begin{pmatrix} x \\ y \\ z \end{pmatrix} = \begin{pmatrix} 2x+y-z \\ x+3y-2z \\ x+z \end{pmatrix} = \begin{pmatrix} 2 & 1 & -1 \\ 1 & 3 & -2 \\ 1 & 0 & 1 \end{pmatrix}\begin{pmatrix} x \\ y \\ z \end{pmatrix} = AX$ 인 행렬변환으로 표현할 수 있다.

$L^{-1}(3, 2, -1) = (a, b, c)$ 라고 한다면 역함수의 성질에 의해서 $L(a, b, c) = (3, 2, -1)$ 와 같다.

$L\begin{pmatrix} a \\ b \\ c \end{pmatrix} = \begin{pmatrix} 2a+b-c \\ a+3b-2c \\ a+c \end{pmatrix} = \begin{pmatrix} 2 & 1 & -1 \\ 1 & 3 & -2 \\ 1 & 0 & 1 \end{pmatrix}\begin{pmatrix} a \\ b \\ c \end{pmatrix} = \begin{pmatrix} 3 \\ 2 \\ -1 \end{pmatrix}$ 를 만족하는 연립방정식의 해를 구하자.

$\begin{pmatrix} 2 & 1 & -1 & \vdots & 3 \\ 1 & 3 & -2 & \vdots & 2 \\ 1 & 0 & 1 & \vdots & -1 \end{pmatrix} \sim \begin{pmatrix} 1 & 0 & 1 & \vdots & -1 \\ 1 & 3 & -2 & \vdots & 2 \\ 2 & 1 & -1 & \vdots & 3 \end{pmatrix} \sim \begin{pmatrix} 1 & 0 & 1 & \vdots & -1 \\ 0 & 3 & -3 & \vdots & 3 \\ 0 & 1 & -3 & \vdots & 5 \end{pmatrix} \sim \begin{pmatrix} 1 & 0 & 1 & \vdots & -1 \\ 0 & 1 & -1 & \vdots & 1 \\ 0 & 1 & -3 & \vdots & 5 \end{pmatrix} \sim \begin{pmatrix} 1 & 0 & 1 & \vdots & -1 \\ 0 & 1 & -1 & \vdots & 1 \\ 0 & 0 & -2 & \vdots & 4 \end{pmatrix} \sim \begin{pmatrix} 1 & 0 & 0 & \vdots & 1 \\ 0 & 1 & 0 & \vdots & -1 \\ 0 & 0 & 1 & \vdots & -2 \end{pmatrix}$

이므로 $\begin{pmatrix} a \\ b \\ c \end{pmatrix} = \begin{pmatrix} 1 \\ -1 \\ -2 \end{pmatrix}$ 이다. 따라서 벡터 $L^{-1}(3, 2, -1) = (a, b, c)$ 의 모든 성분의 합은 $a+b+c = -2$ 이다.

---

155. R^2 에서 R^2 로의 행렬변환을 $T(X) = AX$ 라고 하자. 행렬 A 에 대해 $A\begin{pmatrix} 3 \\ 2 \end{pmatrix} = \begin{pmatrix} 1 \\ -1 \end{pmatrix}$, $A\begin{pmatrix} 1 \\ 1 \end{pmatrix} = \begin{pmatrix} 3 \\ 7 \end{pmatrix}$ 라면 $A\begin{pmatrix} 5 \\ 3 \end{pmatrix}$ 은?

156. $\mathbb{R}^2$ 상의 벡터 $v = (\cos\theta,\ \sin\theta)^T$ 를 임의의 θ 에 대해서 벡터 $(0, 1)^T$ 로 변환하는 2차 정방행렬은?

① $\begin{bmatrix} \cos\theta & \sin\theta \\ -\sin\theta & \cos\theta \end{bmatrix}$ ② $\begin{bmatrix} \cos\theta & -\sin\theta \\ \sin\theta & \cos\theta \end{bmatrix}$

③ $\begin{bmatrix} \cos(\theta-\pi/2) & \sin(\theta-\pi/2) \\ -\sin(\theta-\pi/2) & \cos(\theta-\pi/2) \end{bmatrix}$ ④ $\begin{bmatrix} \cos(\theta-\pi/2) & -\sin(\theta-\pi/2) \\ \sin(\theta-\pi/2) & \cos(\theta-\pi/2) \end{bmatrix}$

157. $L : R^3 \to R^3$ 이 선형변환이고, 세 벡터 $u = \begin{bmatrix} 1 \\ 0 \\ 0 \end{bmatrix}$, $v = \begin{bmatrix} 1 \\ 1 \\ 0 \end{bmatrix}$, $w = \begin{bmatrix} 1 \\ 1 \\ 1 \end{bmatrix}$ 에 대해 $L(u) = -u$, $L(v) = 2v$, $L(w) = w$ 가 성립한다. 벡터 $x = \begin{bmatrix} 5 \\ 3 \\ 1 \end{bmatrix}$ 에 대해 $L(x) = \begin{bmatrix} a \\ b \\ c \end{bmatrix}$ 일 때, $a+b+c$ 의 값은?

실수체 $\mathbb{R}$ 위의 벡터공간 $P_2 = \{a + bx + cx^2 | a, b, c \in \mathbb{R}\}$에 대하여 선형변환 $T : P_2 \to P_2$가 다음을 만족시킬 때 아래 문제를 풀어보시오.

$$T(x - x^2) = 1 + x, \qquad T(1 - x) = x + x^2, \qquad T(1 + x^2) = 1 + x^2$$

(1) P_2의 표준기저 $\{1, x, x^2\}$에 대응하는 함숫값을 구하시오.

(2) $T(5 - 4x + 3x^2) = a + bx + cx^2$일 때, $a + b + c$의 값을 구하시오.

풀이 (1) 선형변환의 선형성을 이용하여 식을 정리하자.

$$T(x - x^2) = T(x) - T(x^2) = 1 + x \quad \cdots \ \text{㉠}$$
$$T(1 - x) = T(1) - T(x) = x + x^2 \quad \cdots \ \text{㉡}$$
$$T(1 + x^2) = T(1) + T(x^2) = 1 + x^2 \quad \cdots \ \text{㉢}$$

㉠ + ㉡ + ㉢ = $2T(1) = 2(1 + x + x^2)$이므로 $T(1) = 1 + x + x^2 \quad \cdots \ \text{㉣}$

㉣ - ㉡ = $T(x) = 1$, ㉢ - ㉣ = $T(x^2) = -x$를 만족하다.

따라서 표준기저 $\{1, x, x^2\}$에 대응하는 함숫값은 $T(1) = 1 + x + x^2$, $T(x) = 1$, $T(x^2) = -x$이다.

(2) $T(5 - 4x + 3x^2) = 5T(1) - 4T(x) + 3T(x^2) = 5(1 + x + x^2) - 4 \cdot 1 + 3(-x) = 1 + 2x + 5x^2$

따라서 $a + b + c = 8$이다.

---

158. 벡터공간 $V = \{a_0 + a_1 x + a_2 x^2 | a_i \in R\}$의 원소를 $f(x)$라고 하자. $(P(x) \in V)$ 선형사상 $L : V \to V$를 $L(f(x)) = (x - 1)\dfrac{df(x)}{dx}$라 할 때, 다음을 구하시오.

(1) P_2의 표준기저 $\{1, x, x^2\}$에 대응하는 함숫값을 구하시오.

(2) $L(5 - 4x + 3x^2) = a + bx + cx^2$일 때, $a + b + c$의 값을 구하시오.

159. 3차 이하의 다항식으로 이루어진 벡터공간 $P_3 = \{a + bx + cx^2 + dx^3 | a, b, c, d \in R\}$ 위의 선형사상 $T : P_3(R) \to P_3(R)$ 이 $T(x - x^2) = -x - x^2$, $T(x^2 - x^3) = -4x + x^2 - x^3$, $T(1 - x) = 1 - 2x$, $T(1 + x^3) = 1 + 9x + x^3$으로 정의된다. $T(2 + 3x - 5x^2 + 7x^3)$를 구하시오.

03 | 선형변환

1 R^n의 표준기저에 대응하는 좌표벡터

(1) R^n의 표준기저 $\alpha = \{e_1, e_2, \cdots, e_n\}$를 행렬의 열벡터로 나타내면 $I = \left(e_1 \, e_2 \cdots e_n \right)_{n \times n}$ 단위행렬이다.

(2) 벡터 $X = (x_1, x_2, \cdots, x_n) \in R^n$를 R^n의 기저 α에 대한 일차결합은 열행전개의 방법으로 표현할 수 있다.

$$X = x_1 e_1 + x_2 e_2 + \cdots + x_n e_n = \left(e_1 \, e_2 \cdots e_n \right) \begin{pmatrix} x_1 \\ x_2 \\ \vdots \\ x_n \end{pmatrix} = IX = X$$

(3) 벡터 X의 표준기저 α에 대한 좌표벡터는 $[X]_\alpha = \begin{pmatrix} x_1 \\ x_2 \\ \vdots \\ x_n \end{pmatrix} = X$이다.

ex) $(3, 4, 5)$를 R^3의 표준기저 α로 나타낼 때 좌표벡터는 $[3, 4, 5]_\alpha = (3, 4, 5)$이다.

2 $T : R^n \to R^m$ 표준행렬

선형변환 $T : R^n \to R^m$에서

R^n의 표준기저 $\alpha = \{e_1, e_2, \cdots, e_n\}$와 R^m의 표준기저 $\beta = \{e_1, e_2, \cdots, e_m\}$이 있다.

정의역의 표준기저 α를 대입한 함숫값을 공역의 표준기저 β로 표현한 좌표벡터들의 집합을 표준행렬이라고 한다.

즉, $T(e_1), T(e_2), \cdots, T(e_n) \in R^m$의 함숫값을 다음과 같을 때 좌표벡터의 집합을 표준행렬이라 한다.

$$T(e_1) = \begin{pmatrix} a_{11} \\ a_{21} \\ a_{31} \\ \vdots \\ a_{m1} \end{pmatrix} = [T(e_1)]_\beta, \ T(e_2) = \begin{pmatrix} a_{12} \\ a_{22} \\ a_{32} \\ \vdots \\ a_{m2} \end{pmatrix} = [T(e_2)]_\beta, \ \cdots, \ T(e_n) = \begin{pmatrix} a_{1n} \\ a_{2n} \\ a_{3n} \\ \vdots \\ a_{mn} \end{pmatrix} = [T(e_n)]_\beta \text{ 일 때,}$$

표준행렬은 $\left([T(e_1)]_\beta \ \ [T(e_2)]_\beta \ \ \cdots \ \ [T(e_n)]_\beta \right)_{m \times n} = \begin{pmatrix} a_{11} & a_{12} & \cdots & a_{1n} \\ a_{21} & a_{22} & \cdots & a_{2n} \\ a_{31} & a_{32} & \cdots & a_{3n} \\ \vdots & \vdots & \vdots & \vdots \\ a_{m1} & a_{m2} & \cdots & a_{mn} \end{pmatrix}$이다.

❖ 표준행렬은 유일하게 존재하며, 표준행렬의 크기는 " $m \times n = $ 공역의 차원 x 정의역의 차원"이다.

3 행렬변환과 $T : R^n \to R^m$ 표준행렬

(1) A가 $m \times n$ 행렬일 때, 임의의 벡터 $X \in R^n$에 대하여 $T(X) = AX$으로 정의된 행렬변환은 R^n에서 R^m으로의 선형변환이 된다.

(2) R^n에서 R^m으로의 선형변환(행렬변환) $T(X) = AX$의 행렬 A가 표준행렬이다.

4 표준행렬과 좌표벡터의 곱

$$T(x_1, x_2, \cdots, x_n) = T(x_1e_1 + x_2e_2 + \cdots + x_ne_n) = T(x_1e_1) + T(x_2e_2) + \cdots + T(x_ne_n)$$

$$= x_1T(e_1) + x_2T(e_2) + \cdots + x_nT(e_n)$$

$$= x_1\begin{pmatrix} a_{11} \\ a_{21} \\ a_{31} \\ \vdots \\ a_{m1} \end{pmatrix} + x_2\begin{pmatrix} a_{12} \\ a_{22} \\ a_{32} \\ \vdots \\ a_{m2} \end{pmatrix} + \cdots + x_n\begin{pmatrix} a_{1n} \\ a_{2n} \\ a_{3n} \\ \vdots \\ a_{mn} \end{pmatrix} = \begin{pmatrix} a_{11} & a_{12} & \cdots & a_{1n} \\ a_{21} & a_{22} & \cdots & a_{2n} \\ a_{31} & a_{32} & \cdots & a_{3n} \\ \vdots & \vdots & \vdots & \vdots \\ a_{m1} & a_{m2} & \cdots & a_{mn} \end{pmatrix}\begin{pmatrix} x_1 \\ x_2 \\ x_3 \\ \vdots \\ x_n \end{pmatrix} = AX$$

(1) 위의 행렬 $A_{m \times n}$ 를 선형변환 T의 표준행렬(standard matrix)이라 하며 $[T]$ 또는 $[T]_\alpha^\beta$로 표시한다.

(2) 정의역 R^n의 원소인 벡터 X의 표준기저 α에 대한 좌표벡터는 $[X]_\alpha = \begin{pmatrix} x_1 \\ x_2 \\ \vdots \\ x_n \end{pmatrix} = X$이다.

(3) 공역 R^m의 원소인 함숫값(치역) $T(X) = AX$의 표준기저 β에 대한 좌표벡터는 $[T(X)]_\beta = [AX]_\beta = AX$이다.

(4) 좌표벡터의 집합 A에 좌표벡터 X를 곱해서 나온 결과는 함숫값 $T(X)$의 좌표벡터이다.

5 선형변환의 합성

(1) 선형변환 $T : R^n \to R^k$와 $S : R^k \to R^m$의 합성 $S \circ T : R^n \to R^m$은 임의의 $X \in R^n$에 대하여, $(S \circ T)(X) = S(T(X))$로 정의된다.

(2) $T : R^n \to R^k$와 $S : R^k \to R^m$가 선형변환이고 $k \times n$ 행렬 A와 $m \times k$ 행렬 B를 각각 T, S에 대한 표준행렬이라 하면 $(S \circ T)(x) = S(T(x)) = B(Ax) = (BA)x$이므로 BA는 선형변환 $S \circ T$에 대한 표준행렬이다.

필수예제 60 행렬변환 $T(X)=AX$의 행렬 A가 T의 표준행렬이다.

선형변환 $T: R^3 \to R^2$가 $T(x,y,z)=(2x+3y-4z,\ x-5y+z)$일 때, $T(X)=AX$를 만족하는 A가 표준행렬임을 보이시오.

풀이 $X \in R^3$, $X = \begin{pmatrix} x \\ y \\ z \end{pmatrix}$일 때, $T\begin{pmatrix} x \\ y \\ z \end{pmatrix} = \begin{pmatrix} 2x+3y-4z \\ x-5y+z \end{pmatrix} = \begin{pmatrix} 2 & 3 & -4 \\ 1 & -5 & 1 \end{pmatrix}\begin{pmatrix} x \\ y \\ z \end{pmatrix} = AX$인 행렬변환으로 나타낼 수 있다.

$\therefore A = \begin{pmatrix} 2 & 3 & -4 \\ 1 & -5 & 1 \end{pmatrix}$

R^3의 표준기저 $= \{(1,0,0),(0,1,0),(0,0,1)\}$이고, R^2의 표준기저 $= \{(1,0),(0,1)\}$이다.

$T\begin{pmatrix} 1 \\ 0 \\ 0 \end{pmatrix} = \begin{pmatrix} 2 \\ 1 \end{pmatrix}$, $T\begin{pmatrix} 0 \\ 1 \\ 0 \end{pmatrix} = \begin{pmatrix} 3 \\ -5 \end{pmatrix}$, $T\begin{pmatrix} 0 \\ 0 \\ 1 \end{pmatrix} = \begin{pmatrix} -4 \\ 1 \end{pmatrix}$이므로 표준행렬은 좌표벡터들의 집합이다.

따라서 $A = \begin{pmatrix} 2 & 3 & -4 \\ 1 & -5 & 1 \end{pmatrix}$이 표준행렬이다.

160. 선형변환 $F\begin{pmatrix} x_1 \\ x_2 \\ x_3 \end{pmatrix} = \begin{pmatrix} x_1 - 4x_2 + 2x_3 \\ x_2 + x_3 \end{pmatrix}$일 때, $F(X)=AX$가 되는 행렬 A는? $\left(\text{단, } X = \begin{pmatrix} x_1 \\ x_2 \\ x_3 \end{pmatrix}\right)$

① $\begin{pmatrix} 1 & -2 \\ 0 & -1 \\ 1 & -4 \end{pmatrix}$
② $\begin{pmatrix} 1 & 0 & 1 \\ -2 & -1 & -4 \end{pmatrix}$
③ $\begin{pmatrix} 1 & -4 & 2 \\ 0 & 1 & 1 \end{pmatrix}$
④ $\begin{pmatrix} 0 & -2 \\ 1 & 3 \\ 1 & -4 \end{pmatrix}$

161. 일차변환 $L: R^2 \to R^2$가 $L(x,y)=(x+2y,\ 3x+2y)$일 때, L의 표준행렬을 구하시오.

162. 선형변환 $T: R^3 \to R^2$와 선형변환 $S: R^2 \to R^3$를 $T(x,y,z)=(x-3y+z,\ 5y-z)$, $S(x,y)=(3x-y,\ x+y,\ 3x+2y)$와 같이 정의할 때, $S \circ T$에 대응하는 행렬을 구하시오.

필수예제 61 표준기저에 대한 $[T(X)]_\beta = T(X) = AX$의 관계성

세 벡터 $u_1 = \begin{bmatrix} 1 \\ 0 \\ 1 \end{bmatrix}$, $u_2 = \begin{bmatrix} 1 \\ 1 \\ 0 \end{bmatrix}$, $u_3 = \begin{bmatrix} 0 \\ 1 \\ 1 \end{bmatrix}$ 에 대해 R^3에서 R^2로의 선형변환 T가

$T(u_1) = \begin{bmatrix} 1 \\ 4 \end{bmatrix}$, $T(u_2) = \begin{bmatrix} 3 \\ -2 \end{bmatrix}$, $T(u_3) = \begin{bmatrix} -6 \\ 2 \end{bmatrix}$ 일 때, 다음을 구하시오.

(1) T의 표준행렬의 모든 성분의 합을 구하시오.

(2) R^2의 표준기저 $\beta = \left\{ \begin{pmatrix} 1 \\ 0 \end{pmatrix}, \begin{pmatrix} 0 \\ 1 \end{pmatrix} \right\}$에 대한 $\left[T\begin{pmatrix} 1 \\ 2 \\ 5 \end{pmatrix} \right]_\beta$ 의 값을 구하시오.

풀이 $T : R^3 \to R^2$의 선형변환은 행렬변환 $T(X) = AX$로 나타낼 수 있고 여기서 2×3행렬 A가 표준행렬이다.

(1) $A\begin{pmatrix} 1 \\ 1 \\ 1 \end{pmatrix} = \begin{pmatrix} a \\ b \end{pmatrix}$를 통해서 표준행렬 A의 모든 성분의 합은 $a+b$이다.

$T(u_1 + u_2 + u_3) = T\begin{pmatrix} 2 \\ 2 \\ 2 \end{pmatrix} = 2T\begin{pmatrix} 1 \\ 1 \\ 1 \end{pmatrix} = 2A\begin{pmatrix} 1 \\ 1 \\ 1 \end{pmatrix} = \begin{pmatrix} -2 \\ 4 \end{pmatrix} = 2\begin{pmatrix} -1 \\ 2 \end{pmatrix}$이므로 $A\begin{pmatrix} 1 \\ 1 \\ 1 \end{pmatrix} = \begin{pmatrix} -1 \\ 2 \end{pmatrix}$ 표준행렬의 모든 성분의 합은 1이다.

[다른 풀이] 표준행렬을 직접 구해보자.

$u_1 + u_2 + u_3 = \begin{pmatrix} 2 \\ 2 \\ 2 \end{pmatrix}$라고 할 때 $T\begin{pmatrix} 2 \\ 2 \\ 2 \end{pmatrix} = \begin{pmatrix} -2 \\ 4 \end{pmatrix}$이고 $u = \begin{pmatrix} 1 \\ 1 \\ 1 \end{pmatrix}$라 한다면 선형성에 의해서 $T(u) = T\begin{pmatrix} 1 \\ 1 \\ 1 \end{pmatrix} = \begin{pmatrix} -1 \\ 2 \end{pmatrix}$이다.

$T\begin{pmatrix} 1 \\ 0 \\ 0 \end{pmatrix} = T(u) - T(u_3) = \begin{pmatrix} -1 \\ 2 \end{pmatrix} - \begin{pmatrix} -6 \\ 2 \end{pmatrix} = \begin{pmatrix} 5 \\ 0 \end{pmatrix}$, $\qquad$ $T\begin{pmatrix} 0 \\ 1 \\ 0 \end{pmatrix} = T(u) - T(u_1) = \begin{pmatrix} -1 \\ 2 \end{pmatrix} - \begin{pmatrix} 1 \\ 4 \end{pmatrix} = \begin{pmatrix} -2 \\ -2 \end{pmatrix}$

$T\begin{pmatrix} 0 \\ 0 \\ 1 \end{pmatrix} = T(u) - T(u_2) = \begin{pmatrix} -1 \\ 2 \end{pmatrix} - \begin{pmatrix} 3 \\ -2 \end{pmatrix} = \begin{pmatrix} -4 \\ 4 \end{pmatrix}$이므로 표준행렬 $A = \begin{pmatrix} 5 & -2 & -4 \\ 0 & -2 & 4 \end{pmatrix}$이다. 따라서 모든 성분의 합은 1이다.

(2) $\left[T\begin{pmatrix} 1 \\ 2 \\ 5 \end{pmatrix} \right]_\beta = T\begin{pmatrix} 1 \\ 2 \\ 5 \end{pmatrix} = A\begin{pmatrix} 1 \\ 2 \\ 5 \end{pmatrix} = \begin{pmatrix} 5 & -2 & -4 \\ 0 & -2 & 4 \end{pmatrix}\begin{pmatrix} 1 \\ 2 \\ 5 \end{pmatrix} = \begin{pmatrix} -19 \\ 16 \end{pmatrix}$이다.

163. $L : R^3 \to R^3$이 선형변환이고, 세 벡터 $u = \begin{bmatrix} 1 \\ 0 \\ 0 \end{bmatrix}$, $v = \begin{bmatrix} 1 \\ 1 \\ 0 \end{bmatrix}$, $w = \begin{bmatrix} 1 \\ 1 \\ 1 \end{bmatrix}$에 대해 $L(u) = -u$, $L(v) = 2v$,

$L(w) = w$가 성립할 때 다음을 구하시오.

(1) 표준행렬의 대각원소의 합을 구하시오.

(2) R^3의 표준기저 $\beta = \left\{ \begin{pmatrix} 1 \\ 0 \\ 0 \end{pmatrix}, \begin{pmatrix} 0 \\ 1 \\ 0 \end{pmatrix}, \begin{pmatrix} 0 \\ 0 \\ 1 \end{pmatrix} \right\}$에 대한 $\left[L\begin{pmatrix} 5 \\ 3 \\ 1 \end{pmatrix} \right]_\beta = \begin{bmatrix} a \\ b \\ c \end{bmatrix}$일 때, $a+b+c$를 구하시오.

6 **선형변환 $T : P_n \to P_m$ 의 표준행렬**

선형변환 $T : P_n \to P_m$ 에서

P_n 의 표준기저 $\alpha = \{1, x, x^2, \cdots, x^n\}$ 와 P_m 의 표준기저 $\beta = \{1, x, x^2, \cdots, x^m\}$ 이 있다.

정의역의 표준기저 α 를 대입한 함숫값을 공역의 표준기저 β 로 표현한 좌표벡터들의 집합을 표준행렬이라고 한다.

즉, $T(1), T(x), \cdots, T(x^n) \in P_m$ 의 함숫값이 다음과 같을 때 좌표벡터의 집합을 표준행렬이라 한다.

$$T(1) = a_{11} + a_{21}x + a_{31}x^2 + \cdots + a_{m1}x^m \text{일 때, } [T(1)]_\beta = \begin{pmatrix} a_{12} \\ a_{22} \\ a_{32} \\ \vdots \\ a_{m2} \end{pmatrix}$$

$$T(x) = a_{12} + a_{22}x + a_{32}x^2 + \cdots + a_{m2}x^m \text{일 때, } [T(x)]_\beta = \begin{pmatrix} a_{12} \\ a_{22} \\ a_{32} \\ \vdots \\ a_{m2} \end{pmatrix}$$

$$T(x^n) = a_{1n} + a_{2n}x + a_{3n}x^2 + \cdots + a_{mn}x^m \text{일 때, } [T(x^n)]_\beta = \begin{pmatrix} a_{1n} \\ a_{2n} \\ a_{3n} \\ \vdots \\ a_{mn} \end{pmatrix}$$

$$표준행렬은 \begin{pmatrix} [T(1)]_\beta & [T(x)]_\beta & \cdots & [T(x^n)]_\beta \end{pmatrix}_{m \times n} = \begin{pmatrix} a_{11} & a_{12} & \cdots & a_{1n} \\ a_{21} & a_{22} & \cdots & a_{2n} \\ a_{31} & a_{32} & \cdots & a_{3n} \\ \vdots & \vdots & \vdots & \vdots \\ a_{m1} & a_{m2} & \cdots & a_{mn} \end{pmatrix} 이다.$$

❖ 표준행렬은 유일하게 존재하며, 표준행렬의 크기는 " $m \times n$ = 공역의 차원 x 정의역의 차원" 이다.

7 **표준행렬과 좌표벡터의 곱**

P_n 의 성분 $X = a + bx + cx^2 + \cdots + dx^n$ 를 표준기저 α 로 표현하면 $[X]_\alpha = \begin{pmatrix} a \\ b \\ c \\ \vdots \\ d \end{pmatrix}$ 이다.

$$[T(a + bx + cx^2 + \cdots + dx^n)]_\beta = [aT(1) + bT(x) + cT(x^2) + \cdots + dT(x^n)]_\beta$$

$$= a[T(1)]_\beta + b[T(x)]_\beta + c[T(x^2)]_\beta + \cdots + d[T(x^n)]_\beta$$

$$= a\begin{pmatrix} a_{11} \\ a_{21} \\ a_{31} \\ \vdots \\ a_{m1} \end{pmatrix} + b\begin{pmatrix} a_{12} \\ a_{22} \\ a_{32} \\ \vdots \\ a_{m2} \end{pmatrix} + \cdots + d\begin{pmatrix} a_{1n} \\ a_{2n} \\ a_{3n} \\ \vdots \\ a_{mn} \end{pmatrix} = \begin{pmatrix} a_{11} & a_{12} & \cdots & a_{1n} \\ a_{21} & a_{22} & \cdots & a_{2n} \\ a_{31} & a_{32} & \cdots & a_{3n} \\ \vdots & \vdots & & \vdots \\ a_{m1} & a_{m2} & \cdots & a_{mn} \end{pmatrix}\begin{pmatrix} a \\ b \\ c \\ \vdots \\ d \end{pmatrix} = [T]_\alpha^\beta [X]_\alpha$$

필수 예제 62 선형변환 $T : V \to W$의 표준행렬

벡터공간 $V = \{a_0 + a_1 x + a_2 x^2 | a_i \in R\}$의 표준기저는 $\beta = \{1, x, x^2\}$이고, 원소를 $f(x)$라고 하자.

선형사상 $L : V \to V$를 $L(f(x)) = (x-1)\dfrac{df(x)}{dx}$라 할 때, 선형변환 L의 표준행렬을 구하시오.

풀이   (1) $L(1) = (x-1)(1)' = 0,$ $\Rightarrow$ $[L(1)]_\beta = \begin{pmatrix} 0 \\ 0 \\ 0 \end{pmatrix}$

$L(x) = (x-1)x' = (x-1) \cdot 1 = -1 + x$ $\Rightarrow$ $[L(x)]_\beta = \begin{pmatrix} -1 \\ 1 \\ 0 \end{pmatrix}$

$L(x^2) = (x-1)(x^2)' = 2x(x-1) = -2x + 2x^2$ $\Rightarrow$ $[L(x^2)]_\beta = \begin{pmatrix} 0 \\ -2 \\ 2 \end{pmatrix}$

표준행렬은 $[L]_\beta^\beta = A = \left([L(1)]_\beta \;\; [L(x)]_\beta \;\; [L(x^2)]_\beta \right) = \begin{pmatrix} 0 & -1 & 0 \\ 0 & 1 & -2 \\ 0 & 0 & 2 \end{pmatrix}$ 이다.

164. 차수가 2차 이하이고 실수 계수를 갖는 다항식의 벡터공간을 $P_2(R)$이라 하자.

선형변환 $S : P_2(R) \to P_2(R)$를 임의의 $f(t) \in P_2(R)$에 대하여 $S(f(t)) = f(1) + f(0)t + p(-1)t^2$이라고 정의할 때, 표준행렬 S의 대각원소의 합을 구하시오.

165. 차수가 2보다 작거나 같은 다항식들의 벡터공간 P_2에 대하여 P_2에서 P_2로의 선형사상 T를 $T(f) = f' + f''$이라 하자. P_2의 기저 $B = \{1, x, x^2\}$에 대한 T의 행렬표현을 A라 할 때, A의 모든 성분들의 합은?(단, f', f''은 각각 f의 도함수와 이계도함수이다.)

166. P_5가 5차 이하 다항식의 벡터공간이라 할 때, 선형사상 $T: P_5 \to P_5$를 임의의 $p(x) \in P_5$에 대하여 $T(p(x)) = p(-x)$로 정의하자. T의 고윳값 1에 대응되는 고유공간의 차원은?

167. 선형변환 $T: R^3 \to P_2$를 $T(e_1) = 3 + 2x - x^2$, $T(e_2) = 1 + 4x - x^2$, $T(e_3) = 1 + 2x + x^2$를 R^3의 순서기저 $\{e_1 = (1, 0, 0), e_2 = (0, 1, 0), e_3 = (0, 0, 1)\}$와 $P_2(x)$의 순서기저 $\{1, x, x^2\}$에 대하여 표현한 3×3 행렬을 A라 하자. $A^{15} = \begin{bmatrix} a_{11} & a_{12} & a_{13} \\ a_{21} & a_{22} & a_{23} \\ a_{31} & a_{32} & a_{33} \end{bmatrix}$이라 할 때, $a_{31} - a_{33}$의 값은?

168. 실수성분을 갖는 2×2행렬로 이루어진 벡터공간을 $M_{2 \times 2}(R)$로 나타내고, 선형변환 $\Phi: M_{2 \times 2}(R) \to M_{2 \times 2}(R)$를 $\Phi\left(\begin{bmatrix} a & b \\ c & d \end{bmatrix} \right) = \begin{pmatrix} a+b+d & a+b+c \\ b+c+d & a+c+d \end{pmatrix}$로 정의할 때, Φ의 표준행렬을 구하시오.

169. 벡터공간 $V = \left\{ X = \begin{bmatrix} a & b \\ c & d \end{bmatrix} \middle| a, b, c, d \in R \right\}$이라 하자. $T: V \to V$를 $T(X) = AX$로 주어진 선형변환이라 할 때, V의 순서기저 β에 대한 T의 표준행렬 $[T]_\beta$의 행렬식을 계산하면?

(단, $A = \begin{bmatrix} 1 & 2 \\ 3 & 4 \end{bmatrix}$이고 $\beta = \left\{ \begin{bmatrix} 1 & 0 \\ 0 & 0 \end{bmatrix}, \begin{bmatrix} 0 & 1 \\ 0 & 0 \end{bmatrix}, \begin{bmatrix} 0 & 0 \\ 1 & 0 \end{bmatrix}, \begin{bmatrix} 0 & 0 \\ 0 & 1 \end{bmatrix} \right\}$이다.)

필수예제 **63**   선형변환 $T : V \to W$의 벡터화를 통해서 $L : R^n \to R^m$ 관계성 파악

실수체 R 위의 벡터공간 $P_2 = \{a + bx + cx^2 | a, b, c \in \mathbb{R}\}$의 표준기저는 $\beta = \{1, x, x^2\}$이다. 선형변환 $T : P_2 \to P_2$가 다음을 만족시킬 때 아래 문제를 풀어보시오.

$$T(x - x^2) = 1 + x, \qquad T(1 - x) = x + x^2, \qquad T(1 + x^2) = 1 + x^2$$

(1) T의 표준행렬 A를 구하시오.

(2) $T(5 - 4x + 3x^2) = a + bx + cx^2$일 때, 벡터 $\begin{pmatrix} a \\ b \\ c \end{pmatrix}$를 표준행렬을 이용하여 나타내시오.

(3) 문제에서 제시한 선형변환 $T : P_2 \to P_2$를 벡터화하여 선형변환 $L : R^3 \to R^3$로 나타내시오.

(4) 문제 (3)에서 구한 선형변환 L에 대하여 $L(5, -4, 3)$의 값을 구하시오.

풀이 (1) 선형변환의 선형성을 이용하여 식을 정리하자.

$T(x - x^2) = T(x) - T(x^2) = 1 + x$ $\cdots$ ㉠

$T(1 - x) = T(1) - T(x) = x + x^2$ $\cdots$ ㉡

$T(1 + x^2) = T(1) + T(x^2) = 1 + x^2$ $\cdots$ ㉢

㉠ + ㉡ + ㉢ = $2T(1) = 2(1 + x + x^2)$이므로 $T(1) = 1 + x + x^2$ $\cdots$ ㉣

㉣ - ㉡ = $T(x) = 1$,   ㉣ - ㉢ = $T(x^2) = -x$를 만족하다.

따라서 표준기저 $\{1, x, x^2\}$에 대응하는 함숫값은 $T(1) = 1 + x + x^2$, $T(x) = 1$, $T(x^2) = -x$이다

표준행렬 $[T]^{\beta}_{\beta} = A = \left([T(1)]_{\beta} \ \ [T(x)]_{\beta} \ \ [T(x^2)]_{\beta} \right) = \begin{pmatrix} 1 & 1 & 0 \\ 1 & 0 & -1 \\ 1 & 0 & 0 \end{pmatrix}$이다.

(2) $\begin{pmatrix} a \\ b \\ c \end{pmatrix}$은 $[T(5 - 4x + 3x^2)]_{\beta}$인 좌표벡터이다. $X = 5 - 4x + 3x^2$이라고 할 때, $[X]_{\beta} = \begin{pmatrix} 5 \\ -4 \\ 3 \end{pmatrix}$이다.

$[T(5 - 4x + 3x^2)]_{\beta} = \begin{pmatrix} a \\ b \\ c \end{pmatrix} = [5T(1) - 4T(x) + 3T(x^2)]_{\beta} = 5[T(1)]_{\beta} - 4[T(x)]_{\beta} + 3[T(x^2)]_{\beta}$

$= 5\begin{pmatrix} 1 \\ 1 \\ 1 \end{pmatrix} - 4\begin{pmatrix} 1 \\ 0 \\ 0 \end{pmatrix} + 3\begin{pmatrix} 0 \\ -1 \\ 0 \end{pmatrix} = \begin{pmatrix} 1 & 1 & 0 \\ 1 & 0 & -1 \\ 1 & 0 & 0 \end{pmatrix}\begin{pmatrix} 5 \\ -4 \\ 3 \end{pmatrix} = [T]^{\beta}_{\beta}[X]_{\beta} = A[X]_{\beta} = \begin{pmatrix} 1 \\ 2 \\ 5 \end{pmatrix}$이다.

(3) $T(x - x^2) = 1 + x$ $\Rightarrow$ $L(0, 1, -1) = (1, 1, 0)$,

$T(1 - x) = x + x^2$ $\Rightarrow$ $L(1, -1, 0) = (0, 1, 1)$

$T(1 + x^2) = 1 + x^2$ $\Rightarrow$ $L(1, 0, 1) = (1, 0, 1)$

(4) 벡터의 선형성을 이용하여 $L(1, 0, 0) = (1, 1, 1)$, $L(0, 1, 0) = (1, 0, 0)$, $L(0, 0, 1) = (0, -1, 0)$이면

$L(5, -4, 3) = 5L(1, 0, 0) - 4L(0, 1, 0) + 3L(0, 0, 1) = 5(1, 1, 1) - 4(1, 0, 0) + 3(0, -1, 0) = (1, 2, 5)$이다.

1 선형변환 $T : V \rightarrow W$의 표현행렬 (행렬표현)

$\dim(V) = n$ 인 V의 기저를 $\alpha = \{v_1, v_2, \cdots, v_n\}$, $\dim(W) = m$ 인 W의 기저를 $\beta = \{w_1, w_2, \cdots, w_m\}$

라고 하자.

(1) 정의역의 기저를 순서대로 대입한 함숫값을 공역의 순서기저로 나타낸 좌표벡터들의 집합을 표현행렬이라고 한다.

$$T(v_1) = a_{11}w_1 + a_{21}w_2 + \cdots + a_{m1}w_m \text{이면 } T(v_1)\text{의 좌표벡터는 } \left[T(v_1)\right]_\beta = \begin{pmatrix} a_{11} \\ a_{21} \\ a_{31} \\ \vdots \\ a_{m1} \end{pmatrix} \text{이다.}$$

$$T(v_2) = a_{12}w_1 + a_{22}w_2 + \cdots + a_{m2}w_m \text{이면 } T(v_2)\text{의 좌표벡터는 } \left[T(v_2)\right]_\beta = \begin{pmatrix} a_{12} \\ a_{22} \\ a_{32} \\ \vdots \\ a_{m2} \end{pmatrix} \text{이다.}$$

$$\vdots$$

$$T(v_n) = a_{1n}w_1 + a_{2n}w_2 + \cdots + a_{mn}w_m \text{이면 } T(v_n)\text{의 좌표벡터는 } \left[T(v_n)\right]_\beta = \begin{pmatrix} a_{1n} \\ a_{2n} \\ a_{3n} \\ \vdots \\ a_{mn} \end{pmatrix} \text{이다.}$$

$$\text{선형변환 } T\text{의 표현행렬은 } [T]_\alpha^\beta = \left(\left[T(v_1)\right]_\beta \quad \left[T(v_2)\right]_\beta \cdots \left[T(v_n)\right]_\beta \right) = \begin{pmatrix} a_{11} & a_{12} & \cdots & a_{1n} \\ a_{21} & a_{22} & \cdots & a_{2n} \\ a_{31} & a_{32} & \cdots & a_{3n} \\ \vdots & \vdots & & \vdots \\ a_{m1} & a_{m2} & & a_{mn} \end{pmatrix} \text{이다.}$$

(2) 표현행렬의 크기는 $m \times n$ 이다.

(3) 정의역과 공역의 기저가 같을 때 $(\alpha = \beta)$ 표현행렬은 $[T]_\alpha^\alpha = [T]_\alpha$로 표시한다.

(4) 정의역과 공역의 기저가 표준기저일 때, 표현행렬은 표준행렬이라고 할 수 있다.

Areum Math Tip

표현행렬과 표준행렬의 닮음관계

$T : R^n \rightarrow R^n$ 인 행렬변환행렬 $T(X) = AX$에 대하여 행렬 A가 의미하는 것은 표준행렬이다. 정의역의 기저벡터를 열벡터로 나타낸

행렬 $B = \begin{pmatrix} b_1 \, b_2 \cdots b_n \end{pmatrix}$, 공역의 기저벡터를 열벡터로 나타낸 행렬 $C = \begin{pmatrix} c_1 \, c_2 \cdots c_n \end{pmatrix}$라고 할 때 표현행렬 T와의 관계는

표준행렬 × 정의역의 기저 = 공역의 기저 × 표현행렬 $\Leftrightarrow$ $AB = CT$ 가 성립한다.

여기서 정의역의 기저와 공역의 기저가 같다면 $AB = BT \Leftrightarrow B^{-1}AB = T \Leftrightarrow A = BTB^{-1}$가 성립하여 표현행렬과 표준행렬은 닮은 관계이다.

2 좌표변환

R^n의 기저 $V = \{v_1, v_2, \cdots, v_n\}$와 $X = (x_1, x_2, \cdots, x_n) \in R^n$에 대하여 $X \rightarrow [X]_V$는 V에 대한 좌표변환(좌표사상)도 선형성을 만족하는 선형변환이다.

$$[X + Y]_V = [X]_V + [Y]_V \qquad [kX]_V = k[X]_V$$

3 함숫값 $T(X)$의 좌표벡터 구하기

선형변환 $T : V \rightarrow W$의 V의 기저 $\alpha = \{v_1, v_2, \cdots, v_n\}$와 W의 기저 $\beta = \{w_1, w_2, \cdots, w_m\}$일 때, 표현행렬을 $A_{m \times n} = [T]_V^W$이라고 하자.

(1) $X = av_1 + bv_2 + \cdots + cv_n \in V$를 V에 대한 좌표벡터를 나타내면 $[X]_V = \begin{pmatrix} a \\ b \\ \vdots \\ c \end{pmatrix}$이다.

(2) $T(X) = T(av_1 + bv_2 + \cdots + cv_n) = aT(v_1) + bT(v_2) + \cdots + cT(v_n)$인 함숫값을 갖는다.

(3) $T(X) \in W$를 W에 대한 좌표벡터는 좌표변환의 선형성에 의해서 구할 수 있다.

$$[T(X)]_W = a[T(v_1)]_W + b[T(v_2)]_W + \cdots + c[T(v_n)]_W$$

$$= \begin{pmatrix} [T(v_1)]_W & [T(v_2)]_W & \cdots & [T(v_n)]_W \end{pmatrix} \begin{pmatrix} a \\ b \\ \vdots \\ c \end{pmatrix} = [T]_V^W [X]_V = A[X]_V$$

(4) 함숫값 $T(X)$의 좌표벡터 = 표현행렬 $\times$ 정의역 X의 좌표벡터

선형변환 $T : \mathbb{R}^3 \to \mathbb{R}^3$가 $T(x, y, z) = (x+2y+z,\ x+5y,\ z)$로 주어져 있다. $\mathbb{R}^3$의 순서기저

$B = \{(0,1,1), (1,0,1), (1,1,0)\}$에 대한 T의 행렬표현이 $[T]_B = \begin{pmatrix} a_{11} & a_{12} & a_{13} \\ a_{21} & a_{22} & a_{23} \\ a_{31} & a_{32} & a_{33} \end{pmatrix}$ 일 때, $a_{11} + a_{33}$의 값은?

풀이 주어진 선형사상에 기저를 대입해보면 다음과 같다.

$$T(0, 1, 1) = (3, 5, 1) = a_{11}(0,1,1) + a_{21}(1,0,1) + a_{31}(1,1,0)$$

$$T(1, 0, 1) = (2, 1, 1) = a_{12}(0,1,1) + a_{22}(1,0,1) + a_{32}(1,1,0)$$

$$T(1, 1, 0) = (3, 6, 0) = a_{13}(0,1,1) + a_{23}(1,0,1) + a_{33}(1,1,0)$$

따라서 확대계수행렬에 가우스 조단 소거법을 시행하여 a_{11}, a_{33}의 값을 구한다.

$$\begin{pmatrix} 0 & 1 & 1 & 3 \\ 1 & 0 & 1 & 5 \\ 1 & 1 & 0 & 1 \end{pmatrix} \sim \begin{pmatrix} 0 & 1 & 1 & 3 \\ 1 & 0 & 1 & 5 \\ 0 & 1 & -1 & -4 \end{pmatrix} \sim \begin{pmatrix} 0 & 1 & 1 & 3 \\ 1 & 0 & 1 & 5 \\ 0 & 0 & 2 & 7 \end{pmatrix} \sim \begin{pmatrix} 0 & 1 & 0 & -\frac{1}{2} \\ 1 & 0 & 0 & \frac{3}{2} \\ 0 & 0 & 1 & \frac{7}{2} \end{pmatrix} \sim \begin{pmatrix} 1 & 0 & 0 & \frac{3}{2} \\ 0 & 1 & 0 & -\frac{1}{2} \\ 0 & 0 & 1 & \frac{7}{2} \end{pmatrix}$$ 이므로 $a_{11} = \frac{3}{2}$ 이다.

$$\begin{pmatrix} 0 & 1 & 1 & 3 \\ 1 & 0 & 1 & 6 \\ 1 & 1 & 0 & 0 \end{pmatrix} \sim \begin{pmatrix} 0 & 1 & 1 & 3 \\ 1 & 0 & 1 & 6 \\ 0 & 1 & -1 & -6 \end{pmatrix} \sim \begin{pmatrix} 0 & 1 & 1 & 3 \\ 1 & 0 & 1 & 5 \\ 0 & 0 & -2 & -9 \end{pmatrix} \sim \begin{pmatrix} 0 & 1 & 1 & 3 \\ 1 & 0 & 1 & 5 \\ 0 & 0 & 1 & \frac{9}{2} \end{pmatrix}$$ 이므로 $a_{33} = \frac{9}{2}$ 이다. 따라서 $a_{11} + a_{33} = 6$ 이다.

❖ 주어진 선형변환을 행렬변환 $T(X) = AX = \begin{pmatrix} 1 & 2 & 1 \\ 1 & 5 & 0 \\ 0 & 0 & 1 \end{pmatrix} X$로 나타내자. 또한 기저 $B = \begin{pmatrix} B_1 & B_2 & B_3 \end{pmatrix} = \begin{pmatrix} 0 & 1 & 1 \\ 1 & 0 & 1 \\ 1 & 1 & 0 \end{pmatrix}$이라고 하자.

$$T(B_1) = T\begin{pmatrix} 0 \\ 1 \\ 1 \end{pmatrix} = AB_1 = \begin{pmatrix} 3 \\ 5 \\ 1 \end{pmatrix} = a_{11}B_1 + a_{21}B_2 + a_{31}B_3 = B\begin{pmatrix} a_{11} \\ a_{21} \\ a_{31} \end{pmatrix}$$

$$T(B_2) = T\begin{pmatrix} 1 \\ 0 \\ 1 \end{pmatrix} = AB_2 = \begin{pmatrix} 2 \\ 1 \\ 1 \end{pmatrix} = a_{12}B_1 + a_{22}B_2 + a_{32}B_3 = B\begin{pmatrix} a_{12} \\ a_{22} \\ a_{32} \end{pmatrix}$$

$$T(B_3) = T\begin{pmatrix} 1 \\ 1 \\ 0 \end{pmatrix} = AB_3 = \begin{pmatrix} 3 \\ 6 \\ 0 \end{pmatrix} = a_{13}B_1 + a_{23}B_2 + a_{33}B_3 = B\begin{pmatrix} a_{13} \\ a_{23} \\ a_{33} \end{pmatrix}$$ 이고 연립방정식의 정리하면 표현행렬을 구할 수 있다.

$$A\begin{pmatrix} B_1 & B_2 & B_3 \end{pmatrix} = B\begin{pmatrix} a_{11} & a_{12} & a_{13} \\ a_{21} & a_{22} & a_{23} \\ a_{31} & a_{32} & a_{33} \end{pmatrix} = BT \quad \Leftrightarrow \quad (B \mid AB) = \begin{pmatrix} 0 & 1 & 1 & \vdots & 3 & 2 & 3 \\ 1 & 0 & 1 & \vdots & 5 & 1 & 6 \\ 1 & 1 & 0 & \vdots & 1 & 1 & 0 \end{pmatrix} \sim \begin{pmatrix} 1 & 1 & 0 & \vdots & 1 & 1 & 0 \\ 0 & 1 & 1 & \vdots & 3 & 2 & 3 \\ 1 & 0 & 1 & \vdots & 5 & 1 & 6 \end{pmatrix} \sim \begin{pmatrix} 1 & 1 & 0 & \vdots & 1 & 1 & 0 \\ 0 & 1 & 1 & \vdots & 3 & 2 & 3 \\ 0 & -1 & 1 & \vdots & 4 & 0 & 6 \end{pmatrix}$$

$$\sim \begin{pmatrix} 1 & 1 & 0 & \vdots & 1 & 1 & 0 \\ 0 & 1 & 1 & \vdots & 3 & 2 & 3 \\ 0 & 0 & 2 & \vdots & 7 & 2 & 9 \end{pmatrix} \sim \begin{pmatrix} 1 & 1 & 0 & \vdots & 1 & 1 & 0 \\ 0 & 1 & 1 & \vdots & 3 & 2 & 3 \\ 0 & 0 & 1 & \vdots & \frac{7}{2} & 1 & \frac{9}{2} \end{pmatrix} \sim \begin{pmatrix} 1 & 1 & 0 & \vdots & 1 & 1 & 0 \\ 0 & 1 & 0 & \vdots & -\frac{1}{2} & 1 & -\frac{3}{2} \\ 0 & 0 & 1 & \vdots & \frac{7}{2} & 1 & \frac{9}{2} \end{pmatrix} \sim \begin{pmatrix} 1 & 0 & 0 & \vdots & \frac{3}{2} & 0 & \frac{3}{2} \\ 0 & 1 & 0 & \vdots & -\frac{1}{2} & 1 & -\frac{3}{2} \\ 0 & 0 & 1 & \vdots & \frac{7}{2} & 1 & \frac{9}{2} \end{pmatrix} = \begin{pmatrix} I & \vdots & T \end{pmatrix}$$

필수예제 65 표현행렬과 표준행렬의 닮음관계

선형변환 $T: R^3 \to R^3$를 $T(x, y, z) = (3x+y+z, 2x+4y+2z, -x-y+z)$로 정의한다.
T를 R^3의 기저 $\{(1, 0, -1), (0, 1, -1), (1, 2, -1)\}$로 표현한 행렬의 대각원소의 합은?

풀이 $T(X) = \begin{pmatrix} 3 & 1 & 1 \\ 2 & 4 & 2 \\ -1 & -1 & 1 \end{pmatrix}\begin{pmatrix} x \\ y \\ z \end{pmatrix} = AX$의 행렬변환이다. 제시한 기저를 $B' = \{b_1 = (1,0,-1), b_2 = (0,1,-1), b_3 = (1,2,-1)\}$라고

하고, 행렬 $B = \begin{pmatrix} b_1 & b_2 & b_3 \end{pmatrix}$라고 하자. $T(b_1) = Ab_1 = ab_1 + bb_2 + cb_3 = B\begin{pmatrix} a \\ b \\ c \end{pmatrix}$, $T(b_2) = Ab_2 = db_1 + eb_2 + fb_3 = B\begin{pmatrix} d \\ e \\ f \end{pmatrix}$,

$T(b_3) = Ab_3 = gb_1 + hb_2 + ib_3 = B\begin{pmatrix} g \\ h \\ i \end{pmatrix}$ 이때, 표현행렬은 $T = \begin{pmatrix} a & d & g \\ b & e & h \\ c & f & i \end{pmatrix}$이다.

표현행렬을 구하기 위해서는 3개의 연립방정식을 각각 풀어야 한다. 이것을 시스템으로 만들어보자.

$A\begin{pmatrix} b_1 & b_2 & b_3 \end{pmatrix} = B\begin{pmatrix} a & d & g \\ b & e & h \\ c & f & i \end{pmatrix} \Leftrightarrow AB = BT \Leftrightarrow$ 표준행렬 ×정의역의 기저=공역의 기저 ×표현행렬

TIP R^3의 기본기저 $E = \{e_1, e_2, e_3\}$라 하고, 문제에서 제시한 기저를 $B = \{(1,0,-1),(0,1,-1),(1,2,-1)\}$라 하자.
선형변환 T의 표준행렬을 $T]_E$와 표현행렬 $T]_B$는 서로 닮았다. $T]_E \simeq T]_B$
따라서 표현행렬 $T]_B$의 대각원소의 합 $tr(T]_B)$은 $tr(T]_E)$와 같다.

표준행렬은 $T]_E = \begin{pmatrix} 3 & 1 & 1 \\ 2 & 4 & 2 \\ -1 & -1 & 1 \end{pmatrix}$이고, $tr(T]_E) = 8$이다.

170. 벡터공간 R^3상의 세 벡터 $v_1 = <1, 0, 1>$, $v_2 = <0, 1, 1>$, $v_3 = <0, 0, 1>$를 기저라고 하자.
선형변환 $T: R^3 \to R^3$가 $T(v_1) = v_2$, $T(v_2) = v_3$, $T(v_3) = v_1$을 만족하는 표현행렬을 A라고 할 때, A^3의 모든 성분의 합을 구하시오.

$T(x_1, x_2, x_3) = (2x_1 - x_2 + 2x_3, \; x_1 + x_2, \; 3x_1 - x_2 - x_3)$ 으로 정의되는 선형사상 $T : R^3 \to R^3$의 순서기저 $B = \{(1,0,0),(1,1,1),(1,-1,1)\}$, $C = \{(1,1,2),(1,2,1),(2,1,1)\}$ 에 대하여 선형사상 T의 행렬표현을 구하시오.

풀이 $T(X) = AX = \begin{pmatrix} 2 & -1 & 2 \\ 1 & 1 & 0 \\ 3 & -1 & -1 \end{pmatrix} \begin{pmatrix} x_1 \\ x_2 \\ x_3 \end{pmatrix}$ 인 행렬변환이다. $T : B \to C$를 나타내는 행렬표현을 구하자.

$B' = \{b_1 = (1,0,0),\; b_2 = (1,1,1),\; b_3 = (1,-1,1)\}$, 행렬 $B = \begin{pmatrix} b_1 & b_2 & b_3 \end{pmatrix}$ 라고 하자.

$C' = \{c_1 = (1,1,2),\; c_2 = (1,2,1),\; c_3 = (2,1,1)\}$, 행렬 $C = \begin{pmatrix} c_1 & c_2 & c_3 \end{pmatrix}$ 라고 하자.

$T(b_1) = T\begin{pmatrix} 1 \\ 0 \\ 0 \end{pmatrix} = Ab_1 = \begin{pmatrix} 2 \\ 1 \\ 3 \end{pmatrix} = ac_1 + bc_2 + cc_3 = C\begin{pmatrix} a \\ b \\ c \end{pmatrix}$

$T(b_2) = T\begin{pmatrix} 1 \\ 1 \\ 1 \end{pmatrix} = Ab_2 = \begin{pmatrix} 3 \\ 2 \\ 1 \end{pmatrix} = dc_1 + ec_2 + fc_3 = C\begin{pmatrix} d \\ e \\ f \end{pmatrix}$

$T(b_3) = T\begin{pmatrix} 1 \\ -1 \\ 1 \end{pmatrix} = Ab_3 = \begin{pmatrix} 5 \\ 0 \\ 3 \end{pmatrix} = gc_1 + hc_2 + ic_3 = C\begin{pmatrix} g \\ h \\ i \end{pmatrix}$

표현행렬은 $T]_B^C = \begin{pmatrix} a & d & g \\ b & e & h \\ c & f & i \end{pmatrix}$ 이다. 표현행렬을 구하기 위해서는 3개의 연립방정식을 풀어야 한다. 이것을 시스템으로 만들어보자.

$A\begin{pmatrix} b_1 & b_2 & b_3 \end{pmatrix} = C\begin{pmatrix} a & d & g \\ b & e & h \\ c & f & i \end{pmatrix} \Leftrightarrow AB = CT \Leftrightarrow$ 표준행렬 × 정의역의 기저 = 공역의 기저 ×표현행렬

$CT = AB \Leftrightarrow \begin{pmatrix} 1 & 1 & 2 \\ 1 & 2 & 1 \\ 2 & 1 & 1 \end{pmatrix} \begin{pmatrix} a & d & g \\ b & e & h \\ c & f & i \end{pmatrix} = \begin{pmatrix} 2 & 3 & 5 \\ 1 & 2 & 0 \\ 3 & 1 & 3 \end{pmatrix}$ 의 연립방정식을 풀자. $\begin{pmatrix} 1 & 1 & 2 & 2 & 3 & 5 \\ 1 & 2 & 1 & 1 & 2 & 0 \\ 2 & 1 & 1 & 3 & 1 & 3 \end{pmatrix} \sim \begin{pmatrix} 1 & 1 & 2 & 2 & 3 & 5 \\ 0 & 1 & -1 & -1 & -1 & -5 \\ 0 & -1 & -3 & -1 & -5 & -7 \end{pmatrix}$

$\sim \begin{pmatrix} 1 & 1 & 2 & 2 & 3 & 5 \\ 0 & 1 & -1 & -1 & -1 & -5 \\ 0 & 0 & -4 & -2 & -6 & -12 \end{pmatrix} \sim \begin{pmatrix} 1 & 1 & 0 & 1 & 0 & -1 \\ 0 & 1 & 0 & -\frac{1}{2} & \frac{1}{2} & -2 \\ 0 & 0 & 1 & \frac{1}{2} & \frac{3}{2} & 3 \end{pmatrix} \sim \begin{pmatrix} 1 & 0 & 0 & \frac{3}{2} & -\frac{1}{2} & 1 \\ 0 & 1 & 0 & -\frac{1}{2} & \frac{1}{2} & -2 \\ 0 & 0 & 1 & \frac{1}{2} & \frac{3}{2} & 3 \end{pmatrix}$ $\therefore T = \frac{1}{2} \begin{pmatrix} 3 & -1 & 2 \\ -1 & 1 & -4 \\ 1 & 3 & 6 \end{pmatrix}$

171. 선형변환 $T : R^3 \to R^2$가 $T(x, y, z) = (2x + 3y - 4z, \; x - 5y + z)$로 정의되고 R^3의 순서기저가 $E_1 = \{(1,1,1),(1,1,0),(1,0,0)\}$, R^2의 순서기저가 $E_2 = \{(1,1),(0,1)\}$일 때 T의 표현행렬을 구하여라.

필수예제 67 함숫값 $T(X)$의 좌표벡터 = 표현행렬 $\times$ 정의역 X의 좌표벡터

벡터공간 $\mathbb{R}^3$상의 기저(basis) $\{v_1, v_2, v_3\}$와 선형변환 $T : \mathbb{R}^3 \to \mathbb{R}^3$가 $T(v_1 + v_2) = v_1 - v_3$, $T(v_2 - v_3) = v_1 + v_2$, $T(v_1 - v_3) = v_2 + v_3$ 을 만족할 때, $T(7v_1 - 5v_2 + 2v_3)$의 값은?

① $3v_1 - 5v_2 - 2v_3$ ② $-3v_1 + 5v_2 - 2v_3$ ③ $5v_1 + 2v_2 - 3v_3$ ④ $-5v_1 - 2v_2 + 3v_3$

03 | 선형변환

풀이 기저 $B = \{v_1, v_2, v_3\}$에 대한 표현행렬을 구하자.

$T(v_1 + v_2) - T(v_2 - v_3) + T(v_1 - v_3) = 2T(v_1) = O$이므로 $T(v_1) = O$, $T(v_2) = v_1 - v_3$, $T(v_3) = -v_2 - v_3$ 이다.

표현행렬은 $T = \begin{pmatrix} 0 & 1 & 0 \\ 0 & 0 & -1 \\ 0 & -1 & -1 \end{pmatrix}$이고 $[T(7v_1 - 5v_2 + 2v_3)]_B = \begin{pmatrix} 0 & 1 & 0 \\ 0 & 0 & -1 \\ 0 & -1 & -1 \end{pmatrix}\begin{pmatrix} 7 \\ -5 \\ 2 \end{pmatrix} = \begin{pmatrix} -5 \\ -2 \\ 3 \end{pmatrix}$이므로

$T(7v_1 - 5v_2 + 2v_3) = -5v_1 - 2v_2 + 3v_3$이다.

[다른 풀이] $T(v_1 + v_2) - T(v_2 - v_3) + T(v_1 - v_3) = 2T(v_1) = O$이므로 $T(v_1) = O$, $T(v_2) = v_1 - v_3$, $T(v_3) = -v_2 - v_3$ 이다.

$T(7v_1 - 5v_2 + 2v_3) = 7T(v_1) - 5T(v_2) + 2T(v_3) = 7 \cdot O - 5(v_1 - v_3) + 2(-v_2 - v_3) = -5v_1 - 2v_2 + 3v_3$

---

172. 벡터공간 V의 순서기저(ordered basis) $[b_1, b_2, b_3]$에 관한 선형변환 $T : V \to V$의 표현행렬이

$A = \begin{bmatrix} 2 & -1 & 3 \\ 0 & 2 & 4 \\ 5 & 3 & 6 \end{bmatrix}$ 일 때, $T(3b_1 - 2b_2)$는?

① $6b_1 - 7b_2 + b_3$ ② $8b_1 - 4b_2 + 9b_3$ ③ $7b_1 + 2b_2 + 9b_3$

④ $5b_1 - 3b_2 + 6b_3$ ⑤ $2b_1 + b_2 + 7b_3$

---

173. 벡터공간 V의 기저 $B = \{b_1, b_2, b_3\}$에 대하여 일차변환 $T : V \to V$의 행렬표현이 $\begin{pmatrix} 0 & -6 & 1 \\ 0 & 5 & -1 \\ 1 & -2 & 7 \end{pmatrix}$라 할 때,

$T(3b_1 - 4b_2) = xb_1 + yb_2 + zb_3$라 하자. $x + y + z$의 값은?

함숫값 $T(X)$의 좌표벡터 = 표현행렬 $\times$ 정의역 X의 좌표벡터

3차 이하의 다항식으로 이루어진 벡터공간 $\mathbb{P}_3(\mathbb{R}) = \{a + bx + cx^2 + dx^3 \mid a, b, c, d \in \mathbb{R}\}$ 위의 선형사상 $T : \mathbb{P}_3(\mathbb{R}) \to \mathbb{P}_3(\mathbb{R})$ 이 $T(1) = 1 + x$, $T(x) = 3x$, $T(x^2) = 4x + x^2$, $T(x^3) = 8x + x^3$ 으로 정의된다. 선형사상 T를 고유벡터로 이루어진 기저 $\beta = \{-2 + x, -4 + x^2, -8 + x^3, x\}$ 에 대하여 표현한 4×4 행렬 $[T]_\beta$를 (a_{ij}) 라 할 때, $\sum_{j=1}^{4} \sum_{i=1}^{4} a_{ij}$ 의 값은?

풀이 주어진 다항식을 벡터화시켜서 표준행렬을 구하자.

즉 $T\begin{pmatrix}1\\0\\0\\0\end{pmatrix} = \begin{pmatrix}1\\1\\0\\0\end{pmatrix}$, $T\begin{pmatrix}0\\1\\0\\0\end{pmatrix} = \begin{pmatrix}0\\3\\0\\0\end{pmatrix}$, $T\begin{pmatrix}0\\0\\1\\0\end{pmatrix} = \begin{pmatrix}0\\4\\1\\0\end{pmatrix}$, $T\begin{pmatrix}0\\0\\0\\1\end{pmatrix} = \begin{pmatrix}0\\8\\0\\1\end{pmatrix}$ 이므로 표준행렬은 $A = \begin{pmatrix}1&0&0&0\\1&3&4&8\\0&0&1&0\\0&0&0&1\end{pmatrix}$ 이다.

기저 β를 벡터화시킨 벡터 $\begin{pmatrix}-2\\1\\0\\0\end{pmatrix}$, $\begin{pmatrix}-4\\0\\1\\0\end{pmatrix}$, $\begin{pmatrix}-8\\0\\0\\1\end{pmatrix}$, $\begin{pmatrix}0\\1\\0\\0\end{pmatrix}$ 는 행렬 A의 고윳값 $1, 1, 1, 3$에 대응하는 고유벡터이다.

$T(\beta_1) = T(-2 + x) = A\begin{pmatrix}-2\\1\\0\\0\end{pmatrix} = \begin{pmatrix}-2\\1\\0\\0\end{pmatrix} = \beta_1$ $\qquad$ $T(\beta_2) = T(-4 + x^2) = A\begin{pmatrix}-4\\0\\1\\0\end{pmatrix} = \begin{pmatrix}-4\\0\\1\\0\end{pmatrix} = \beta_2$

$T(\beta_3) = T(-8 + x^3) = A\begin{pmatrix}-8\\0\\0\\1\end{pmatrix} = \begin{pmatrix}-8\\0\\0\\1\end{pmatrix} = \beta_3$ $\qquad$ $T(\beta_4) = T(+x) = A\begin{pmatrix}0\\1\\0\\0\end{pmatrix} = 3\begin{pmatrix}0\\1\\0\\0\end{pmatrix} = 3\beta_4$

$\therefore [T]_\beta = \begin{pmatrix}1&0&0&0\\0&1&0&0\\0&0&1&0\\0&0&0&3\end{pmatrix}$ $\qquad$ $\therefore \sum_{j=1}^{4} \sum_{i=1}^{4} a_{ij} = 6$

174. $P_2(\mathbb{R}) = \{a + bx + cx^2 \mid a, b, c \in \mathbb{R}\}$ 이고, 선형사상 $T : P_2(\mathbb{R}) \to \mathbb{R}^3$ 가 $T(p(x)) = \left(p'(0), \ p''(1), \ \int_0^1 p(x)\,dx\right)$ 로 정의될 때, 기저 $\{1, x, x^2\}$, $\{(1,0,0), (0,1,0), (0,0,1)\}$ 에 관한 T 의 3×3 표현행렬의 (i, j)-성분을 a_{ij} 라 하자. 이때, $\sum_{i=1}^{3} \sum_{j=1}^{3} a_{ij}$ 의 값은?

필수예제 69 함숫값 $T(X)$의 좌표벡터를 통해서 함숫값 $T(X)$ 구하기

R^3의 순서기저 $\alpha = \{(1, 0, 1), (1, 1, 0), (0, 1, 1)\}$과 $P_2(R)$의 순서기저 $\beta = \{1, 1+t, 1+t+t^2\}$가 주어졌다. 선형변환 $L : R^3 \to P_2(R)$의 α, β에 대응하는 행렬이 $[L]_\alpha^\beta = \begin{pmatrix} -1 & -1 & 0 \\ 2 & -3 & 1 \\ 1 & -3 & -1 \end{pmatrix}$이라 할 때, $L(2, -1, 1)$은?

① $4 + 6t + 3t^2$ ② $-1 + 3t^2$ ③ $11 - 4t + 4t^2$ ④ $-9 + 4t + 4t^2$

[풀이] R^3의 순서기저 $\alpha = \{\alpha_1, \alpha_2, \alpha_3\}$에 대하여 $\alpha_1 = (1, 0, 1)$, $\alpha_2 = (1, 1, 0)$, $\alpha_3 = (0, 1, 1)$,

$P_2(R)$의 순서기저 $\beta = \{\beta_1, \beta_2, \beta_3\}$에 대하여 $\beta_1 = 1$, $\beta_2 = 1+t$, $\beta_3 = 1+t+t^2$이라 하면 선형변환의 선형성에 의해

$$L(2, -1, 1) = L(a\alpha_1 + b\alpha_2 + c\alpha_3) = aL(\alpha_1) + bL(\alpha_2) + cL(\alpha_3)$$

이때, α_1, α_2, α_3를 열벡터로 하는 선형계를 도입하면

$$\begin{pmatrix} 1 & 1 & 0 & | & 2 \\ 0 & 1 & 1 & | & -1 \\ 1 & 0 & 1 & | & 1 \end{pmatrix} \sim \begin{pmatrix} 1 & 1 & 0 & | & 2 \\ 0 & 1 & 1 & | & -1 \\ 0 & -1 & 1 & | & -1 \end{pmatrix} \sim \begin{pmatrix} 1 & 1 & 0 & | & 2 \\ 0 & 1 & 1 & | & -1 \\ 0 & 0 & 2 & | & -2 \end{pmatrix} \sim \begin{pmatrix} 1 & 1 & 0 & | & 2 \\ 0 & 1 & 1 & | & -1 \\ 0 & 0 & 1 & | & -1 \end{pmatrix} \sim \begin{pmatrix} 1 & 0 & 0 & | & 2 \\ 0 & 1 & 0 & | & 0 \\ 0 & 0 & 1 & | & -1 \end{pmatrix}$$이므로 $(a, b, c) = (2, 0, -1)$이다.

$$\therefore \ L(2, -1, 1) = 2L(\alpha_1) + 0 \cdot L(\alpha_2) + (-1)L(\alpha_3) = 2L(\alpha_1) - L(\alpha_3) = -2\beta_1 + 3\beta_2 + 3\beta_3$$
$$= -2 + 3 + 3t + 3 + 3t + 3t^2$$

따라서 정답은 ①이다.

[다른 풀이] 표현행렬×정의역의 좌표벡터= 치역의 좌표벡터이다. 정의역 $\begin{pmatrix} 2 \\ -1 \\ 1 \end{pmatrix}$의 좌표벡터는 $\begin{pmatrix} 2 \\ 0 \\ -1 \end{pmatrix}$이고,

$$\begin{pmatrix} -1 & -1 & 0 \\ 2 & -3 & 1 \\ 1 & -3 & -1 \end{pmatrix}\begin{pmatrix} 2 \\ 0 \\ -1 \end{pmatrix} = 2\begin{pmatrix} -1 \\ 2 \\ 1 \end{pmatrix} - \begin{pmatrix} 0 \\ 1 \\ -1 \end{pmatrix} = \begin{pmatrix} -2 \\ 3 \\ 3 \end{pmatrix}$$는 치역 $L(2, -1, 1)$의 좌표벡터이다.

따라서 치역은 $L(2, -1, 1) = -2\beta_1 + 3\beta_2 + 3\beta_3 = -2 + 3 + 3t + 3 + 3t + 3t^2 = 4 + 6t + 3t^2$이다.

175. 차수가 2 이하인 다항식으로 이루어진 벡터공간 P_2에 정의된 선형사상 $T : P_2 \to P_2$가 주어져 있다. 순서기저(ordered basis) $B = \{1 + t^2, t + t^2, 1 + 2t + t^2\}$에 대한 T의 행렬표현이

$[T]_B = \begin{pmatrix} 3 & 4 & 0 \\ 0 & 5 & -1 \\ 1 & -2 & 7 \end{pmatrix}$와 같다. $T(1 + 2t + 2t^2) = a + bt + ct^2$라 할 때, $a + b + c$의 값은?

1 핵과 치역

두 벡터공간 V, W에 대하여 선형변환 $T : V \to W$에서 핵과 치역을 다음과 같이 정의한다.

(1) $T(V) = 0$을 만족하는 정의역 V의 원소들의 집합을 T의 핵(kernel)이라 하고 $\ker(T)$로 나타낸다.

$\Leftrightarrow \ker(T) = \{v \in V \mid T(v) = 0\}$

(2) 정의역 V의 모든 벡터들의 T에 의한 상(image)인 $T(v) \in W$의 모든 벡터의 집합을 T의 치역(range)이라 하고 $Im(T)$로 나타낸다. $\Leftrightarrow Im(T) = \{T(v) \in W \mid v \in V\}$

(3) 핵은 정의역의 부분공간이고, 치역은 공역의 부분공간이다. $\Leftrightarrow \ker(T) \subset V, Im(T) \subset W$

2 행렬변환의 핵과 치역

선형변환 $T : R^n \to R^m$에 대하여 R^n의 벡터를 $X = \begin{pmatrix} x_1 \\ \vdots \\ x_n \end{pmatrix}$, 표준행렬을 $A = \begin{pmatrix} a_{11} & a_{12} & \cdots & a_{1n} \\ a_{21} & a_{22} & \cdots & a_{2n} \\ \vdots & \vdots & \cdots & \vdots \\ a_{m1} & a_{m2} & \cdots & a_{mn} \end{pmatrix}$라고 하자.

즉, $T(X) = AX$라는 행렬변환으로 나타낼 수 있다.

(1) 행렬변환의 핵 $\ker(T)$는 선형 연립방정식 $AX = O$의 해와 같으므로 A의 해공간, 직교보공간, 퇴화공간이라고 할 수 있다.

(2) 행렬 A의 열벡터를 각각 $c_1, c_2, \cdots, c_n$라고 할 때, $T(X) = AX = x_1 c_1 + x_2 c_2 + \cdots + x_n c_n$이므로 T의 치역은 행렬 A의 열공간 $Col(A)$의 부분공간이다. $\Rightarrow T(X) \in Col(A), Im(T) \subset Col(A)$

3 핵과 치역의 차원

선형변환 $T : V \to W$에서 T의 표현행렬을 A라고 할 때,

치역의 차원	+	핵의 차원	=	정의역의 차원
$\dim(Im(T))$	+	$\dim(\ker(T))$	=	$\dim(V)$
$rank(A)$	+	$nullity(A)$	=	A의 열의 개수

4 단사함수와 전사함수

(1) 단사함수(일대일 함수)

두 벡터공간 V, W에 대하여 선형사상 $T : V \to W$ 에서 $\dim(V) = n$, $\dim(W) = m$ 이고 임의의 벡터 $v_1, v_2 \in V$에 대하여 $v_1 \neq v_2$일 때, $T(v_1) \neq T(v_2)$이면 T를 단사함수 또는 일대일 함수라고 한다.

$$T \text{가 단사함수} \Leftrightarrow \ker T = \{0\}$$
$$\Leftrightarrow \dim(\ker(T)) = 0$$
$$\Leftrightarrow AX = O \text{는 자명한 해(오직 하나의 해)} X = O \text{를 갖는다.}$$
$$\Leftrightarrow A \text{의 열벡터는 일차독립이다.}$$
$$\Leftrightarrow rank(T) = n$$

03 | 선형변환

(2) 전사함수

치역이 공역과 같은 경우 즉, $Im\ T = W$ 일 때, T를 전사함수라고 한다.

T가 전사함수 $\Leftrightarrow \dim(Im(T)) = \dim(W)\ \Leftrightarrow rank(T) = m \Leftrightarrow A$의 행벡터는 일차독립이다.

(3) 전단사함수(일대일대응 함수)

T가 전단사함수이면 T를 정칙선형사상 또는 동형사상이라고 한다.

$$\Leftrightarrow \text{역선형사상 } T^{-1} : W \to V \text{가 존재한다.}$$
$$\Leftrightarrow m = n \text{이고, } T \text{는 가역행렬이다.}$$

필수예제 **70** $Im(T) = $ 표준행렬의 열공간, $\ker(T) = $ 표준행렬의 영공간

선형변환 $T:R^3 \to R^3$에서 $T(x,y,z)=(-4y+2z,\,-x-9y+4z,\,x+y)$에 대하여 T의 치역과 핵을 구하시오.

풀이 $T(X)=AX=\begin{pmatrix} 0 & -4 & 2 \\ -1 & -9 & 4 \\ 1 & 1 & 0 \end{pmatrix}\begin{pmatrix} x \\ y \\ z \end{pmatrix}$인 행렬변환이다.

(i) $T(X)=AX$인 행렬변환의 치역은 $Im(T)=Col(A)=Row(A^t)$이다.

행렬 A^t에 대하여 기본 행연산을 하자. $A^t=\begin{pmatrix} 0 & -1 & 1 \\ -4 & -9 & 1 \\ 2 & 4 & 0 \end{pmatrix} \sim \begin{pmatrix} 1 & 2 & 0 \\ 0 & -1 & 1 \\ 0 & 0 & 0 \end{pmatrix}$

$Im(T)=\,_{span}\{(1,2,0),(0,1,-1)\} \subset R^3$이고, $\dim(Im(T))=2$이다.

또한 $(1,2,0)\times(0,1,-1)=(-2,1,1)$이므로 법선벡터가 $(-2,1,1)$과 평행한 평면의 방정식으로 표현할 수도 있다.

$\Rightarrow\ Im(T)=\{(x,y,z)\in R^3 \mid 2x-y-z=0\}$

(ii) $Ker\ T=\{X\in R^3 \mid T(X)=AX=0\}$이므로 행렬 A의 영공간(해공간)과 같다.

$A=\begin{pmatrix} 0 & -4 & 2 \\ -1 & -9 & 4 \\ 1 & 1 & 0 \end{pmatrix} \sim \begin{pmatrix} 1 & 1 & 0 \\ 0 & 2 & -1 \\ 0 & 0 & 0 \end{pmatrix} \sim \begin{pmatrix} 1 & 0 & \dfrac{1}{2} \\ 0 & 1 & -\dfrac{1}{2} \\ 0 & 0 & 0 \end{pmatrix}$

$Ker(T)=\left\{\left(-\dfrac{t}{2},\,\dfrac{t}{2},\,t\right)\,\middle|\, t\in R\right\}=\,_{span}\{1,-1,-2\}$이고, $\dim(Ker(T))=1$이다.

---

176. 선형변환 $T:R^3 \to R^3$를 $T(X)=\begin{pmatrix} 1 & 1 & 1 \\ 1 & 1 & 2 \\ 1 & 1 & 4 \end{pmatrix}X$로 정의할 때, T의 치역의 기저(basis)가 될 수 없는 것은?

① $(1,0,-2)$ ② $(0,1,3)$ ③ $(2,3,5)$ ④ $(1,1,-1)$

177. 선형변환 $T:R^3 \to R^4$가 $T(x,y,z)=(x+z,\,2x+2z,\,2y-4z,\,-3x+6z)$로 정의될 때, 다음 중 T의 치역(range) W의 직교여공간 $W^\perp$에 속하는 벡터는?

① $(1,0,0,-3)$ ② $(2,-1,0,0)$ ③ $(1,-1,3,-2)$ ④ $(-4,2,-7,8)$

필수예제 71 표현행렬을 통해서 치역 구하기

R^3의 순서기저 $\alpha = \{(0,1,1),(1,0,1),(1,1,0)\}$에 관한 선형변환 $T : R^3 \to R^3$의 행렬표현이

$[T]_\alpha = \begin{pmatrix} 1 & 2 & 1 \\ 1 & 1 & 2 \\ 2 & 1 & 5 \end{pmatrix}$와 같을 때, 다음 중 T의 치역(range)에 속하는 벡터는?

① $(1,\,1,\,2)$ ② $(3,\,3,\,2)$ ③ $(1,\,3,\,3)$ ④ $(0,\,1,\,1)$

풀이

$T(0,1,1) = (1)(0,1,1)+(1)(1,0,1)+(2)(1,1,0) = (3,3,2)$

$T(1,0,1) = (2)(0,1,1)+(1)(1,0,1)+(1)(1,1,0) = (2,3,3)$

$T(1,1,0) = (1)(0,1,1)+(2)(1,0,1)+(5)(1,1,0) = (7,6,3)$

치역(함숫값)에 해당하는 벡터를 행렬 A의 행벡터로 놓고 기본행 연산을 하자.

$A = \begin{pmatrix} 3 & 3 & 2 \\ 2 & 3 & 3 \\ 7 & 6 & 3 \end{pmatrix} \sim \begin{pmatrix} 42 & 42 & 28 \\ 42 & 63 & 63 \\ 42 & 63 & 18 \end{pmatrix} \sim \begin{pmatrix} 42 & 42 & 28 \\ 0 & 21 & 35 \\ 0 & -6 & -10 \end{pmatrix} \sim \begin{pmatrix} 3 & 3 & 2 \\ 0 & 3 & 5 \\ 0 & 0 & 0 \end{pmatrix}$

따라서 두 벡터 $(3,3,2)$, $(0,3,5)$에 의해 생성되는 A의 행공간은 원점을 지나는 평면이다.

$\vec{n} = (3,3,2) \times (0,3,5) = (9,-15,9)$이므로 T의 치역은 $\{\,(x,y,z)\mid 3x-5y+3z=0\,\}$이다.

보기의 값을 평면에 방정식에 대입하면 평면 위의 점이자 치역의 성분이다. ② $(3,\,3,\,2)$이 치역의 성분이다.

---

178. 선형사상 $T(x,y,z) = \begin{pmatrix} 1 & 2 & 2 \\ 0 & 3 & 6 \\ 1 & 1 & 0 \end{pmatrix} \begin{pmatrix} x \\ y \\ z \end{pmatrix}$에 대하여 $\mathrm{Im}\,T = \left\{ \begin{pmatrix} x \\ y \\ z \end{pmatrix} \mid ax+by+z=0 \right\}$일 때, $\dfrac{a}{b}$의 값은?

(단, a, b는 상수이고 $\mathrm{Im}\,T$는 T의 치역이다.)

179. 선형사상 $T : R^3 \to R^3$을 다음과 같이 정의하자. T의 치역은 R^3에서 평면을 이룬다. 이 평면에 대하여 점 $(1,1,1)$을 평면에 정사영시킨 점의 좌표를 (a,b,c)라 할 때, $a+b+c$의 값은?

$$T(V) = AV,\ A = \begin{pmatrix} 3 & 2 & 1 \\ 1 & 1 & 1 \\ 1 & 2 & 3 \end{pmatrix},\ (V \in R^3)$$

$$\dim(Im(T)) + \dim(\ker(T)) = \text{정의역의 차원}$$

다음 중 선형변환 $L : R^7 \to R^5$에서 $\ker L$의 차수(dimension)가 될 수 없는 값은?

① 1   ② 2   ③ 3   ④ 4

풀이 표현행렬 $L : 5 \times 7$이고, $\dim(Im\ T) + \dim(\ker L) = 7 \Leftrightarrow rank\ L + nullity\ L = 7$이 되어야 한다.

$rank\ L \le 5$일 때, $\dim(\ker L) = 7 - \dim(Im(T)) = 7 - rankL \ge 2$이므로 해공간의 차원은 2 이상의 값을 갖는다.

따라서 정답은 ①이다.

180. 선형변환 $T : R^4 \to R^3$에 대하여

$T(x_1, x_2, x_3, x_4) = (x_1 + x_2 + 3x_3 + x_4,\ 2x_1 - x_2 + x_4,\ 4x_1 + x_2 + 6x_3 + 3x_4)$의 핵과 치역의 차원은?

181. 선형사상 $L : R^2 \to R^2$, $L(x, y) = (2x - y,\ -4x + 2y)$에 대하여 다음 중 옳지 않은 것은?

① L의 계수(rank)는 1이다.

② L의 퇴화차수는 1이다.

③ L의 핵의 차원은 1이다.

④ $(a, b) \in R^2$일 때, $L(x, y) = (a, b)$의 해는 무수히 많다.

182. 선형변환 $T(x, y, z) = (x + 3y + 2z,\ y + z,\ -x + 4y + 5z)$에 대한 T의 상공간의 차원 $\dim(Im\ T)$를 s, 핵공간의 차원 $\dim(\ker T)$를 t라 할 때, $s - t$의 값을 구하면?

183. 행렬 $A = \begin{bmatrix} 1 & 2 & -2 & 3 & -1 \\ 0 & 1 & 3 & 2 & 1 \\ 2 & 7 & 5 & 12 & 1 \\ 1 & 2 & -2 & 3 & -1 \end{bmatrix}$ 에 대하여 $L(\vec{v}) = A\vec{v}$ 로 정의되는 선형변환 $L : R^5 \to R^4$ 에서 $L(R^5)$ 의 차원은?

03 | 선형변환

184. 다음 선형사상 $T : R^4 \to R^3$ 가 치역이 2차원이 되도록 a 의 값을 정하시오.

$$T(x, y, z, w) = (3x - 3y - z - 4w, \ 2x - 7y - 6w, \ -x + 2y + az + 2w)$$

185. 선형사상 T 의 핵 $\ker T$ 의 차원이 1이고 치역 $\operatorname{Im} T$ 의 차원이 c 일 때, abc 의 값을 구하시오.

(단, a, b, c 는 상수이다.)

$$T(x, y, z) = (x + 2y + z, \ x + y + z, \ 2x + 7y + az, \ 3x + 5y + bz)$$

186. 선형변환 $T : R^4 \to R^5$ 를 다음과 같이 정의한다. T 의 치역의 차원을 r 이라고 하고 T 의 핵의 차원을 n 이라고 할 때, $r - n$ 의 값을 구하시오.

$$T(V) = AV, \qquad A = \begin{pmatrix} 2 & 0 & -2 & 4 \\ 1 & 0 & -2 & 3 \\ 0 & 4 & 2 & 1 \\ 6 & 4 & -4 & 13 \\ 2 & 4 & -2 & 7 \end{pmatrix}, \qquad V \in R^4$$

$\dim(Im(T)) + \dim(\ker(T)) = $ 정의역의 차원

선형사상 $L : P_4(x) \to R$, $L(f(x)) = \displaystyle\int_{-1}^{1} f(x)\,dx$ 에 대하여 다음을 구하시오.

(단, $P_4(x)$는 4차 이하의 차수를 갖는 다항식의 벡터공간을 의미한다.)

(1) 선형사상 L의 핵과 치역의 차원을 각각 구하시오.

(2) 다음 중 $\ker(L)$에 속하는 것을 구하시오.

① $f(x) = 4x^4 + 3x^3 + 2x^2 + x + 1$　　② $f(x) = x^4 - \dfrac{1}{5}$　　③ $f(x) = 9x^2 + 4$　　④ $f(x) = 1$

풀이 (1) 정적분 $\displaystyle\int_{-1}^{1} a + bx + cx^2 + dx^3 + ex^4 \, dx$의 결과는 숫자이므로 치역 $Im(L) \subset R$이고 $Im(L) = span\,1$이므로 1차원이다.

치역의 차원과 핵의 차원을 더해서 정의역의 차원 5를 만족해야하므로 핵 $\ker(L)$의 차원은 4이다.

(2) $\ker(L)$의 정의에 의해서 $\displaystyle\int_{-1}^{1} f(x)\,dx = 0$을 만족하는 $f(x) = a + bx + cx^2 + dx^3 + ex^4$를 찾자.

$$\int_{-1}^{1} a + bx + cx^2 + dx^3 + ex^4 \, dx = \int_{-1}^{1} a + cx^2 + ex^4 \, dx \quad (\because 기함수\ 성질에\ 의해서)$$

$$= 2\left(a + \frac{c}{3} + \frac{e}{5}\right) = 0 \quad \Rightarrow \quad a = -\frac{c}{3} - \frac{e}{5}$$

위 조건을 만족하는 함수는 $f(x) = -\dfrac{c}{3} - \dfrac{e}{5} + bx + cx^2 + dx^3 + ex^4$이다.

$\ker(L) = span\left\{x,\ x^3,\ -\dfrac{1}{3} + x^2,\ -\dfrac{1}{5} + x^4\right\}$이고, 핵 $\ker(L)$은 4차원이다.

이것의 일차결합으로 생성된 4차 다항식 $f(x)$는 $\displaystyle\int_{-1}^{1} f(x)\,dx = 0$을 만족한다. 따라서 정답은 ②이다.

---

187. 선형사상 $T : R^5 \to P_5[x]$에서 $T(a,b,c,d,e) = a + \dfrac{b}{2}x^2 + \dfrac{c}{3}x^3$일 때, 다음을 구하시오.

(1) 선형사상 T의 핵과 치역의 차원을 각각 구하시오.

(2) 다음 중 $\ker(L)$에 속하는 것을 구하시오.

① $(1,0,3,4,5)$　　② $(0,0,0,0,2)$　　③ $(1,0,0,0,3)$　　④ $(1,3,4,0,0)$

188. 실수체 R 위의 삼차원 벡터공간 R^3 와 $P_3(x)$ (실수체 위의 3차 이하의 다항식 전체의 집합)에 대하여, 다음과 같이 정의된 선형사상 T 의 상공간 ($Im(T)$)과 핵공간 ($\ker(T)$)의 차원을 구하면?

$$T : R^3 \to P_3(x), \ T(a,b,c) = b + 2cx$$

03 | 선형변환

① 상공간의 차원 = 2, 핵공간의 차원 = 1
② 상공간의 차원 = 2, 핵공간의 차원 = 2
③ 상공간의 차원 = 1, 핵공간의 차원 = 2
④ 상공간의 차원 = 1, 핵공간의 차원 = 1

189. 선형사상 $T : M_{4\times4} \to M_{4\times4}$ 에서 $T(A) = A + A^t$ 일 때, T의 핵과 치역의 차원을 각각 구하여라.

190. 실수 성분을 갖는 2×2 행렬들의 벡터공간을 $M_{2\times2}(R)$ 이라 하자. 선형변환 $L : M_{2\times2}(R) \to M_{2\times2}(R)$ 이 $L(A) = A + A^t$ 로 주어질 때, L의 핵과 치역의 차원을 차례대로 구하면?

필수 예제 74 치역과 공역의 같다면 전사함수이다.

$T : R^4 \rightarrow R^3$는 $T(x, y, z, w) = (x+2y+4z+5w,\ 2x+z+3w,\ -x+2y+az+2w)$로 정의되는 선형변환이다. T가 전사함수 (즉, $T(R^4) = R^3$)가 되기 위한 a의 값으로 적절하지 못한 것은?

① 1   ② 2   ③ 3   ④ 4

풀이 전사함수는 공역과 치역이 같은 함수를 말한다. 즉 $\dim(Im\,T) = \dim(R^3)$이어야 한다.

즉 $T = \begin{pmatrix} 1 & 2 & 4 & 5 \\ 2 & 0 & 1 & 3 \\ -1 & 2 & a & 2 \end{pmatrix} \sim \begin{pmatrix} 1 & 2 & 4 & 5 \\ 0 & -4 & -7 & -7 \\ 0 & 4 & a+4 & 7 \end{pmatrix}$ 에서 $rank\,T = \dim(Im\,T) = 3$이어야 하므로

$a+4 \neq 7 \Rightarrow a \neq 3$이어야 한다. 따라서 정답은 ③이다.

---

191. 다음에 주어진 선형사상에 대하여 옳지 않은 것은? (여기서, $\mathbb{R}$ 은 모든 실수의 집합이다.)

$$T : R^3 \rightarrow R^3,\ T(a, b, c) = (a-b,\ a+b,\ b-c)$$

① 핵 $\ker(T)$ 의 차원은 1 이다.
② 상공간 $im(T)$의 차원은 3이다.
③ T는 정칙선형사상이다.
④ T의 역사상의 상공간은 $\mathbb{R}^3$의 부분공간이다.
⑤ 핵 $\ker(T)$ 과 상공간 $im(T)$의 교집합은 $\{(0,0,0)\}$이다.

192. 선형사상 $T : R^2 \rightarrow M_{2 \times 2}(R)$, $T(a,b) = \begin{pmatrix} -b & a-b \\ 0 & a+2b \end{pmatrix}$ 에 대한 다음 성질 중 옳은 것을 모두 고르면?

ㄱ. T는 일대일 사상이다.

ㄴ. T의 핵(kernel)의 차원은 1이다.

ㄷ. $T(\{a, a-b\} \mid a, b \in R)$의 차원은 3차원이다.

03 | 선형변환

193. 선형사상 $T : M_{2 \times 2}(R) \rightarrow R^3$, $T\begin{pmatrix} a & b \\ c & d \end{pmatrix} = (a+d, c, b)$ 에 대한 다음 명제 중 옳은 것을 모두 고르면?

ⓐ T는 일대일 사상이다.

ⓑ $\{T(A) \mid A \in M_{2 \times 2}(R)\}$의 차원은 3이다.

ⓒ $T\begin{pmatrix} 0 & 1 \\ 2 & 0 \end{pmatrix}$, $T\begin{pmatrix} 1 & 1 \\ 0 & 0 \end{pmatrix}$, $T\begin{pmatrix} 0 & 0 \\ 1 & 2 \end{pmatrix}$ 는 일차독립이다.

194. 다음 중 $\mathbb{R}^3$에서 $T_A \begin{bmatrix} x \\ y \\ z \end{bmatrix} = A \begin{bmatrix} x \\ y \\ z \end{bmatrix}$ 로 정의되는 선형사상이 일대일 함수가 아닌 행렬 A는?

① $A = \begin{bmatrix} 1 & 1 & 1 \\ 1 & 2 & 3 \\ 1 & 4 & 9 \end{bmatrix}$ ② $A = \begin{bmatrix} 1 & 1 & 2 \\ 1 & 2 & 3 \\ 2 & 3 & 4 \end{bmatrix}$ ③ $A = \begin{bmatrix} 1 & 2 & 3 \\ 2 & 3 & 4 \\ 3 & 4 & 5 \end{bmatrix}$ ④ $A = \begin{bmatrix} 1 & 1 & 1 \\ 1 & -1 & 1 \\ 1 & -1 & -1 \end{bmatrix}$

1 선형변환 $T : R^2 \to R^2$의 기하학적 의미

선형변환 $T : R^2 \to R^2$이 행렬변환 $T\begin{pmatrix} x \\ y \end{pmatrix} = \begin{pmatrix} ax+by \\ cx+dy \end{pmatrix} = A\begin{pmatrix} x \\ y \end{pmatrix}$로 정의될 때,

벡터 $\overrightarrow{OP} = (x,y)$는 선형변환 T에 의하여 다른 벡터 $\overrightarrow{OQ} = (ax+by,\ cx+dy)$로 옮겨진다.

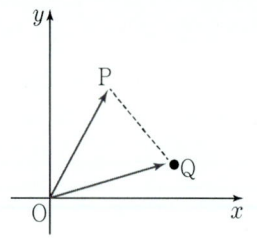 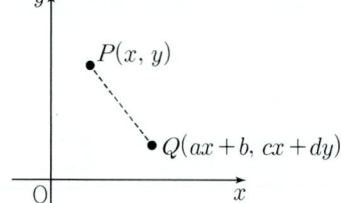

2 넓이 또는 부피와 관계성

(1) 선형변환 $T : R^n \to R^n$의 표준행렬 A가 $rank(A) = n$을 갖는다면 정의역 R^n상의 영역 S에 대하여 T에 의한 상(image) $T(S)$의 Volume(길이, 면적, 부피)은 $\mathrm{Vol}(T(S)) = |\det A|\ \mathrm{Vol}(S)$ 이다.

   ① $T : \mathbb{R}^2 \to \mathbb{R}^2$를 2×2 행렬 A에 의하여 결정된 선형변환이라 하자.

     만일 S가 넓이가 유한인 $\mathbb{R}^2$상의 영역이면 $T(S)$의 넓이 $= |\det A| \cdot S$의 넓이

   ② $T : \mathbb{R}^3 \to \mathbb{R}^3$를 3×3 행렬 A에 의하여 결정된 선형변환이라 하자.

     만일 S가 부피가 유한인 $\mathbb{R}^3$상의 영역이면 $T(S)$의 부피 $= |\det A| \cdot S$의 부피

(2) 선형변환 $T : R^n \to R^m$의 표준행렬 A가 $rank(A) = n$을 갖는다면 $(n \le m)$ 정의역 R^n상의 영역 S에 대하여 T에 의한 상(image) $T(S)$의 Volume(길이, 면적, 부피)은 $\mathrm{Vol}(T(S)) = \sqrt{|A^T A|} \cdot \mathrm{Vol}(S)$ 이다.

   즉, $T : \mathbb{R}^2 \to \mathbb{R}^3$를 $rank(A) = 2$인 3×2 행렬 A에 의하여 결정된 선형변환일 때, 만일 S가 넓이가 유한인 $\mathbb{R}^2$상의 영역이면 $T(S)$의 넓이 $= \sqrt{|A^T A|} \cdot S$의 넓이이다.

3 적분변수변환의 관계성 (feat. 다변수미적분)

(1) $x = au+bv,\ y = cu+dv$라는 일차변환의 경우 $J = \dfrac{\partial(x,y)}{\partial(u,v)} = \begin{vmatrix} x_u & x_v \\ y_u & y_v \end{vmatrix} = \begin{vmatrix} a & b \\ c & d \end{vmatrix}$ 이고,

$$\iint_D dx\,dy = \iint_{D'} |J|\,du\,dv = |J| \iint_{D'} du\,dv \quad \Leftrightarrow \quad D\text{의 면적} = |J| \cdot D'\text{의 면적}$$

(2) $x = au+bv+cw,\ y = du+ev+fw,\ z = gu+hv+iw$라는 일차변환의 경우

$$J = \frac{\partial(x,y,z)}{\partial(u,v,w)} = \begin{vmatrix} x_u & x_v & x_w \\ y_u & y_v & y_w \\ z_u & z_v & z_w \end{vmatrix} = \begin{vmatrix} a & b & c \\ d & e & f \\ g & h & i \end{vmatrix} \text{ 이고,}$$

$$\iiint_E dx\,dy = \iiint_{E'} |J|\,du\,dv = |J| \iint_{D'} du\,dv \quad \Leftrightarrow \quad E\text{의 부피} = |J| \cdot E'\text{의 부피}$$

필수예제 75 옮겨진 영역의 면적 또는 부피 = det(표준행렬) X 기존영역의 면적 또는 부피

좌표평면 상의 세 점 $A(0,0)$, $B(12,2)$, $C(1,4)$를 꼭짓점으로 하는 삼각형이 행렬 $\begin{pmatrix} -1 & 2 \\ 2 & 4 \end{pmatrix}$로 나타내어지는 일차변환에 의하여 옮겨지는 도형을 S라 할 때, S의 면적을 구하면?

[풀이] 주어진 선형변환에 의하여 옮겨진 삼각형의 세 꼭짓점을 각각 A′, B′, C′이라 하면

$$A' = T\begin{pmatrix}0\\0\end{pmatrix} = \begin{pmatrix}-1 & 2\\2 & 4\end{pmatrix}\begin{pmatrix}0\\0\end{pmatrix} = \begin{pmatrix}0\\0\end{pmatrix}, \quad B' = T\begin{pmatrix}12\\2\end{pmatrix} = \begin{pmatrix}-1 & 2\\2 & 4\end{pmatrix}\begin{pmatrix}12\\2\end{pmatrix} = \begin{pmatrix}-8\\32\end{pmatrix}, \quad C' = T\begin{pmatrix}1\\4\end{pmatrix} = \begin{pmatrix}-1 & 2\\2 & 4\end{pmatrix}\begin{pmatrix}1\\4\end{pmatrix} = \begin{pmatrix}7\\18\end{pmatrix}$$

옮겨진 삼각형 A′B′C′의 넓이는 $\frac{1}{2}|\overline{A'B'} \times \overline{A'C'}|$

$$\overline{A'B'} \times \overline{A'C'} = \begin{vmatrix} i & j & k \\ -8 & 32 & 0 \\ 7 & 18 & 0 \end{vmatrix} = 8\begin{vmatrix} i & j & k \\ -1 & 4 & 0 \\ 7 & 18 & 0 \end{vmatrix}$$

$$= 8 <0, 0, -46>$$

$$\therefore \triangle A'B'C' = \frac{1}{2} \cdot 8 \cdot 46 = 184$$

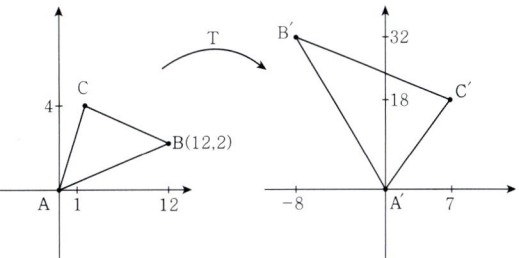

[다른 풀이] $T(X) = AX = X'$ 일 때, (X'의 넓이)$= |\det A| \times$(X의 넓이)이다.

$$\triangle ABC = \frac{1}{2}\left|\begin{vmatrix} i & j & k \\ 12 & 2 & 0 \\ 1 & 4 & 0 \end{vmatrix}\right| = \frac{1}{2}|<0, 0, 46>| = 23$$

$$\det A = \begin{vmatrix} -1 & 2 \\ 2 & 4 \end{vmatrix} = -4 - 4 = -8$$이므로 $\triangle A'B'C' = 8 \times 23 = 184$

---

195. $xy-$평면에서 주어진 영역 S의 면적이 1일 때, 변환 $u = 2x + y$, $v = x + 2y$에 의한 $uv-$평면에서 S의 상(image)의 면적을 구하시오.

196. $xy-$평면에서 주어진 영역 S의 면적이 1일 때, 변환 $u = 2x + y + 1$, $v = x + 2y - 2$에 의한 $uv-$평면에서 S의 상(image)의 면적을 구하시오.

197. 세 점 $(1, 0)$, $(0, 2)$, $(2, 2)$로 이루어진 삼각형을 행렬 $A = \begin{bmatrix} 0 & -2 \\ 1 & 0 \end{bmatrix}$로 변환하였을 때, 변환된 도형의 넓이는?

198. 평면 위의 선형변환 T가 $T(1, 0) = (2, 3)$, $T(1, 1) = (3, 1)$을 만족한다. T에 의해서 평면 위의 세 점 $A(-1, 0)$, $B(1, -1)$, $C(2, 3)$이 옮겨지는 점을 각각 P, Q, R 이라 할 때, $\triangle PQR$ 의 면적이 $\dfrac{b}{a}$일 때, $a + b$의 값을 구하시오. (여기서 a, b는 서로소이다.)

199. 다음 영역 $D = \left\{ (x_1, y_1, z_1) \ \middle| \ \begin{pmatrix} x_1 \\ y_1 \\ z_1 \end{pmatrix} = \begin{pmatrix} 1 & 2 & 3 \\ 0 & 4 & 5 \\ 0 & 0 & 1 \end{pmatrix} \begin{pmatrix} x \\ y \\ z \end{pmatrix}, \ x^2 + y^2 + z^2 \leq 1 \right\}$ 의 부피는?

200. 좌표공간에서 일차변환 $f : R^3 \to R^3$을 나타내는 행렬이 $\begin{pmatrix} 2 & 1 & 2 \\ -3 & 3 & 0 \\ 0 & 3 & 5 \end{pmatrix}$이다.

네 점 $O(0, 0, 0)$, $P(1, 0, 0)$, $Q(0, 2, 0)$, $R(0, 0, 1)$에 대하여 네 점 $f(O)$, $f(P)$, $f(Q)$, $f(R)$을 꼭짓점으로 하는 사면체의 부피는?

필수예제 76 선형변환 $T: R^2 \to R^3$의 기하학적 의미

$T: R^2 \to R^3$가 $T(x, y) = (2x + 3y, x - y, 2y)$으로 정의된 선형변환일 때, T에 의한 영역 $S = \{(x, y) \in R^2 \mid x^2 + y^2 \leq 4\}$의 상(image) $T(S)$의 면적을 구하여라.

풀이 $T\begin{pmatrix} x \\ y \end{pmatrix} = \begin{pmatrix} 2 & 3 \\ 1 & -1 \\ 0 & 2 \end{pmatrix} \begin{pmatrix} x \\ y \end{pmatrix} = AX$이고, $A^t A = \begin{pmatrix} 2 & 1 & 0 \\ 3 & -1 & 2 \end{pmatrix} \begin{pmatrix} 2 & 3 \\ 1 & -1 \\ 0 & 2 \end{pmatrix} = \begin{pmatrix} 5 & 5 \\ 5 & 14 \end{pmatrix} \Rightarrow \sqrt{|A^T A|} = \sqrt{45} = 3\sqrt{5}$이다.

영역 S의 면적은 4π이고, $T(S)$의 면적은 $12\sqrt{5}\,\pi$이다.

201. 선형변환 $T: R^2 \to R^3$을 $T(x, y) = (2x - y, 2x + 3y, 2y)$로 정의할 때, 정의역의 원판 $x^2 + y^2 \leq 4$의 변환 T에 의한 상의 넓이는?

202. 세 점 $(1, -1, 2)$, $(2, 1, 3)$, $(0, 2, 1)$을 꼭짓점으로 하는 삼각형을 선형변환 $T(x, y, z) = (x + y, 2x + 2y + z, 2y + 2z)$에 의해 이동한 영역의 면적은?

선배들의 이야기 ++

편입스펙

한국공학대학 (신소재공학과) / 토익 855 /군복무 병행

합격대학

한양대학교 (유기나노공학과) / 중앙대학교 (나노바이오소재공학과) / 경희대학교 (신소재공학과)

홍익대학교 (신소재공학과) / 서울과학기술대학교 (신소재공학과) / 인하대학교 (신소재공학과) /아주대학교 (신소재공학과)

항공대학교 (항공전자정보공학과) / 세종대학교 (신소재공학과) / 한양대학교 에리카캠퍼스 (재료화학공학과)

1년을 투자해서 앞으로 몇십 년을 바꿀 수 있다면

전적 대학에서 학과 생활을 하면서 막연히 학교가 명문대가 아니어도 노력하면 대기업에 취직을 할 수 있을 거라고 생각했습니다. 하지만 명문대를 나와도 취업이 잘 안 되는 우리나라의 취업 현황을 보면서 "명문대도 저렇게 취업이 힘든데 전적대학을 졸업하면 취업을 할 수 있을까?"라는 생각을 하게 되었습니다. 그 이후 100세 인생에 20대의 1년을 더 투자해서 향후 몇십 년을 바꿀 수만 있다면 1년이 아깝다고 생각이 들지 않아서 편입을 결심하게 되었습니다.

깔끔하게 정리한 영어 & 수학 학습법

영어 학습법

[단어] 저는 개인적으로 영어에서 단어가 제일 중요하다고 생각합니다. 편입시험에서 기본문제로 주어지는 단어문제들을 확실히 맞히는 것은 독해에서 발생하는 실수에 대한 방파제 같은 역할을 해준다고 생각합니다. 따라서 저는 주중 월 – 금 오전 9시-11시 30분은 하루도 빼먹지 않고 단어를 외웠습니다. 3-6월 보카바이블, 7-9월 빨간책 단어, 10-12월 정병권 선생님의 동의어 301 단어순으로 반복 숙달했습니다.

[문법] 문법은 정병권 선생님 인강으로 3월에 한번 정리하고 8월에 인강을 다시 들어 총 두 번 돌렸습니다. 이과계열은 문법 문제가 엄청 어렵게 나오지 않는다고 생각했기 때문에 더 이상 시간을 들이지는 않았습니다.

[독해] 정병권 선생님이 강조하신 방향성, 정확성을 잡으려고 노력했습니다. 그리고 모든 시험은 시간 안에 빠르고 정확하게 푸는 것이 합격의 지름길이라고 생각되어 과감하게 답을 찾는 데 필요하지 않는 부분은 읽지 않고 답을 찾는 연습을 계속했습니다.

수학 학습법

첫째, 수학은 당일 복습이 중요하다고 생각합니다. 정확한 개념 수업을 듣고 당일 복습을 진행하여 모르는 부분을 파악해 바로 질문을 했습니다. 모르는 것을 부끄러워하지 않고 알아가려고 노력했습니다.

둘째, 선생님께서 파이널 종강 수업에서 까지도 강조하신 기본서 다독입니다. 저는 기본서를 적어도 7회독 이상은 했습니다. 1회독을 할 때는 시간이 오래 걸렸지만 마지막 경희대 시험을 보기 전에는 기본서 전체 회독을 3일 만에 했습니다. 기본서를 회독할 때마다 시험 등수가 오르는 것을 보았고 낯선 문제에 대한 대처 능력이 향상되었습니다.

셋째, 선생님께서 수업시간에 "만약에 이럴 땐 어때? 생각해봐."하고 질문을 하시면서 책에 나와 있지 않은 부분을 설명하실 때 이 부분을 그냥 넘기지 않고 모두 필기해 내 것으로 만들었습니다.

매일매일 일정하게 꾸준히!

저는 공익을 병행하면서 일반편입을 준비 했습니다. 따라서 학원을 주말반밖에 다니지 못했습니다. 그래서 학원을 가지 않는 주중을 정말 알차게 보내려고 노력했습니다. 오전 9시까지 출근을 해야 해서 기상시간이 일정해 하루를 알차게 보낼 수 있었습니다. 공익 생활 덕분에 게을러지지 않을 수 있었습니다. 저의 하루 공부계획은 3월부터 12월까지 일정했습니다.

오전 9-11:30 단어 복습/암기

오후 1:30-5:30 수학 복습

오후 7:30-8:00 단어 복습

오후 8:00-10:00 영어 인상 / 독해

오후 10:00-12:00 수학 복습

(물론 상황에 따라 더 부족한 과목에 시간을 더 투자한 날도 있었습니다)

왜 1타인지 바로 알 수 있었습니다

저는 타 학원을 다니다가 늦게 아름선생님을 만났습니다.

왜 선생님이 편입수학계에서 1타이신지 첫 수업을 듣자마자 깨달았고 선생님 수업을 3월부터 안 들었다는 것에 대해 너무 후회스럽고 제 자신이 한심했습니다. 이때 선생님이랑 상담을 했는데 선생님께서 아직 늦지 않았다고 하셔가지고 다변수, 선형대수, 공업수학 개념강의를 한 달 만에 전부 다시 들었습니다. 정말 매일매일 이어폰이 뜨거워서 못 낄 때까지 들었습니다. 이 힘든 과정을 거치고 선생님의 파이널 첫 시험을 봤는데 3등이라는 등수가 나와서 너무 행복했습니다.

아름쌤 수업이 최고인 이유

첫째, 선생님은 수업을 하실 때 대형 강의인데도 불구하고 학생들의 이해도를 점검하시고 넘어 가십니다. 이해가 안가는 부분은 인강 촬영 중이신데도 불구하고 한 번 더 설명해 주십니다.

둘째, 아름 쌤의 시크릿 풀이법은 항상 놀라웠습니다. 정석 풀이법을 공부하는 것은 당연하지만 객관식 문제를 맞히기엔 아름쌤 시크릿 풀이법이 더 적합하다고 생각합니다.

셋째, 아름쌤이 항상 외치시는 "step 1~~~ " 이 있습니다. 저는 실제 시험장에서도 비슷한 문제를 봤을 때 선생님의 목소리가 들렸습니다. 그럼 '이 문제는 맞히겠구나.' 하고 자신감이 들었습니다.

넷째, 파이널 시험을 보면서 낯선 문제들에 대한 연습을 해서 좋았습니다. 모든 시험은 시간 안에 아는 것을 정확하게 푸는 것이 중요하다고 생각하는데 파이널 시험을 보면서 내가 건드리면 안 되는 문제들을 과감하게 넘기는 능력을 배웠습니다. 또한, 실제 omr 마킹도 하면서 시간 배분을 하는 방법을 배웠습니다.

길고 힘든 시간, 그러나 간절하게 원하시면 합격할 수 있습니다

편입은 생각보다 정말 길고 힘들다고 생각합니다. 저는 12월 항공대 시험을 시작으로 2월 아주대 면접까지 2달 정도를 시험만 본 것 같습니다. 이때 멘탈 관리가 정말 중요하다고 생각합니다. 경쟁률을 보면서 한숨 쉬지 말고 기본서를 펴서 한 문제라도 더 보는 것을 추천 드립니다.

또한, 저는 모든 학교 시험 종료 30초 전까지도 샤프를 놓지 않았습니다. 어떻게든 한 문제라도 풀려고 하는 마음가짐이 합격을 시켜줬다고 생각합니다. 정말 간절한 마음으로 합격을 원하시면 합격을 할 수 있다고 생각합니다!! 파이팅입니다!!

건국대, 서울과학기술대, 아주대 면접 준비와 후기

건국대학교의 면접은 제가 본 면접 중에 가장 힘들었습니다. 교수님이 3분이 들어오셔서 어떻게든 학생을 당황시키려고 질문을 하는 것 같았습니다. 그리고 동일계열이면 전적대학교에서 수강했던 과목들을 전반적으로 공부하고 들어가야 합니다. 전적대 학교에서 수강했던 과목을 무슨 책으로 공부했는지? 인장강도의 단위가 무엇인지? 경도와 힘의 차이는 무엇인지? 등 기본적이 지만 공부를 하지 않으면 모르는 질문들이었습니다,

서울과학기술대는 면접실에 들어가자마자 자기소개를 시켰습니다. 그 이후 검은색 봉투에서 질문지를 랜덤으로 뽑아 그것에 대해 답변하고 나오면 됩니다. 제가 뽑은 질문은 '소재와 신소재의 차이는?', '액체금속이란?'이었습니다. 저는 솔직히 두 개 다 답변을 하지 못했습니다. 그런데 예비3번으로 추가합격한 걸 생각해보면 면접은 당락에 크게 영향력이 없는 것 같았습니다. 결론은 시험!!

아주대는 면접관 2명에 학생 4명이 면접을 보았습니다. 전공지식에 대해 깊게 물어보지는 않았습니다. 자신의 꿈, 진로, 입학 후 무엇을 공부하고 싶은지, 지원 동기 , 진로를 위한 커리큘럼을 아는지 등 기본적인 인성 면접이었습니다.

한아름 선생님께.

선생님은 제 생명의 은인입니다. 진짜 죽어가는 저의 수학 능력에 심폐 소생술을 하셨고 감히 넘보지도 못했던 한양대 합격을 이끌어 주셨습니다. 진심으로 감사드립니다.

- 양○희 (한양대 유기나노공학과)

MEMO

MEMO

03 | 선형변환

선형변환의 응용

04 선형변환의 응용

1 회전변환 (rotation transformation)

1 평면에서 회전변환

R^2의 임의의 벡터(또는 점) $X = (x, y)$를 반시계 방향으로 θ만큼 회전하여 $X' = (x', y')$으로 이동하는 변환을 말한다.

(1) 회전변환행렬의 표준행렬은 $\begin{pmatrix} \cos\theta & -\sin\theta \\ \sin\theta & \cos\theta \end{pmatrix}$ 이다.

$$\Rightarrow \begin{pmatrix} x' \\ y' \end{pmatrix} = \begin{pmatrix} \cos\theta & -\sin\theta \\ \sin\theta & \cos\theta \end{pmatrix} \begin{pmatrix} x \\ y \end{pmatrix}$$

$$\Rightarrow T\begin{pmatrix} x \\ y \end{pmatrix} = \begin{pmatrix} \cos\theta & -\sin\theta \\ \sin\theta & \cos\theta \end{pmatrix} \begin{pmatrix} x \\ y \end{pmatrix} = AX \text{ 인 행렬변환으로 나타낼 수 있다. } A \text{ 를 회전변환행렬이라 한다.}$$

(2) $A = \begin{pmatrix} \cos\theta & -\sin\theta \\ \sin\theta & \cos\theta \end{pmatrix}$ 는 직교행렬이고, $AA^T = A^TA = I \Leftrightarrow A^{-1} = A^T$ 이다.

(3) $A^n = \begin{pmatrix} \cos\theta & -\sin\theta \\ \sin\theta & \cos\theta \end{pmatrix}^n = \begin{pmatrix} \cos n\theta & -\sin n\theta \\ \sin n\theta & \cos n\theta \end{pmatrix}$ $\Rightarrow$ θ만큼 n번 회전한 표현행렬(합성변환)

2 공간상에서 회전변환

(1) 양의 x축을 중심으로
반시계 방향으로
각 θ만큼 회전

$$T\begin{pmatrix} x \\ y \\ z \end{pmatrix} = \begin{pmatrix} 1 & 0 & 0 \\ 0 & \cos\theta & -\sin\theta \\ 0 & \sin\theta & \cos\theta \end{pmatrix} \begin{pmatrix} x \\ y \\ z \end{pmatrix}$$

(2) 양의 y축을 중심으로
반시계 방향으로
각 θ만큼 회전

$$T\begin{pmatrix} x \\ y \\ z \end{pmatrix} = \begin{pmatrix} \cos\theta & 0 & \sin\theta \\ 0 & 1 & 0 \\ -\sin\theta & 0 & \cos\theta \end{pmatrix} \begin{pmatrix} x \\ y \\ z \end{pmatrix}$$

(3) 양의 z축을 중심으로
반시계 방향으로
각 θ만큼 회전

$$T\begin{pmatrix} x \\ y \\ z \end{pmatrix} = \begin{pmatrix} \cos\theta & -\sin\theta & 0 \\ \sin\theta & \cos\theta & 0 \\ 0 & 0 & 1 \end{pmatrix} \begin{pmatrix} x \\ y \\ z \end{pmatrix}$$

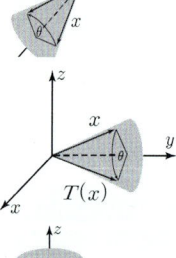

(4) 회전축이 벡터 X인 회전변환은 $T(X) = AX = X$를 만족한다.

　↳ X는 행렬 A의 고윳값 1에 대응하는 고유벡터이다.

　↳ 회전각 θ에 대하여 $\cos\theta = \dfrac{tr(A) - 1}{2}$ 이 성립한다.

3 회전변환행렬 A의 특징

(1) 직교행렬이다.

(2) 각도와 크기를 보존하는 직교변환이다.

　$\because |AX| = |X|$이므로 크기를 보존하고, $AX \cdot AY = X \cdot Y$이므로
　각도를 보존(내적 보존)한다.

(3) 행렬식은 1이다.

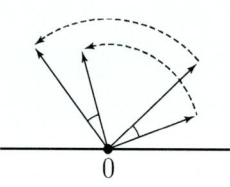

Areum Math Tip

R^2에서 회전변환행렬

R^2의 표준기저 $\left\{ e_1 = \begin{pmatrix} 1 \\ 0 \end{pmatrix}, e_2 = \begin{pmatrix} 0 \\ 1 \end{pmatrix} \right\}$에 대하여 θ만큼 회전이동한 행렬을 구하자.

$$T(e_1) = T\begin{pmatrix} 1 \\ 0 \end{pmatrix} = \begin{pmatrix} \cos\theta \\ \sin\theta \end{pmatrix}, \ T(e_2) = T\begin{pmatrix} 0 \\ 1 \end{pmatrix} = \begin{pmatrix} \cos\left(\dfrac{\pi}{2} + \theta\right) \\ \sin\left(\dfrac{\pi}{2} + \theta\right) \end{pmatrix} = \begin{pmatrix} -\sin\theta \\ \cos\theta \end{pmatrix}$$

표현행렬은 치역을 공역의 기저로 나타낼 때 좌표벡터들의 집합이다. 표준기저의 경우 치역이 곧 좌표벡터이다.

따라서 표준행렬은 $\begin{pmatrix} \cos\theta & -\sin\theta \\ \sin\theta & \cos\theta \end{pmatrix}$ 이다.

$\begin{pmatrix} \cos\theta & -\sin\theta \\ \sin\theta & \cos\theta \end{pmatrix}$ 의 특성방정식은 $\lambda^2 - 2\cos\theta\,\lambda + 1 = 0$이므로 고윳값은 $\cos\theta \pm \sqrt{\cos^2\theta - 1} = \cos\theta \pm i\,|\sin\theta|$ 이다.

따라서 고윳값은 $\lambda_1 = \cos\theta + i\,|\sin\theta|$, $\lambda_2 = \cos\theta - i\,|\sin\theta|$ 이고 고윳값의 크기는 1이다.

❖ 복소수 $z = a + ib$의 크기는 $|z| = \sqrt{a^2 + b^2}$ 이다.

직교행렬의 성질 [증명]

(1) 직교행렬은 크기를 보존한다.

$\quad$ $AA^t = A^tA = I$를 만족하는 행렬 A를 $n \times n$의 직교행렬이라고 한다. $(X \in R^n)$

$\quad$ $|AX|^2 = AX \cdot AX = (AX)^t AX$; 내적을 행렬의 곱으로 나타낼 수 있다. $(AX \in R^n)$

$\qquad\quad = X^t A^t AX$; $AA^t = A^tA = I$이다.

$\qquad\quad = X^t IX = X^tX = X \cdot X = |X|^2$

$\quad$ $\therefore |AX| = |X|$ 가 성립한다.

(2) 직교행렬은 각도를 보존한다.

$\quad$ $X \in R^n$, $Y \in R^n$, A는 직교행렬이다.

$\quad$ (ⅰ) $AX \cdot AY = (AX)^t AY$; 내적을 행렬의 곱으로 나타낼 수 있다. $(AX \in R^n)$

$\qquad\qquad\quad = X^t A^t AY$ $\quad$; $AA^t = A^tA = I$이다.

$\qquad\qquad\quad = X^t Y = X \cdot Y$

$\quad$ (ⅱ) $AX \cdot AY = |AX||AY|\cos\alpha = |X||Y|\cos\alpha$ $(\because |AX| = |X|,\ |AY| = |Y|)$

$\qquad\quad X \cdot Y = |X||Y|\cos\beta$

$\quad$ (ⅰ), (ⅱ)에 의해서 $AX \cdot AY = X \cdot Y$이므로 $\cos\alpha = \cos\beta$ 이다. 따라서 각도를 보존하는 행렬이다.

(3) 직교행렬 고윳값의 크기 $|\lambda| = 1$이다.

$\quad$ 직교행렬의 성질 $|AX| = |X|$에 의해서 고윳값 λ와 대응하는 고유벡터 V에 대하여 $|AV| = |\lambda V| = |\lambda||V| = |V|$ 이므로 고윳값의 크기 $|\lambda| = 1$이다.

직선 $y = \sqrt{3}\,x - 1$을 원점을 중심으로 반시계 방향으로 $60°$ 회전이동한 직선과 x축, y축으로 둘러싸인 영역의 면적은?

풀이 $AX = X'$에서 회전변환행렬 A는 직교행렬이므로 $A^{-1} = A^t$이다.

따라서 $X = A^T X' \Rightarrow \begin{pmatrix} x \\ y \end{pmatrix} = \begin{pmatrix} \dfrac{1}{2} & \dfrac{\sqrt{3}}{2} \\ -\dfrac{\sqrt{3}}{2} & \dfrac{1}{2} \end{pmatrix} \begin{pmatrix} x' \\ y' \end{pmatrix} = \dfrac{1}{2} \begin{pmatrix} x' + \sqrt{3}\,y' \\ -\sqrt{3}\,x' + y' \end{pmatrix}$

주어진 직선 $y = \sqrt{3}\,x - 1$에서 $2y = 2\sqrt{3}\,x - 2$과 옮겨진 직선 $2x = x' + \sqrt{3}\,y'$, $2y = -\sqrt{3}\,x' + y'$의 관계식을 구하기 위해서 대입해서 식을 정리하자.

$\Rightarrow -\sqrt{3}\,x' + y' = \sqrt{3}(x' + \sqrt{3}\,y') - 2$

$\Rightarrow y' = -\sqrt{3}\,x' + 1$이므로 회전된 직선의 방정식은 $y = -\sqrt{3}\,x + 1$이다.

따라서 구하는 영역의 넓이는 $\dfrac{1}{\sqrt{3}} \times 1 \times \dfrac{1}{2} = \dfrac{1}{2\sqrt{3}}$ 이다.

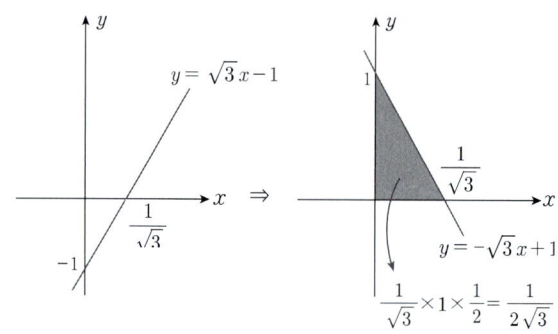

203. 좌표평면 상의 점 $(1, 2)$를 원점을 중심으로 반시계 방향으로 $\dfrac{\pi}{3}$ 만큼 회전하였을 때, 대응되는 점의 좌표는?

204. 좌표평면 상의 점 $A = (4, 2)$를 원점을 중심으로 반시계방향으로 $\dfrac{\pi}{4}$ 회전하였을 때, 대응하는 점의 좌표가 (a, b)일 때 $a + b$의 값을 구하시오.

필수예제 78

행렬 $A = \begin{pmatrix} -\dfrac{\sqrt{3}}{2} & 0 & -\dfrac{1}{2} \\ 0 & 1 & 0 \\ \dfrac{1}{2} & 0 & -\dfrac{\sqrt{3}}{2} \end{pmatrix}$ 에 대하여 A^{2024}을 구하시오

풀이 $\begin{pmatrix} \cos\theta & 0 & \sin\theta \\ 0 & 1 & 0 \\ -\sin\theta & 0 & \cos\theta \end{pmatrix}$ 는 y축을 중심으로 회전한 회전변환행렬이다.

주어진 행렬 $A = \begin{pmatrix} -\dfrac{\sqrt{3}}{2} & 0 & -\dfrac{1}{2} \\ 0 & 1 & 0 \\ \dfrac{1}{2} & 0 & -\dfrac{\sqrt{3}}{2} \end{pmatrix}$ 는 $\theta = \pi + \dfrac{\pi}{6}$ 만큼 y축을 중심으로 회전한 회전변환행렬이다.

$$A^{2024} = \begin{pmatrix} \cos 2024\theta & 0 & \sin 2024\theta \\ 0 & 1 & 0 \\ -\sin 2024\theta & 0 & \cos 2024\theta \end{pmatrix} = \begin{pmatrix} \cos\left(2024\pi + \dfrac{2024\pi}{6}\right) & 0 & \sin\left(2024\pi + \dfrac{2024\pi}{6}\right) \\ 0 & 1 & 0 \\ -\sin\left(2024\pi + \dfrac{2024\pi}{6}\right) & 0 & \cos\left(2024\pi + \dfrac{2024\pi}{6}\right) \end{pmatrix}$$

$$= \begin{pmatrix} \cos\left(337\pi + \dfrac{\pi}{3}\right) & 0 & \sin\left(337\pi + \dfrac{\pi}{3}\right) \\ 0 & 1 & 0 \\ -\sin\left(337\pi + \dfrac{\pi}{3}\right) & 0 & \cos\left(337\pi + \dfrac{\pi}{3}\right) \end{pmatrix} = \begin{pmatrix} \cos\left(\pi + \dfrac{\pi}{3}\right) & 0 & \sin\left(\pi + \dfrac{\pi}{3}\right) \\ 0 & 1 & 0 \\ -\sin\left(\pi + \dfrac{\pi}{3}\right) & 0 & \cos\left(\pi + \dfrac{\pi}{3}\right) \end{pmatrix} = \begin{pmatrix} -\dfrac{1}{2} & 0 & -\dfrac{\sqrt{3}}{2} \\ 0 & 1 & 0 \\ \dfrac{\sqrt{3}}{2} & 0 & -\dfrac{1}{2} \end{pmatrix}$$

205. 행렬 $A = \begin{pmatrix} \cos\dfrac{\pi}{6} & -\sin\dfrac{\pi}{6} \\ \sin\dfrac{\pi}{6} & \cos\dfrac{\pi}{6} \end{pmatrix}$ 에 대해서 $A^{1000} = \begin{pmatrix} a & b \\ c & d \end{pmatrix}$ 일 때, $abcd$의 값은?

206. 행렬 $A = \begin{pmatrix} \dfrac{\sqrt{3}}{2} & -\dfrac{1}{2} \\ \dfrac{1}{2} & \dfrac{\sqrt{3}}{2} \end{pmatrix}$ 에 대하여 $I + A + A^2 + \cdots + A^{11}$을 구하여라.

행렬 $A = \alpha \begin{pmatrix} 2 & -1 & 2 \\ 2 & 2 & -1 \\ -1 & 2 & 2 \end{pmatrix}$ (단, α는 실수)는 $\mathbb{R}^3$에서 원점을 지나고 단위벡터 $<v_1, v_2, v_3>$과 평행한

직선을 축으로 하는 회전변환을 나타낸다. $|v_1 + v_2 + v_3|$의 값은?

풀이 회전변환을 나타내는 표현행렬은 항상 직교행렬이므로 회전축 위의 점을 회전시키면 반드시 자기 자신으로 돌아와야 한다.

즉 $AV = V$를 만족해야 하는 선형변환이다.

(i) 행렬 A는 직교행렬이므로 $\alpha = \dfrac{1}{3}$이다.

(ii) $A = \dfrac{1}{3} \begin{pmatrix} 2 & -1 & 2 \\ 2 & 2 & -1 \\ -1 & 2 & 2 \end{pmatrix} = \dfrac{1}{3}B$라 하면 $AX = X \Leftrightarrow \dfrac{1}{3}BX = X \Leftrightarrow BX = 3X$

즉 A의 고윳값이 1이면 B의 고윳값은 3이다.

$B - 3I = \begin{pmatrix} -1 & -1 & 2 \\ 2 & -1 & -1 \\ -1 & 2 & -1 \end{pmatrix} \sim \begin{pmatrix} -1 & -1 & 2 \\ 0 & -3 & 3 \\ 0 & 3 & -3 \end{pmatrix} \sim \begin{pmatrix} -1 & -1 & 2 \\ 0 & 1 & -1 \\ 0 & 0 & 0 \end{pmatrix} \sim \begin{pmatrix} -1 & 0 & 1 \\ 0 & 1 & -1 \\ 0 & 0 & 0 \end{pmatrix}$ 이므로

$\begin{pmatrix} -1 & 0 & 1 \\ 0 & 1 & -1 \\ 0 & 0 & 0 \end{pmatrix} \begin{pmatrix} v_1 \\ v_2 \\ v_3 \end{pmatrix} = \begin{pmatrix} 0 \\ 0 \\ 0 \end{pmatrix} \Leftrightarrow \left\{ \begin{pmatrix} v_1 \\ v_2 \\ v_3 \end{pmatrix} \middle| v_1 = v_2 = v_3 \right\} = \left\{ \begin{pmatrix} t \\ t \\ t \end{pmatrix} \middle| t \in R/\{0\} \right\} = {}_{span}\left\{ \begin{pmatrix} 1 \\ 1 \\ 1 \end{pmatrix} \right\}$ 이다.

따라서 행렬 A의 고윳값 1에 대응하는 고유벡터와 행렬 B의 고윳값 3에 대응하는 고유벡터는 같다.

(iii) $\|V\| = 1$이므로 $V = \left(\dfrac{1}{\sqrt{3}}, \dfrac{1}{\sqrt{3}}, \dfrac{1}{\sqrt{3}} \right)$ $\qquad \therefore |v_1 + v_2 + v_3| = \dfrac{3}{\sqrt{3}} = \sqrt{3}$

---

207. 행렬 $A = \begin{pmatrix} 0 & 0 & 1 \\ 1 & 0 & 0 \\ 0 & 1 & 0 \end{pmatrix}$은 R^3의 원점을 지나는 직선에 대한 회전을 나타낸다. 회전축과 회전각을 구하시오.

208. 행렬 $A = \begin{pmatrix} 1 & 0 & 0 \\ 0 & 0 & -1 \\ 0 & 1 & 0 \end{pmatrix}$은 R^3의 원점을 지나는 직선에 관한 회전을 나타낸다. 회전축은?

필수예제 80

선형변환 $T : \mathbb{R}^3 \to \mathbb{R}^3$는 $(1, 1, 1)$ 방향의 회전축을 중심으로 시계 반대 방향으로 $\dfrac{\pi}{3}$ 만큼 회전하는 변환이다. $T(0, 1, 0) = (a, b, c)$라 할 때, $a+b+c+abc$을 구하면?

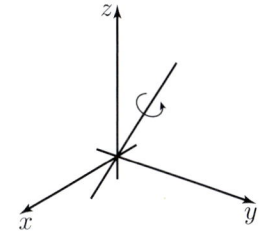

[풀이] 법선벡터가 $(1, 1, 1)$인 평면의 방정식 $x+y+z=1$과 x축, y축, z축과의 교점은 $(1, 0, 0), (0, 1, 0), (0, 0, 1)$이다.

또한 이 점들을 연결하면 정삼각형이고 세 점의 무게중심 $\left(\dfrac{1}{3}, \dfrac{1}{3}, \dfrac{1}{3}\right)$은 직선 $r(t) = (t, t, t)$과 평면의 교점과 같다.

회전변환 $T(X) = AX$라고 할 때 벡터 $V = \begin{pmatrix} 0 \\ 1 \\ 0 \end{pmatrix}$에 대하여 $T(V) = AV = \begin{pmatrix} a \\ b \\ c \end{pmatrix}$는 평면 위의 점이다. 따라서 $a+b+c = 1$이다.

구체적인 원소 $\begin{pmatrix} a \\ b \\ c \end{pmatrix}$를 구해보자. $T\begin{pmatrix} a \\ b \\ c \end{pmatrix} = A\begin{pmatrix} a \\ b \\ c \end{pmatrix} = \begin{pmatrix} 0 \\ 0 \\ 1 \end{pmatrix}$이고 $\begin{pmatrix} 0 \\ 1 \\ 0 \end{pmatrix}$과 $\begin{pmatrix} 0 \\ 0 \\ 1 \end{pmatrix}$의 교점과 $\left(\dfrac{1}{3}, \dfrac{1}{3}, \dfrac{1}{3}\right)$과 $\begin{pmatrix} a \\ b \\ c \end{pmatrix}$의 교점이 같다.

$\Rightarrow a + \dfrac{1}{3} = 0, \; b + \dfrac{1}{3} = 1, \; c + \dfrac{1}{3} = 1 \Rightarrow a = -\dfrac{1}{3}, \; b = \dfrac{2}{3}, \; c = \dfrac{2}{3}$이다. $\therefore a+b+c+abc = \dfrac{23}{27}$이다.

209. 선형변환 $T : R^3 \to R^3$는 $(1, 1, 1)$ 방향의 회전축을 중심으로 시계 반대 방향으로 $\dfrac{2\pi}{3}$ 만큼 회전하는 변환이다. $T(1, 2, 3) = (a, b, c)$라 할 때, $a+b+c+abc$을 구하면?

210. 선형변환 $T : R^3 \to R^3$가 각 점을 양의 z축을 중심으로 $\dfrac{\pi}{6}$ 만큼 시계 반대방향으로 회전시키고, 그 점을 양의 y축을 중심으로 $\dfrac{\pi}{3}$ 만큼 시계 반대방향으로 회전시키는 변환일 때, 변환 T에 대한 표준행렬은?

| 2 | 반사변환 (reflection transformation) |

1 원점을 지나는 직선에 대한 반사변환

(1) x축 대해 반사하는 변환 $T(x, y) = (x, -y)$ ⇒ 표준행렬 $\begin{pmatrix} 1 & 0 \\ 0 & -1 \end{pmatrix}$

(2) y축 대해 반사하는 변환 $T(x, y) = (-x, y)$ ⇒ 표준행렬 $\begin{pmatrix} -1 & 0 \\ 0 & 1 \end{pmatrix}$

(3) 직선 $y = x$에 대해 반사하는 변환 $T(x, y) = (y, x)$ ⇒ 표준행렬 $\begin{pmatrix} 0 & 1 \\ 1 & 0 \end{pmatrix}$

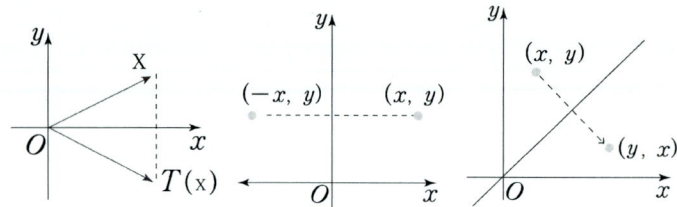

(4) 기울기가 $\tan\theta$인 원점을 지나는 직선에 대하여 선형변환의 표준행렬 $\begin{pmatrix} \cos2\theta & \sin2\theta \\ \sin2\theta & -\cos2\theta \end{pmatrix}$

(i) 벡터 $\begin{pmatrix} 1 \\ 0 \end{pmatrix}$를 $y = \tan\theta x$에 대하여 반사변환(대칭변환)은 반시계방향으로 2θ만큼 회전변환한 것과 동일한 결과이다.

$$T(e_1) = T\begin{pmatrix} 1 \\ 0 \end{pmatrix} = \begin{pmatrix} \cos2\theta & -\sin2\theta \\ \sin2\theta & \cos2\theta \end{pmatrix}\begin{pmatrix} 1 \\ 0 \end{pmatrix} = \begin{pmatrix} \cos2\theta \\ \sin2\theta \end{pmatrix}$$

(ii) 벡터 $\begin{pmatrix} 0 \\ 1 \end{pmatrix}$를 $y = \tan\theta x$에 대하여 반사변환(대칭변환)은 벡터 $\begin{pmatrix} 0 \\ 1 \end{pmatrix}$를 시계방향으로 $\pi - 2\theta$만큼 회전변환한 것과 동일하고 벡터 $\begin{pmatrix} 1 \\ 0 \end{pmatrix}$를 시계방향으로 $\dfrac{\pi}{2} - 2\theta$만큼 회전변환한 것과 동일하다.

$$T(e_2) = T\begin{pmatrix} 0 \\ 1 \end{pmatrix} = \begin{pmatrix} \cos(-\pi+2\theta) & -\sin(-\pi+2\theta) \\ \sin(-\pi+2\theta) & \cos(-\pi+2\theta) \end{pmatrix}\begin{pmatrix} 0 \\ 1 \end{pmatrix} = \begin{pmatrix} -\cos2\theta & \sin2\theta \\ -\sin2\theta & -\cos2\theta \end{pmatrix}\begin{pmatrix} 0 \\ 1 \end{pmatrix} = \begin{pmatrix} \sin2\theta \\ -\cos2\theta \end{pmatrix}$$

(iii) 반사변환의 표준행렬은 $\begin{pmatrix} \cos2\theta & \sin2\theta \\ \sin2\theta & -\cos2\theta \end{pmatrix}$ 이다.

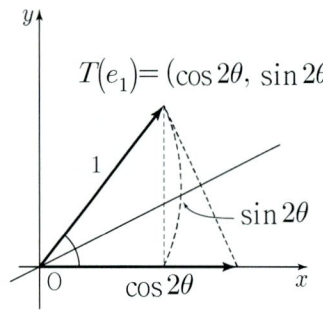
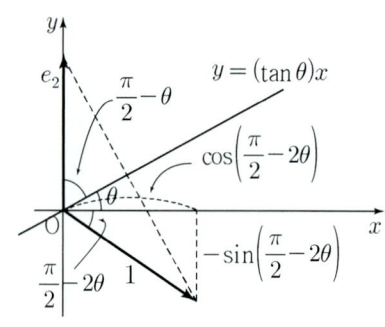

필수 예제 81

$M = \dfrac{1}{\sqrt{5}} \begin{bmatrix} 1 & 2 \\ 2 & -1 \end{bmatrix}$ 이 좌표평면에서 원점을 지나는 직선 l에 관한 대칭이동을 나타내는 행렬일 때, 직선 l의 방정식을 구하면?

① $y = (\sqrt{5} - 1)x$ ② $y = (2\sqrt{5} - 1)x$ ③ $y = (\sqrt{5} - 2)x$ ④ $y = \left(\dfrac{\sqrt{5} - 1}{2}\right)x$

풀이 기울기가 $\tan\theta$인 직선 l에 대하여 반사변환한 표준행렬은 $\begin{pmatrix} \cos 2\theta & \sin 2\theta \\ \sin 2\theta & -\cos 2\theta \end{pmatrix} = \dfrac{1}{\sqrt{5}} \begin{bmatrix} 1 & 2 \\ 2 & -1 \end{bmatrix}$ 이므로

$\tan 2\theta = \dfrac{\sin 2\theta}{\cos 2\theta} = 2$ 이고, $\tan 2\theta = \dfrac{2\tan\theta}{1 - \tan^2\theta} = 2$ 이므로 $\tan\theta = \dfrac{\sqrt{5} - 1}{2}$ 이다.

[다른 풀이] 직선 위의 벡터 X를 직선에 대하여 반사시키면 자기 자신 X가 나온다. 즉, 벡터 X는 고윳값 1에 대응하는 고유벡터이고,

기울기벡터이다. $M = \dfrac{1}{\sqrt{5}} \begin{bmatrix} 1 & 2 \\ 2 & -1 \end{bmatrix}$ 의 고윳값 1이고, 고유벡터가 X라면 $MX = X$가 성립한다.

$\sqrt{5} M = \begin{bmatrix} 1 & 2 \\ 2 & -1 \end{bmatrix}$ 의 고윳값 $\sqrt{5}$ 이고 고유벡터는 X이다.

$\begin{bmatrix} 1-\sqrt{5} & 2 \\ 2 & -1-\sqrt{5} \end{bmatrix} \begin{pmatrix} x \\ y \end{pmatrix} = \begin{pmatrix} 0 \\ 0 \end{pmatrix}$ 일 때, $x = 2, y = \sqrt{5} - 1$ 이다. 기울기는 $\dfrac{\sqrt{5} - 1}{2}$ 이다.

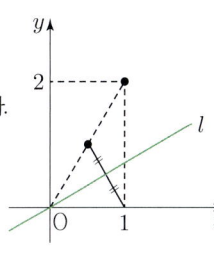

[다른 풀이] 점 $(1, 0)$의 반사된 점을 찾으면 $\dfrac{1}{\sqrt{5}} \begin{pmatrix} 1 & 2 \\ 2 & -1 \end{pmatrix} \begin{pmatrix} 1 \\ 0 \end{pmatrix} = \dfrac{1}{\sqrt{5}} \begin{pmatrix} 1 \\ 2 \end{pmatrix}$ 이다.

그림에서 l과 수직인 직선의 기울기는 $\dfrac{-\dfrac{2}{\sqrt{5}}}{1 - \dfrac{1}{\sqrt{5}}} = \dfrac{-2}{\sqrt{5} - 1}$ 이므로 l의 기울기는 $\dfrac{\sqrt{5} - 1}{2}$ 이다.

그러므로 직선 l은 $y = \left(\dfrac{\sqrt{5} - 1}{2}\right)x$ 이다.

211. x축 양의 방향과의 각도가 $\dfrac{\pi}{6}$ 가 되는 원점을 지나는 직선에 대한 반사에 대해 벡터 $X = (1, 1)$의 상을 구하시오.

212. 변환 $T : R^2 \to R^2$가 주어진 벡터를 직선 $y = x$에 대하여 반사시킨 후, 다시 x축에 대하여 반사시키는 선형변환일 때, T의 표준행렬은?

② 원점을 지나는 평면에 대한 반사변환

(1) xy평면에 대해 반사하는 변환 $T(x, y, z) = (x, y, -z) \Rightarrow$ 표준행렬 $\begin{pmatrix} 1 & 0 & 0 \\ 0 & 1 & 0 \\ 0 & 0 & -1 \end{pmatrix}$

(2) xz평면에 대해 반사하는 변환 $T(x, y, z) = (x, -y, z) \Rightarrow$ 표준행렬 $\begin{pmatrix} 1 & 0 & 0 \\ 0 & -1 & 0 \\ 0 & 0 & 1 \end{pmatrix}$

(3) yz평면에 대해 반사하는 변환 $T(x, y, z) = (-x, y, z) \Rightarrow$ 표준행렬 $\begin{pmatrix} -1 & 0 & 0 \\ 0 & 1 & 0 \\ 0 & 0 & 1 \end{pmatrix}$

(4) 원점을 지나고 법선벡터 $n = \begin{pmatrix} a \\ b \\ c \end{pmatrix}$인 평면 $W : ax + by + cz = 0$에서 반사변환의 표준행렬은 $A = I - 2\dfrac{nn^t}{n^t n}$이다.

$$T(X) = AX = proj_W X - proj_n X = (X - proj_n X) - proj_n X = X - 2proj_n X$$

$$= X - 2\frac{X \cdot n}{|n|^2}n = X - 2\frac{nn^t}{|n|^2}X = \left(I - \frac{2nn^t}{|n|^2}\right)X$$

③ 반사변환의 성질

(1) 대칭행렬이다.

(2) 직교행렬이다.

(3) 각도와 크기를 보존하는 직교변환이다.

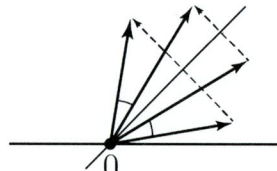

(4) R^2에서 원점을 지나는 직선에 대한 반사변환의 경우, 고윳값 1에 대응하는 고유벡터들은 직선 위의 벡터이고, 고윳값 -1에 대응하는 고유벡터는 직선과 수직한 직선 위의 벡터들이다.

    ↳ R^2에서 반사변환의 행렬식은 -1이다.

(5) R^3에서 원점을 지나는 평면에 대한 반사변환의 경우, 고윳값 1에 대응하는 고유벡터들은 평면 위의 벡터이고, 고윳값 -1에 대응하는 고유벡터는 평면의 법선벡터이다.

    ↳ R^3에서 반사변환의 행렬식은 -1이다.

(6) R^n의 초평면 W에 대하여 $W = \{w_1, w_2, \cdots, w_{n-1}\}$, $W^\perp = \{n\}$인 경우

    ① 반사변환행렬의 표준행렬은 $A = I - \dfrac{2nn^t}{|n|^2}$이다.

    ② 반사변환행렬의 고윳값 1의 대수적 중복도는 $n-1$이고, 고윳값 -1의 대수적 중복도는 1이다.

Areum Math Tip

열벡터 $u = \dfrac{n}{|n|} \in R^n$는 단위벡터이고 $\dfrac{nn^t}{|n|^2} = uu^t$, $u^t u = u \cdot u = |u|^2 = 1$이다.

$A = I - \dfrac{2nn^t}{|n|^2} = I - 2uu^t \Rightarrow A^t = I^t - (2uu^t)^t = I - 2(u^t)^t u^t = I - 2uu^t$ 이므로 $A^t = A$이므로 A는 대칭행렬이다.

$AA^T = A^2 = (I - 2uu^t)(I - 2uu^t) = I^2 - 4uu^t + 4uu^t uu^t = I - 4uu^t + 4uu^t = I$이므로 A는 직교행렬이다.

필수예제 82

벡터 $(2, 2, -1)$을 평면 $x + y + z = 0$에 대하여 반사시킨 벡터를 구하시오.

[풀이] 원점을 지나는 법선벡터 $n = \begin{pmatrix} 1 \\ 1 \\ 1 \end{pmatrix}$인 평면에 대한 반사변환 $T : R^3 \to R^3$, $T(X) = AX$이고,

여기서 $A = I - 2\dfrac{nn^t}{n^t n} = \dfrac{1}{3}\begin{pmatrix} 3 & 0 & 0 \\ 0 & 3 & 0 \\ 0 & 0 & 3 \end{pmatrix} - \dfrac{2}{3}\begin{pmatrix} 1 \\ 1 \\ 1 \end{pmatrix}(1\ 1\ 1) = \dfrac{1}{3}\begin{pmatrix} 3 & 0 & 0 \\ 0 & 3 & 0 \\ 0 & 0 & 3 \end{pmatrix} - \dfrac{2}{3}\begin{pmatrix} 1 & 1 & 1 \\ 1 & 1 & 1 \\ 1 & 1 & 1 \end{pmatrix} = \dfrac{1}{3}\begin{pmatrix} 1 & -2 & -2 \\ -2 & 1 & -2 \\ -2 & -2 & 1 \end{pmatrix}$이다.

$T\begin{pmatrix} 2 \\ 2 \\ -1 \end{pmatrix} = \dfrac{1}{3}\begin{pmatrix} 1 & -2 & -2 \\ -2 & 1 & -2 \\ -2 & -2 & 1 \end{pmatrix}\begin{pmatrix} 2 \\ 2 \\ -1 \end{pmatrix} = \dfrac{1}{3}\begin{pmatrix} 0 \\ 0 \\ -9 \end{pmatrix} = \begin{pmatrix} 0 \\ 0 \\ -3 \end{pmatrix}$

따라서 벡터 $(2, 2, -1)$이 평면에 반사된 벡터는 $(0, 0, -3)$이다.

[다른 풀이] 평면의 기저는 $\{u = (1, 0, -1), v = (0, 1, -1)\}$이고 법선벡터는 $n = \begin{pmatrix} 1 \\ 1 \\ 1 \end{pmatrix}$이다.

반사변환 T에 의해서 $T(u) = u$, $T(v) = v$, $T(n) = -n$이다.

따라서 $T(2, 2, -1) = T(u + v + n) = T(u) + T(v) + T(n) = u + v - n = (0, 0, -3)$이다.

[다른 풀이] 점 $(2, 2, -1)$을 지나고 평면과 수직한 직선의 방정식 $\begin{cases} x = t + 2 \\ y = t + 2 \\ z = t - 1 \end{cases}$과 평면의 교점은 $t = -1$일 때 생긴다.

반사된 점(벡터)은 $t = -2$일 때 이므로 $(0, 0, -3)$이다.

213. 평면 $x + 3y - 2z = 0$에 대하여 반사변환 $T(X) = AX$이다. $T\begin{pmatrix} 1 \\ 5 \\ 1 \end{pmatrix}$의 값을 구하시오.

214. 평면 $5x + 3y - 4z = 0$에 대하여 반사변환 $T(X) = AX$이다. $T\begin{pmatrix} 3 \\ 4 \\ 5 \end{pmatrix}$의 크기를 구하시오.

215. 평면 $7x + 3y - 5z = 0$에 대하여 반사변환 $T(X) = AX$이다. $tr(T)$를 구하시오.

216. 초평면 $x + 3y - 5z + 2t = 0$에 대하여 반사변환 $T(X) = AX$이다. $tr(T)$를 구하시오.

3 사영변환

1 원점을 지나는 직선 위로의 사영변환

(1) x축 위로의 사영변환 $T(x, y) = (x, 0)$ ⇒ 표준행렬 $\begin{pmatrix} 1 & 0 \\ 0 & 0 \end{pmatrix}$

(2) y축 위로의 사영변환 $T(x, y) = (0, y)$ ⇒ 표준행렬 $\begin{pmatrix} 0 & 0 \\ 0 & 1 \end{pmatrix}$

(3) 직선의 방향벡터 $v = \begin{pmatrix} a \\ b \\ c \end{pmatrix}$일 때, ⇒ 표준행렬 $P = \dfrac{v\,v^t}{|v|^2}$

모든 $X \in R^3$는 $X = proj_v\,X + v^{\perp}$와 같이 유일하게 표현된다. $proj_v X = \dfrac{X \cdot v}{v \cdot v} v = v\,\dfrac{v \cdot X}{|v|^2} = \dfrac{v\,v^t}{|v|^2} X$

2 평면 위로의 사영변환

(1) xy 평면 위로의 사영변환 $T(x, y, z) = (x, y, 0)$ ⇒ 표준행렬 $\begin{pmatrix} 1 & 0 & 0 \\ 0 & 1 & 0 \\ 0 & 0 & 0 \end{pmatrix}$

(2) xz 평면 위로의 사영변환 $T(x, y, z) = (x, 0, z)$ ⇒ 표준행렬 $\begin{pmatrix} 1 & 0 & 0 \\ 0 & 0 & 0 \\ 0 & 0 & 1 \end{pmatrix}$

(3) yz 평면 위로의 사영변환 $T(x, y, z) = (0, y, z)$ ⇒ 표준행렬 $\begin{pmatrix} 0 & 0 & 0 \\ 0 & 1 & 0 \\ 0 & 0 & 1 \end{pmatrix}$

(4) 원점을 지나는 평면 $ax + by + cz = 0$ 위로의 정사영

평면의 법선벡터 $n = \begin{pmatrix} a \\ b \\ c \end{pmatrix}$에 모든 $X = \begin{pmatrix} x_1 \\ x_2 \\ x_3 \end{pmatrix} \in R^3$를 정사영시키면 $proj_n X$이다.

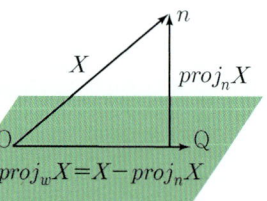

$proj_w X = X - proj_n X$

평면 W 위로 정사영시키는 선형변환

$T : R^3 \to R^3$는 $T(X) = \left(I - \dfrac{1}{|n|^2} n\,n^t \right) X$이다.

$proj_W X = X - proj_n X = X - \dfrac{X \cdot n}{|n|^2} n = X - \dfrac{n\,n^t}{|n|^2} X = \left(I - \dfrac{n\,n^t}{|n|^2} \right) X, \quad \left(n = \begin{pmatrix} a \\ b \\ c \end{pmatrix} \right)$

(5) 평면 $ax + by + cz = 0$과 수직하며 $X = \begin{pmatrix} x_1 \\ x_2 \\ x_3 \end{pmatrix}$를 지나는 직선 $r(t) = (at + x_1, bt + x_2, ct + x_3)$과

평면 $ax + by + cz = 0$의 교점이 $X = \begin{pmatrix} x_1 \\ x_2 \\ x_3 \end{pmatrix}$를 평면에 정사영시킨 점(벡터)과 같다.

필수예제 83

R^3의 부분공간 $W = \left\{ \begin{bmatrix} x \\ y \\ z \end{bmatrix} : 2x - z = 0 \right\}$ 위로의 $\mathbf{y} = \begin{bmatrix} 3 \\ 2 \\ 1 \end{bmatrix}$ 의 정사영이 $\begin{bmatrix} a \\ b \\ c \end{bmatrix}$ 일 때, $\dfrac{ab}{c}$ 의 값은?

풀이 벡터공간 W는 원점을 지나는 평면 $2x - z = 0$이고 평면의 법선벡터는 $n = (2, 0, -1)$이다.

$$proj_n y = \frac{n \cdot y}{n \cdot n} n = \frac{1}{1} n = (2, 0, -1)$$

$$proj_W y = y - proj_n y = y - n = (3, 2, 1) - (2, 0, -1) = (1, 2, 2) = (a, b, c) \qquad \therefore \ \frac{ab}{c} = 1$$

[다른 풀이] 직선 $r(t) = (2t + 3, 2, -t + 1)$와 평면 $2x - z = 0$의 교점은 $t = -1$일 때 $(1, 2, 2)$이고 이 점이 정사영시킨 점(벡터)이다.

217. x축의 양의 방향과 이루는 각이 θ인 R^2상의 원점을 지나는 직선으로의 정사영에 대응하는 표준행렬 P_θ를 구하여라.

218. $v = (1, 3, 2)$에 의해 생성되는 R^3의 직선에 대한 정사영 T의 표준행렬 P를 구하여라.

219. 벡터 $v_1 = \begin{bmatrix} 2 \\ 5 \\ -1 \end{bmatrix}, v_2 = \begin{bmatrix} -2 \\ 1 \\ 1 \end{bmatrix}$ 에 의해 생성되는 W에 대하여 $y = \begin{bmatrix} 1 \\ 2 \\ 3 \end{bmatrix}$ 에 가장 가까운 W의 벡터는?

220. V는 $b_1 = \begin{bmatrix} 4 \\ 0 \\ 1 \end{bmatrix}, b_2 = \begin{bmatrix} 0 \\ 2 \\ 1 \end{bmatrix}$ 를 기저로 하는 R^3의 부분공간이다. 벡터 $a = \begin{bmatrix} 2 \\ 0 \\ 11 \end{bmatrix}$ 와 V의 유클리디안 거리는?

3 벡터공간 $W \subset R^n$ 위로의 정사영

(1) $\dim(W) = 1$ 인 경우

영벡터가 아닌 v에 의해서 생성된 R^n의 부분공간 W에 대하여 모든 $X \in R^n$는

$X = proj_v X + W^\perp$와 같이 유일하게 표현된다.

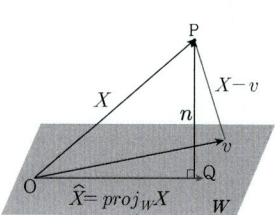

$$proj_v X = \frac{X \cdot v}{v \cdot v} v = v \frac{v \cdot X}{|v|^2} = \frac{vv^t}{|v|^2} X$$

$\dim(W) = 1$ 인 벡터공간 W 위로 사영한 선형변환 $T(X) = PX$의 표현행렬 $\Rightarrow P = \dfrac{vv^t}{|v|^2}$

(2) $\dim(W) = m \ (1 < m < n)$인 경우

① W의 기저 $\{w_1, w_2, \cdots, w_m\}$일 때, $M_{n \times m} = \left(w_1\, w_2 \cdots w_m \right)$의 열벡터들이 W의 기저이다.

모든 $X \in R^n$에 대하여 사영변환행렬은 $P = M(M^T M)^{-1} M^T$ 이다.

$\Rightarrow proj_W X = T(X) = PX = M(M^T M)^{-1} M^T X$

② W의 직교기저 $\{u_1, u_2, \cdots, u_m\}$일 때,

모든 $X \in R^n$에 대하여 $proj_W X = proj_{u_1} \mathrm{x} + proj_{u_2} \mathrm{x} + \cdots + proj_{u_m} \mathrm{x}$이 성립한다.

③ $W \subset R^n$, $\dim(W) = n-1$ 이면, $\dim(W^\perp) = 1$ 이다. 여기서 $W^\perp = span\{v\}$일 때,

모든 $X \in R^n$에 대하여 $proj_W X = X - proj_{W^\perp} X$

$$= X - \frac{X \cdot v}{|v|^2} v = X - \frac{vv^t}{|v|^2} X = \left(I - \frac{vv^t}{|v|^2} \right) X$$

즉, $\dim(W^\perp) = 1$ 인 $proj_W X$의 표준행렬은 $I - \dfrac{vv^t}{|v|^2}$ 이다.

4 최적근사 (best approximation)

W를 R^n의 부분공간이라 하고, X를 R^n에 속하는 임의의 벡터, $\hat{X}$는 W로의 X의 직교 사영이라 하자. 그러면 $\hat{X}$는 X에 가장 가까운 W의 점이고, $\hat{X}$와 다른 W의 모든 벡터 v에 대하여

$|X - proj_W X| < |X - v|$ 가 성립한다.

(1) $\hat{X} = proj_W X$는 X에서 W로의 유일한 최적근사벡터라 한다.

(2) 모든 $X \in R^n$에 대하여 최적근사벡터는 $T(X) = proj_W X = M(M^T M)^{-1} M^T X = PX$

Areum Math Tip

(1) 원점을 지나는 직선의 방향벡터 $v = \begin{pmatrix} a \\ b \\ c \end{pmatrix}$ 를 W의 기저라 할 때,

행렬 $M = \begin{pmatrix} v \end{pmatrix}$ 이고, 사영행렬 $P = M(M^T M)^{-1} M^T = \dfrac{1}{|v|^2} v v^t$ 이다.

(2) 원점을 지나는 평면 $ax + by + cz = 0$을 벡터공간 W라고 하면, $\dim(W) = 2$ 이고

$W = \underset{span}{} \begin{pmatrix} w_1 \, w_2 \end{pmatrix}$, $M_{3 \times 2} = \begin{pmatrix} w_1 \, w_2 \end{pmatrix}$ 이므로 사영행렬 $P = M(M^T M)^{-1} M^T$ 이다.

평면의 법선벡터 $n = \begin{pmatrix} a \\ b \\ c \end{pmatrix}$ 에 대하여 $P = I - \dfrac{1}{|n|^2} n n^t = M(M^T M)^{-1} M^T$ 이 성립한다.

세 벡터 $<1, 1, 1, 1>$, $<-1, 1, -1, 1>$, $<1, -1, -1, 1>$에 의해 생성되는 $\mathbb{R}^4$의 부분공간을 W라 하자. 벡터 $<1, 2, 3, 4>$의 W로의 사영벡터를 $<w_1, w_2, w_3, w_4>$라 할 때, $w_1 + w_2 + w_3 + w_4$의 값은?

풀이 $W = span\{v_1, v_2, v_3\}$, $proj_W \, x = PX = \begin{pmatrix} w_1 \\ w_2 \\ w_3 \\ w_4 \end{pmatrix}$, $X = \begin{pmatrix} 1 \\ 2 \\ 3 \\ 4 \end{pmatrix}$

$M = \begin{pmatrix} 1 & -1 & 1 \\ 1 & 1 & -1 \\ 1 & -1 & -1 \\ 1 & 1 & 1 \end{pmatrix}$, $M^t M = \begin{pmatrix} 4 & 0 & 0 \\ 0 & 4 & 0 \\ 0 & 0 & 4 \end{pmatrix} = 4I$, $(M^t M)^{-1} = \frac{1}{4} I$ 이므로

$PX = M(M^t M)^{-1} M^t X = \frac{1}{4} M M^t X = \frac{1}{4} M \begin{pmatrix} 1 & 1 & 1 & 1 \\ -1 & 1 & -1 & 1 \\ 1 & -1 & -1 & 1 \end{pmatrix} \begin{pmatrix} 1 \\ 2 \\ 3 \\ 4 \end{pmatrix}$

$= \frac{1}{4} M \begin{pmatrix} 10 \\ 2 \\ 0 \end{pmatrix} = \frac{1}{2} M \begin{pmatrix} 5 \\ 1 \\ 0 \end{pmatrix} = \frac{1}{2} \begin{pmatrix} 1 & -1 & 1 \\ 1 & 1 & -1 \\ 1 & -1 & -1 \\ 1 & 1 & 1 \end{pmatrix} \begin{pmatrix} 5 \\ 1 \\ 0 \end{pmatrix} = \frac{1}{2} \begin{pmatrix} 4 \\ 6 \\ 4 \\ 6 \end{pmatrix} = \begin{pmatrix} 2 \\ 3 \\ 2 \\ 3 \end{pmatrix}$

$\therefore \ w_1 + w_2 + w_3 + w_4 = 10$

[다른 풀이] 벡터공간 W는 행렬 $A = \begin{pmatrix} 1 & 1 & 1 & 1 \\ -1 & 1 & -1 & 1 \\ 1 & -1 & -1 & 1 \end{pmatrix}$의 행공간과 같다. 벡터공간 $W^{\perp}$는 행렬 A의 해공간과 같다.

$A = \begin{pmatrix} 1 & 1 & 1 & 1 \\ -1 & 1 & -1 & 1 \\ 1 & -1 & -1 & 1 \end{pmatrix} \sim \begin{pmatrix} 1 & 1 & 1 & 1 \\ 0 & 2 & 0 & 2 \\ 0 & -2 & -2 & 0 \end{pmatrix} \sim \begin{pmatrix} 1 & 1 & 1 & 1 \\ 0 & 2 & 0 & 2 \\ 0 & 0 & -2 & 2 \end{pmatrix} \sim \begin{pmatrix} 1 & 1 & 0 & 2 \\ 0 & 1 & 0 & 1 \\ 0 & 0 & 1 & -1 \end{pmatrix}$

$\sim \begin{pmatrix} 1 & 0 & 0 & 1 \\ 0 & 1 & 0 & 1 \\ 0 & 0 & 1 & -1 \end{pmatrix}$ 따라서 $W^{\perp} = span\left\{ n = \begin{pmatrix} 1 \\ 1 \\ -1 \\ -1 \end{pmatrix} \right\}$이다.

$proj_W X = X - proj_n X = X - \frac{n \cdot X}{n \cdot n} n = X - \frac{-4}{4} n = X + n = (2, 3, 2, 3)$

[다른 풀이] $W = span\{v_1, v_2, v_3\}$는 직교기저이다.

$proj_W X = proj_{v_1} X + proj_{v_2} X + proj_{v_3} X$

$= \frac{v_1 \cdot X}{v_1 \cdot v_1} v_1 + \frac{v_2 \cdot X}{v_2 \cdot v_2} v_2 + \frac{v_3 \cdot X}{v_3 \cdot v_3} v_3 = \frac{10}{4} v_1 + \frac{2}{4} v_2 + \frac{0}{4} v_3 = (2, 3, 2, 3)$

221. 벡터 $v_1=(1,\ 0,\ -1,\ -1)$, $v_2=(0,\ 2,\ 1,\ 2)$로 생성되는 R^4의 부분공간을 W라 하고, 벡터 $(1,\ 1,\ 1,\ -1)$에 가장 가까운 W에 있는 벡터를 $v=(a_1,\ a_2,\ a_3,\ a_4)$라 하자. v의 성분의 합 $a_1+a_2+a_3+a_4$ 은?

222. 유클리드 공간 R^4에서 세 벡터 $(1,0,0,1)$, $(1,1,0,0)$, $(0,0,1,1)$에 의하여 생성되는 부분공간을 Π라 할 때, 벡터 $(1,0,-2,3)$과 Π 사이의 거리를 구하면?

223. 4차원 유클리드 내적공간 R^4에서 두 벡터 $w_1=<1,\ 0,\ 0,\ 0>$, $w_2=<-1,\ 0,\ \frac{1}{\sqrt{2}},\ \frac{1}{\sqrt{2}}>$에 의해 생성된 부분공간을 W라 하자. 벡터 $v=<1,\ 2,\ 1,\ 2>$에 대하여 부분공간 W 위로의 v의 정사영을 $proj_w v=<a,\ b,\ c,\ d>$라 할 때, $ab+cd$의 값은?

행렬 $A = \begin{bmatrix} 1 & 2 & 3 & 4 \\ 2 & 3 & 4 & 5 \\ 3 & 4 & 5 & 6 \end{bmatrix}$ 에 대하여 A의 영공간(nullspace) N과 행공간(row space) R이 있다. 벡터 $X = \begin{pmatrix} 1 \\ 2 \\ -3 \\ -4 \end{pmatrix}$ 에

대하여 다음을 구하시오.

(1) 벡터 X의 영공간 N으로 정사영한 벡터를 구하시오.

(2) 벡터 X의 행공간 R으로 정사영한 벡터를 구하시오.

(3) 벡터 X를 영공간과 행공간의 성분의 합으로 나타내시오.

풀이 $A \sim \begin{bmatrix} 1 & 2 & 3 & 4 \\ 0 & 1 & 2 & 3 \\ 0 & 0 & 0 & 0 \end{bmatrix} \sim \begin{bmatrix} 1 & 0 & -1 & -2 \\ 0 & 1 & 2 & 3 \\ 0 & 0 & 0 & 0 \end{bmatrix}$ 이고 $\begin{bmatrix} 1 & 0 & -1 & -2 \\ 0 & 1 & 2 & 3 \\ 0 & 0 & 0 & 0 \end{bmatrix} \begin{bmatrix} a \\ b \\ c \\ d \end{bmatrix} = \begin{bmatrix} 0 \\ 0 \\ 0 \end{bmatrix} \Leftrightarrow \begin{matrix} a - c - 2d = 0, \\ b + 2c + 3d = 0 \end{matrix}$ 이므로

A의 행공간은 $R = \{(1, 0, -1, -2), (0, 1, 2, 3)\}$이고, A의 영공간(해공간)은 $N = \{(1, -2, 1, 0), (2, -3, 0, 1)\}$이다.
각각 그람-슈미트 직교화 과정을 통해서 직교기저를 구하면
A의 행공간은 $R = \{u_1 = (1, 0, -1, -2), u_2 = (4, 3, 2, 1)\}$이다.

A의 영공간(해공간)은 $N = \{n_1 = (1, -2, 1, 0), n_2 = (2, -1, -4, 3)\}$이다. $X = \begin{pmatrix} 1 \\ 2 \\ -3 \\ -4 \end{pmatrix}$ 에 대하여 다음을 구하자.

(1) $proj_N X = proj_{n_1} X + proj_{n_2} X = \dfrac{n_1 \cdot X}{n_1 \cdot n_1} n_1 + \dfrac{n_2 \cdot X}{n_2 \cdot n_2} n_2 = \dfrac{-6}{6} n_1 + \dfrac{0}{30} n_2 = -n_1 = (-1, 2, -1, 0)$

(2) $proj_R X = proj_{u_1} X + proj_{u_2} X = \dfrac{u_1 \cdot X}{u_1 \cdot u_1} u_1 + \dfrac{u_2 \cdot X}{u_2 \cdot u_2} u_2 = \dfrac{12}{6} u_1 + \dfrac{0}{30} u_2 = 2u_1 = (2, 0, -2, -4)$

(3) $X = proj_N X + proj_R X = (-1, 2, -1, 0) + (2, 0, -2, -4) = (1, 2, -3, -4)$

---

224. R^4의 부분공간 $V = \{(x_1, x_2, x_3, x_4) \in R^4 \,|\, x_1 + x_2 - x_4 = 0\}$에 대하여 벡터 $(3, -5, 1, 5)$의 V위로의 정사영을 (a, b, c, d)라고 할 때, $a + b + c + d$의 값은?

225. 행렬 $A = \begin{bmatrix} 1 & 2 & 0 \\ 1 & 2 & 1 \\ 0 & -1 & 1 \\ -1 & -1 & 0 \end{bmatrix}$ 와 벡터 $v = \begin{bmatrix} 7 \\ -4 \\ 5 \\ -2 \end{bmatrix}$ 에 대하여 v에서 A의 열공간(column space)까지의 거리는?

226. 벡터공간 R^4에서 선형방정식 $x - 2y + 3z - 4w = 0$의 해공간을 W라고 할 때 다음을 구하시오.

   (1) 선형변환 $T : R^4 \to R^4$가 W로의 직교사영일 때 T의 표준행렬의 모든 성분의 합을 구하시오.

   (2) 벡터 $X = \begin{pmatrix} 1 \\ 1 \\ 2 \\ -3 \end{pmatrix}$ 에서 W까지의 거리를 구하시오.

227. $L(x, y, z) = (2x - y, x + y + z)$로 정의된 선형변환 $L : R^3 \to R^2$에 대하여 벡터 $v = <1, a, b>$가 L의 핵공간 $\ker(L)$에 속한다. 벡터 $w = <1, 2, 1>$의 v로의 벡터사영이 $proj_w v$일 때, $|proj_w v|$의 값은?

228. 다음과 같이 주어진 벡터 $u = \begin{bmatrix} 10 \\ 30 \\ 30 \\ 10 \end{bmatrix}$ 와 행렬 $A = \begin{bmatrix} 3 & 1 & -2 & -6 \\ 1 & 1 & -2 & -2 \\ 2 & 1 & -2 & -4 \\ 1 & 0 & 0 & -2 \end{bmatrix}$ 에 대하여 $T(x) = Ax$로 정의되는 선형변환 $T : R^4 \to R^4$의 영공간(kernel) 위로 u를 정사영(orthogonal projection)하여 얻은 벡터는?

5 사영행렬 P 의 성질

선형변환 $T : V \to V$에 대하여 벡터 $X \in V$를 $W \subset V$로의 사영변환을 $T(X) = PX$라고 하자.

(1) $P^2 = P$, $P^n = P$ (임의의 자연수 $n \geq 2$)

$$(\because P^2 = PP = M(M^T M)^{-1} M^T M (M^T M)^{-1} M^T = M(M^T M)^{-1} M^T = P)$$

(2) 대칭행렬이다. $\Rightarrow$ 사영행렬은 직교대각화 가능하다.

(3) 고윳값은 1, 0이다. 고윳값 1에 대응하는 고유벡터는 W의 벡터이다. 고윳값 0에 대응하는 고유벡터는 $W^\perp$의 벡터이다.

(4) $\det(P) = 0$

(5) $rank(P) = tr(P) = \dim(W)$

필수예제 86

R^4 위의 벡터 $(1, 1, 1, 1)$, $(1, -1, 1, -1)$, $(-1, 1, 1, -1)$에 의해 생성되는 부분공간에 대한 사영행렬 (projection matrix) $P = (p_{ij})_{4 \times 4}$의 대각선 원소 전부의 합 $p_{11} + p_{22} + p_{33} + p_{44}$는?

풀이 주어진 벡터를 기저로 갖는 벡터공간 $V = span\{v_1, v_2, v_3\}$와 직교여공간인 $V^\perp = {}_{span}\{n\}$이라고 하자. 벡터공간 V에 사영변환을 나타내는 행렬을 P라고 하자. $T(v_1) = Pv_1 = v_1$, $T(v_2) = Pv_2 = v_2$, $T(v_3) = Pv_3 = v_3$, $T(n) = Pn = O$이므로 사영행렬 P의 고윳값은 1, 1, 1, 0이다. $tr(P) = 3$

[다른 풀이] $M = \begin{pmatrix} 1 & 1 & -1 \\ 1 & -1 & 1 \\ 1 & 1 & 1 \\ 1 & -1 & -1 \end{pmatrix}$로 놓으면 사영행렬 P는 $P = M(M^t M)^{-1} M^t$이다.

$$M^t M = \begin{pmatrix} 1 & 1 & 1 & 1 \\ 1 & -1 & 1 & -1 \\ -1 & 1 & 1 & -1 \end{pmatrix} \begin{pmatrix} 1 & 1 & -1 \\ 1 & -1 & 1 \\ 1 & 1 & 1 \\ 1 & -1 & -1 \end{pmatrix} = \begin{pmatrix} 4 & 0 & 0 \\ 0 & 4 & 0 \\ 0 & 0 & 4 \end{pmatrix} = 4I$$ 이므로

$$P = M(M^t M)^{-1} M^t = M \cdot \frac{1}{4} I \cdot M^t = \frac{1}{4} M M^t = \frac{1}{4} \begin{pmatrix} 1 & 1 & -1 \\ 1 & -1 & 1 \\ 1 & 1 & 1 \\ 1 & -1 & -1 \end{pmatrix} \begin{pmatrix} 1 & 1 & 1 & 1 \\ 1 & -1 & 1 & -1 \\ -1 & 1 & 1 & -1 \end{pmatrix} = \frac{1}{4} \begin{pmatrix} 3 & -1 & 1 & 1 \\ -1 & 3 & 1 & 1 \\ 1 & 1 & 3 & -1 \\ 1 & 1 & -1 & 3 \end{pmatrix}$$

따라서 대각선 원소의 합은 $\frac{1}{4}(3 + 3 + 3 + 3) = 3$

229. 두 벡터 $\begin{pmatrix} 1 \\ 1 \\ 1 \\ 1 \end{pmatrix}, \begin{pmatrix} 2 \\ -1 \\ -3 \\ 7 \end{pmatrix}$ 이 생성하는 R^4의 부분공간을 W라 하고, R^4에서 W로 가는 정사영변환을

P라고 하자. R^4의 표준기저에 대한 P의 행렬표현의 모든 성분들의 합은?

230. 임의의 벡터 $v \in R^3$을 평면 $x+y-3z=0$에 사영시키는 사영행렬 A라 할 때, A^2의 행렬식을 구하면?

231. 3×5 행렬 $A = \begin{pmatrix} 1 & 1 & 1 & 1 & 1 \\ 1 & 1 & 2 & 3 & 4 \\ 1 & 1 & 1 & 5 & 6 \end{pmatrix}$ 에 대하여 공간 R^5에서 행렬 A의 행공간 위로의 정사영행렬을 $P_{5 \times 5}$,

해공간(null space) 위로의 정사영행렬을 $Q_{5 \times 5}$라 할 때, 다음 설명 중 옳은 것의 개수는?

> **(가)** 행렬 P는 정칙행렬이다.
>
> **(나)** 행렬 P의 대각성분의 합은 3이다.
>
> **(다)** 행렬 Q의 계수(rank)는 2이다.
>
> **(라)** 임의의 $x \in R^5$에 대하여 $Px \cdot Qx = 0$이다.

232. 모든 2×2 행렬들로 이루어진 벡터공간 $M_2(R)$에 다음과 같은 내적이 주어져 있다.

$(A, B) = a_{11}b_{11} + a_{12}b_{12} + a_{21}b_{21} + a_{22}b_{22}$ (단, $A = (a_{ij})$, $B = (b_{ij})$는 $M_2(R)$의 행렬이다.)

선형변환 $T : M_2(R) \to M_2(R)$를 행렬 $\begin{pmatrix} 1 & -1 \\ 0 & 0 \end{pmatrix}$ 과 $\begin{pmatrix} 1 & 1 \\ 2 & 3 \end{pmatrix}$ 이 생성하는 부분공간 W로의 정사영변환이

라 하고, T의 표준 기저 $\left\{ \begin{pmatrix} 1 & 0 \\ 0 & 0 \end{pmatrix}, \begin{pmatrix} 0 & 1 \\ 0 & 0 \end{pmatrix}, \begin{pmatrix} 0 & 0 \\ 1 & 0 \end{pmatrix}, \begin{pmatrix} 0 & 0 \\ 0 & 1 \end{pmatrix} \right\}$ 에 대한 행렬 표현을 $P = (p_{ij})_{4 \times 4}$ 라 하자.

(1) 행렬 $C = \begin{pmatrix} 4 & 5 \\ 2 & 3 \end{pmatrix}$ 의 W 위로의 정사영을 $T(C) = \begin{pmatrix} \alpha & \beta \\ \gamma & \delta \end{pmatrix}$ 라 할 때, $\alpha + \beta + \gamma + \delta$의 값은?

(2) 행렬 $P = (p_{ij})_{4 \times 4}$에 대하여 $p_{11} + p_{22} + p_{33} + p_{44} + \det(P)$ 의 값은?

$P_3(R)$을 실수계수를 가지며 차수가 3차 이하인 다항식으로 이루어진 벡터공간을 $P_3(R)$이라 하고, 내적을 $\langle f(x), g(x) \rangle = \int_{-1}^{1} f(x)g(x)dx \, (f, g \in P_3(R))$이라 정의한다. 다항식 $f(x) = x^3 + x^2 + 1$을 부분공간 $P_1(R) = \{c_0 + c_1 x \,|\, c_0, \, c_1 \in R\}$ 위로 정사영(orthogonal projection)하여 얻은 다항식은?

풀이 $P_1(x)$의 직교기저는 $\{1, x\}$이다. $\left(\because \langle 1, x \rangle = \int_{-1}^{1} x \, dx = 0 \right)$

$proj_{P_1} f(x) = \dfrac{\langle 1, f(x) \rangle}{\langle 1, 1 \rangle} + \dfrac{\langle x, f(x) \rangle}{\langle x, x \rangle} x$이다.

$\langle 1, 1 \rangle = \int_{-1}^{1} 1 \, dx = 2$, $\quad \langle 1, f(x) \rangle = \int_{-1}^{1} x^3 + x^2 + 1 \, dx = \dfrac{8}{3}$

$\langle x, x \rangle = \int_{-1}^{1} x^2 \, dx = \dfrac{2}{3}$, $\quad \langle x, f(x) \rangle = \int_{-1}^{1} x^4 + x^3 + x \, dx = \dfrac{2}{5}$

$proj_{P_1} f(x) = \dfrac{\frac{8}{3}}{2} + \dfrac{\frac{2}{5}}{\frac{2}{3}} x = \dfrac{4}{3} + \dfrac{3}{5} x$이다.

---

233. 폐구간 $[0, 1]$에서 내적을 $\langle f, g \rangle = \int_{0}^{1} f(x)g(x)dx$로 정의할 때, $\{1, 2x-1\}$에 의해서 생성된 $C[0, 1]$의 부분공간으로부터 $x^2 \in C[0, 1]$에 가장 근사한 최소제곱해(least squares)는?

① $y = x - \dfrac{1}{7}$ $\qquad$ ② $y = x - \dfrac{1}{6}$ $\qquad$ ③ $y = x - \dfrac{1}{5}$ $\qquad$ ④ $y = x - \dfrac{1}{4}$

---

234. 실계수 2차 이하의 다항식의 벡터공간 P_2의 두 원소 f, g에 대하여 내적을 $\langle f, g \rangle = \int_{0}^{1} f(x)g(x)dx$로 정의하고 이 내적으로부터 정의되는 놈(norm)을 $\| \cdot \|$ 라 하자. 두 벡터 $v_1 = 1$, $v_2 = x^2$으로 생성되는 P_2의 부분공간 W에 대하여 $\| w - x \|$ 의 값이 최소가 되는 W의 원소 w를 $w = a v_1 + b v_2$로 표현하자. 이 때, $a + b$의 값을 구하면?

① $\dfrac{9}{8}$ $\qquad$ ② $\dfrac{5}{4}$ $\qquad$ ③ $\dfrac{11}{8}$ $\qquad$ ④ $\dfrac{3}{2}$

MEMO

04 | 선형변환의 응용

4 이차형식

1 이차형식

모든 변수가 2차로 나타나는 $a_1x_1^2 + \cdots + a_nx_n^2$ 꼴의 식을 이차형식(quadratic form)이라 한다.

이와 같은 이차형식은 행렬로써 보다 간명하게 표현된다.

$$ax^2 + (b+c)xy + dy^2 = (x\ y)\begin{pmatrix} a & b \\ c & d \end{pmatrix}\begin{pmatrix} x \\ y \end{pmatrix} = X^TAX$$

ex) $2x^2 + 6xy - 7y^2 = (x\ y)\begin{pmatrix} 2 & 3 \\ 3 & -7 \end{pmatrix}\begin{pmatrix} x \\ y \end{pmatrix}$, $4x^2 - 5y^2 = (x\ y)\begin{pmatrix} 4 & 0 \\ 0 & -5 \end{pmatrix}\begin{pmatrix} x \\ y \end{pmatrix}$, $xy = (x\ y)\begin{pmatrix} 0 & \frac{1}{2} \\ \frac{1}{2} & 0 \end{pmatrix}\begin{pmatrix} x \\ y \end{pmatrix}$

2 대칭행렬로 나타내는 이차형식

A가 $n \times n$의 대칭행렬이고 $X \in R^n$의 열벡터라고 할 때,

(1) $ax^2 + by^2 + 2cxy = (x\quad y)\begin{pmatrix} a & c \\ c & b \end{pmatrix}\begin{pmatrix} x \\ y \end{pmatrix} = X^tAX$

(2) $ax^2 + by^2 + cz^2 + 2dxy + 2exz + 2fyz = (x\quad y\quad z)\begin{pmatrix} a & d & e \\ d & b & f \\ e & f & c \end{pmatrix}\begin{pmatrix} x \\ y \\ z \end{pmatrix} = X^tAX$

(3) 대칭행렬은 이차형식을 행렬로 표현하는 데 유용하지만 꼭 필수적인 것은 아니다.

$$2x^2 + 6xy - 7y^2 = (x\ y)\begin{pmatrix} 2 & 5 \\ 1 & -7 \end{pmatrix}\begin{pmatrix} x \\ y \end{pmatrix} = (x\ y)\begin{pmatrix} 2 & 4 \\ 2 & -7 \end{pmatrix}\begin{pmatrix} x \\ y \end{pmatrix}$$ 로 표기할 수도 있다.

그러나 일반적으로 대칭행렬이 가장 간단한 결과를 초래하므로 앞으로 이들을 사용하기로 한다.

3 주축정리

이차형식에서 xy항을 교차항이라고 한다. 여기서 대칭행렬의 직교대각화를 이용하여 이차형식의 교차항을 제거할 수 있다.

대칭행렬 A는 직교행렬 P에 의해서 $P^tAP = D$이 성립한다.

$$X = \begin{pmatrix} x_1 \\ x_2 \\ \vdots \\ x_n \end{pmatrix}, Y = \begin{pmatrix} y_1 \\ y_2 \\ \vdots \\ y_n \end{pmatrix}, P = \begin{pmatrix} v_1\ v_2 \cdots v_n \end{pmatrix}$$ 에 대하여 $X = PY$ 로 치환하면 $X^t = Y^tP^t$이다.

이차형식 X^tAX에 대입하면, $X^tAX = Y^tP^tAPY = Y^tDY = \lambda_1y_1^2 + \lambda_2y_2^2 + \cdots + \lambda_ny_n^2$ 이 성립한다.

❖ $Y = \begin{pmatrix} y_1 \\ y_2 \\ \vdots \\ y_n \end{pmatrix} = P^tX = \begin{pmatrix} v_1 \\ v_2 \\ \vdots \\ v_n \end{pmatrix}\begin{pmatrix} x_1 \\ x_2 \\ \vdots \\ x_n \end{pmatrix}$ 이므로 $y_1 = v_1 \cdot X,\ y_2 = v_2 \cdot X, \cdots, y_n = v_n \cdot X$이다.

4 R^2에서 주축정리

(1) $A = \begin{pmatrix} a & b \\ b & c \end{pmatrix}$가 대칭행렬일 때, A의 고윳값 λ_1, λ_2에 대응하는 고유벡터 v_1, v_2를 열벡터로 갖는 직교행렬 P가 존재한다.

따라서 P에 의해서 직교대각화가 가능하다. $\Rightarrow P^t A P = D$

04 | 선형변환의 응용

(2) $xy -$평면의 이차형식 $f(x,y) = ax^2 + 2bxy + cy^2$을 $X = \begin{pmatrix} x \\ y \end{pmatrix}$, $Y = \begin{pmatrix} u \\ v \end{pmatrix}$, $P = \begin{pmatrix} v_1 & v_2 \end{pmatrix}$에 대하여

$X = PY$로 치환하면 좌표축 회전에 의하여 $uv -$평면의 $g(u,v) = \lambda_1 u^2 + \lambda_2 v^2$으로 표현할 수 있다.

$f(x,y) = X^t A X = Y^t P^t A P Y = Y^t D Y = \lambda_1 u^2 + \lambda_2 v^2 = g(u,v)$

(3) 원뿔곡선의 개형

A는 2×2의 대칭행렬일 경우 $X^t A X = 1$

① A의 고윳값의 부호 $\lambda_1 > 0$, $\lambda_2 > 0$ 이면 이차곡선 $X^t A X = 1$는 타원이다.

② A의 고윳값의 부호 $\lambda_1 > 0$, $\lambda_2 < 0$ 이면 이차곡선 $X^t A X = 1$는 쌍곡선이다.

③ A의 고윳값의 부호 $\lambda_1 < 0$, $\lambda_2 < 0$ 이면 이차곡선 $X^t A X = 1$는 그래프가 없다.

원뿔곡선 $9x^2 - 2\sqrt{3}\,xy + 7y^2 = 64$를 $xy-$평면상의 새로운 수직 좌표계 (x', y')에서 $ax'^2 + by'^2 = 64$의 타원 방정식으로 변환할 때, $\begin{bmatrix} x \\ y \end{bmatrix} = \begin{bmatrix} c & d \\ e & f \end{bmatrix}\begin{bmatrix} x' \\ y' \end{bmatrix}$의 관계가 성립한다. 이 때, $a^2 + b^2 + c^2 + d^2 + e^2 + f^2$의 값은?

풀이 $9x^2 - 2\sqrt{3}\,xy + 7y^2 = 64 \Leftrightarrow (\,x\ \ y\,)\begin{pmatrix} 9 & -\sqrt{3} \\ -\sqrt{3} & 7 \end{pmatrix}\begin{pmatrix} x \\ y \end{pmatrix} = 64$이고

$\begin{vmatrix} 9-\lambda & -\sqrt{3} \\ -\sqrt{3} & 7-\lambda \end{vmatrix} = \lambda^2 - 16\lambda + 60 = (\lambda - 10)(\lambda - 6)$이므로 고윳값은 6, 10이다.

(ⅰ) $\lambda = 6$일 때, $\begin{pmatrix} 3 & -\sqrt{3} \\ -\sqrt{3} & 1 \end{pmatrix}\begin{pmatrix} x \\ y \end{pmatrix} = \begin{pmatrix} 0 \\ 0 \end{pmatrix}$이므로 고유벡터는 $v_1 = \dfrac{1}{2}\begin{pmatrix} 1 \\ \sqrt{3} \end{pmatrix}$이다.

(ⅱ) $\lambda = 10$일 때, $\begin{pmatrix} -1 & -\sqrt{3} \\ -\sqrt{3} & -3 \end{pmatrix}\begin{pmatrix} x \\ y \end{pmatrix} = \begin{pmatrix} 0 \\ 0 \end{pmatrix}$이므로 $v_2 = \dfrac{1}{2}\begin{pmatrix} -\sqrt{3} \\ 1 \end{pmatrix}$이다.

따라서 $\begin{bmatrix} c & d \\ e & f \end{bmatrix} = \dfrac{1}{2}\begin{bmatrix} 1 & -\sqrt{3} \\ \sqrt{3} & 1 \end{bmatrix}$일 때, $6x'^2 + 10y'^2 = 64$이다. $\therefore a^2 + b^2 + c^2 + d^2 + e^2 + f^2 = 138$

❖ 행렬 $\begin{bmatrix} c & d \\ e & f \end{bmatrix}$이 직교행렬이므로 고유벡터를 구하지 않아도 직교행렬의 열벡터의 크기, 행벡터의 크기가 1임을 활용할 수 있다.

---

235. 다음 이차형식을 행렬기호 $X^T A X$로 나타내시오. (A는 대칭행렬)

(1) $3x^2 + 6xy + 5y^2$ (2) $x^2 + 7y^2 + 5z^2 + 6xy + 5xz + 4yz$

236. 행렬 X^t는 $(x\ y\ z)$이고 행렬 $A = \begin{pmatrix} a_{11} & a_{12} & a_{13} \\ a_{21} & a_{22} & a_{23} \\ a_{31} & a_{32} & a_{33} \end{pmatrix}$일 때, $x^2 + y^2 + z^2 + xy + yz$ 는 $X^T A X$으로

나타낼 수 있다. $a_{11} + a_{12} + a_{13} = 5$일 때, $a_{21} + a_{31}$의 값은? (X^T는 X의 전치행렬)

237. 다음 중 곡선 $2x^2 + 2xy + 2y^2 = 6$ 의 그래프와 합동인 그래프를 갖는 곡선의 방정식은?

① $4x^2 + y^2 = 6$ ② $3x^2 + y^2 = 6$ ③ $2x^2 + y^2 = 6$ ④ $x^2 + y^2 = 6$

필수예제 89

형식 $3x^2 - 6xy + 3y^2 + 5z^2$을 직교대각화하면, $au^2 + bv^2 + 6w^2$이다. 이때, $v = \alpha x + \beta y + \gamma z$이면 $a^2 - b^2 + \alpha^2 + \beta^2 + \gamma^2$의 값은? (단, $a < b < 6$)

풀이

$3x^2 - 6xy + 3y^2 + 5z^2 = \begin{pmatrix} x & y & z \end{pmatrix}\begin{pmatrix} 3 & -3 & 0 \\ -3 & 3 & 0 \\ 0 & 0 & 5 \end{pmatrix}\begin{pmatrix} x \\ y \\ z \end{pmatrix}$이고 행렬 $A = \begin{pmatrix} 3 & -3 & 0 \\ -3 & 3 & 0 \\ 0 & 0 & 5 \end{pmatrix}$의 고윳값은 $0, 5, 6$이다.

따라서 $a = 0, b = 5$이므로 $a^2 + b^2 = 25$이다.

(ⅰ) $\lambda = 0$일 때, $\begin{pmatrix} 3 & -3 & 0 \\ -3 & 3 & 0 \\ 0 & 0 & 5 \end{pmatrix}\begin{pmatrix} x \\ y \\ z \end{pmatrix} = \begin{pmatrix} 0 \\ 0 \\ 0 \end{pmatrix}$이므로 고유벡터는 $v_1 = \dfrac{1}{\sqrt{2}}\begin{pmatrix} 1 \\ 1 \\ 0 \end{pmatrix}$이다.

(ⅱ) $\lambda = 5$일 때, $\begin{pmatrix} -2 & -3 & 0 \\ -3 & -2 & 0 \\ 0 & 0 & 0 \end{pmatrix}\begin{pmatrix} x \\ y \\ z \end{pmatrix} = \begin{pmatrix} 0 \\ 0 \\ 0 \end{pmatrix}$이므로 고유벡터는 $v_2 = \begin{pmatrix} 0 \\ 0 \\ 1 \end{pmatrix}$이다.

(ⅲ) $\lambda = 6$일 때, $\begin{pmatrix} -3 & -3 & 0 \\ -3 & -3 & 0 \\ 0 & 0 & 0 \end{pmatrix}\begin{pmatrix} x \\ y \\ z \end{pmatrix} = \begin{pmatrix} 0 \\ 0 \\ 0 \end{pmatrix}$이므로 고유벡터는 $v_3 = \dfrac{1}{\sqrt{2}}\begin{pmatrix} 1 \\ -1 \\ 0 \end{pmatrix}$이다.

$v = v_2 \cdot \begin{pmatrix} x \\ y \\ z \end{pmatrix} = \alpha x + \beta y + \gamma z$이고 $|v_2|^2 = \alpha^2 + \beta^2 + \gamma^2 = 1$이다. $\therefore a^2 - b^2 + \alpha^2 + \beta^2 + \gamma^2 = -24$

238. 어떤 직교행렬(orthogonal matrix) P에 대해 $\begin{pmatrix} X \\ Y \\ Z \end{pmatrix} = P\begin{pmatrix} x \\ y \\ z \end{pmatrix}$라 할 때, 다음 등식이 항상 성립한다고 한다.

실수 a, b, c 중 가장 작은 값은?

$$2x^2 + 4y^2 + 6yz - 4z^2 = aX^2 + bY^2 + cZ^2$$

239. 다항식 $2xy + 2xz$를 대각화(diagonalized)해서 나타낸 이차형식(quadratic form)은?

① $\sqrt{2}\,t_2{}^2 - \sqrt{2}\,t_3{}^2$ ② $\sqrt{2}\,t_2{}^2 + \sqrt{2}\,t_3{}^2$

③ $2\sqrt{2}\,t_2{}^2 - 2\sqrt{2}\,t_3{}^2$ ④ $2\sqrt{2}\,t_2{}^2 + 2\sqrt{2}\,t_3{}^2$

다음 이차방정식 $5x_1^2 - 4x_1x_2 + 8x_2^2 = 36$ 의 그래프를 그려라.

풀이 주어진 방정식의 이차형식은 $Q = 5x_1^2 - 4x_1x_2 + 8x_2^2$ 이고 Q 의 행렬은 $A = \begin{bmatrix} 5 & -2 \\ -2 & 8 \end{bmatrix}$ 이다.

(1) 먼저 A 의 직교대각화 행렬을 구한다.

$$\begin{vmatrix} 5-\lambda & -2 \\ -2 & 8-\lambda \end{vmatrix} = (\lambda - 4)(\lambda - 9) = 0 \Rightarrow A \text{ 의 고윳값은 } 4, 9 \text{이다.}$$

$\lambda_1 = 4$ 에 대응하는 정규고유벡터 $\mathbf{u}_1 = \begin{bmatrix} 2/\sqrt{5} \\ 1/\sqrt{5} \end{bmatrix}$

$\lambda_2 = 9$ 에 대응하는 정규고유벡터는 $\mathbf{u}_2 = \begin{bmatrix} -1/\sqrt{5} \\ 2/\sqrt{5} \end{bmatrix}$ 이다.

$B = \{\mathbf{u}_1, \ \mathbf{u}_2\}$ 는 정규직교기저이고 $P = [\mathbf{u}_1 \ \ \mathbf{u}_2]$ 는 A 의 직교대각화 행렬이다.

P 와 $D = P^T A P$ 는 다음과 같다. $P = \begin{bmatrix} 2/\sqrt{5} & -1/\sqrt{5} \\ 1/\sqrt{5} & 2/\sqrt{5} \end{bmatrix}$, $D = \begin{bmatrix} 4 & 0 \\ 0 & 9 \end{bmatrix}$

(2) $\mathbf{x} = P\mathbf{y}$ 의 변환을 한다. $\mathbf{x} = \begin{bmatrix} x_1 \\ x_2 \end{bmatrix}$, $\mathbf{y} = \begin{bmatrix} y_1 \\ y_2 \end{bmatrix}$ 라 두면 $Q = \mathbf{x}^T A \mathbf{x} = \mathbf{y}^T D \mathbf{y} = 4y_1^2 + 9y_2^2$

따라서 $\mathbf{x} = P\mathbf{y}$ 에 의하여 변환된 방정식은 $4y_1^2 + 9y_2^2 = 36$, $\dfrac{y_1^2}{3^2} + \dfrac{y_2^2}{2^2} = 1$ (*)이고

(*)는 주축의 좌표계에서 타원의 방정식이다.

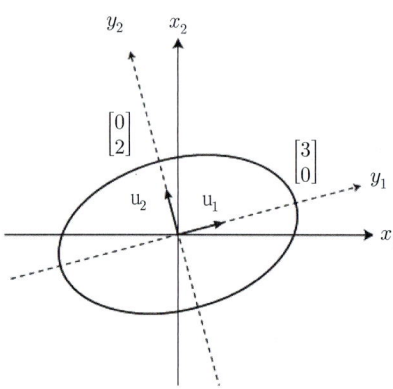

❖ 직교대각화 행렬 $P = \begin{bmatrix} 2/\sqrt{5} & -1/\sqrt{5} \\ 1/\sqrt{5} & 2/\sqrt{5} \end{bmatrix}$ 는 약 $26.5°$ 회전행렬이다.

❖ $\tan\theta = \dfrac{\sin\theta}{\cos\theta} = \dfrac{1}{2}$ 이고 y_1 축이 회전한 후 기울기는 $\dfrac{1}{2}$ 이다.

필수예제 91

방정식 $x_1^2 + 2\sqrt{3}\,x_1 x_2 - x_2^2 = 2$의 그래프를 그려라.

풀이 주어진 방정식의 이차형식은 $Q = x_1^2 + 2\sqrt{3}\,x_1 x_2 - x_2^2$이고 Q의 행렬은 $A = \begin{bmatrix} 1 & \sqrt{3} \\ \sqrt{3} & -1 \end{bmatrix}$이다.

(1) 먼저 A의 특성방정식 $\begin{vmatrix} 1-\lambda & \sqrt{3} \\ \sqrt{3} & -1-\lambda \end{vmatrix} = (\lambda-2)(\lambda+2) = 0$에서 A의 고윳값은

$\lambda_1 = 2$, $\lambda_2 = -2$이고 대응하는 정규고유벡터는 순서대로 $u_1 = \begin{bmatrix} \sqrt{3}/2 \\ 1/2 \end{bmatrix}$, $u_2 = \begin{bmatrix} -1/2 \\ \sqrt{3}/2 \end{bmatrix}$이다.

$B = \{u_1,\ u_2\}$는 정규직교기저이고 $P = [u_1\ \ u_2]$는 A의 직교대각화 행렬이다.

이때 P와 $D = P^T A P$는 다음과 같다.

$$P = \begin{bmatrix} \sqrt{3}/2 & -1/2 \\ 1/2 & \sqrt{3}/2 \end{bmatrix}, \quad D = \begin{bmatrix} 2 & 0 \\ 0 & -2 \end{bmatrix}$$

(2) $x = \begin{bmatrix} x_1 \\ x_2 \end{bmatrix}$, $y = \begin{bmatrix} y_1 \\ y_2 \end{bmatrix}$라 두고 $x = Py$의 변환을 하면 $Q = x^T A x = y^T D y = 2y_1^2 - 2y_2^2$

따라서 $x = Py$에 의하여 변환된 방정식은 $y_1^2 - y_2^2 = 1$, 즉 주축좌표계에서의 쌍곡선을 나타낸다.

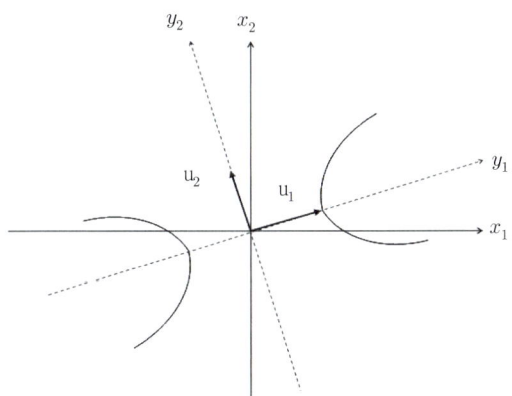

❖ 직교대각화 행렬 $P = \begin{bmatrix} \sqrt{3}/2 & -1/2 \\ 1/2 & \sqrt{3}/2 \end{bmatrix}$는 $30°$ 회전행렬이다.

원뿔곡선 $3x^2 + 2xy + 3y^2 - 8 = 0$을 $y = x$에 대하여 회전했을 때, 회전체의 부피를 구하시오.

풀이 $(x \ y)\begin{pmatrix} 3 & 1 \\ 1 & 3 \end{pmatrix}\begin{pmatrix} x \\ y \end{pmatrix} = 8 \ \Leftrightarrow \ X^T A X = 8$의 행렬 A의 고윳값과 고유벡터를 구하자.

$|A - \lambda I| = \begin{vmatrix} 3-\lambda & 1 \\ 1 & 3-\lambda \end{vmatrix} = \lambda^2 - 6\lambda + 8 = (\lambda - 2)(\lambda - 4) = 0$이고 고윳값 4에 대응하는 고유벡터는 $v_1 = \dfrac{1}{\sqrt{2}}\begin{pmatrix} 1 \\ 1 \end{pmatrix}$,

고윳값 2에 대응하는 고유벡터는 $v_2 = \dfrac{1}{\sqrt{2}}\begin{pmatrix} -1 \\ 1 \end{pmatrix}$라고 하면 직교행렬 $P = \begin{pmatrix} \dfrac{1}{\sqrt{2}} & -\dfrac{1}{\sqrt{2}} \\ \dfrac{1}{\sqrt{2}} & \dfrac{1}{\sqrt{2}} \end{pmatrix} = \begin{pmatrix} \cos\dfrac{\pi}{4} & -\sin\dfrac{\pi}{4} \\ \sin\dfrac{\pi}{4} & \cos\dfrac{\pi}{4} \end{pmatrix}$이다.

직교대각화에 의해서 $X = \begin{pmatrix} x \\ y \end{pmatrix}$, $Y = \begin{pmatrix} u \\ v \end{pmatrix}$일 때, $X = PY$로 치환하면 $4u^2 + 2v^2 = 8 \ \Leftrightarrow \ \dfrac{u^2}{2} + \dfrac{v^2}{4} = 1$이다.

타원 $\dfrac{u^2}{2} + \dfrac{v^2}{4} = 1$는 회전변환 $T(Y) = PY = X$에 의해서 $3x^2 + 2xy + 3y^2 = 8$이 되고 u축은 $y = x$와 일치한다.

따라서 타원(원뿔곡선) $3x^2 + 2xy + 3y^2 - 8 = 0$을 $y = x$에 대하여 회전했을 때 부피는 $\dfrac{u^2}{2} + \dfrac{v^2}{4} = 1$를 u축으로 회전한

회전체의 부피 $\dfrac{4\pi}{3} \cdot 2 \cdot 2 \cdot \sqrt{2} = \dfrac{16\sqrt{2}}{3}\pi$와 같다.

240. 원뿔곡선 $5x^2 - 4xy + 8y^2 - 36 = 0$의 장축의 길이는?

241. 이차곡선 $34x^2 - 24xy + 41y^2 - 40x - 30y - 25 = 0$의 장축의 길이와 단축의 길이의 곱은?

242. 이차곡선 $5x^2 - 4xy + 8y^2 + 8\sqrt{5}\,x - 4\sqrt{5}\,y + 4 = 0$이 회전이동에 의해

이차곡선 $\dfrac{(x-a)^2}{A} + \dfrac{(y-b)^2}{B} = 1$이 될 때, $\dfrac{B}{A}$ 의 값을 구하시오.(단, A와 B는 상수이다.)

243. 이차곡선 $7x^2 + 3y^2 = 9$이 좌표축 회전에 의해서 $5x^2 + 4xy + 5y^2 = 9$이 될 때 회전각을 구하시오.

244. 이차곡선 $3x^2 + 7y^2 = 9$이 좌표축 회전에 의해서 $5x^2 + 4xy + 5y^2 = 9$이 될 때 회전각을 구하시오.

245. 원뿔곡선 $2x^2 + 4xy - y^2 = 1$의 좌표축을 α만큼 회전하여 $3x^2 - 2y^2 = 1$이 될 때 $\tan\alpha$를 구하시오.

246. 원뿔곡선 $2x^2 + 4xy - y^2 = 1$의 좌표축을 α만큼 회전하여 $-2x^2 + 3y^2 = 1$이 될 때 $\tan\alpha$를 구하시오.

5 양정치행렬

(1) 양정치행렬의 정의

이차형식 $X^t A X$는 모든 $X \neq O$에 대하여

① $X^t A X > 0$이면 양의 정부호(positive definite) 또는 양정치행렬이라고 한다.

② $X^t A X < 0$이면 음의 정부호(negative definite)또는 음정치행렬이라고 한다.

③ X에 따라서 $X^t A X$가 양과 음의 값을 가지면 부정부호(indefinite)라고 한다.

(2) 정리

이차형식 $X^t A X$는 모든 $X \neq O$에 대하여

① $X^t A X > 0$이 되기 위한 필요충분조건

(i) $X^t A X = Y^t P^t A P Y = Y^t D Y = \lambda_1 y_1^2 + \lambda_2 y_2^2 + \cdots + \lambda_n y_n^2 > 0$ 성립하므로

　　　A의 모든 고윳값이 양수인 것이다.

(ii) $X^t A X > 0$이 되기 위한 필요충분조건은 모든 주 부분행렬의 행렬식이 양인 것이다.

② $X^t A X < 0$이 되기 위한 필요충분조건은 A의 모든 고윳값이 음수인 것이다.

③ $X^t A X$가 부정부호가 되기 위한 필요충분조건은 A가 적어도 하나의 양의 고윳값과 적어도 하나의 음의 고윳값을 갖는 것이다.

247. 다음 중 0이 아닌 모든 3차원 벡터 v에 대하여 $v^T A v > 0$을 만족시키는 것은?

① $\begin{pmatrix} 1 & 2 & 1 \\ 2 & 1 & 2 \\ 1 & 2 & 1 \end{pmatrix}$ 　　② $\begin{pmatrix} 2 & 1 & 1 \\ 1 & 1 & 2 \\ 1 & 2 & 1 \end{pmatrix}$ 　　③ $\begin{pmatrix} 2 & 0 & 1 \\ 0 & 1 & 2 \\ 1 & 2 & 1 \end{pmatrix}$ 　　④ $\begin{pmatrix} 2 & 0 & 1 \\ 0 & 1 & 1 \\ 1 & 1 & 2 \end{pmatrix}$

248. 행렬 $A = \begin{pmatrix} 1 & 2 & -1 \\ 2 & k & 0 \\ -1 & 0 & 2 \end{pmatrix}$의 모든 고윳값이 양수가 되도록 k의 값의 범위를 구하면?

① $k > 6$ 　　　② $k > 8$ 　　　③ $k > 10$ 　　　④ $k > 12$

6 최댓값 & 최솟값

n차 대칭행렬 A의 고윳값은 $\lambda_1, \lambda_2, \cdots, \lambda_n$ ($\lambda_n \leq \cdots \leq \lambda_2 \leq \lambda_1$)이고, $|X| = 1$이면

이차식 $X^t A X$의 최댓값은 λ_1, 최솟값은 λ_n이다. $\Rightarrow \lambda_n \leq X^t A X \leq \lambda_1$

Areum Math Tip

(1) 직교행렬 P의 성질 $\| PY \| = \| Y \|$를 이용하여 $X = PY$로 치환하면 $\| X \| = \| Y \|$가 성립함을 보이고자 한다.

풀이 $\| X \| = \sqrt{x^2 + y^2} = 1$, $X = \begin{pmatrix} x \\ y \end{pmatrix}$, $Y = \begin{pmatrix} u \\ v \end{pmatrix}$라고 하자.

$X = PY$로 치환하면 $\| X \| = \| PY \| = \| Y \|$이므로 $\| X \| = \| Y \|$가 성립한다.

즉, $\| X \| = \sqrt{x^2 + y^2} = 1$일 때, $\| Y \| = \sqrt{u^2 + v^2} = 1$이다.

(2) 대칭행렬 A의 직교대각화 $P^T A P = D \Leftrightarrow A = P D P^T$를 이용하여 이차식 $X^t A X$의 최댓값과 최솟값을 구해보자.

풀이 $X = PY$로 치환하면 $ax^2 + by^2 + 2cxy = (x \quad y) \begin{pmatrix} a & c \\ c & b \end{pmatrix} \begin{pmatrix} x \\ y \end{pmatrix} = X^t A X$

$$= Y^t D Y = (u \quad v) \begin{pmatrix} \lambda_1 & 0 \\ 0 & \lambda_2 \end{pmatrix} \begin{pmatrix} u \\ v \end{pmatrix} = \lambda_1 u^2 + \lambda_2 v^2$$

$x^2 + y^2 = 1$일 때, $u^2 + v^2 = 1$도 성립하고, $ax^2 + by^2 + 2cxy = \lambda_1 u^2 + \lambda_2 v^2$이 된다.

$v^2 = 1 - u^2$ ($-1 \leq u \leq 1, 0 \leq u^2 \leq 1$)일 때 $\lambda_1 u^2 + \lambda_2 v^2 = \lambda_1 u^2 + \lambda_2 (1 - u^2) = (\lambda_1 - \lambda_2) u^2 + \lambda_2$의 최댓값은 λ_1,

최솟값은 λ_2이다. (단, $\lambda_2 \leq \lambda_1$)

(3) $0 < a < b$일 때,

$x^2 + y^2 = k^2$ ($|X| = k$)일 때 $f = ax^2 + by^2$의 최댓값 또는 최솟값은 라그랑주 미정계수법에 의해서 구할 수 있다.

기하학적 의미는 원 $x^2 + y^2 = k^2$과 타원 $ax^2 + by^2 = c$이 접할 때 최댓값 또는 최솟값을 갖는다.

따라서 $x = 0$일 때 f는 최댓값 bk^2의 값을 갖고, $y = 0$일 때 최솟값 ak^2의 값을 갖는다.

(4) $0 < a < b < c$일 때, $x^2 + y^2 + z^2 = k^2$일 때 $f = ax^2 + by^2 + cz^2$의 최댓값은 ck^2이고 최솟값은 ak^2이다.

(5) $A = A^t$이고, A의 고윳값이 $|\lambda_1| < |\lambda_2| < |\lambda_3|$, $x^2 + y^2 + z^2 = k^2$ ($|X| = k$)일 때,

$|\lambda_1| k \leq |AX| \leq |\lambda_3| k$가 성립한다.

$$A = \begin{pmatrix} 2 & 3 & 0 & 0 \\ 3 & 2 & 0 & 0 \\ 0 & 0 & 1 & \sqrt{2} \\ 0 & 0 & \sqrt{2} & 2 \end{pmatrix}, \ x = \begin{pmatrix} x_1 \\ x_2 \\ x_3 \\ x_4 \end{pmatrix} \in \mathbb{R}^4 \ \text{일 때} \ x \neq 0 \ \text{에 대하여} \ \frac{x^T A^T A x}{x^T x} \ \text{의 최댓값은?}$$

(단, A^T와 x^T는 각각 A와 x의 전치(transpose)행렬이다.)

풀이 $x^t x = x \cdot x = |x|^2$이고, $\dfrac{x}{|x|} = u$, $\dfrac{x^t}{|x|} = u^t$ ($|u| = 1$)일 때, $\dfrac{x^T A^T A x}{x^T x} = u^t A^T A u = u^t A^2 u$이다.

$$\begin{vmatrix} 2-\lambda & 3 & 0 & 0 \\ 3 & 2-\lambda & 0 & 0 \\ 0 & 0 & 1-\lambda & \sqrt{2} \\ 0 & 0 & \sqrt{2} & 2-\lambda \end{vmatrix} = \begin{vmatrix} 2-\lambda & 3 \\ 3 & 2-\lambda \end{vmatrix} \begin{vmatrix} 1-\lambda & \sqrt{2} \\ \sqrt{2} & 2-\lambda \end{vmatrix}$$

$= (\lambda^2 - 4\lambda - 5)(\lambda^2 - 3\lambda) = (\lambda-5)(\lambda+1)\lambda(\lambda-3)$이므로 $\lambda = -1, 0, 3, 5$ 이다.

A^2의 고윳값은 $0, 1, 9, 25$ 이고, $\dfrac{x^T A^T A x}{x^T x} = u^t A^T A u = u^t A^2 u$의 최댓값은 25이다.

---

249. $x^2 + y^2 = 1$일 때, $x^2 + y^2 + 4xy$의 최댓값은?

250. 함수 $f(x, y)$는 $f(x, y) = (x \ \ y) \begin{pmatrix} 3 & 1 \\ 1 & 3 \end{pmatrix} \begin{pmatrix} x \\ y \end{pmatrix}$로 주어진다. $x^2 + y^2 = 1$일 때, $f(x, y)$의 최댓값은 M이고 최솟값은 m이다. $M+m$의 값은?

251. 단위 구 $x^2 + y^2 + z^2 = 1$ 위에서 이차형식 $f(x, y, z) = x^2 + 2y^2 + z^2 + 2xy - 2yz$의 최댓값을 M, 최솟값을 m이라고 할 때, $M+m$의 값은?

252. $A = \begin{pmatrix} 1 & 0 & -1 \\ 0 & 1 & 0 \\ -1 & 0 & 1 \end{pmatrix}$이 0이 아닌 벡터 $v \in R^3$에 대한 함수 $R(v) = \dfrac{v^t A v}{v^t v}$의 최댓값은?

필수예제 94

R^2의 벡터 $v = \begin{bmatrix} x \\ y \end{bmatrix}$의 크기를 $\|v\| = \sqrt{x^2 + y^2}$ 로 나타내고 $A = \begin{bmatrix} 3 & 2 \\ 2 & 0 \end{bmatrix}$이라 하자. $\|v\| = 1$인 모든 벡터 v에 대하여 $\|Av\|$가 취할 수 있는 최댓값과 최솟값을 각각 M, m이라 할 때, $\dfrac{M}{m}$의 값은?

[풀이] $|v| = \sqrt{x^2 + y^2} = 1 \Leftrightarrow x^2 + y^2 = 1$이고, 대칭행렬 A에 대하여 $Av = \begin{pmatrix} 3 & 2 \\ 2 & 0 \end{pmatrix}\begin{pmatrix} x \\ y \end{pmatrix} = \begin{pmatrix} 3x + 2y \\ 2x \end{pmatrix}$이다.

$\|Av\| = \sqrt{(3x+2y)^2 + (2x)^2} = \sqrt{13x^2 + 12xy + 4y^2} = \sqrt{(x \quad y)\begin{pmatrix} 13 & 6 \\ 6 & 4 \end{pmatrix}\begin{pmatrix} x \\ y \end{pmatrix}}$

$\begin{vmatrix} 13 - \lambda & 6 \\ 6 & 4 - \lambda \end{vmatrix} = (\lambda - 1)(\lambda - 16) = 0 \qquad \therefore \lambda = 1, 16$

즉 $x^2 + y^2 = 1$일 때, $\sqrt{(x \quad y)\begin{pmatrix} 13 & 6 \\ 6 & 4 \end{pmatrix}\begin{pmatrix} x \\ y \end{pmatrix}}$의 최댓값은 $\sqrt{16} = 4 = M$, 최솟값은 $\sqrt{1} = 1 = m$ $\qquad \therefore \dfrac{M}{m} = 4$

[다른 풀이] $|A - \lambda I| = \begin{vmatrix} 3 - \lambda & 2 \\ 2 & -\lambda \end{vmatrix} = \lambda^2 - 3\lambda - 4 = (\lambda - 4)(\lambda + 1) = 0 \Rightarrow A$의 고윳값 $\lambda = -1, 4$이고, A^2의 고윳값은 $1, 16$이다.

행렬 $A = A^T$은 대칭행렬이다. $\|Av\|^2 = (Av) \cdot (Av) = v^t A^t A v = v^t A^2 v = v^t \begin{pmatrix} 13 & 6 \\ 6 & 4 \end{pmatrix} v$이므로 $1 \leq \|Av\|^2 \leq 16$이다.

따라서 $1 \leq \|Av\| \leq 4$이다.

---

253. 선형사상 $T : R^3 \to R^3$은 $T(x, y, z) = (2x + y + 2z, \ x - 2y, \ 2x + 4z)$로 정의된다.

구 $x^2 + y^2 + z^2 = 1$ 위의 점 $X = \begin{pmatrix} x \\ y \\ z \end{pmatrix}$에 대하여 다음을 구하시오.

(단, $|(a, b, c)| = \sqrt{a^2 + b^2 + c^2}$ 이고, $(T \circ T)(x, y, z) = T(T(x, y, z))$ 이다.)

(1) $X^T A X$의 최댓값과 최솟값의 합을 구하시오.

(2) $|T(X)|$의 최댓값과 최솟값의 합을 구하시오.

(3) $|(T \circ T)(X)|$의 최댓값과 최솟값의 합을 구하시오.

세 변수 x, y, z 가 관계식 $x^2 + y^2 + z^2 = 4$ 을 만족할 때, 함수 $f(x, y, z) = xy + z^2$ 의 최댓값과 최솟값의 합을 구하시오.

풀이 $f(x, y, z) = xy + z^2 = (x\ \ y\ \ z)\begin{pmatrix} 0 & \frac{1}{2} & 0 \\ \frac{1}{2} & 0 & 0 \\ 0 & 0 & 1 \end{pmatrix}\begin{pmatrix} x \\ y \\ z \end{pmatrix}$ 에서 $\begin{vmatrix} -\lambda & \frac{1}{2} & 0 \\ \frac{1}{2} & -\lambda & 0 \\ 0 & 0 & 1-\lambda \end{vmatrix} = (1-\lambda)\left(\lambda^2 - \frac{1}{4}\right)$ 이므로

$\lambda = 1$, $\lambda = \frac{1}{2}$, $\lambda = -\frac{1}{2}$ 이다. 직교행렬 P를 이용해서 $X = PY$치환을 하면 다음과 같다.

$x^2 + y^2 + z^2 = 4 \Rightarrow u^2 + v^2 + w^2 = 4$, $\quad f(x, y, z) = xy + z^2 \Rightarrow f(u, v, w) = -\frac{1}{2}u^2 + \frac{1}{2}v^2 + w^2$

따라서 $x^2 + y^2 + z^2 = 4$을 만족하는 $f(x, y, z) = xy + z^2$의 최댓값, 최솟값은

$u^2 + v^2 + w^2 = 4$을 만족하는 $f(u, v, w) = -\frac{1}{2}u^2 + \frac{1}{2}v^2 + w^2$의 최댓값, 최솟값과 같다.

함수 $f(x, y, z) = xy + z^2$의 최댓값은 4이고 최솟값은 -2이다. 따라서 최댓값과 최솟값의 합은 2이다.

254. 세 변수 x, y, z 가 관계식 $x^2 + \dfrac{y^2}{4} + \dfrac{z^2}{9} = 4$을 만족할 때, 함수 $f(x, y, z) = xy + z^2$ 의 최댓값과 최솟값의 합은?

255. 행렬 $A = \begin{pmatrix} 2 & 0 & 1 \\ 0 & 3 & 0 \\ 1 & 0 & 4 \end{pmatrix}$일 때, $X = \begin{pmatrix} x_1 \\ x_2 \\ x_3 \end{pmatrix}$, $\sqrt{x_1{}^2 + x_2{}^2 + x_3{}^2} = 2$인 벡터에 대하여, $AX = \begin{pmatrix} y_1 \\ y_2 \\ y_3 \end{pmatrix}$의 크기 $|AX| = \sqrt{y_1{}^2 + y_2{}^2 + y_3{}^2}$ 의 최댓값은?

256. 벡터 $X = \begin{pmatrix} x_1 \\ x_2 \\ \vdots \\ x_n \end{pmatrix} \in R^n$ 의 놈(norm)을 $|X| = \sqrt{\sum_{k=1}^{n} x_k^2}$ 와 같이 정의하자.

행렬 $A = \begin{pmatrix} 1 & 1 & 1 \\ 2 & -1 & 1 \end{pmatrix}$ 과 $|X| = 1$ 을 만족하는 임의의 $X \in R^3$ 에 대하여 $|AX|$ 의 **최댓값은?**

04 | 선형변환의 응용

257. 벡터 $X = \begin{pmatrix} x_1 \\ x_2 \\ \vdots \\ x_n \end{pmatrix} \in R^n$ 의 놈(norm)을 $|X| = \sqrt{\sum_{k=1}^{n} x_k^2}$ 으로 정의하고 $m \times n$ 행렬 A 의

놈은 $\| A \| = \max\{|AX| : X \in R^n, |X| \leq 1\}$ 로 정의하자. 행렬 $A = \begin{pmatrix} 2 & 1 & 0 \\ -2 & 0 & 1 \end{pmatrix}$ 와 임의의

$n \times n$ 직교행렬 U_n 에 대하여 $|U_2 A U_3|$ 의 값을 구하시오.

(단, $n \times n$ 행렬 U_n 은 직교행렬이고 $U_n U_n{}^t = I_n = U_n{}^t U_n$ 를 만족하는 행렬이며 I_n 은 $n \times n$ 단위행렬이다.)

선배들의 이야기 ++

편입스펙
동아대학교 (컴퓨터공학과) / 토익 910

합격 대학
한양대학교 (융합전자공학부) / 경희대학교 (전자공학과) / 아주대학교 (전자공학과)

인하대학교 (전자공학과) / 홍익대학교 (전자공학과) / 세종대학교 (전자정보통신공학과)

제대로 공부해보고 도전해보고 싶다는 마음

군대에서 어쩌다 실시간 검색어 순위에 뜬 '부산대학교 입학처'를 보고 왜 떠있는지 찾아봤었는데 알고 보니 부산대학교 편입학 합격자 발표 날이었습니다. 그렇게 편입에 대해 처음 관심을 가지게 되었고, 처음에는 부산대학교가 가고 싶어서 토익을 준비했었습니다. 전역하기 전까지 토익은 910점을 만들어 놓고 보니 더 위에 있는 학교들에도 도전해보고 싶다는 생각으로 전역 후 7월부터 한아름 선생님 인강을 학교병행하면서 수강했습니다. 학교병행을 하면서 편입을 준비하는 것은 쉽지 않았고, 몇 개 학교를 붙기는 했지만 1년 동안 제대로 공부해보고 싶다는 생각이 들어 부산에서 서울로 상경해서 3월부터 한아름 선생님 현강을 들었습니다.

영어 & 수학 학습법을 소개합니다!

영어 학습법

영어는 제가 보기에 끝까지 버티는 사람이 이긴다고 생각합니다. 8~9월 까지만 해도 할 만하다고 생각했던 수학분량이 점점 난이도도 올라가고 또한 편입수학 범위가 방대하다 보니 모든 개념강의를 끝마치게 되고 파이널에 들어가게 되면 수학분량을 소화하기에도 벅차다는 생각에 중도에 영어를 포기하는 학생들이 많습니다. 편입 또한 경쟁이기 때문에 이 부분에서 큰 강점을 가질 수 있다고 생각합니다.

서성한을 목표로 하는 학생이라면 영어는 필수입니다.
제가 생각하는 자연계 학생들에게 맞게 영어공부를 파트별로 나누고 우선순위를 정하자면,

0. 어휘(단어) → 1. 논리 → 2. 독해 → 3. 문법 이라고 생각합니다.

[어휘(단어)]

점수의 바탕이 되는 파트입니다. 어휘가 안 되어 있으면 점수가 안 오릅니다.

외워야 할정도의 분량은 중요한 논리값을 가지고 있는 단어 위주로 외우시되, 편입 빈출단어들도 같이 외워주면 좋습니다. 보카 바이블 기준 책 전체, 정병권 교수님 단어장 기준 301단어장까지는 기본적으로 외우고 있어야 합니다.

[논리]

어휘가 바탕이 되어 있다면 논리에서 점수를 최대로 끌어 올릴 수 있다고 생각합니다. 독해 또한 긴 논리 문제라고 생각하기 때문에 논리를 잡는 것이 고득점의 지름길입니다. 논리학습법은 논리는 수학처럼 기준을 잡고 답이 왜 이렇게 나왔는지 이유를 찾아내야 합니다. 이렇게 문제를 풀게 되면 처음에는 소위 말해 '감'으로 푼 것보다 점수가 안 나옵니다. 저도 그랬습니다. 그런데 문제를 풀면서 위와 같이 논리적으로 풀어내는 습관과 정확한 기준이 잡히면 감으로 푼 것보다 점수는 훨씬 잘 오릅니다. 특히 한양대학교의 경우에는 감으로 풀면 다 틀리도록 문제를 냅니다.

[독해]

독해는 위에서 말했듯이 긴 논리 문제라고 생각하고, 논리에 더하여 글의 흐름, 구조를 파악하는 연습을 하게 되면 글의 구조의 경우의 수가 많지 않습니다. 그래서 문제를 많이 풀어보시는 걸 추천 드립니다.

[문법]

실제 기출에서 비중이 작습니다. 독해에 필요한 정도의 문법, 토익 800 이상 나올 정도의 문법 실력이면 충분하다고 생각합니다.

[종합]

일정 이상 실력을 쌓게 되면 영어는 시간싸움입니다. 6~70분동안 엄청난 길이의 지문을 40문제씩 풀어내야 하는데 많이 힘듭니다. 가장 중요한 것은 제한 시간 안에 다 푸는 것입니다. 90점 이상 받아서 합격하는 것이 아니기 때문에 모르는 문제는 과감하게 찍거나 가장 답일 것 같은 걸로 고르시고 꼭 제한 시간 안에 마지막 문제까지 보고 나오세요. 10월, 11월부터 시간 재고 풀어도 늦지 않습니다.

수학 학습법

저는 편입 재수를 했기 때문에 의도치 않게(?) 개념강의를 2번 듣게 되었는데 새로 개념강의를 듣고 나서 완전히 새로운 공부를 하고 있는 느낌을 받았습니다. 그래서 인강으로도 개념강의는 다시 들었고, 그만큼 개념은 문제 푸는 데에 있어서 중요합니다. 저는 개념강의를 모두 마치고 9월~10월 즈음에 제 수학실력이 가장 좋았다고 생각합니다. 11월~12월에는 오히려 성적이 더

떨어졌는데 이유를 생각해 보면 공부를 할 때 '점수를 얻기 위한 시험'이 아닌 '실력을 뽐내기 위한 시험'을 쳐서라고 생각합니다. 어느 정도 실력을 쌓게 되면 모든 문제를 다 풀어야겠다는 생각과 자만심 때문에 전체적인 시험을 망치게 됩니다. 제가 생각하기에 편입이 수능보다 쉬운 이유는 아직까지 남들이 못푸는 문제를 풀어서 합격하는 게 아니라, 보편타당한 문제를 다 풀어서 합격하는 것이기 때문입니다.

[수학 개념의 중요성]
학교의 수준이 어느 정도 올라가게 되면 문제 난이도도 쉽지 않고 또한 시험장에 직접 가서 풀게 되면 체감난이도는 훨씬 올라가기 때문에, 개념의 중요성은 더더욱 올라갑니다. 시험문제를 받게 되면 6~70분 동안 어떻게 문제를 헤쳐나갈지 설계해야 하는데, 개념이 잡혀 있지 않으면 설계하는 과정조차 할 수 없게됩니다. 또한, 문제 해법이 바로 보이지 않을 때, 문제를 천천히 읽으며 개념의 기초부터 천천히 생각해보면 풀리는 문제들이 있습니다. 이런 문제들을 풀게되면 보편타당한 문제들은 다푼다는 전제하에 합격하게될 확률은 기하급수적으로 올라갑니다. 이해 안 되는 부분은 인강을 몇 번을 돌려보시던지 질문을 몇 번이고 하세요. 대신 최대한 이해해보려고 노력한 뒤에 질문을 하게 되면 더욱 빠르게 자기 것이 될것입니다.

[문제풀이]
개념이 잡혀 있지 않은 상태에서 풀게 되면 못푼 문제는 일주일 지나면 다시 못풀게 되어있고 학습량을 아무리 늘려도 실력은 올라가지 않는다고 생각합니다. 개념을 완벽하게 잡은 이후에 5회독 이상 하시고 유형들을 완벽히 익혀 놓으면 좋습니다. 초반에는 안풀리는 문제들은 제쳐두고 전체 회독을 하는 데 중심을 잡고 3~4회독 넘어갈 때쯤에는 틀렸던 문제, 어려운 문제들을 위주로 곰곰히 생각해보는 시간을 갖는것도 좋습니다.(최대 30분)

[기출]
이 부분에 대해서는 기출은 개념강의가 끝날 때까지 건드리지 않는 게 좋다고 생각합니다. 가고 싶은 학교들은 10개년 정도까지, 그 이외의 학교들은 5개년 정도는 풀어보는게 좋습니다. 학교별로 문제 내는 성향이 정해져 있는데, 이러한 부분은 시험 직전에 확실히 잡아 가면 좋다고 생각합니다. 수학 같은 경우는 영어와 다르게 처음부터 시간을 재고 푸는 게 좋다고 생각합니다. 처음에는 제한시간 안에 풀지 마시고 다 풀어낸 다음에 시간이 얼마나 걸렸는지 체크하고, 제한시간 안에 맞춰서 줄여나가는 연습을 해야 합니다.

[종합]
앞과 같이 적어놓은 파트별로 해야되 는 시기는 한아름 선생님이 다년간의 경험으로 만들어 놓은 커리큘럼상에 정해놓은 시기에 하는 것이 가장 적합하다고 생각합니다. 열심히 하고 싶고, 조급한 마음에 미리 기출을 푼다거나 하게 되면, 그 이후에 무엇을

해야할지 모르는 상황이 생깁니다. 조급하게 공부하지 마시고 주어진 파트에서 최선을 다해서 학습하다 보면 파이널쯤에는 만족할 만한 실력을 갖게 될 것입니다. 그리고 가장 중요한 것은 "누적복습"입니다. 저 같은 경우에는 어쩌다가 남들에게 알려주면서 누적복습을 하게 되었는데 이때 실력이 많이 올랐다고 생각합니다. 선생님이 가장 강조하시는 만큼 누적복습은 개념과 함께 가장 강조해도 부족함이 없다고 생각합니다.

모의고사 영어성적	3월	5월	6월	7월	
원점수	65	75	65	70	
백분위	85.2	94.6	88.6	91.8	

모의고사 수학성적	3월	5월	6월	7월	8월
원점수	68	76	76	80	96
백분위	44.9	81.4	88.4	93.2	98.4

편입은 '끝까지 버티기'입니다

자연계 편입은 '끝까지 버티기'라고 생각합니다. 적지 않은 나이에 공부를 하는 만큼 자신의 의지를 가지고 끝까지 버티며 공부하면 꼭 만족할 만한 결과를 얻을 수 있을 것입니다. 휴학 후에 편입만 준비한다면 학원의 오픈과 마감을 함께 하고 수업엔 항상 참석해야 합니다. 학교 병행 같은 경우에는 저도 재작년에는 학교를 병행하며 편입을 준비했었는데 학교 시험도 어쩔 수 없이 신경이 쓰이는데 어차피 학교에 가게 되면 성적은 없어지니 F만 받지 않도록 잘 준비하고, 다시 돌아갈 데가 없다는 생각을 하며 공부해야지 설렁설렁 공부하게되면 학점도 망치고 편입도 망치게 됩니다.

문제가 있다면 주변에 도움을 요청하세요!

저에게 가장 힘들었던 시기는 11월부터 시험 직전까지입니다. 11월부터 갑자기 잦은 계산실수나 문제를 잘 읽지 않는 버릇이 생겨서 크게 고생했는데 아름쌤과 상담 후에 문제는 항상 두 번 훑어보고, 구해야 할 것에 항상 체크를 했습니다. 그렇게 거의 시험 직전에 감을 회복해서 만족할 만한 결과를 얻을 수 있었습니다. 이런 식으로 문제가 생기면 선생님이나 조교선생님과의 상담을 통해 문제를 해결해 보는 것도 좋은 방법입니다.

가장 개념에 정통한 아름쌤의 수업

한아름 선생님의 수업은 편입수학에서 가장 개념에 정통한 수업입니다.

다른 선생님에게 수업을 듣고, 아름쌤에게 수업을 다시 듣게 된다면 새로운 수학을 배우고 있다는 느낌이 들 것입니다. 또한 아름쌤 수업은 수학의 개념과 정의를 기반으로 다양한 베이스에 해당한 학생이 이해가 되는 수업이고, 어려운 편입수학을 먹기 좋게 갈아서 떠먹을 수 있게 만들어 주십니다.

인생에 자신감이 생기는 도전

저는 지방 4년제 사립대에 있다가 편입을 통해 한양대학교 융합전자공학부에 가게 되었는데 시험이 끝나고 한 달 새에 많은 것이 바뀌었습니다. 제가 학생들 앞에서 공부법을 전수하기 위해 강단에서 얘기하고 있고, 앞으로 하고 싶은 일에 대해 자신감이 생기고, 말에는 힘이 생겼습니다. 시험이 끝나고 좋은 결과를 갖고 난 뒤에는 세상을 바라보는 눈이 달라져 있을 것입니다. 그 순간만을 바라보며 열심히 노력하시길 바랍니다!

- 김○민 (한양대학교 융합전자공학과)

MEMO

04 | 선형변환의 응용

추가 주제

05 추가 주제

1 최소제곱해 (least squares solution)

1 최소제곱해 (least squares solution, best approximation solution)

$A \in M_{m \times n}$이고, $X \in R^n, b \in R^m$에 대하여 $|b - A\widehat{X}| < |b - AX|$ 이 성립하는 $\widehat{X} \in R^n$을

연립방정식 $AX = b$의 최소제곱해라 한다.

(1) 연립방정식 $AX = b$의 해가 없는 경우 해를 구하는 방법이다.

(2) 연립방정식 $AX = b$의 최소제곱해는 연립방정식 $A^t AX = A^t b$의 해집합과 일치한다.

(3) 행렬 $A^T A$가 가역행렬일 필요충분조건은 행렬 A의 열들이 일차독립인 것이다.

(4) $AX = b$의 유일한 최소제곱해 $\widehat{X} = (A^T A)^{-1} A^T b$이다.

(5) 최소제곱오차 $= |b - A\widehat{X}|$

2 최소제곱직선

$x_i \neq x_j$일 때, 데이터 $(x_1, y_1), (x_2, y_2), \cdots, (x_k, y_k)$에 대하여 두 변수 x와 y의 관계를 설정해주는 선형모델

$y = ax + b$를 결정하자. 주어진 데이터가 모두 직선 위에 놓인다면 $y = ax + b$를 만족할 것이다.

$$
\begin{aligned}
y_1 &= ax_1 + b \\
y_2 &= ax_2 + b \\
&\vdots \\
y_k &= ax_k + b
\end{aligned}
\quad \Leftrightarrow \quad
\begin{pmatrix} x_1 & 1 \\ x_2 & 1 \\ \vdots & \vdots \\ x_k & 1 \end{pmatrix}
\begin{pmatrix} a \\ b \end{pmatrix}
=
\begin{pmatrix} y_1 \\ y_2 \\ \vdots \\ y_k \end{pmatrix}
\quad \Leftrightarrow \quad
\begin{aligned}
AX &= b \Rightarrow A^t AX = A^t b \\
&\Rightarrow \widehat{X} = (A^T A)^{-1} A^T b
\end{aligned}
$$

이때 얻어진 $y = ax + b$를 주어진 데이터에 대한 최소제곱직선이라고 한다.

필수예제 96

평면 위의 네 점 $(x_1, y_1) = (1, 1), (x_2, y_2) = (2, 3), (x_3, y_3) = (3, 4), (x_4, y_4) = (4, 3)$에 대하여 제곱 오차의 총합인 E의 값을 최소화 하는 최소제곱직선(least squares line)이 $y = a + bx$일 때, $a + b$의 값은?

(단, $E = \sum_{k=1}^{4} \{y_k - (a + bx_k)\}^2$이다.)

① 1.60　　　　　② 1.64　　　　　③ 1.66　　　　　④ 1.70

풀이 직선 $y = a + bx$ 위에 네 점을 지나는 직선의 해는 존재하지 않는다.

$$\begin{cases} 1 = a + b \\ 3 = a + 2b \\ 4 = a + 3b \\ 3 = a + 4b \end{cases} \Rightarrow \begin{pmatrix} 1 & 1 \\ 1 & 2 \\ 1 & 3 \\ 1 & 4 \end{pmatrix} \begin{pmatrix} a \\ b \end{pmatrix} = \begin{pmatrix} 1 \\ 3 \\ 4 \\ 3 \end{pmatrix} \Leftrightarrow AX = b$$

$$A^t A = \begin{pmatrix} 1 & 1 & 1 & 1 \\ 1 & 2 & 3 & 4 \end{pmatrix} \begin{pmatrix} 1 & 1 \\ 1 & 2 \\ 1 & 3 \\ 1 & 4 \end{pmatrix} = \begin{pmatrix} 4 & 10 \\ 10 & 30 \end{pmatrix}, \ (A^t A)^{-1} = \frac{1}{20} \begin{pmatrix} 30 & -10 \\ -10 & 4 \end{pmatrix}, \ A^t b = \begin{pmatrix} 1 & 1 & 1 & 1 \\ 1 & 2 & 3 & 4 \end{pmatrix} \begin{pmatrix} 1 \\ 3 \\ 4 \\ 3 \end{pmatrix} = \begin{pmatrix} 11 \\ 31 \end{pmatrix}$$

$$\therefore \hat{X} = \begin{pmatrix} a \\ b \end{pmatrix} = (A^t A)^{-1} A^t b = \frac{1}{20} \begin{pmatrix} 30 & -10 \\ -10 & 4 \end{pmatrix} \begin{pmatrix} 11 \\ 31 \end{pmatrix} = \frac{1}{20} \begin{pmatrix} 20 \\ 14 \end{pmatrix} = \begin{pmatrix} 1 \\ 0.7 \end{pmatrix}$$

따라서 최소제곱직선은 $y = 1 + 0.7x$이고 $a + b$의 값은 $1 + 0.7 = 1.7$이다.

258. $A = \begin{bmatrix} 4 & 0 \\ 0 & 2 \\ 1 & 1 \end{bmatrix}, b = \begin{bmatrix} 2 \\ 0 \\ 11 \end{bmatrix}$ 일 때, 해가 없는 선형방정식 $AX = b$의 최소제곱해를 구하여라.

259. 실험실에서 1시간 간격으로 어떤 물질의 온도를 측정하여 다음 데이터를 얻었다.

시간(t)	0	1	2	⋯	10
온도(T)	6	9	10		?

위 데이터에 가장 가까운 최소제곱해(least squares solution)를 일차함수로 구하여 10시간 후 이 물질의 온도를 추정하면?

① 13.5　　　② 16.4　　　③ 20.3　　　④ 26.3　　　⑤ 31.5

260. 세 점 $(0, 1)$, $(1, 3)$, $(3, 4)$에 대한 최소제곱직선(least squares line of best fit)은?

① $y = x + \dfrac{3}{2}$　　　　② $y = \dfrac{13}{14}x + \dfrac{10}{7}$　　　　③ $y = x + \dfrac{11}{7}$　　　　④ $y = \dfrac{15}{14}x + \dfrac{11}{7}$

261. 네 점 $(1, 0)$, $(2, 1)$, $(4, 2)$, $(5, 2)$에 대하여 최소제곱오차를 갖는 직선은?

① $y = -\dfrac{1}{4} + \dfrac{1}{3}x$　　　　② $y = -\dfrac{1}{4} + \dfrac{1}{2}x$　　　　③ $y = -\dfrac{1}{3} + \dfrac{1}{2}x$　　　　④ $y = -\dfrac{1}{3} + \dfrac{1}{3}x$

262. 세 점 $(0, 1)$, $(1, 2)$, $(3, 3)$에 가장 근접한 직선 $y = mx + n$을 최소제곱해를 이용하여 구하려고 한다. 아래의 풀이 과정에서 a에 해당하는 값은?

$$\begin{pmatrix} m \\ n \end{pmatrix} = \begin{pmatrix} a & b \\ c & d \end{pmatrix} \begin{pmatrix} 0 & 1 & 3 \\ 1 & 1 & 1 \end{pmatrix} \begin{pmatrix} 1 \\ 2 \\ 3 \end{pmatrix}$$

① $-\dfrac{3}{14}$　　　　② $-\dfrac{1}{14}$　　　　③ $\dfrac{1}{14}$　　　　④ $\dfrac{3}{14}$

MEMO

05 | 추가 주제

1 기본행렬

단위행렬 I_n에 한 번의 기본행연산을 사용하여 만들어지는 행렬을 기본행렬(elementary matrix)이라고 한다.

ex 1 단위행렬 I_2의 2행에 2배한 기본행렬 $E = \begin{pmatrix} 1 & 0 \\ 0 & 2 \end{pmatrix}$

ex 2 단위행렬 I_3의 2행과 3행을 교환한 기본행렬 $E = \begin{pmatrix} 1 & 0 & 0 \\ 0 & 0 & 1 \\ 0 & 1 & 0 \end{pmatrix}$

ex 3 단위행렬 I_3의 3행에 3배하여 1행에 더한 기본행렬 $E = \begin{pmatrix} 1 & 0 & 3 \\ 0 & 1 & 0 \\ 0 & 0 & 1 \end{pmatrix}$

(1) 기본행렬을 행렬 A의 왼쪽에 곱한 것은 행렬 A에 기본행 연산을 수행한 것과 같다.

(2) 기본행렬의 역행렬도 기본행렬이다.

2 LU분해

(1) 행교환을 제외한 기본행 연산을 통해 정방행렬 A를 하삼각행렬(lower triangular matrix) L과 상삼각행렬(upper triangular matrix) U의 곱으로 나타낼 수 있다.

(2) 이때, 모든 행렬이 LU분해를 갖는 것은 아니며 LU분해가 된다 하더라도 그것이 유일한 것은 아니다.

(3) 행렬 A를 기본행 연산을 통해 상삼각행렬 U를 만드는 과정

ex $A = \begin{pmatrix} 1 & 1 & 1 \\ 1 & 4 & 5 \\ 1 & 4 & 7 \end{pmatrix} \overset{-R_1+R_2}{\sim} \begin{pmatrix} 1 & 1 & 1 \\ 0 & 3 & 4 \\ 1 & 4 & 7 \end{pmatrix} \overset{-R_1+R_3}{\sim} \begin{pmatrix} 1 & 1 & 1 \\ 0 & 3 & 4 \\ 0 & 3 & 6 \end{pmatrix} \overset{-R_2+R_3}{\sim} \begin{pmatrix} 1 & 1 & 1 \\ 0 & 3 & 4 \\ 0 & 0 & 2 \end{pmatrix}$

① $E_1 = \begin{pmatrix} 1 & 0 & 0 \\ -1 & 1 & 0 \\ 0 & 0 & 1 \end{pmatrix}$, $E_1^{-1} = \begin{pmatrix} 1 & 0 & 0 \\ 1 & 1 & 0 \\ 0 & 0 & 1 \end{pmatrix}$

② $E_2 = \begin{pmatrix} 1 & 0 & 0 \\ 0 & 1 & 0 \\ -1 & 0 & 1 \end{pmatrix}$, $E_2^{-1} = \begin{pmatrix} 1 & 0 & 0 \\ 0 & 1 & 0 \\ 1 & 0 & 1 \end{pmatrix}$

③ $E_3 = \begin{pmatrix} 1 & 0 & 0 \\ 0 & 1 & 0 \\ 0 & -1 & 1 \end{pmatrix}$, $E_3^{-1} = \begin{pmatrix} 1 & 0 & 0 \\ 0 & 1 & 0 \\ 0 & 1 & 1 \end{pmatrix}$

$\Rightarrow E_3 E_2 E_1 A = U \quad \Rightarrow \quad A = E_1^{-1} E_2^{-1} E_3^{-1} U = LU$

$\Rightarrow$ 하삼각행렬 $L = E_1^{-1} E_2^{-1} E_3^{-1} = \begin{pmatrix} 1 & 0 & 0 \\ 1 & 1 & 0 \\ 1 & 1 & 1 \end{pmatrix}$과 상삼각행렬 $U = \begin{pmatrix} 1 & 1 & 1 \\ 0 & 3 & 4 \\ 0 & 0 & 2 \end{pmatrix}$에 대하여

$A = LU$가 성립한다.

Areum Math Tip

(1) 기본행 연산에 의한 행동치 행렬과 기본행렬과의 관계성

$A = \begin{pmatrix} 1 & 1 \\ 1 & 4 \end{pmatrix}$ 에 대하여 1행에 -1배하여 2행에 더하면 $\Rightarrow A = \begin{pmatrix} 1 & 1 \\ 1 & 4 \end{pmatrix} \sim \begin{pmatrix} 1 & 1 \\ 0 & 3 \end{pmatrix}$ 이다.

$I = \begin{pmatrix} 1 & 0 \\ 0 & 1 \end{pmatrix}$ 에 대하여 1행에 -1배하여 2행에 더하면 $\Rightarrow I = \begin{pmatrix} 1 & 0 \\ 0 & 1 \end{pmatrix} \sim E = \begin{pmatrix} 1 & 0 \\ -1 & 1 \end{pmatrix}$ 이다.

기본행렬을 행렬 A의 왼쪽에 곱한 것은 행렬 A에 기본행 연산을 수행한 것과 같다.

$\hookrightarrow EA = \begin{pmatrix} 1 & 0 \\ -1 & 1 \end{pmatrix} \begin{pmatrix} 1 & 1 \\ 1 & 4 \end{pmatrix} = \begin{pmatrix} 1 & 1 \\ 0 & 3 \end{pmatrix}$

(2) 기본행렬의 역행렬도 기본행렬이다.

① $E_1 = \begin{pmatrix} 1 & 0 & 0 \\ -1 & 1 & 0 \\ 0 & 0 & 1 \end{pmatrix}$, $E_1^{-1} = \begin{pmatrix} 1 & 0 & 0 \\ 1 & 1 & 0 \\ 0 & 0 & 1 \end{pmatrix}$,   ② $E_2 = \begin{pmatrix} 1 & 0 & 0 \\ 0 & 1 & 0 \\ -1 & 0 & 1 \end{pmatrix}$, $E_2^{-1} = \begin{pmatrix} 1 & 0 & 0 \\ 0 & 1 & 0 \\ 1 & 0 & 1 \end{pmatrix}$

③ $E_3 = \begin{pmatrix} 1 & 0 & 0 \\ 0 & 1 & 0 \\ 0 & -1 & 1 \end{pmatrix}$, $E_3^{-1} = \begin{pmatrix} 1 & 0 & 0 \\ 0 & 1 & 0 \\ 0 & 1 & 1 \end{pmatrix}$,   ④ $E_4 = \begin{pmatrix} 1 & 0 & 0 \\ 0 & k & 0 \\ 0 & 0 & 1 \end{pmatrix}$, $E_4^{-1} = \begin{pmatrix} 1 & 0 & 0 \\ 0 & \dfrac{1}{k} & 0 \\ 0 & 0 & 1 \end{pmatrix}$

행렬 $A = \begin{pmatrix} 1 & 1 & 1 \\ 1 & 2 & 1 \\ 0 & -1 & 2 \end{pmatrix}$ 의 LU분해가 다음과 같을 때, $a+b+c+\det A$ 의 값은?

$$A = LU = \begin{pmatrix} 1 & 0 & 0 \\ 1 & 1 & 0 \\ 0 & a & 1 \end{pmatrix} \begin{pmatrix} 1 & 1 & b \\ 0 & 1 & 0 \\ 0 & 0 & c \end{pmatrix}$$

풀이 $A = LU = \begin{pmatrix} 1 & 0 & 0 \\ 1 & 1 & 0 \\ 0 & a & 1 \end{pmatrix} \begin{pmatrix} 1 & 1 & b \\ 0 & 1 & 0 \\ 0 & 0 & c \end{pmatrix} = \begin{pmatrix} 1 & 1 & b \\ 1 & 2 & b \\ 0 & a & c \end{pmatrix}$ 이 $A = \begin{pmatrix} 1 & 1 & 1 \\ 1 & 2 & 1 \\ 0 & -1 & 2 \end{pmatrix}$ 와 같으므로 $a = -1, b = 1, c = 2$ 이고, $\det(A) = 2$이다.

따라서 $a+b+c+\det(A) = 4$이다.

[다른 풀이] 기본행 연산을 통해서 $A = \begin{pmatrix} 1 & 1 & 1 \\ 1 & 2 & 1 \\ 0 & -1 & 2 \end{pmatrix} \sim \begin{pmatrix} 1 & 1 & 1 \\ 0 & 1 & 0 \\ 0 & 0 & 2 \end{pmatrix}$ 이고,

$A = \begin{pmatrix} x & 0 & 0 \\ y & z & 0 \\ p & q & r \end{pmatrix} \begin{pmatrix} 1 & 1 & 1 \\ 0 & 1 & 0 \\ 0 & 0 & 2 \end{pmatrix} = \begin{pmatrix} x & x & x \\ y & y+z & y \\ p & p+q & p+2r \end{pmatrix}$ $A = LU = \begin{pmatrix} 1 & 0 & 0 \\ 1 & 1 & 0 \\ 0 & -1 & 1 \end{pmatrix} \begin{pmatrix} 1 & 1 & 1 \\ 0 & 1 & 0 \\ 0 & 0 & 2 \end{pmatrix}$

$\Rightarrow x = 1, \ y = 1, \ z = 1, p = 0, \ q = -1, \ r = 1, \ a = -1, b = 1, c = 2$

$\Rightarrow \det A = \det(LU) = \det L \cdot det U = 1 \cdot 2 = 2$

따라서 $a+b+c+\det(A) = 4$이다.

---

263. $E = \begin{pmatrix} 1 & 0 & -1 \\ 0 & 1 & 0 \\ 0 & 0 & 1 \end{pmatrix}, A = \begin{pmatrix} 1 & 2 & 3 \\ 4 & 5 & 6 \\ 2 & 4 & 7 \end{pmatrix}$ 에 대하여 EA를 직접 구하시오.

264. 행렬 $A = \begin{pmatrix} 1 & 0 & 1 \\ 2 & 1 & 2 \\ 1 & -1 & 2 \end{pmatrix}$ 로 주어질 때, 식 $E_3 E_2 E_1 A = U$를 만족하는 기본행렬 E_3, E_2, E_1과 U로 옳지 않은 것은?

① $E_1 = \begin{pmatrix} 1 & 0 & 0 \\ -2 & 1 & 0 \\ 0 & 0 & 1 \end{pmatrix}$　② $E_2 = \begin{pmatrix} 1 & 0 & 0 \\ 0 & 1 & 0 \\ -1 & 0 & 1 \end{pmatrix}$　③ $E_3 = \begin{pmatrix} 1 & 0 & 0 \\ 0 & 1 & 0 \\ 0 & 1 & 1 \end{pmatrix}$　④ $U = \begin{pmatrix} 1 & 0 & 2 \\ 0 & 1 & 0 \\ 0 & 0 & 1 \end{pmatrix}$

265. 행렬 $A = \begin{bmatrix} 2 & 3 & 4 \\ 1 & 2 & 3 \\ 0 & 1 & 1 \end{bmatrix}$ 의 LU분해가 다음과 같을 때, U의 행렬식 $\det U$의 값은?

$$A = LU = \begin{bmatrix} 1 & 0 & 0 \\ \square & 1 & 0 \\ \square & \square & 1 \end{bmatrix} \begin{bmatrix} \square & \square & \square \\ 0 & \square & \square \\ 0 & 0 & \square \end{bmatrix}$$

05 | 추가 주제

266. 행렬 $A = \begin{pmatrix} 1 & 1 & 1 \\ 3 & 1 & 2 \\ 1 & -1 & 1 \end{pmatrix}$ 을 LU-인수분해하여 하부삼각행렬 $L = \begin{pmatrix} 1 & 0 & 0 \\ 3 & 1 & 0 \\ 1 & 1 & 1 \end{pmatrix}$ 을 얻었을 때, 상부삼각행렬 U의 모든 원소의 합은?

267. R^3의 행벡터를 1×3 행렬로 이해할 때, $v_1 = (0, 1, 1)$, $v_2 = (1, 1, 0)$, $v_3 = (0, 1, 0)$, $w_1 = (2, 4, 8)$, $w_2 = (0, 1, 1)$, $w_3 = (0, 0, 2)$에 대하여 3×3행렬 A는 $A = \sum_{k=1}^{3} v_k{}^t w_k$이다. 다음 치환행렬 P중에서 PA가 하삼각행렬 L과 상삼각행렬 U의 곱 $PA = LU$로 분해되게 하는 P가 아닌 것을 고르면?

① $\begin{pmatrix} 0 & 1 & 0 \\ 1 & 0 & 0 \\ 0 & 0 & 1 \end{pmatrix}$ ② $\begin{pmatrix} 0 & 0 & 1 \\ 1 & 0 & 0 \\ 0 & 1 & 0 \end{pmatrix}$ ③ $\begin{pmatrix} 1 & 0 & 0 \\ 0 & 0 & 1 \\ 0 & 1 & 0 \end{pmatrix}$ ④ $\begin{pmatrix} 0 & 1 & 0 \\ 0 & 0 & 1 \\ 1 & 0 & 0 \end{pmatrix}$ ⑤ $\begin{pmatrix} 0 & 0 & 1 \\ 0 & 1 & 0 \\ 1 & 0 & 0 \end{pmatrix}$

3 기본행연산에 의한 역행렬 구하기

(1) $n \times n$ 행렬 A가 기본행연산에 의하여 $n \times n$ 단위행렬 I로 변환될 수 있으면, A는 정칙행렬이다.

(2) A를 단위행렬 I로 변환시키는 것과 동일한 기본행연산을 단위행렬 I에 시행하여 단위행렬 I를 A^{-1}로 변환시킨다.

$$\left(A_{n \times n} \mid I_{n \times n}\right) = \left(\begin{array}{cccc|cccc} a_{11} & a_{12} & \cdots & a_{1n} & 1 & 0 & \cdots & 0 \\ a_{21} & a_{22} & \cdots & a_{2n} & 0 & 1 & \cdots & 0 \\ \vdots & \vdots & \ddots & \vdots & \vdots & \vdots & \ddots & \vdots \\ a_{n1} & a_{n2} & \cdots & a_{nn} & 0 & 0 & \cdots & 1 \end{array}\right)$$ 로 나타내고 동시에 행연산을 수행한다.

기본행 연산을 통해 $\boldsymbol{A} \sim \boldsymbol{I}$ 가 얻어질 때까지
$\boldsymbol{A}$ 에 기본행 연산을 시행한다.

$$(\;\boldsymbol{A} \mid \boldsymbol{I}\;) \longrightarrow (\;\boldsymbol{I} \mid \boldsymbol{A}^{-1}\;)$$

A에 시행한 기본행연산을 I 에 동시에
적용하여 $\boldsymbol{A}^{-1}$ 를 얻는다.

Areum Math Tip

$$A = \begin{pmatrix} 1 & 1 & 1 \\ 1 & 4 & 5 \\ 1 & 4 & 7 \end{pmatrix} \overset{-R_1+R_2}{\sim} \begin{pmatrix} 1 & 1 & 1 \\ 0 & 3 & 4 \\ 1 & 4 & 7 \end{pmatrix} \overset{-R_1+R_3}{\sim} \begin{pmatrix} 1 & 1 & 1 \\ 0 & 3 & 4 \\ 0 & 3 & 6 \end{pmatrix} \overset{-R_2+R_3}{\sim} \begin{pmatrix} 1 & 1 & 1 \\ 0 & 3 & 4 \\ 0 & 0 & 2 \end{pmatrix}$$

$$\overset{\frac{1}{3}R_2}{\sim} \begin{pmatrix} 1 & 1 & 1 \\ 0 & 1 & \frac{4}{3} \\ 0 & 0 & 2 \end{pmatrix} \overset{\frac{1}{2}R_3}{\sim} \begin{pmatrix} 1 & 1 & 1 \\ 0 & 1 & \frac{4}{3} \\ 0 & 0 & 1 \end{pmatrix} \overset{-\frac{4}{3}R_3+R_2}{\sim} \begin{pmatrix} 1 & 1 & 1 \\ 0 & 1 & 0 \\ 0 & 0 & 1 \end{pmatrix} \overset{-R_3+R_1}{\sim} \begin{pmatrix} 1 & 1 & 0 \\ 0 & 1 & 0 \\ 0 & 0 & 1 \end{pmatrix} \overset{-R_2+R_1}{\sim} \begin{pmatrix} 1 & 0 & 0 \\ 0 & 1 & 0 \\ 0 & 0 & 1 \end{pmatrix}$$

$$E_1 = \begin{pmatrix} 1 & 0 & 0 \\ -1 & 1 & 0 \\ 0 & 0 & 1 \end{pmatrix} \quad E_2 = \begin{pmatrix} 1 & 0 & 0 \\ 0 & 1 & 0 \\ -1 & 0 & 1 \end{pmatrix} \quad E_3 = \begin{pmatrix} 1 & 0 & 0 \\ 0 & 1 & 0 \\ 0 & -1 & 1 \end{pmatrix}$$

$$E_4 = \begin{pmatrix} 1 & 0 & 0 \\ 0 & \frac{1}{3} & 0 \\ 0 & 0 & 1 \end{pmatrix} \quad E_5 = \begin{pmatrix} 1 & 0 & 0 \\ 0 & 1 & 0 \\ 0 & 0 & \frac{1}{2} \end{pmatrix} \quad E_6 = \begin{pmatrix} 1 & 0 & 0 \\ 0 & 1 & \frac{-4}{3} \\ 0 & 0 & 1 \end{pmatrix} \quad E_7 = \begin{pmatrix} 1 & 0 & -1 \\ 0 & 1 & 0 \\ 0 & 0 & 1 \end{pmatrix} \quad E_8 = \begin{pmatrix} 1 & -1 & 0 \\ 0 & 1 & 0 \\ 0 & 0 & 1 \end{pmatrix}$$

$$E_1^{-1} = \begin{pmatrix} 1 & 0 & 0 \\ 1 & 1 & 0 \\ 0 & 0 & 1 \end{pmatrix} \quad E_2^{-1} = \begin{pmatrix} 1 & 0 & 0 \\ 0 & 1 & 0 \\ 1 & 0 & 1 \end{pmatrix} \quad E_3^{-1} = \begin{pmatrix} 1 & 0 & 0 \\ 0 & 1 & 0 \\ 0 & 1 & 1 \end{pmatrix}$$

$$E_4^{-1} = \begin{pmatrix} 1 & 0 & 0 \\ 0 & 3 & 0 \\ 0 & 0 & 1 \end{pmatrix} \quad E_5^{-1} = \begin{pmatrix} 1 & 0 & 0 \\ 0 & 1 & 0 \\ 0 & 0 & 2 \end{pmatrix} \quad E_6^{-1} = \begin{pmatrix} 1 & 0 & 0 \\ 0 & 1 & \frac{4}{3} \\ 0 & 0 & 1 \end{pmatrix} \quad E_7^{-1} = \begin{pmatrix} 1 & 0 & 1 \\ 0 & 1 & 0 \\ 0 & 0 & 1 \end{pmatrix} \quad E_8^{-1} = \begin{pmatrix} 1 & 1 & 0 \\ 0 & 1 & 0 \\ 0 & 0 & 1 \end{pmatrix}$$

$E_8\,E_7\,E_6\,E_5\,E_4\,E_3\,E_2\,E_1\,A = I$

$\Rightarrow\ A = E_1^{-1}\,E_2^{-1}\,E_3^{-1} \cdots E_8^{-1}\,I \qquad \Rightarrow\ A^{-1} = E_8\,E_7\,E_6\,E_5\,E_4\,E_3\,E_2\,E_1$

MEMO

05 | 추가 주제

(1) QR분해의 정의

　　　A가 일차독립인 열벡터 n개를 갖는 $m \times n$행렬이고, Q가 정규직교 열벡터를 갖는 $m \times n$행렬이며 R이 가역인

　　　상삼각행렬일 때 $A = QR$로 인수분해될 수 있다.

(2) A의 열벡터는 $\{u_1,\, u_2,\, \cdots ,\, u_n\}$이고 A의 정규직교 열벡터는 $\{q_1,\, q_2,\, \cdots ,\, q_n\}$이라 하자.

　　　A와 Q를 분할된 형태로 쓰면 $A = \begin{pmatrix} u_1 & u_2 & \cdots & u_n \end{pmatrix}$이고 $Q = \begin{pmatrix} q_1 & q_2 & \cdots & q_n \end{pmatrix}$라고 하자.

　　　$u_1,\, u_2,\, \cdots ,\, u_n$은 $q_1,\, q_2,\, \cdots ,\, q_n$에 의하여

$$u_1 = (u_1 \cdot q_1)q_1 + (u_1 \cdot q_2)q_2 + \cdots + (u_1 \cdot q_n)q_n$$
$$u_2 = (u_2 \cdot q_1)q_1 + (u_2 \cdot q_2)q_2 + \cdots + (u_2 \cdot q_n)q_n$$
$$\vdots$$
$$u_n = (u_n \cdot q_1)q_1 + (u_n \cdot q_2)q_2 + \cdots + (u_n \cdot q_n)q_n$$

　　　으로 표현될 수 있다. $u_1,\, u_2,\, \cdots ,\, u_n$를 행렬로 나타내면 열행법칙에 의해서 다음과 같다.

$$\begin{pmatrix} u_1 & u_2 & \cdots & u_n \end{pmatrix} = \begin{pmatrix} q_1 & q_2 & \cdots & q_n \end{pmatrix} \begin{pmatrix} u_1 \cdot q_1 & u_2 \cdot q_1 & \cdots & u_n \cdot q_1 \\ u_1 \cdot q_2 & u_2 \cdot q_2 & \cdots & u_n \cdot q_2 \\ \vdots & \vdots & & \vdots \\ u_1 \cdot q_n & u_2 \cdot q_n & \cdots & u_n \cdot q_n \end{pmatrix}$$

　　　$j \geq 2$에 대해서 벡터 q_j는 $u_1,\, u_2,\, \cdots ,\, u_{j-1}$에 직교한다는 것이 그람-슈미트의 방법이 갖는 한 가지 특성이다.

　　　따라서 R의 주대각선 아래의 모든 원소는 영이다.

　　　즉, $R = \begin{pmatrix} u_1 \cdot q_1 & u_2 \cdot q_1 & \cdots & u_n \cdot q_1 \\ 0 & u_2 \cdot q_2 & \cdots & u_n \cdot q_2 \\ \vdots & \vdots & & \vdots \\ 0 & 0 & \cdots & u_n \cdot q_n \end{pmatrix}$은 상삼각행렬의 형태를 가진다.

　　　따라서 $A = QR$는 A의 정규직교 열벡터를 갖는 행렬 Q와 가역인 상삼각행렬 R로 인수분해한 것이다.

　　　이를 A의 QR분해라 한다.

(3) A가 가역행렬이면 $A = QR \Leftrightarrow R = Q^t A$이다.

필수예제 98

다음 행렬 $A = \begin{pmatrix} 1 & 0 & 0 \\ 1 & 1 & 0 \\ 1 & 1 & 1 \end{pmatrix}$의 QR분해를 구하라.

05 | 추가 주제

풀이 A의 열벡터는 $u_1 = \begin{pmatrix} 1 \\ 1 \\ 1 \end{pmatrix}$, $u_2 = \begin{pmatrix} 0 \\ 1 \\ 1 \end{pmatrix}$, $u_3 = \begin{pmatrix} 0 \\ 0 \\ 1 \end{pmatrix}$이다. 정규화를 동반하는 그람-슈미트 방법을 u_1, u_2, u_3에 적용하면

정규직교벡터 $q_1 = \begin{pmatrix} \dfrac{1}{\sqrt{3}} \\ \dfrac{1}{\sqrt{3}} \\ \dfrac{1}{\sqrt{3}} \end{pmatrix}$, $q_2 = \begin{pmatrix} -\dfrac{2}{\sqrt{6}} \\ \dfrac{1}{\sqrt{6}} \\ \dfrac{1}{\sqrt{6}} \end{pmatrix}$, $q_3 = \begin{pmatrix} 0 \\ -\dfrac{1}{\sqrt{2}} \\ \dfrac{1}{\sqrt{2}} \end{pmatrix}$이 얻어진다.

행렬 R은 $R = \begin{pmatrix} u_1 \cdot q_1 & u_2 \cdot q_1 & u_3 \cdot q_1 \\ 0 & u_2 \cdot q_2 & u_3 \cdot q_2 \\ 0 & 0 & u_3 \cdot q_3 \end{pmatrix}$ 또는 $R = Q^t A = \begin{pmatrix} q_1 \\ q_2 \\ q_3 \end{pmatrix} \begin{pmatrix} 1 & 0 & 0 \\ 1 & 1 & 0 \\ 1 & 1 & 1 \end{pmatrix} = \begin{pmatrix} \dfrac{3}{\sqrt{3}} & \dfrac{2}{\sqrt{3}} & \dfrac{1}{\sqrt{3}} \\ 0 & \dfrac{2}{\sqrt{6}} & \dfrac{1}{\sqrt{6}} \\ 0 & 0 & \dfrac{1}{\sqrt{2}} \end{pmatrix}$이다.

따라서 A의 QR분해는 다음과 같다.

$$\begin{pmatrix} 1 & 0 & 0 \\ 1 & 1 & 0 \\ 1 & 1 & 1 \end{pmatrix} = \begin{pmatrix} \dfrac{1}{\sqrt{3}} & -\dfrac{2}{\sqrt{6}} & 0 \\ \dfrac{1}{\sqrt{3}} & \dfrac{1}{\sqrt{6}} & -\dfrac{1}{\sqrt{2}} \\ \dfrac{1}{\sqrt{3}} & \dfrac{1}{\sqrt{6}} & \dfrac{1}{\sqrt{2}} \end{pmatrix} \begin{pmatrix} \dfrac{3}{\sqrt{3}} & \dfrac{2}{\sqrt{3}} & \dfrac{1}{\sqrt{3}} \\ 0 & \dfrac{2}{\sqrt{6}} & \dfrac{1}{\sqrt{6}} \\ 0 & 0 & \dfrac{1}{\sqrt{2}} \end{pmatrix}$$

$$A \qquad = \qquad Q \qquad\qquad R$$

268. 행렬 $A = \begin{pmatrix} 3 & 2 & -1 \\ 1 & 4 & 3 \\ 1 & 10 & -7 \end{pmatrix}$라고 하자.

A의 열벡터들로부터 그람-슈미트(Gram-Schmidt) 과정을 사용하여 얻은 벡터들로 구성된 직교행렬(orthogonal matrix)을 Q라 할 때, $Q^{-1}A$의 대각성분들의 곱의 절댓값을 구하시오.

1 특이값

(1) A가 $m \times n$행렬이고 $\lambda_1, \lambda_2, \cdots, \lambda_n$이 $A^T A$의 고윳값일 때, $\sigma_1 = \sqrt{\lambda_1}, \sigma_2 = \sqrt{\lambda_2}, \cdots, \sigma_n = \sqrt{\lambda_n}$을 A의 특이값이라 한다.

(2) $m \times n$행렬 $\sum$의 주대각선 위의 양의 성분은 A의 고윳값이 아니라 $A^T A$의 고윳값의 제곱근이다.

2 특이값 분해

(1) $m \times n$의 행렬 A에 대하여 $rank(A) = rank(A^T A) = k$라면 $A = U \sum V^T$와 같이 인수분해되고 이러한 분해를 특이값 분해라고 한다.

(2) U는 $m \times m$인 직교행렬, $\sum$는 $m \times n$행렬, V는 $n \times n$직교행렬이고 $rank\left(\sum\right) = k$이다.

$\sum$는 주대각 성분이 A의 특이값이고 나머지 성분은 0인 $m \times n$ 행렬이다.

(3) $n \times n$ 대칭행렬 A가 직교행렬 P에 의해서 $P^t A P = D \Leftrightarrow A = PDP^t$를 A의 고윳값 분해(직교대각화)라고 한다. 여기서 A의 고윳값이 모두 양수라면 고윳값 분해와 특이값 분해가 일치한다.

(4) 임의의 정방행렬을 대칭행렬과 직교행렬의 곱으로 인수분해하는 것을 극분해라고 한다.
$$A = U\sum V^T = U\sum U^T U V^T = \left(U\sum U^T\right)\left(U V^T\right) = PQ = 대칭행렬 \times 직교행렬$$

(5) 축소된 특이값 확장은 $A = \sigma_1 u_1 v_1^t + \sigma_2 u_2 v_2^t + \cdots + \sigma_k u_k v_k^t$로 나타낼 수 있다.

3 특이값분해 구하기

step1) $A^T A$의 고윳값 $\lambda_1 \geq \lambda_2 \geq \cdots \geq \lambda_k \geq 0$에 대응하는 고유벡터 $V = \{v_1, v_2, \ldots, v_n\}$을 순서에 맞춰

직교행렬 $V = \begin{pmatrix} v_1 \, v_2 \cdots v_n \end{pmatrix}$를 만든다.

step2) A의 특이값 $\sigma_{i = \sqrt{\lambda_i}}$은 대소관계 $\sigma_1 \geq \sigma_2 \geq \cdots \geq \sigma_k \geq 0$에 따라서 순차적으로 $\sum_{m \times n}$의 주대각

성분에 놓고 나머지 성분은 모두 0인 행렬 $\sum$를 만든다.

step3) $u_i = \dfrac{A v_i}{|A v_i|} = \dfrac{1}{\sigma_i} A v_i$ (단, $i = 1, 2, \cdots, k$)를 이용하여

R^m의 정규직교기저 $\{u_1, u_2, \cdots, u_k, u_{k+1}, \cdots, u_m\}$을 만들면 이는 U의 열벡터로 세팅한다.

Areum Math Tip

$rank(A) = 2$인 3×3행렬 A에 대하여 고윳값은 $a, b, 0$이고 대응하는 고유벡터가 v_1, v_2, v_3라고 하자. $(a \neq b)$

(1) 고유벡터를 열벡터로 갖는 행렬 $P = \begin{pmatrix} v_1 & v_2 & v_3 \end{pmatrix}$에 대하여 A는 대각화 가능하다. $P^{-1}AP = \begin{pmatrix} a & 0 & 0 \\ 0 & b & 0 \\ 0 & 0 & 0 \end{pmatrix} = D$

(2) $A^T A$는 대칭행렬이고 $rank$의 성질에 의해서 $rank(A) = rank(A^T A) = k$이다.

$A^T A$의 고윳값이 $\alpha, \beta, 0$일 때 대응하는 단위 고유벡터는 w_1, w_2, w_3라고 하자. $W = \begin{pmatrix} w_1 & w_2 & w_3 \end{pmatrix}$는 직교행렬이다.

$\Rightarrow$ $A^T A w_1 = \alpha w_1$, $A^T A w_2 = \beta w_2$, $A^T A w_3 = 0 w_3 = O$ $\Rightarrow$ $W^T A^T A W = \begin{pmatrix} \alpha & 0 & 0 \\ 0 & \beta & 0 \\ 0 & 0 & 0 \end{pmatrix} = D$

05 | 추가 주제

(3) 특이값 분해

(i) $|Aw_i|^2 \geq 0$ $\Rightarrow$ $|Aw_i|^2 = (Aw_i) \cdot (Aw_i) = w_i^t A^T A w_i = w_i^t \lambda_i w_i = \lambda_i (w_i \cdot w_i) = \lambda_i |w_i|^2 = \lambda_i \geq 0$

$\Rightarrow$ $|Aw_1| = \sqrt{\alpha}$, $|Aw_2| = \sqrt{\beta}$, $|Aw_3| = 0$ $(Aw_3 = O$이다.$)$

(ii) 대칭행렬의 성질에 의해서 서로 다른 고윳값에 대응하는 고유벡터는 수직관계이므로 $\{w_1, w_2, w_3\}$는 직교기저이다.

$i \neq j$일 때 $Aw_i \cdot Aw_j = w_i^T A^T A w_j = w_i^T \lambda_j w_j = \lambda(w_1 \cdot w_2) = 0$이다.

따라서 $rank(A) = 2$이므로 A의 열공간은 2차원이고 열공간의 기저는 $\{Aw_1, Aw_2\}$이다.

$Aw_3 = O$이므로 . Aw_3는 열공간의 기저가 될 수 없다.

(iii) $u_1 = \dfrac{Aw_1}{|Aw_1|} = \dfrac{Aw_1}{\sqrt{\alpha}}$, $u_2 = \dfrac{Aw_2}{|Aw_2|} = \dfrac{Aw_2}{\sqrt{\beta}}$, $u_3 = u_1 \times u_2$인 정규직교기저를 만들 수 있다.

즉, $Aw_1 = \sqrt{\alpha} u_1$, $Aw_2 = \sqrt{\beta} u_2$, $Aw_3 = O = 0 u_3$가 성립한다.

직교행렬 $W = \begin{pmatrix} w_1 & w_2 & w_3 \end{pmatrix}$, $U = \begin{pmatrix} u_1 & u_2 & u_3 \end{pmatrix}$에 대하여

$$AW = \begin{pmatrix} \sqrt{\alpha} u_1 & \sqrt{\beta} u_2 & O \end{pmatrix} = \begin{pmatrix} u_1 & u_2 & u_3 \end{pmatrix} \begin{pmatrix} \sqrt{\alpha} & 0 & 0 \\ 0 & \sqrt{\beta} & 0 \\ 0 & 0 & 0 \end{pmatrix} = U \sum \quad \Leftrightarrow \quad A = U \sum W^T$$

다음 행렬의 특이값 분해를 하시오.

(1) $A = \begin{pmatrix} \sqrt{3} & 2 \\ 0 & \sqrt{3} \end{pmatrix}$ 　　　　(2) $A = \begin{pmatrix} 1 & 2 \\ 2 & -2 \end{pmatrix}$ 　　　　(3) $A = \begin{pmatrix} 1 & 1 \\ 0 & 1 \\ 1 & 0 \end{pmatrix}$

풀이 Step1) $A^T A$의 고윳값과 고유벡터를 구한다.

Step2) $u = \dfrac{Av}{|Av|}$ 를 통해서 행렬 U를 구한다. V는 고유벡터의 집합이다.

(1) $A^T A = \begin{pmatrix} \sqrt{3} & 0 \\ 2 & \sqrt{3} \end{pmatrix}\begin{pmatrix} \sqrt{3} & 2 \\ 0 & \sqrt{3} \end{pmatrix} = \begin{pmatrix} 3 & 2\sqrt{3} \\ 2\sqrt{3} & 7 \end{pmatrix}$ 의 고윳값은 $9, 1$이고 대응하는 고유벡터는

$v_1 = \dfrac{1}{2}\begin{pmatrix} 1 \\ \sqrt{3} \end{pmatrix}, \ v_2 = \dfrac{1}{2}\begin{pmatrix} -\sqrt{3} \\ 1 \end{pmatrix}$이다.

$|Av_1| = \sqrt{9} = 3$이고 $u_1 = \dfrac{1}{3}Av_1 = \dfrac{1}{3}\begin{pmatrix} \sqrt{3} & 2 \\ 0 & \sqrt{3} \end{pmatrix}\dfrac{1}{2}\begin{pmatrix} 1 \\ \sqrt{3} \end{pmatrix} = \dfrac{1}{6}\begin{pmatrix} 3\sqrt{3} \\ 3 \end{pmatrix} = \dfrac{1}{2}\begin{pmatrix} \sqrt{3} \\ 1 \end{pmatrix}$이다.

$|Av_2| = \sqrt{1} = 1$이고 $u_2 = \dfrac{Av_1}{|Av_1|} = Av_1 = \begin{pmatrix} \sqrt{3} & 2 \\ 0 & \sqrt{3} \end{pmatrix}\dfrac{1}{2}\begin{pmatrix} -\sqrt{3} \\ 1 \end{pmatrix} = \dfrac{1}{2}\begin{pmatrix} -1 \\ \sqrt{3} \end{pmatrix}$이다.

$U = \dfrac{1}{2}\begin{pmatrix} \sqrt{3} & -1 \\ 1 & \sqrt{3} \end{pmatrix}, \ \sum = \begin{pmatrix} 3 & 0 \\ 0 & 1 \end{pmatrix}, \ V = \dfrac{1}{2}\begin{pmatrix} 1 & -\sqrt{3} \\ \sqrt{3} & 1 \end{pmatrix}$이고 $A = U\sum V^T$를 만족한다.

(2) 특이값 분해의 $\sum$의 대각원소는 모두 양수임을 고려해야 한다.

A는 대칭행렬이고 고윳값 $-3, 2$에 대응하는 고유벡터는 $v_1 = \dfrac{1}{\sqrt{5}}\begin{pmatrix} 1 \\ -2 \end{pmatrix}, v_2 = \dfrac{1}{\sqrt{5}}\begin{pmatrix} 2 \\ 1 \end{pmatrix}$이다.

직교행렬 $U = \dfrac{1}{\sqrt{5}}\begin{pmatrix} 1 & 2 \\ -2 & 1 \end{pmatrix}$일 때, $A = UDU^T = U\begin{pmatrix} -3 & 0 \\ 0 & 2 \end{pmatrix}U^T$로 직교대각화 가능하다.

$A = U\begin{pmatrix} -3 & 0 \\ 0 & 2 \end{pmatrix}U^T = U\begin{pmatrix} 3 & 0 \\ 0 & 2 \end{pmatrix}\begin{pmatrix} -1 & 0 \\ 0 & 1 \end{pmatrix}U^T = U\sum V^T$로 특이값 분해할 수 있다.

즉 $V^T = \begin{pmatrix} -1 & 0 \\ 0 & 1 \end{pmatrix}U^T = \dfrac{1}{\sqrt{5}}\begin{pmatrix} -1 & 0 \\ 0 & 1 \end{pmatrix}\begin{pmatrix} 1 & -2 \\ 2 & 1 \end{pmatrix} = \dfrac{1}{\sqrt{5}}\begin{pmatrix} -1 & 2 \\ 2 & 1 \end{pmatrix}$이다.

(3) $A^T A = \begin{pmatrix} 1 & 0 & 1 \\ 1 & 1 & 0 \end{pmatrix}\begin{pmatrix} 1 & 1 \\ 0 & 1 \\ 1 & 0 \end{pmatrix} = \begin{pmatrix} 2 & 1 \\ 1 & 2 \end{pmatrix}$의 고윳값은 $3, 1$이고 대응하는 고유벡터는 $v_1 = \dfrac{1}{\sqrt{2}}\begin{pmatrix} 1 \\ 1 \end{pmatrix}, v_2 = \dfrac{1}{\sqrt{2}}\begin{pmatrix} 1 \\ -1 \end{pmatrix}$이다.

$|Av_1| = \sqrt{3}$이고 $u_1 = \dfrac{1}{\sqrt{3}}Av_1 = \dfrac{1}{3}\begin{pmatrix} 1 & 1 \\ 0 & 1 \\ 1 & 0 \end{pmatrix}\dfrac{1}{\sqrt{2}}\begin{pmatrix} 1 \\ 1 \end{pmatrix} = \dfrac{1}{3\sqrt{2}}\begin{pmatrix} 2 \\ 1 \\ 1 \end{pmatrix}$이다.

$|Av_2| = \sqrt{1} = 1$이고 $u_2 = \dfrac{Av_2}{|Av_2|} = Av_2 = \begin{pmatrix} 1 & 1 \\ 0 & 1 \\ 1 & 0 \end{pmatrix}\dfrac{1}{\sqrt{2}}\begin{pmatrix} 1 \\ -1 \end{pmatrix} = \dfrac{1}{\sqrt{2}}\begin{pmatrix} 0 \\ -1 \\ 1 \end{pmatrix}$이다

$u_3 = u_1 \times u_2 = \dfrac{1}{\sqrt{3}}\begin{pmatrix} 1 \\ -1 \\ -1 \end{pmatrix}$이므로 $U = \begin{pmatrix} u_1 & u_2 & u_3 \end{pmatrix}, \ \sum = \begin{pmatrix} \sqrt{3} & 0 \\ 0 & 1 \\ 0 & 0 \end{pmatrix}, \ V = \dfrac{1}{\sqrt{2}}\begin{pmatrix} 1 & 1 \\ 1 & -1 \end{pmatrix}$이고 $A = U\sum V^T$를 만족한다.

269. 다음과 같이 2×4 행렬 A를 특이값 분해(SVD) 했을 때, 직교행렬 U는?
(단, 0보다 큰 특이값은 $\sigma_1 > \sigma_2$라 가정한다.)

$$A = \begin{pmatrix} 1 & 2 & 0 & 0 \\ 2 & 1 & 0 & 0 \end{pmatrix} = U \Sigma V^T, \quad \Sigma = \begin{bmatrix} \sigma_1 & 0 & 0 & 0 \\ 0 & \sigma_2 & 0 & 0 \end{bmatrix}$$

① $\dfrac{1}{\sqrt{2}} \begin{pmatrix} 1 & 1 \\ -1 & 1 \end{pmatrix}$
② $\dfrac{1}{\sqrt{2}} \begin{pmatrix} 1 & -1 \\ 1 & 1 \end{pmatrix}$
③ $\dfrac{1}{2} \begin{pmatrix} 1 & \sqrt{3} \\ \sqrt{3} & -1 \end{pmatrix}$

④ $\dfrac{1}{2} \begin{pmatrix} 1 & -\sqrt{3} \\ \sqrt{3} & 1 \end{pmatrix}$
⑤ $\dfrac{1}{2} \begin{pmatrix} \sqrt{3} & -1 \\ 1 & \sqrt{3} \end{pmatrix}$

5 선형변환의 기저변환

1 기저변환행렬

(1) X를 순서기저 V에서 순서기저 U로 변환해 주는 행렬을 기저변환행렬 (추이행렬, 전이행렬) 이라고 한다.

$\Rightarrow X_{V \to U} = [V]_U = U^{-1}V$

$\therefore [U]_E[X]_U = [V]_E[X]_V \Leftrightarrow [X]_U = ([U]_E)^{-1}[V]_E[X]_V = [E]_U[V]_E[X]_V = [V]_U[X]_V$

(2) X를 순서기저 U에서 순서기저 V로 변환해 주는 행렬을 기저변환행렬 (추이행렬, 전이행렬) 이라고 한다.

$\Rightarrow X_{U \to V} = [U]_V = V^{-1}U$

$\therefore [U]_E[X]_U = [V]_E[X]_V \Leftrightarrow [X]_V = ([V]_E)^{-1}[U]_E[X]_U = [E]_V[U]_E[X]_U = [U]_V[X]_U$

2 기저변환행렬의 합성

(1) $[V]_U[U]_V = [U]_U = I \Leftrightarrow (U^{-1}V)(V^{-1}U) = U^{-1}VV^{-1}U = I$

(2) $[V]_W[U]_V = [U]_W \Leftrightarrow (W^{-1}V)(V^{-1}U) = W^{-1}VV^{-1}U = W^{-1}U$

(3) $[U]_W[V]_U = [V]_W \Leftrightarrow (W^{-1}U)(U^{-1}V) = W^{-1}UU^{-1}V = W^{-1}V$

3 선형변환과 기저변환행렬의 관계성

정의역 R^m에서 R^n으로 선형변환을 $T : R^m \to R^n$라고 하자.

R^m의 기저는 표준기저 E와 기저 V가 있고, R^n의 기저는 표준기저 E와 기저 W가 있다고 하자.

(1) 정의역의 기저 V에서 표준기저 E로의 기저변환행렬 $[V]_E = E^{-1}V = V$이다.

(2) 공역의 기저 W에서 표준기저 E로의 기저변환행렬 $[W]_E = E^{-1}W = W$이다.

(3) $T : R^m \to R^n$인 선형변환 $T(X) = AX$에서 표준행렬은 $A = [T]_E^E$이고 정의역의 원소는 $X = [X]_E$이다.

$T(X) = AX = [T]_E^E[X]_E$가 성립한다.

(4) 정의역의 기저 V, 공역의 기저 W에 대하여 $T(X) = AX$의 표현행렬 $[T]_V^W$를 기저변환을 이용하여 구할 수 있다.

Step1) $X_{V \to E}$로 기저변환행렬은 $[V]_E = E^{-1}V$이다.

Step2) 표준기저 E를 대입한 함숫값을 표준기저 E로 표현한 표준행렬 $[T]_E^E$

Step3) 치역의 성분을 공역의 기저 W로 $[T(X) = AX]_{E \to W}$ 기저변환행렬은 $[E]_W = W^{-1}E$이다.

Step4) 표현행렬 $[T]_V^W$는 기전변환의 합성에 의해서 구할 수 있다.

$$[T]_V^W = [E]_W[T]_E^E[V]_E = W^{-1}EAE^{-1}V = W^{-1}AV$$

(5) 표준행렬 × 정의역의 기저 = 공역의 기저 × 표현행렬 $\Leftrightarrow AV = W[T]_V^W \Leftrightarrow W^{-1}AV = [T]_V^W$

필수 예제 100

선형변환 $T : R^3 \to R^3$는 $(1, 1, 1)$ 방향의 회전축을 중심으로 시계 반대 방향으로 $\dfrac{\pi}{4}$ 만큼 회전하는 변환이다. $T(0, 1, 0) = (a, b, c)$라 할 때, $a+b+c$을 구하면?

[풀이] 표준행렬 A를 구해서 $T\begin{pmatrix}0\\1\\0\end{pmatrix} = A\begin{pmatrix}0\\1\\0\end{pmatrix} = \begin{pmatrix}a\\b\\c\end{pmatrix}$를 구할 수 있고 $a+b+c = (1\ 1\ 1)\begin{pmatrix}a\\b\\c\end{pmatrix} = (1\ 1\ 1)A\begin{pmatrix}0\\1\\0\end{pmatrix}$

(i) 평면 $x+y+z=0$ 위의 직교 기저 벡터 $w_1 = \dfrac{1}{\sqrt{2}}(1,-1,0)$, $w_2 = \dfrac{1}{\sqrt{6}}(1,1,-2)$ 와 법선벡터 $w_3 = \dfrac{1}{\sqrt{3}}(1,1,1)$을

R^3의 정규직교기저 $W = \{w_1, w_2, w_3\}$라고 하자. $W = \dfrac{1}{\sqrt{6}}\begin{pmatrix}\sqrt{3} & 1 & \sqrt{2}\\ -\sqrt{3} & 1 & \sqrt{2}\\ 0 & -2 & \sqrt{2}\end{pmatrix}$는 직교행렬이다. 따라서 $W^{-1} = W^T$이다.

(ii) 벡터 $(1, 1, 1)$ 방향을 회전축으로 시계 반대 방향으로 θ 만큼 회전하는 변환의 좌표벡터는 회전축을 z축으로 회전한

회전변환 $\begin{pmatrix}\cos\theta & -\sin\theta & 0\\ \sin\theta & \cos\theta & 0\\ 0 & 0 & 1\end{pmatrix}$과 같다. $\Rightarrow \quad T = [T]_W^W = \begin{pmatrix}\cos\theta & -\sin\theta & 0\\ \sin\theta & \cos\theta & 0\\ 0 & 0 & 1\end{pmatrix}$

(iii) 기저 $W = \{w_1, w_2, w_3\}$에 대한 표현행렬과 표준기저 E에 대한 표준행렬 $[T]_E^E$는 닮은 관계이고 기전변환으로 표현할 수 있다.

$$\Rightarrow \quad [E]_W [T]_E^E [W]_E = [T]_W^W = \begin{pmatrix}\cos\theta & -\sin\theta & 0\\ \sin\theta & \cos\theta & 0\\ 0 & 0 & 1\end{pmatrix} \quad \Leftrightarrow \quad W^{-1}AW = T \quad \Leftrightarrow \quad A = WTW^T$$

(iv) $T\begin{pmatrix}0\\1\\0\end{pmatrix} = A\begin{pmatrix}0\\1\\0\end{pmatrix} = WTW^T\begin{pmatrix}0\\1\\0\end{pmatrix} = \dfrac{1}{\sqrt{6}}\begin{pmatrix}\sqrt{3} & 1 & \sqrt{2}\\ -\sqrt{3} & 1 & \sqrt{2}\\ 0 & -2 & \sqrt{2}\end{pmatrix}\begin{pmatrix}\cos\theta & -\sin\theta & 0\\ \sin\theta & \cos\theta & 0\\ 0 & 0 & 1\end{pmatrix}\dfrac{1}{\sqrt{6}}\begin{pmatrix}\sqrt{3} & -\sqrt{3} & 0\\ 1 & 1 & -2\\ \sqrt{2} & \sqrt{2} & \sqrt{2}\end{pmatrix}\begin{pmatrix}0\\1\\0\end{pmatrix} = \begin{pmatrix}a\\b\\c\end{pmatrix}$

$a+b+c = (1\ 1\ 1)\dfrac{1}{\sqrt{6}}\begin{pmatrix}\sqrt{3} & 1 & \sqrt{2}\\ -\sqrt{3} & 1 & \sqrt{2}\\ 0 & -2 & \sqrt{2}\end{pmatrix}\dfrac{1}{\sqrt{2}}\begin{pmatrix}1 & -1 & 0\\ 1 & 1 & 0\\ 0 & 0 & \sqrt{2}\end{pmatrix}\dfrac{1}{\sqrt{6}}\begin{pmatrix}\sqrt{3} & -\sqrt{3} & 0\\ 1 & 1 & -2\\ \sqrt{2} & \sqrt{2} & \sqrt{2}\end{pmatrix}\begin{pmatrix}0\\1\\0\end{pmatrix}$

$= \dfrac{1}{6\sqrt{2}}(0\ 0\ 3\sqrt{2})\begin{pmatrix}1 & -1 & 0\\ 1 & 1 & 0\\ 0 & 0 & \sqrt{2}\end{pmatrix}\begin{pmatrix}-\sqrt{3}\\ 1\\ \sqrt{2}\end{pmatrix} = \dfrac{1}{6\sqrt{2}}(0\ 0\ 6)\begin{pmatrix}-\sqrt{3}\\ 1\\ \sqrt{2}\end{pmatrix} = 1$

270. $\mathbb{R}^3$의 순서기저(ordered basis) $\beta = \{v_1, v_2, v_3\}$에 관한 선형변환 $T : \mathbb{R}^3 \to \mathbb{R}^3$의

행렬표현이 $\begin{pmatrix}1 & 1 & -1\\ 2 & 0 & 1\\ 1 & 1 & 0\end{pmatrix}$으로 주어진다. $w_1 = v_1 + 2v_2 + 4v_3$, $w_2 = v_2 + 2v_3$, $w_3 = v_3$에 대하여

$T(w_1 + w_2 + w_3) = \alpha v_1 + \beta v_2 + \gamma v_3 = a w_1 + b w_2 + c w_3$라 할 때, $\alpha\beta\gamma + abc$의 값을 구하시오.

선배들의 이야기 ++

편입스펙

한국공학대학교 (신소재공학과) / 군 제대 후 5월 시작 (2학기 학교병행)

합격 대학

한양대학교 (신소재공학과) / 인하대학교 (기계공학과) / 홍익대학교 (기계시스템디자인공학과)

국민대학교 (기계시스템공학과) / 한양대학교 에리카캠퍼스 (기계공학과)

'이대로는 안되겠다' 내 가능성을 시험하기 위하여

군대 시절에 장래에 대해 많이 걱정하며 시간을 보냈는데 어느 정도의 학벌이 되어야 안정감 있게 취직을 할 수 있을 것 같았고 고등학교 재수 시절을 보내며 입시에서 원하는 결과를 얻지 못하여 학업을 거의 포기 하고 있었지만 이대로는 안 되겠다 싶어서 마지막 입시를 준비해 보자 하여 제 가능성을 확인해 보고 싶었습니다.

솔직하게 모두 쓴 영어 & 수학 학습법

수학 학습법

솔직히 말하자면 당일복습을 매번 하지는 않았습니다. 하지만 다음 수업 전까지 개념정리와 누적복습은 꼭 하고 수업에 참여를 했습니다. 복습을 제대로 못하면 나중에 타가 팍팍 납니다. 일주일만 지나도 그 개념을 까먹는 경우가 빈번합니다. 그래서 이제 막 준비를 시작하는 단계라면 꼭 개념복습을 철처히 하세요. 그러면 나중에 조금이나마 여유를 가지실 수 있을거라고 100% 장담드립니다.

그 후 기출문제풀이를 진행하면서 저는 틀린 문제뿐 아니라 문제를 푸는 과정에서 조금이라도 꺼림직했던 파트는 기본 문제부터 해서 어려운 문제, 개념복습까지 계속 진행하면서 공부를 했던 것 같습니다.

추가적으로 제 나름대로의 노하우라고 하자면 먼저 계산 실수를 하는 부분에 대해서는 항상 고민이 많았습니다. 너무 빈번한 계산 실수 덕에 슬럼프가 오기도 했고 시험점수도 대체로 저조했습니다. 계산실수가 확 줄었던 계기는 시험보기 딱 한 달 전 이었던 것 같아요. 이때 쌤이 기본서를 최대한 회독하란 말을 하셨고, 이때 어려운 문제, 기출문제 다 접고 기본서에 있는 문제만 주구장창 풀었는데 이를 계기로 계산실수가 현저히 줄어들더라고요. 이때 자주 나오는 값은 그 값 자체를 다 외워버리기도 했고 문제가 나름 쉽게 느껴지는 문제들이라 빠른 시간에 많은 양의 문제를 풀 수 있어서 그렇지 않았나 싶습니다.

그리고 마지막으론 저는 제 나름 문제접근, 해결방법을 세웠습니다. 아름쌤 수업을 듣다 보면 문제에 대한 접근 방식을 공식화시켜서 알려주실 때가 있는데(부분분수, 선면적분 등) 이게 너무 효율적이라 생각을 해서 다른 문제풀이를 할 때도 풀고 끝내는 것이 아니라 제 나름대로 접근순서를 만들어낼 수 있는 파트는 문제를 계속 풀며 나름의 접근순서를 만들고 이 방식이 모든 문제에서도 통하는지 확인했었습니다. 선생님께서 하나의 문제를 여러 가지 방법으로 접근하십니다. 이러한 문제들을 항상 주의깊게 보시고 그 여러 가지 방식을 통해 자기만의 접근순서를 만들어내는걸 추천 드립니다.

영어 학습법

1) 단어 : 단어는 하루에 많이 외우지도 않았습니다. 하루에 30~50개 정도? 너무 많은 양을 할당하면 지치기 마련이고 적은 양이지만 꾸준히 진행했습니다. 하루 50개 정도씩 한 달이면 약 1,500개 단어 입니다. 그래서 저는 이 정도 양이면 남는단 생각이 들었고 괜히 많이 봐서 다른 공부에 지장주고 지치는 것보단 낫다는 생각이 들었습니다. 대신 이 단어들을 외울 때 항상 단어책 옆에 동의어 반의어를 눈에 익도록 읽어 봤던 것 같습니다. 단어의 뜻을 물어보는 문제는 단 하나도 없고 있어봤자 동의어 반의어 고르는 문제뿐이니 이 방법이 큰 도움이 되었던 것 같습니다.

2) 문법 : 저는 깔끔하게 문법은 기본만 배우고 포기했습니다. 아마 고등학생보다도 문법은 못할 것 같네요….

3) 독해&논리 : 저는 문법을 포기한 대신 이 부분에 노력을 많이 했습니다. 독해의 배점이 높고 출제양도 많기 때문에 독해&논리에서 점수를 따자는 방식으로 전략을 세웠고 결론적으론 독해 위주의 시험 유형인 학교에선 좋은 결과를 얻을 수 있었습니다.

단어의 꾸준함이 결국 영어점수를 올리는 발판이 되는 것 같습니다. 그냥 외운다는 느낌보단 눈과 기억에 익숙해진단 생각으로 여러 번 보는 걸 추천드립니다!

학습전략

일단 기본적으로 저는 수능 기준으로 수학 2~3등급, 영어 5~6등급정도의 베이스 + 군대 시절을 포함하여 약 4년간 펜을 안 잡은 상태로 4월에 제대 후 5월부터 편입학원을 다녔습니다. 단어는 군대에서부터 조금씩 공부했고 단어를 제외한 다른 과목은 5월에 시작했습니다.

처음 2개월간은 기존 커리큘럼을 따라가기 위해 미적, 다변수를 동시 수강하고 영어도 수강하여서 주7일 등원 하였습니다…. 그렇게 7월이 되면서 선형대수와 문제풀이를 진행하였고 9월부터 학교에 복학하여 학교수업과 동시에 월, 수, 금에는 약 통학시간 4시간 정도를 투자하며 영어수업을, 주말에는 아침 9시부터 수학 개념수업, 오후에는 문제풀이 수업을 진행하며 종강하는 날까지 무조건 등원했습니다. 그리고 영수의 비중은 계속 5:5로 가다가 시험보기 한 달 전쯤 수학 7, 영어 3의 비율로 공부했습니다. 경우에 따라서는 영어든 수학이든 그냥 부족하다 판단되는 부분을 계속 채워나가는 식의 공부를 한 적도 있습니다.

할 수 있다는 긍정적인 에너지가 힘이 되었습니다

저는 9월 학교 병행이 시작되며 슬럼프가 왔습니다. 학교 병행을 시작하기 전 영어, 수학 둘 다 선생님들만의 테스트를 봤었는데 일취월장 모의고사는 전체 5등, 영어는 1~2티어를 왔다갔다 했던 터라 자만에 취해 있었습니다. 그와 동시에 학교 병행이 이루어지면서 공부량은 바닥을 쳤고 자만심은 하늘을 찔렀던 터라 슬럼프가 오는 건 당연했던 것 같습니다. 기출풀이 점수는 점점 내려갔고 내려간 점수를 다시 복구시키기 위해서 공부량을 높이고 정신을 차려도 복구가 안 되어 심리적 불안감이 컸습니다. 극복방법이라면 그냥 공부를 했고 여러 시험에서 저의 문제점을 찾아서 급한 불 끄기 방식으로 부족한 부분을 채워나갔습니다.

두 번째 슬럼프는 건국대학교 편입시험을 봤을 때입니다. 개인 시계가 없었고 고사장에도 시계가 없어서 시간 관리를 제대로 못했습니다. 그래서 OMR마킹을 10문제나 못한 상태에서 고사시간 종료가 되었습니다. 그냥 무시하고 계속 마킹을 하다 부정행위 처리가 되었고 결격되었습니다. 건국대가 또 심지어 1차발표도 빠른 편이라 정말 중요한 시기에 공부에 집중을 못했습니다. 이때는 솔직히 극복은 힘들었고 그냥 남은 시험 전날 기출문제만 다시 풀고 갔던 거 말곤 생각이 안 납니다. 정말 다행히도 결과가 좋게 나와줬지만 여러분은 저 같은 실수는 없길 바랍니다.

수업을 듣다 보면 선형대수에서 다변수미적분학과의 연결, 공학수학에서 다른 단원의 전혀 관계없어 보였던 개념끼리 얽히고 설킨 여러 가지 문제의 접근 방식을 통해서 개념을 이해하고, 문제풀이 방식의 수준이 다른 강사와 비교했을 때 차원이 다릅니다. 마인드맵처럼 퍼져나가는 개념강의와 여러 가지 문제 접근 방식은 쉽지만 인상깊게 기억이 되어 장기기억을 시켜줍니다. 그리고 쌤이 '처음 본 문제가 제일 어렵다'라는 말을 하십니다. 그러나 여러 가지 접근방식과 개념끼리의 상호작용 등을 알고 있으면 어느 정도 시도와 문제 해결을 할 수 있게 됩니다. 그리고 개념이 쉽고 인상깊게 박힌다라는건 정말 수험생 입장에선 그만한 좋은 일도 없을 거라고 전 생각합니다!

그리고 긍정적 에너지가 미치는 영향력이 매우 큰 것 같습니다. 항상 할 수 있다라는 에너지를 주시는 선생님 덕에 많은 에너지를 받았고 이러한 긍정적 에너지가 저의 이번 입시성공에 큰 힘이 된 것 같습니다. 아직도 마지막 종강날 쌤이 수업 마지막에 다 잘될 거라고 아름매스 파이팅!하셨던 모습이 생생하네요^^

인생을 바꾸는 것으로는 짧은 1년입니다

여러분의 1년이 길지만 짧은 듯한 1년이 될 것입니다. 대학입시가 정말 힘들고 고되지만 다시 한번 용기를 낸 여러분들 정말 응원합니다. 많이 힘들겠지만 완주를 한 선배로서 힘내서 완주만 하라고 말씀드리고 싶습니다. 힘든 시기는 누구에게나 항상 오고 이를 버티면 전보다 더 완벽해져 가는 자신을 볼 수 있을 것입니다. 슬럼프가 와도 시험점수가 떨어져도 우울해 하기보다는 내가 맞을 수 있는 최저점이 지금이구나 최종결과는 이것보단 훨씬 낫겠구나! 란 생각으로 공부하시다 보면 누구나 후회 없는 1년이 될 거라 생각합니다. 그리고 학교 병행 하시는 후배님들! 정말 정말 존경하고 힘내시길 바랍니다.

여러분 모두 마지막까지 완주하시길 기원합니다!

한아름 선생님께.

5월부터 시험 보는 그날까지 걱정해 주시고 이끌어 주신 한아름 선생님! 정말 감사드립니다. 선생님에겐 수많은 제자 중 한 명이었겠지만 저에겐 큰 은인이시자 최고의 선생님이십니다. 저와 같은 수많은 제자들이 항상 고맙고 감사함을 갖고 있다는 거 잊지 마시고 지금처럼 열정적으로 학생들을 이끌어 주세요. 감사합니다!

- 김○우 (한양대학교 화학공학과)

05 | 추가 주제

"편입수학의 **ONE PICK**, 결과로 증명된 *Areum Math*"

개념 시리즈

❶ 베이직
❷ 미적분과 급수
❸ 다변수 미적분
❹ 선형대수
❺ 공학수학

문제풀이 시리즈

❶ 편입수학 익힘책
❷ 한아름 1200제
❸ 한아름 파이널

편입수학은 한아름 ❹ 선형대수

From. 한아름 선생님

그동안 강의 생활에서 매 순간 최선을 다했고 두려움을 피하지 않았으며 기회가 왔을 때 물러서지 않고 도전했습니다. 이 책은 그와 같은 마음을 바탕으로 그동안의 연구들을 정리하여 담은 것입니다. 자신의 인생을 개척하고자 결정한 여러분께 틀림없이 도움이 될 수 있을 것이라고 생각합니다. 믿고 함께한다면 합격이라는 목표뿐만 아니라 인생의 새로운 목표들도 이룰 수 있을 것입니다. 여러분의 도전을 응원합니다!

HOT LINE

유튜브 | 편입수학은 한아름

학원 | 브라운 편입학원

카카오톡 ID | areummath

네이버 | 편입수학은 한아름

"**두려움을 자신감으로 바꾸는 아름매스!**"
편입수학은 한아름으로 합격의 길을 찾아라!

Areum Math new series

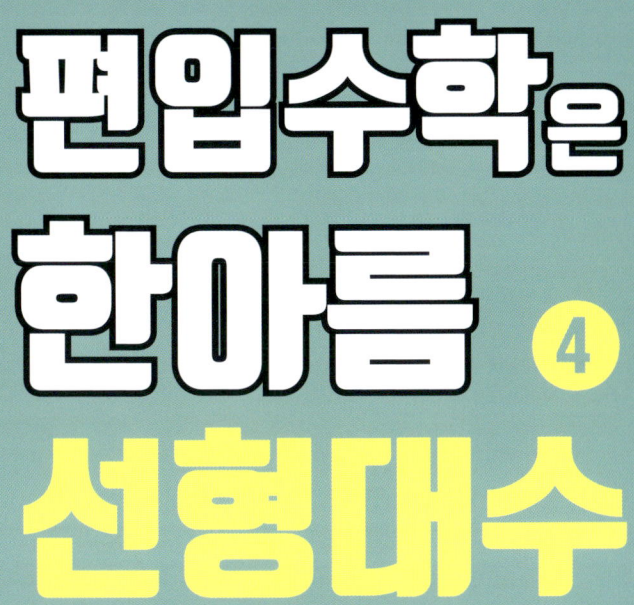

편입수학은 한아름 ④ 선형대수

한아름 편저

★NEW★
개념 시리즈
개정판 출간

100개 유형 270개 문제로 기초를 다지는 **필수 기본서**

고득점 합격을 위한 **핵심 전략** 공개

편입 성공 선배들의 **최신 합격 수기**

1타 강사의 **15년 노하우** 결정체 수록

정답 및 해설

미다스북스

정답 및 해설

선형대수

■ 1. 벡터공간 & 부분공간

1. 　ㄹ

> **[풀이]** R^2 의 부분공간은 다음 세 가지이다.
>
> $\{0\}$, R^2 의 원점을 지나는 직선, R^2

2. 　4개

> **[풀이]** 가. (거짓) 영공간의 부분공간은 그 자신뿐이다.
>
> 나. (참) 부분공간의 정의에이다.
>
> 다. (거짓) $u \in W$, $v \in W$이면 $u+v = W$이다. 그러나
> $u+v \in W$라고 해서 $u \in W$이고 $v \in W$인 것은 아니다.
>
> 라. (거짓) 한 벡터공간의 부분공간의 교집합은 반드시 영공간을
> 포함한다. 따라서 공집합이 될 수 없다.
>
> 마. (거짓) 원점을 지나지 않는 직선은 R^2의 부분공간으로
> 볼 수 없다.
>
> 따라서 옳지 않은 것은 가, 다, 라, 마의 4개이다.

3. 　③

> **[풀이]** ①, ② 반드시 원점을 지나지는 않는다. 즉 영벡터를
> 포함하지 않을 수도 있다.
>
> ③ $a = (a_1, a_2, a_3)$, $b = (b_1, b_2, b_3)$, $c = (c_1, c_2, c_3)$,
> $x = (x_1, x_2, x_3)$이라 하면
>
> $(a_1, a_2, a_3) \cdot (x_1, x_2, x_3) = 0$,
> $(b_1, b_2, b_3) \cdot (x_1, x_2, x_3) = 0$,
> $(c_1, c_2, c_3) \cdot (x_1, x_2, x_3) = 0$
>
> $\Leftrightarrow \begin{pmatrix} a_1 & a_2 & a_3 \\ b_1 & b_2 & b_3 \\ c_1 & c_2 & c_3 \end{pmatrix} \begin{pmatrix} x_1 \\ x_2 \\ x_3 \end{pmatrix} = \begin{pmatrix} 0 \\ 0 \\ 0 \end{pmatrix}$
>
> 이때, $\{x \in R_3 \mid Ax = O\}$이고 이때, A가 가역이면 자명해를,
> A가 비가역이면 무수히 많은 해를 갖는다.
>
> 따라서 영벡터를 포함하고 덧셈과 스칼라 곱에 대하여
> 닫혀 있으므로 부분공간이다.
>
> ④ $(0, 0, 0) \notin \{x \in R^3 \mid (a \cdot x, b \cdot x, c \cdot x) = (0, 0, -1)\}$
> 즉, 원점을 포함하지 않으므로 부분공간이 아니다.

4. 　①

> **[풀이]** (1) (거짓)
> [반례] $f_1(x) = x^2$, $f_2(x) = -x^2$에서 $f_1 + f_2 = 0$으로
> 2차 함수가 아니다.
>
> (2) (참)
> $f(x) = 0$은 연속함수이고 연속함수의 일차결합은 연속함수
> 이므로 부분공간을 이룬다.
>
> (3) (참)
> $f(x) = 0$은 우함수이고 우함수의 일차결합은 우함수이므로
> 부분공간을 이룬다.
>
> (4) (참)
> $f(x) = 0$은 기함수이고 기함수의 일차결합은 기함수이므로
> 부분공간을 이룬다.

■ 2. 일차독립 & 기저 & 차원

5. ①, ②, ⑤

[풀이]

① $ae^x + be^{x^2} = 0 \Leftrightarrow a = b = 0$ 따라서 일차독립이다.

② $ae^x + bxe^x = 0 \Leftrightarrow a = b = 0$ 따라서 일차독립이다.

③ $a\ln x + b\ln x^2 = a\ln x + 2b\ln x = (a+2b)\ln x = 0$ 에서
$a = -2b$ 일 때, 등식이 성립한다. 즉 $a = 0, b = 0$ 이외의
값이 존재하므로 $\ln x, \ln x^2$ 은 일차종속이다.

④ $a(\sqrt{x}+5) + b(\sqrt{x}+5x) + c(x-1) + dx^2 = 0$
$\Leftrightarrow dx^2 + (c+5b)x + (a+b)\sqrt{x} + 5a - c = 0$ 에서
$d = 0, c = -5b, a = -b, c = 5a$ 이므로
$(a, b, c, d) = t(1, -1, 5, 0)$ 따라서 일차종속이다.

⑤ $a\cos x + b\cos x^2 = 0$ 이기 위한 $(a, b) = (0, 0)$
따라서 일차독립이다.

⑥ $v_1 = \cos^2 x, v_2 = \sin^2 x, v_3 = \sec^2 x, v_4 = \tan^2 x$ 라 하면
$$v_1 + v_2 + v_4 = \cos^2 x + \sin^2 x + \tan^2 x$$
$$= 1 + \tan^2 x = \sec^2 x$$
즉 v_3 가 $\{v_1, v_2, v_4\}$ 에 의해 생성되므로
$\{v_1, v_2, v_3, v_4\}$ 는 일차종속이다.

⑦ 주어진 집합의 벡터를 변환하면
$$\{\cos 2x, \cos^2 x, 1\} = \left\{\cos 2x, \frac{1+\cos 2x}{2}, 1\right\}$$ 이다.
$v_1 = \cos 2x, v_2 = \dfrac{1+\cos 2x}{2}, v_3 = 1$ 이라고 하면
$$\frac{1}{2}v_1 + \frac{1}{2}v_3 = v_2 \Leftrightarrow \frac{1}{2}v_1 - v_2 + \frac{1}{2}v_3 = 0$$ 이므로 일차종
속이다.

[다른 풀이]
$$W = \begin{vmatrix} \cos 2x & \cos^2 x & 1 \\ -2\sin 2x & -2\sin x\cos x & 0 \\ -4\cos 2x & -2\cos 2x & 0 \end{vmatrix} = 0$$ 이므로 일차종속이
다.

⑧ $a + bx + cx^2 + d \cdot 0 = 0$ 이 되려면 $a = 0, b = 0, c = 0$,
$d \in R$ 이므로 $1, x, x^2, 0$ 은 일차종속이다.

6. (1) 일차독립   (2) 일차독립

[풀이]

(1) $a\begin{pmatrix} 1 & 0 \\ 1 & 0 \end{pmatrix} + b\begin{pmatrix} 1 & 1 \\ 0 & 0 \end{pmatrix} + c\begin{pmatrix} 1 & 0 \\ 0 & 1 \end{pmatrix} + d\begin{pmatrix} 0 & 0 \\ 1 & 0 \end{pmatrix} = \begin{pmatrix} a+b+c & b \\ a+d & c \end{pmatrix} = \begin{pmatrix} 0 & 0 \\ 0 & 0 \end{pmatrix}$ 을
만족하는 $a = b = c = d = 0$ 뿐이므로 $\{A_1, A_2, A_3, A_4\}$ 는
일차독립이다.

(2) $a\begin{pmatrix} 1 & 1 \\ 1 & 1 \end{pmatrix} + b\begin{pmatrix} 0 & 1 \\ 1 & 1 \end{pmatrix} + c\begin{pmatrix} 0 & 0 \\ 1 & 1 \end{pmatrix} + d\begin{pmatrix} 0 & 0 \\ 0 & 1 \end{pmatrix}$
$= \begin{pmatrix} a & a+b \\ a+b+c & a+b+c+d \end{pmatrix} = \begin{pmatrix} 0 & 0 \\ 0 & 0 \end{pmatrix}$ 을 만족하는
$a = b = c = d = 0$ 뿐이므로 $\{A_1, A_2, A_3, A_4\}$ 는
일차독립이다.

7. ②

[풀이]

$\{u, v, w\}$ 가 일차독립 $\Leftrightarrow \det A = \begin{vmatrix} u \\ v \\ w \end{vmatrix} \neq 0$ 또는 $rank A = 3$

$\det A = \begin{vmatrix} 1 & 2 & 3 \\ 1 & 1 & 1 \\ 1 & a & b \end{vmatrix} = \begin{vmatrix} 1 & 2 & 3 \\ 0 & -1 & -2 \\ 0 & a-2 & b-3 \end{vmatrix}$
$= -(b-3) + 2(a-2) = 2a - b - 1 \neq 0$

즉, 세 벡터 $\vec{u}, \vec{v}, \vec{w}$ 가 일차독립이기 위한 조건은 $2a - b \neq 1$
보기 중 이 조건을 만족하는 것은 ②이다.

8. 2 또는 $-\dfrac{3}{2}$

[풀이]

$A = \begin{pmatrix} a \\ b \\ c \end{pmatrix} = \begin{pmatrix} 1 & 2 & 1 \\ 2 & 1 & k \\ k & 0 & 2 \end{pmatrix}$ 라 하면

$rank A < 3$ 또는 $\det A = 0$ 이면 $\{a, b, c\}$ 는 일차종속이다.

$\det A = \begin{vmatrix} -3 & 0 & 1-2k \\ 2 & 1 & k \\ k & 0 & 2 \end{vmatrix} (-2R_2 + R_1 \to R_1)$

$= \begin{vmatrix} -3 & 1-2k \\ k & 2 \end{vmatrix} = -6 - (1-2k)k = 2k^2 - k - 6$

$= (2k+3)(k-2) = 0$ $\qquad \therefore k = 2$ 또는 $-\dfrac{3}{2}$

9. 일차독립

[풀이]

세 벡터를 행벡터로 나타낸 행렬을 $A = \begin{pmatrix} 1 & 0 & 3 & 1 \\ 0 & 1 & -6 & -1 \\ 0 & 2 & 1 & 0 \end{pmatrix}$ 라고
하자. 정방행렬이 아니므로 $\det A$ 를 구할 수 없다.
이 경우 $rank A = 3$ 이면 일차독립을 확인할 수 있다.

$\begin{pmatrix} 1 & 0 & 3 & 1 \\ 0 & 1 & -6 & -1 \\ 0 & 2 & 1 & 0 \end{pmatrix} \sim \begin{pmatrix} 1 & 0 & 3 & 1 \\ 0 & 1 & -6 & -1 \\ 0 & 0 & 13 & 2 \end{pmatrix} (-2R_2 + R_3 \to R_3)$

$\therefore rank A = 3$ 따라서 주어진 세 벡터는 일차독립이다.

10. ④

풀이 주어진 세 벡터를 행벡터로 나타낸 행렬 A를 생각하자.

세 벡터가 R^3의 기저가 되기 위해서는 일차독립이 되어야 한다. 따라서 행렬식 $\det(A) \neq 0$이 되어야 한다. 문제에서는 기저 벡터가 되기 위한 a, b의 값이 될 수 없는 것을 고르는 문제이므로

$A = \begin{pmatrix} 2 & 6 & 4 \\ 1 & 0 & 1 \\ a & b & 5 \end{pmatrix} \Rightarrow |A| = 6a + 2b - 30$에서 $|A| = 0$이 되는

값을 찾아야 한다. $3a + b = 15$대응되는 답은 보기 ④이다.

11. ⓐ, ⓑ

풀이

ⓐ $\begin{vmatrix} 1 & 0 & 0 \\ 2 & 2 & 0 \\ 3 & 3 & 3 \end{vmatrix} = 6 \neq 0$이므로 $\{(1,0,0), (2,2,0), (3,3,3)\}$

은 일차독립이다. 따라서 $\mathbb{R}^3$의 기저이다.

ⓑ $\begin{vmatrix} 3 & 1 & -4 \\ 2 & 5 & 6 \\ 1 & 4 & 8 \end{vmatrix} = 26 \neq 0$이므로 $\{(3,1,-4), (2,5,6), (1,4,8)\}$

은 일차독립이다. 따라서 $\mathbb{R}^3$의 기저이다.

ⓒ $\begin{vmatrix} 2 & -3 & 1 \\ 4 & 1 & 1 \\ 0 & -7 & 1 \end{vmatrix} = 0$이므로 $\{(2,-3,1), (4,1,1), (0,-7,1)\}$

은 일차종속이다. 따라서 $\mathbb{R}^3$의 기저가 아니다.

ⓓ $\begin{vmatrix} 1 & 6 & 4 \\ 2 & 4 & -1 \\ -1 & 2 & 5 \end{vmatrix} = 0$이므로 $\{(1,6,4), (2,4,-1), (-1,2,5)\}$

은 일차종속이다. 따라서 $\mathbb{R}^3$의 기저가 아니다.

12. ③

풀이

① $\begin{pmatrix} 2 & -3 & 1 \\ 4 & 1 & 1 \\ 0 & -7 & 1 \end{pmatrix} \sim \begin{pmatrix} 2 & -3 & 1 \\ 0 & 7 & -1 \\ 0 & -7 & 1 \end{pmatrix} \sim \begin{pmatrix} 2 & -3 & 1 \\ 0 & 7 & -1 \\ 0 & 0 & 0 \end{pmatrix}$

$rank = 2$이므로 일차종속이다 즉, 기저가 아니다.

② $\begin{pmatrix} 1 & 6 & 4 \\ 2 & 4 & -1 \\ -1 & 2 & 5 \end{pmatrix} \sim \begin{pmatrix} 1 & 6 & 4 \\ 0 & -8 & -9 \\ 0 & 8 & 9 \end{pmatrix} \sim \begin{pmatrix} 1 & 6 & 4 \\ 0 & -8 & -9 \\ 0 & 0 & 0 \end{pmatrix}$

$rank = 2$이므로 일차종속이다. 따라서 기저가 아니다.

③ $\begin{pmatrix} 3 & 1 & -4 \\ 2 & 5 & 6 \\ 1 & 4 & 8 \end{pmatrix} \sim \begin{pmatrix} 1 & 4 & 8 \\ 2 & 5 & 6 \\ 3 & 1 & -4 \end{pmatrix} \sim \begin{pmatrix} 1 & 4 & 8 \\ 0 & -3 & -10 \\ 0 & -11 & -28 \end{pmatrix}$

$rank = 3$이므로 일차독립이다. 따라서 R^3의 기저이다.

④ $\begin{pmatrix} 1 & 0 & 0 \\ 0 & 1 & 0 \\ 1 & 1 & 0 \end{pmatrix}$에서 $rank = 2$이므로 일차종속이다.

13. ③

풀이 세 벡터 $\overrightarrow{v_1}, \overrightarrow{v_2}, \overrightarrow{v_3}$가 일차독립이어야 한다.

$\det A = \begin{vmatrix} 1 & 2 & a \\ 1 & a & 2 \\ a & 1 & 2 \end{vmatrix} = \begin{vmatrix} 1 & 2 & a \\ 0 & a-2 & 2-a \\ 0 & 1-2a & 2-a^2 \end{vmatrix} \begin{pmatrix} -R_1 + R_2 \to R_2 \\ -aR_1 + R_3 \to R_3 \end{pmatrix}$

$= (a-2)\begin{vmatrix} 1 & -1 \\ 1-2a & 2-a^2 \end{vmatrix} = (a-2)(2-a^2+1-2a)$

$= -(a-2)(a^2+2a-3) = -(a-2)(a+3)(a-1) \neq 0$

$\therefore a \neq -3, 1, 2$

14. 2

풀이 u가 v와 w에 의해 생성된다는 뜻이다. $\{u, v, w\}$가 일차종속이므로

$\begin{vmatrix} v \\ w \\ u \end{vmatrix} = \begin{vmatrix} -1 & 1 & 0 \\ 0 & 1 & 2 \\ 1 & 0 & a \end{vmatrix} = \begin{vmatrix} -1 & 1 & 0 \\ 0 & 1 & 2 \\ 0 & 1 & a \end{vmatrix} = -\begin{vmatrix} 1 & 2 \\ 1 & a \end{vmatrix} = -(a-2) = 0$

$\therefore a = 2$

15. -3

풀이 세 벡터가 한 평면위에 존재한다는 것은 세 벡터가 일차종속이라는 것과 같다.

$\det A = \begin{vmatrix} u \\ v \\ w \end{vmatrix} = \begin{vmatrix} 2 & -1 & c \\ 2 & 2 & 0 \\ -1 & 1 & 2 \end{vmatrix}$

$= \begin{vmatrix} 2 & -3 & c \\ 2 & 0 & 0 \\ -1 & 2 & 2 \end{vmatrix} (\because -C_1 + C_2)$

$= -2\begin{vmatrix} -3 & c \\ 2 & 2 \end{vmatrix} = -2(-6-2c) = 0 \quad \therefore c = -3$

16. -3

풀이 주어진 v_1, v_2, v_3, v_4에 의해서 생성된 벡터공간을 V라 하고, 벡터의 관계성을 파악하기 행렬 A의 행벡터로 놓고 $rank$를 구하자.

$A = \begin{pmatrix} v_1 \\ v_2 \\ v_3 \\ v_4 \end{pmatrix} = \begin{pmatrix} 1 & 2 & -2 \\ 5 & 4 & -7 \\ 3 & 2 & -4 \\ 4 & 2 & t \end{pmatrix}$

$\sim \begin{pmatrix} 1 & 2 & -2 \\ 0 & -6 & 3 \\ 0 & -4 & 2 \\ 0 & -6 & t+8 \end{pmatrix} \sim \begin{pmatrix} 1 & 2 & -2 \\ 0 & -6 & 3 \\ 0 & 0 & 0 \\ 0 & -6 & t+8 \end{pmatrix}$

$t = -5$이고 $\dim H = 2$이고, $t \neq -5$이면 $\dim H = 3$이다. 따라서 $\dim H = 2$일 때는 $s + t = -3$으로 존재하고 $\dim H = 3$이면 $s + t$의 값은 존재하지 않는다. 따라서 $s + t = -3$이다.

17. 3

풀이 주어진 벡터를 행벡터로 나타낸 행렬 A를 생각하자.

$$A = \begin{pmatrix} v_1 \\ v_2 \\ v_3 \end{pmatrix} = \begin{pmatrix} 1 & 2 & 1 \\ 1 & -1 & 3 \\ 1 & 1 & 4 \end{pmatrix} \sim \begin{pmatrix} 1 & 2 & 1 \\ 0 & -3 & 2 \\ 0 & -1 & 3 \end{pmatrix} \begin{pmatrix} \because \\ -R_1 + R_2 \to R_2 \\ -R_1 + R_3 \to R_3 \end{pmatrix}$$

$\therefore rankA = 3$

따라서 $\{v_1, v_2, v_3\}$는 일차독립이고 R^3의 기저이다.
차원의 수는 기저벡터의 개수이므로 $\dim A = 3$이다.

18. 3

풀이 주어진 벡터를 행벡터로 나타낸 행렬을 생각하자.

$$\begin{pmatrix} 1 & 0 & 0 & 0 & 1 \\ -2 & 1 & -1 & 2 & -2 \\ 0 & 5 & -4 & 9 & 0 \\ 2 & 10 & -8 & 18 & 2 \end{pmatrix} \sim \begin{pmatrix} 1 & 0 & 0 & 0 & 1 \\ 0 & 1 & -1 & 2 & 0 \\ 0 & 5 & -4 & 9 & 0 \\ 0 & 10 & -8 & 18 & 0 \end{pmatrix}$$

$$\begin{bmatrix} \because (1행) \times 2 + (2행) \to (2행) \\ (1행) \times (-2) + (4행) \to (4행) \end{bmatrix}$$

$$\sim \begin{pmatrix} 1 & 0 & 0 & 0 & 1 \\ 0 & 1 & -1 & 2 & 0 \\ 0 & 0 & 1 & -1 & 0 \\ 0 & 0 & 2 & -2 & 0 \end{pmatrix} \begin{bmatrix} \because (2행) \times (-5) + (3행) \to (3행) \\ (2행) \times (-10) + (4행) \to (4행) \end{bmatrix}$$

$$\sim \begin{pmatrix} 1 & 0 & 0 & 0 & 1 \\ 0 & 1 & -1 & 2 & 0 \\ 0 & 0 & 1 & -1 & 0 \\ 0 & 0 & 0 & 0 & 0 \end{pmatrix} \begin{bmatrix} \because (3행) \times (-2) + (4행) \to (4행) \end{bmatrix}$$

따라서 W의 차원은 3이다.

19. 1

풀이 $W = \left\{ \begin{pmatrix} x_1 \\ x_2 \\ x_3 \end{pmatrix} \middle| x_1 = -2x_3, x_2 = x_3 \right\}$

$= \left\{ \begin{pmatrix} -2t \\ t \\ t \end{pmatrix} \middle| t \in R \right\} = \left\{ t \begin{pmatrix} -2 \\ 1 \\ 1 \end{pmatrix} \middle| t \in R \right\}$ $\therefore \dim W = 1$

20. 1

풀이 $W = \left\{ \begin{bmatrix} x_1 \\ x_2 \\ x_3 \\ x_4 \end{bmatrix} \in R^4 \middle| \begin{array}{l} x_2 + x_3 + x_4 = 0, \\ \\ x_1 + x_2 = 0, x_3 = 2x_4 \end{array} \right\}$

$= \left\{ \begin{bmatrix} 3s \\ -3s \\ 2s \\ s \end{bmatrix} \in R^4 \middle| s \in R \right\}$ 이므로 1차원이다.

21. 2

풀이 주어진 조건식을 정리하면 다음과 같다.

$$\begin{bmatrix} x_1 \\ x_2 \\ x_3 \\ x_4 \end{bmatrix} = \begin{bmatrix} 2x_2 \\ x_2 \\ x_3 \\ -x_3 \end{bmatrix} = x_2 \begin{bmatrix} 2 \\ 1 \\ 0 \\ 0 \end{bmatrix} + x_3 \begin{bmatrix} 0 \\ 0 \\ 1 \\ -1 \end{bmatrix}$$

따라서 주어진 벡터공간은 일차독립인 벡터 $\left\{ \begin{bmatrix} 2 \\ 1 \\ 0 \\ 0 \end{bmatrix}, \begin{bmatrix} 0 \\ 0 \\ 1 \\ -1 \end{bmatrix} \right\}$ 의

일차결합으로 생성되는 벡터공간이고 2차원이다.

22. (1) 2   (2) 3   (3) 10   (4) 6

풀이 (1) $A = \begin{pmatrix} a & b \\ c & d \end{pmatrix}$ 라 하면 $AB = \begin{pmatrix} a & b \\ c & d \end{pmatrix} \begin{pmatrix} 1 & -1 \\ -2 & 2 \end{pmatrix}$

$$= \begin{pmatrix} a - 2b & -a + 2b \\ c - 2d & -c + 2d \end{pmatrix} = \begin{pmatrix} 0 & 0 \\ 0 & 0 \end{pmatrix}$$

$a = 2b, c = 2d$이므로 $A = \begin{pmatrix} 2t & t \\ 2s & s \end{pmatrix} = t \begin{pmatrix} 2 & 1 \\ 0 & 0 \end{pmatrix} + s \begin{pmatrix} 0 & 0 \\ 2 & 1 \end{pmatrix}$

$\therefore \dim V = 2$

(2) $V = \left\{ \begin{pmatrix} -y - z - w & y \\ z & w \end{pmatrix} \middle| y, z, w \in R \right\}$

$= \left\{ \begin{pmatrix} x & -x - z - w \\ z & w \end{pmatrix} \middle| x, z, w \in R \right\}$ $\therefore \dim V = 3$

(3) $A = A^T$를 만족하는 행렬은 대칭행렬이므로

$A = \begin{pmatrix} a & b & c & d \\ b & e & f & g \\ c & f & h & i \\ d & g & i & j \end{pmatrix}$ $\therefore \dim A = 10$

TIP 대칭행렬의 집합

$W = \{A + A^t \mid A \in M_{n \times n}\}$,

$X = \{A \cdot A^t \mid A \in M_{m \times n}\}$

(4) $A = -A^t$를 만족하는 행렬은 교대행렬이다.
교대행렬은 주대각원소가 모두 0이고 부호가 반대인
대칭행렬이므로 $\dim V = 6$이다.

$A = \begin{pmatrix} 0 & a & b & c \\ -a & 0 & d & f \\ -b & -d & 0 & g \\ -c & -f & -g & 0 \end{pmatrix}$

23. ②

풀이 W는 교대행렬의 집합이다.

$$\begin{pmatrix} 0 & a_{12} & a_{13} & \cdots & a_{1n} \\ -a_{12} & 0 & a_{23} & \cdots & a_{2n} \\ -a_{13} & -a_{23} & 0 & \cdots & a_{3n} \\ \vdots & \vdots & \vdots & \ddots & \vdots \\ -a_{1n} & -a_{2n} & -a_{3n} & \cdots & 0 \end{pmatrix}$$ 로 나타낼 수 있고 이때 자유

변수의 개수는 $1+2+3+\cdots+(n-1)=\dfrac{n(n-1)}{2}$ 이다.

따라서 W의 차원은 $\dfrac{n(n-1)}{2}$ 이다.

[다른 풀이]

W는 교대행렬의 집합이다. $n=4$일 때 임의의 교대행렬은

$$\begin{pmatrix} 0 & a & b & c \\ -a & 0 & d & e \\ -b & -d & 0 & f \\ -c & -e & -f & 0 \end{pmatrix}$$ 로 나타낼 수 있고 이때 자유변수의 개수는

차원과 같으므로 $\dim W = 6 = \dfrac{4\cdot 3}{2}$ 이다.

보기에서 $n=4$를 대입해서 답을 구할 수 있다.

24. ③

풀이 W는 대칭행렬의 집합이다.

$$\begin{pmatrix} a_{11} & a_{12} & a_{13} & \cdots & a_{1n} \\ a_{12} & a_{22} & a_{23} & \cdots & a_{2n} \\ a_{13} & a_{23} & a_{33} & \cdots & a_{3n} \\ \vdots & \vdots & \vdots & \ddots & \vdots \\ a_{1n} & a_{2n} & a_{3n} & \cdots & a_{nn} \end{pmatrix}$$ 로 나타낼 수 있고 이때 자유변수의

개수는 $1+2+3+\cdots+(n-1)+n=\dfrac{n(n+1)}{2}$ 이다.

따라서 W의 차원은 $\dfrac{n(n+1)}{2}$ 이다.

■ 3. 좌표벡터

25. $\dfrac{4}{3}$

풀이 $c_1\vec{b_1}+c_2\vec{b_2}=\vec{v}$를 만족하는 좌표벡터 (c_1, c_2)를 찾는 것은

$\begin{pmatrix} b_1 & b_2 \end{pmatrix}\begin{pmatrix} c_1 \\ c_2 \end{pmatrix}=\begin{pmatrix} 3 \\ 2 \end{pmatrix}$를 만족하는 연립방정식의 해와 같다.

$$\begin{pmatrix} A & \vert & B \end{pmatrix} \sim \begin{pmatrix} 2 & 1 & 3 \\ 1 & -1 & 2 \end{pmatrix} \sim \begin{pmatrix} 1 & -1 & 2 \\ 2 & 1 & 3 \end{pmatrix} \sim \begin{pmatrix} 1 & -1 & 2 \\ 0 & 3 & -1 \end{pmatrix}$$

$$\sim \begin{pmatrix} 1 & -1 & 2 \\ 0 & 1 & -\dfrac{1}{3} \end{pmatrix} \sim \begin{pmatrix} 1 & 0 & \dfrac{5}{3} \\ 0 & 1 & -\dfrac{1}{3} \end{pmatrix}$$

따라서 $(3, 2)=\dfrac{5}{3}(2, 1)+\left(-\dfrac{1}{3}\right)(1, -1)$를 만족하므로

좌표벡터 $(c_1, c_2)=\left(\dfrac{5}{3}, -\dfrac{1}{3}\right)$이다. $c_1+c_2=\dfrac{4}{3}$ 이다.

26. 2

풀이 $a(1, 2, 1)+b(2, 9, 0)+c(3, 3, 4)=(5, -1, 9)$

$$\Leftrightarrow \begin{pmatrix} 1 & 2 & 3 \\ 2 & 9 & 3 \\ 1 & 0 & 4 \end{pmatrix}\begin{pmatrix} a \\ b \\ c \end{pmatrix}=\begin{pmatrix} 5 \\ -1 \\ 9 \end{pmatrix}$$

$$\Leftrightarrow \begin{pmatrix} 1 & 2 & 3 & \vdots & 5 \\ 2 & 9 & 3 & \vdots & -1 \\ 1 & 0 & 4 & \vdots & 9 \end{pmatrix} \sim \begin{pmatrix} 1 & 2 & 3 & \vdots & 5 \\ 0 & 5 & -3 & \vdots & -11 \\ 0 & -2 & 1 & \vdots & 4 \end{pmatrix}$$

$$\sim \begin{pmatrix} 1 & 2 & 3 & \vdots & 5 \\ 0 & 10 & -6 & \vdots & -22 \\ 0 & -10 & 5 & \vdots & 20 \end{pmatrix} \sim \begin{pmatrix} 1 & 2 & 3 & \vdots & 5 \\ 0 & 5 & -3 & \vdots & -11 \\ 0 & 0 & 1 & \vdots & 2 \end{pmatrix}$$

$$\sim \begin{pmatrix} 1 & 2 & 0 & \vdots & -1 \\ 0 & 5 & 0 & \vdots & -5 \\ 0 & 0 & 1 & \vdots & 2 \end{pmatrix} \sim \begin{pmatrix} 1 & 2 & 0 & \vdots & -1 \\ 0 & 1 & 0 & \vdots & -1 \\ 0 & 0 & 1 & \vdots & 2 \end{pmatrix} \sim \begin{pmatrix} 1 & 0 & 0 & \vdots & 1 \\ 0 & 1 & 0 & \vdots & -1 \\ 0 & 0 & 1 & \vdots & 2 \end{pmatrix}$$

$a=1, b=-1, c=2$이다.

그러므로 좌표 벡터의 합은 2이다.

27. $(-2, 3, 3)$

풀이 $P_2(R)$의 순서기저 $\beta=\{\beta_1, \beta_2, \beta_3\}$에 대하여

$\beta_1=1, \beta_2=1+t, \beta_3=1+t+t^2$이라 하면

$a\beta_1+b\beta_2+c\beta_3=a(1)+b(1+t)+c(1+t+t^2)$

$\qquad\qquad\qquad = a+b+c+(b+c)t+ct^2$

$\qquad\qquad\qquad = 3t^2+6t+4$을 만족해야 한다.

$a=-2, b=3, c=3$이므로 $3t^2+6t+4$의 좌표벡터는

$(-2, 3, 3)$이다.

28. (1) $\begin{pmatrix}1\\2\\3\\4\end{pmatrix}$ (2) $\begin{pmatrix}6\\-4\\3\\-2\end{pmatrix}$

풀이 (1) $a\begin{pmatrix}1&0\\1&0\end{pmatrix}+b\begin{pmatrix}1&1\\0&0\end{pmatrix}+c\begin{pmatrix}1&0\\0&1\end{pmatrix}+d\begin{pmatrix}0&0\\1&0\end{pmatrix}=\begin{pmatrix}a+b+c&b\\a+d&c\end{pmatrix}=\begin{pmatrix}6&2\\5&3\end{pmatrix}$을

만족하는 $a+b+c=6,\ b=2,\ a+d=5,\ c=3$의
연립방정식을 풀이하자.

$a=1, b=2, c=3, d=4$이므로 $[A]_V=\begin{pmatrix}1\\2\\3\\4\end{pmatrix}$이다.

[다른 풀이]
행렬의 벡터화를 이용하여 풀이해보자.

$\begin{pmatrix}1&1&1&0&\vdots&6\\0&1&0&0&\vdots&2\\1&0&0&1&\vdots&5\\0&0&1&0&\vdots&3\end{pmatrix}\sim\begin{pmatrix}1&1&1&0&\vdots&6\\0&1&0&0&\vdots&2\\0&-1&-1&1&\vdots&-1\\0&0&1&0&\vdots&3\end{pmatrix}\sim\begin{pmatrix}1&1&1&0&\vdots&6\\0&1&0&0&\vdots&2\\0&0&-1&1&\vdots&1\\0&0&1&0&\vdots&3\end{pmatrix}$

$\sim\begin{pmatrix}1&1&1&0&\vdots&6\\0&1&0&0&\vdots&2\\0&0&1&-1&\vdots&-1\\0&0&0&1&\vdots&4\end{pmatrix}\sim\begin{pmatrix}1&1&1&0&\vdots&6\\0&1&0&0&\vdots&2\\0&0&1&0&\vdots&3\\0&0&0&1&\vdots&4\end{pmatrix}\sim\begin{pmatrix}1&1&0&0&\vdots&3\\0&1&0&0&\vdots&2\\0&0&1&0&\vdots&3\\0&0&0&1&\vdots&4\end{pmatrix}$

$\sim\begin{pmatrix}1&0&0&0&\vdots&1\\0&1&0&0&\vdots&2\\0&0&1&0&\vdots&3\\0&0&0&1&\vdots&4\end{pmatrix}$

(2) $a\begin{pmatrix}1&1\\1&1\end{pmatrix}+b\begin{pmatrix}0&1\\1&1\end{pmatrix}+c\begin{pmatrix}0&0\\1&1\end{pmatrix}+d\begin{pmatrix}0&0\\0&1\end{pmatrix}$

$=\begin{pmatrix}a&a+b\\a+b+c&a+b+c+d\end{pmatrix}=\begin{pmatrix}6&2\\5&3\end{pmatrix}$을 만족하는

$a=6, b=-4, c=3, d=-2$이므로 $[A]_V=\begin{pmatrix}6\\-4\\3\\-2\end{pmatrix}$이다.

29. $(3, 4, 1)$

풀이 좌표벡터를 (a, b, c)라 하면
$1+x+x^2=a+b(x-1)+c(x-1)(x-2)$
$=(a-b+2c)+(b-3c)x+cx^2$
$\Rightarrow a-b+2c=1,\ b-3c=1,\ c=1$을 만족하는 값을 찾자.
$\Rightarrow c=1, b=4, a=3$ 따라서 좌표벡터는 $(3, 4, 1)$이다.

[다른 풀이]
기저변환행렬을 이용하자.
P_2의 표준기저 $E=\{1, x, x^2\}$에 대하여 순서기저
$V=\{1, x-1, (x-1)(x-2)\}$를 E로 나타내면
$[V]_E=\begin{pmatrix}1&-1&2\\0&1&-3\\0&0&1\end{pmatrix}$이다. $[f(x)]_E=[1+x+x^2]_E=\begin{pmatrix}1\\1\\1\end{pmatrix}$
이다. $f(t)$를 기저 E에서 β로 기저변환을 시키면

$[V]_E[f(x)]_V=[f(x)]_E\ \Leftrightarrow\ \begin{pmatrix}1&-1&2\\0&1&-3\\0&0&1\end{pmatrix}\begin{pmatrix}a\\b\\c\end{pmatrix}=\begin{pmatrix}1\\1\\1\end{pmatrix}\Leftrightarrow$

$\begin{pmatrix}1&-1&2&\vdots&1\\0&1&-3&\vdots&1\\0&0&1&\vdots&1\end{pmatrix}\sim\begin{pmatrix}1&-1&0&\vdots&-1\\0&1&0&\vdots&4\\0&0&1&\vdots&1\end{pmatrix}\sim\begin{pmatrix}1&0&0&\vdots&3\\0&1&0&\vdots&4\\0&0&1&\vdots&1\end{pmatrix}$

이므로 $[f(x)]_V=\begin{pmatrix}3\\4\\1\end{pmatrix}$이다.

30. ①

풀이 순서 기저 $U=\{x, 1\}$를 표준기저 $E=\{1, x\}$로 나타내면
$[U]_E=\begin{pmatrix}0&1\\1&0\end{pmatrix}=U$이다.
순서 기저 $V=\{2x-1, 2x+1\}$의 좌표벡터를 표준기저
$E=\{1, x\}$로 나타내면 $[V]_E=\begin{pmatrix}-1&1\\2&2\end{pmatrix}=V$이다.
순서기저 U에서 V로의 좌표변환 행렬은
$[U]_V=V^{-1}U=\frac{-1}{4}\begin{pmatrix}2&-1\\-1&-1\end{pmatrix}\begin{pmatrix}0&1\\1&0\end{pmatrix}=\frac{1}{4}\begin{pmatrix}-2&1\\2&1\end{pmatrix}\begin{pmatrix}0&1\\1&0\end{pmatrix}$
$=\frac{1}{4}\begin{pmatrix}1&-2\\1&2\end{pmatrix}$이다.

31. ②

풀이 기저 B에서 기저 C로의 기저변환행렬은 $[B]_C=C^{-1}B=Q$
이므로 $C^{-1}BQ^{-1}=I\ \Leftrightarrow\ BQ^{-1}=C$이다.
여기서 $B=\{x, 1+x, 1-x+x^2\}$의 좌표벡터로 행렬을 만들면
$B=\begin{pmatrix}0&1&1\\1&1&-1\\0&0&1\end{pmatrix}$이다.
$Q^{-1}=\begin{pmatrix}1&0&0\\-1&1&-1\\2&-1&2\end{pmatrix}$이므로 $BQ^{-1}=\begin{pmatrix}1&0&1\\-2&2&-3\\2&-1&2\end{pmatrix}$이다.
따라서 $C=\{1-2x+2x^2, 2x-x^2, 1-3x+2x^2\}$이다.

[다른 풀이]
기저 $B=\{x, 1+x, 1-x+x^2\}$에서 기저 C로의
기저변환행렬은 B를 C로 나타낸 행렬과 같다.
$x=v_1-v_3\ \cdots\ ㉠$
$1+x=2v_2+v_3\ \cdots\ ㉡$
$1-x+x^2=v_2+v_3\ \cdots\ ㉢$
$㉡-㉢\ \Rightarrow\ v_2=2x-x^2$
$\Rightarrow$ 이 식을 ㉢에 대입하면 $v_3=1-3x+2x^2$
$\Rightarrow$ 이 식을 ㉠에 대입하면 $v_1=1-2x+2x^2$
따라서 C의 기저가 될 수 없는 것은 ②이다.

32. 　3

풀이 기본행연산에 의하여

$$\begin{pmatrix} 1 & 0 & 1 & 0 \\ 0 & 2 & 0 & 2 \\ 6 & 7 & 6 & 7 \\ 6 & 7 & 8 & 9 \end{pmatrix} \sim \begin{pmatrix} 1 & 0 & 1 & 0 \\ 0 & 2 & 0 & 2 \\ 0 & 7 & 0 & 7 \\ 0 & 7 & 2 & 9 \end{pmatrix} \sim \begin{pmatrix} 1 & 0 & 1 & 0 \\ 0 & 2 & 0 & 2 \\ 0 & 0 & 0 & 0 \\ 0 & 0 & 2 & 2 \end{pmatrix}$$

$rank A = 3$이므로 열공간은 3차원이다.

33. 　④

풀이 $A \sim \begin{pmatrix} -1 & -1 & 1 \\ 2 & 3 & 1 \\ 2 & 1 & -5 \end{pmatrix} (R_1 \leftrightarrow R_2)$

$\sim \begin{pmatrix} -1 & -1 & 1 \\ 0 & 1 & 3 \\ 0 & -1 & -3 \end{pmatrix} \begin{pmatrix} 2R_1 + R_2 \rightarrow R_2 \\ 2R_1 + R_3 \rightarrow R_3 \end{pmatrix}$

$\sim \begin{pmatrix} -1 & -1 & 1 \\ 0 & 1 & 3 \\ 0 & 0 & 0 \end{pmatrix} (R_2 + R_3 \rightarrow R_3)$

$\sim \begin{pmatrix} -1 & 0 & 4 \\ 0 & 1 & 3 \\ 0 & 0 & 0 \end{pmatrix} (R_1 + R_2 \rightarrow R_1) \sim \begin{pmatrix} 1 & 0 & -4 \\ 0 & 1 & 3 \\ 0 & 0 & 0 \end{pmatrix} (-R_1 \rightarrow R_1)$

이므로 ①, ②는 행공간의 기저이다.

$v_1 = (1, 0, -4)$, $v_2 = (0, 1, 3)$이라 하면

③ $(2, 1, -5) = 2v_1 + v_2$이므로 행공간의 원소이다.

④ $(1, 0, 0)$은 v_1, v_2의 일차결합으로 나타낼 수 없으므로 행공간의 원소가 아니다.

34. 　5

풀이 v_1, v_2, v_3에 의해서 생성되는 벡터공간을 W라고 하면

주어진 벡터 v_1, v_2, v_3를 행벡터로 나타낸 행렬 $A = \begin{pmatrix} v_1 \\ v_2 \\ v_3 \end{pmatrix}$의

행공간과 같다.

$A = \begin{pmatrix} v_1 \\ v_2 \\ v_3 \end{pmatrix} = \begin{pmatrix} 1 & -1 & -2 \\ 5 & -4 & -7 \\ -3 & 1 & 0 \end{pmatrix} \sim \begin{pmatrix} 1 & -1 & -2 \\ 0 & 1 & 3 \\ 0 & -2 & -6 \end{pmatrix}$

$\sim \begin{pmatrix} 1 & -1 & -2 \\ 0 & 1 & 3 \\ 0 & 0 & 0 \end{pmatrix} \sim \begin{pmatrix} 1 & 0 & 1 \\ 0 & 1 & 3 \\ 0 & 0 & 0 \end{pmatrix}$

$W = span\{(1, 0, 1), (0, 1, 3)\}$

$u = a(1, 0, 1) + b(0, 1, 3)$

$(-4, 3, k) = -4(1, 0, 1) + 3(0, 1, 3) = (-4, 3, 5)$

$\therefore k = 5$이다.

[다른 풀이]

따라서 벡터 u는 행공간의 성분이고,

$\{v_1, v_2, v_3, u\}$는 일차종속이다.

행교환을 제외한 기본행 연산을 하면

$\begin{pmatrix} v_1 \\ v_2 \\ v_3 \\ u \end{pmatrix} \sim \begin{pmatrix} & & \\ & & \\ & & \\ 0 & 0 & 0 \end{pmatrix}$ 꼴로 나타낼 수 있다.

$\begin{pmatrix} 1 & -1 & -2 \\ 5 & -4 & -7 \\ -3 & 1 & 0 \\ -4 & 3 & k \end{pmatrix} \sim \begin{pmatrix} 1 & -1 & -2 \\ 0 & 1 & 3 \\ 0 & -2 & -6 \\ 0 & -1 & k-8 \end{pmatrix} \begin{pmatrix} \because -5R_1 + R_2 \rightarrow R_2 \\ 3R_1 + R_3 \rightarrow R_3 \\ 4R_1 + R_4 \rightarrow R_4 \end{pmatrix}$

$\sim \begin{pmatrix} 1 & -1 & -2 \\ 0 & 1 & 3 \\ 0 & 0 & 0 \\ 0 & 0 & k-5 \end{pmatrix} \begin{pmatrix} \because 2R_2 + R_3 \rightarrow R_3 \\ R_2 + R_4 \rightarrow R_4 \end{pmatrix}$

$\therefore k = 5$

35. 　④

풀이 주어진 벡터를 행벡터로 나타낸 행렬 A를 생각하자.

$A = \begin{pmatrix} 1 & 0 & 0 & 0 & 2 \\ -2 & 1 & -3 & -2 & -4 \\ 0 & 5 & -14 & -9 & 0 \\ 2 & 10 & -28 & -18 & 4 \end{pmatrix}$ 에서 기본행 연산에 의해서

행동치관계에 놓인 행렬 B을 구하면 다음과 같다.

$B = \begin{pmatrix} 1 & 0 & 0 & 0 & 2 \\ 0 & 1 & -3 & -2 & 0 \\ 0 & 0 & 1 & 1 & 0 \\ 0 & 0 & 0 & 0 & 0 \end{pmatrix}$

벡터공간 W는 행렬 A의 행공간과 같고 행렬 B의 행공간과도 같다. W의 기저는 $\{(1, 0, 0, 0, 2), (0, 1, -3, -2, 0),$ $(0, 0, 1, 1, 0)\}$이다. 따라서 보기 ④는 기저벡터가 아니다.

36. 　6

풀이 $A = \begin{pmatrix} 1 & 3 & a & 2 & d \\ 1 & 1 & b & 1 & e \\ 2 & -1 & c & 1 & f \end{pmatrix} \sim \begin{pmatrix} 1 & 0 & -2 & 0 & 2 \\ 0 & 1 & -3 & 0 & 5 \\ 0 & 0 & 0 & 1 & 6 \end{pmatrix}$이므로

행공간의 기저는 $u = (1, 0, -2, 0, 2)$, $v = (0, 1, -3, 0, 5)$, $w = (0, 0, 0, 1, 6)$이다. 세 벡터 u, v, w의 일차결합으로 행렬 A의 행벡터를 생성한다.

행렬 A의 1행

$(1, 3, a, 2, d) = 1 \cdot (1, 0, -2, 0, 2)$

$\qquad + 3 \cdot (0, 1, -3, 0, 5) + 2 \cdot (0, 0, 0, 1, 6)$

$\qquad = (1, 3, -11, 2, 29)$

행렬 A의 2행

$(1, 1, b, 1, e) = 1 \cdot (1, 0, -2, 0, 2)$

$+ 1 \cdot (0, 1, -3, 0, 5) + 1 \cdot (0, 0, 0, 1, 6)$

$= (1, 1, -5, 1, 13)$

행렬 A의 3행

$(2, -1, c, 1, f) = 2 \cdot (1, 0, -2, 0, 2)$

$- 1 \cdot (0, 1, -3, 0, 5) + 1 \cdot (0, 0, 0, 1, 6)$

$= (2, -1, -1, 1, 5)$

따라서 A의 3열은 $\begin{pmatrix} a \\ b \\ c \end{pmatrix} = \begin{pmatrix} -11 \\ -5 \\ -1 \end{pmatrix}$이고, 5열은 $\begin{pmatrix} d \\ e \\ f \end{pmatrix} = \begin{pmatrix} 29 \\ 13 \\ 5 \end{pmatrix}$이다.

여기서 3행의 성분의 합은 6이다.

[다른 풀이]

기본행 연산을 통해 행렬 A의 열공간의 기저가

$U = \begin{pmatrix} 1 \\ 1 \\ 2 \end{pmatrix}$, $V = \begin{pmatrix} 3 \\ 1 \\ -1 \end{pmatrix}$, $W = \begin{pmatrix} 2 \\ 1 \\ 1 \end{pmatrix}$임을 알 수 있었다.

따라서 세 번째 열과 다섯 번째 열벡터도 행렬 A의 열공간의 원소임일 알 수 있다.

$A = \begin{pmatrix} 1 & 3 & a & 2 & d \\ 1 & 1 & b & 1 & e \\ 2 & -1 & c & 1 & f \end{pmatrix}$, $C = \begin{pmatrix} 1 & 3 & 2 \\ 1 & 1 & 1 \\ 2 & -1 & 1 \end{pmatrix}$,

$X = \begin{pmatrix} x_1 & x_2 \\ y_1 & y_2 \\ z_1 & z_2 \end{pmatrix}$, $B = \begin{pmatrix} a & d \\ b & e \\ c & f \end{pmatrix}$라고 할 때

세 벡터 U, V, W의 일차결합에 의해서

행렬 A의 3열 $B_1 = \begin{pmatrix} a \\ b \\ c \end{pmatrix}$과 5열 $B_2 = \begin{pmatrix} d \\ e \\ f \end{pmatrix}$이 생성되었다.

$x_1 U + y_1 V + z_1 W = B_1$, $x_2 U + y_2 V + z_2 W = B_2$

$\Leftrightarrow CX = B$

$\left(C \mid B \right) \sim \begin{pmatrix} 1 & 3 & 2 & a & d \\ 1 & 1 & 1 & b & e \\ 2 & -1 & 1 & c & f \end{pmatrix} \sim \begin{pmatrix} 1 & 0 & 0 & -2 & 2 \\ 0 & 1 & 0 & -3 & 5 \\ 0 & 0 & 1 & 0 & 6 \end{pmatrix}$이므로

연립방정식의 해 는 $X = \begin{pmatrix} x_1 & x_2 \\ y_1 & y_2 \\ z_1 & z_2 \end{pmatrix} = \begin{pmatrix} -2 & 2 \\ -3 & 5 \\ 0 & 6 \end{pmatrix}$이다.

$-2U - 3V + 0W = \begin{pmatrix} a \\ b \\ c \end{pmatrix} \Leftrightarrow -2 \begin{pmatrix} 1 \\ 1 \\ 2 \end{pmatrix} - 3 \begin{pmatrix} 3 \\ 1 \\ -1 \end{pmatrix} + 0 \begin{pmatrix} 2 \\ 1 \\ 1 \end{pmatrix} = \begin{pmatrix} -11 \\ -5 \\ -1 \end{pmatrix}$

이므로 행렬 A의 3열은 $\begin{pmatrix} a \\ b \\ c \end{pmatrix} = \begin{pmatrix} -11 \\ -5 \\ -1 \end{pmatrix}$이다.

$2U + 5V + 6W = \begin{pmatrix} d \\ e \\ f \end{pmatrix} \Leftrightarrow 2 \begin{pmatrix} 1 \\ 1 \\ 2 \end{pmatrix} + 5 \begin{pmatrix} 3 \\ 1 \\ -1 \end{pmatrix} + 6 \begin{pmatrix} 2 \\ 1 \\ 1 \end{pmatrix} = \begin{pmatrix} 29 \\ 13 \\ 5 \end{pmatrix}$

행렬 A의 5열은 $\begin{pmatrix} d \\ e \\ f \end{pmatrix} = \begin{pmatrix} 29 \\ 13 \\ 5 \end{pmatrix}$이다. 3행의 성분의 합은 6이다

37. ④

풀이

연립방정식의 해가 존재하면 벡터 y는 행렬 A의 열공간에 속한다. 즉, $y \in Col(A)$이다. 행렬 A의 열벡터를 각각

$v_1 = \begin{bmatrix} 1 \\ 0 \\ 1 \end{bmatrix}$, $v_2 = \begin{bmatrix} 1 \\ 1 \\ 0 \end{bmatrix}$, $v_3 = \begin{bmatrix} 2 \\ 1 \\ 1 \end{bmatrix}$이라 하자.

① $y = 3v_3$, ② $y = 2v_1 + v_2 + v_3$, ③ $y = 3v_2$이 성립하므로 $y \in Col(A)$을 만족한다.

그러나 ④는 v_1, v_2, v_3의 일차결합으로 나타낼 수 없다.

38. ③

풀이

연립방정식의 해가 존재하면 벡터 b는 행렬 A의 열공간에 속한다.

즉, $b \in Col(A)$이다. $\begin{pmatrix} 1 & 0 & 1 \\ 2 & 1 & 1 \\ 1 & 1 & 0 \end{pmatrix}$의 열벡터를 각각

$v_1 = \begin{pmatrix} 1 \\ 2 \\ 1 \end{pmatrix}$, $v_2 = \begin{pmatrix} 0 \\ 1 \\ 1 \end{pmatrix}$, $v_3 = \begin{pmatrix} 1 \\ 1 \\ 0 \end{pmatrix}$이라 하자.

① $b = 2v_3$, ② $b = v_1 + v_3$, ④ $b = -v_1 + v_3$이 성립하므로 $b \in Col(A)$을 만족한다. 그러나 ③ $b = (1, 1, 1)$은 v_1, v_2, v_3의 일차결합으로 나타낼 수 없다.

39. (1) 3   (2) 3   (3) 1   (4) 1

풀이

$\begin{pmatrix} 1 & 2 & 1 & 5 \\ 2 & 4 & -3 & 0 \\ -3 & 1 & 2 & -1 \\ 1 & 2 & -1 & 1 \end{pmatrix} \sim \begin{pmatrix} 1 & 2 & 1 & 5 \\ 0 & 0 & -5 & -10 \\ 0 & 7 & 5 & 14 \\ 0 & 0 & -2 & -4 \end{pmatrix}$

$\sim \begin{pmatrix} 1 & 2 & 1 & 5 \\ 0 & 7 & 5 & 14 \\ 0 & 0 & 1 & 2 \\ 0 & 0 & 1 & 2 \end{pmatrix} \sim \begin{pmatrix} 1 & 2 & 1 & 5 \\ 0 & 7 & 5 & 14 \\ 0 & 0 & 1 & 2 \\ 0 & 0 & 0 & 0 \end{pmatrix}$

(1) A의 행공간의 차원 $= rank A = 3$

(2) A의 열공간의 차원은 A^T의 행공간의 차원과 같고 $rank A = rank A^T = 3$ 이다.

(3) $N(A) = \{v \in R^4 \mid Av = 0\}$는 A의 해공간이므로 $rank N(A) = n - rank A = 4 - 3 = 1$이다.

(4) $AX = O$ 의 해공간의 차원은 $nullity A = 4 - rank A = 1$

40. a, b, c, d

풀이

행렬 A가 가역이기 위한 필요충분조건은

$\det A \neq 0 \Leftrightarrow rank A = 3 \Leftrightarrow nullity A = 0$ 이다.

41. 1

풀이 $W = \left\{ \begin{pmatrix} x_1 \\ x_2 \\ x_3 \end{pmatrix} \middle| AX = \begin{pmatrix} 1 & 0 & 2 \\ 0 & 1 & -1 \end{pmatrix} \begin{pmatrix} x_1 \\ x_2 \\ x_3 \end{pmatrix} = \begin{pmatrix} 0 \\ 0 \\ 0 \end{pmatrix} \right\}$ 는 행렬

$A = \begin{pmatrix} 1 & 0 & 2 \\ 0 & 1 & -1 \end{pmatrix}$ 의 해공간이다. 차원정리에 의해서 $rank\, A = 2$이고, $\dim W = nullity\, A = 1$이다.

42. 1

풀이 $W = \left\{ X = \begin{pmatrix} x_1 \\ x_2 \\ x_3 \\ x_4 \end{pmatrix} \middle| AX = \begin{pmatrix} 0 & 1 & 1 & 1 \\ 1 & 1 & 0 & 0 \\ 0 & 0 & 1 & -2 \end{pmatrix} \begin{pmatrix} x_1 \\ x_2 \\ x_3 \\ x_4 \end{pmatrix} = \begin{pmatrix} 0 \\ 0 \\ 0 \end{pmatrix} \right\}$ 는

$A = \begin{pmatrix} 0 & 1 & 1 & 1 \\ 1 & 1 & 0 & 0 \\ 0 & 0 & 1 & -2 \end{pmatrix}$ 의 해공간이다. $\dim(W) = nullity\, A = 1$이다.

$W = \left\{ \begin{bmatrix} x_1 \\ x_2 \\ x_3 \\ x_4 \end{bmatrix} \in R^4 \middle| \begin{pmatrix} 1 & 1 & 0 & 0 \\ 0 & 1 & 1 & 1 \\ 0 & 0 & 1 & -2 \end{pmatrix} \begin{pmatrix} x_1 \\ x_2 \\ x_3 \\ x_4 \end{pmatrix} = \begin{pmatrix} 0 \\ 0 \\ 0 \end{pmatrix} \right\}$ 이므로

W는 행렬 $A = \begin{pmatrix} 1 & 1 & 0 & 0 \\ 0 & 1 & 1 & 1 \\ 0 & 0 & 1 & -2 \end{pmatrix}$ 의 해집합(해공간)이다.

$A = \begin{pmatrix} 1 & 1 & 0 & 0 \\ 0 & 1 & 1 & 1 \\ 0 & 0 & 1 & -2 \end{pmatrix} \sim \begin{pmatrix} 1 & 1 & 0 & 0 \\ 0 & 1 & 0 & 3 \\ 0 & 0 & 1 & -2 \end{pmatrix} \sim \begin{pmatrix} 1 & 0 & 0 & -3 \\ 0 & 1 & 0 & 3 \\ 0 & 0 & 1 & -2 \end{pmatrix}$ 이므로

$W = \left\{ \begin{bmatrix} 3t \\ -3t \\ 2t \\ t \end{bmatrix} \in R^4 \middle| t \in R \right\}$ 이므로 1차원이다.

또는 차원정리에 의해서 $rank(A) = 3$ 이므로
$nullity(A) = 4 - rank(A) = 1$ 따라서 $\dim(W) = 1$이다.

43. 1

풀이 $w \in W^\perp$ 에 대하여 $\begin{cases} v_1 \cdot w = 0 \\ v_2 \cdot w = 0 \\ v_3 \cdot w = 0 \end{cases}$ 이므로

$AX = O,\ w \in X = W^\perp$ 가 성립하고
이때, $rank\, A + nullity\, A = 3$이고 $nullity\, A = \dim(X)$이다.

$A = \begin{pmatrix} 1 & -2 & 1 \\ 1 & -1 & 3 \\ 1 & 1 & 7 \end{pmatrix} \sim \begin{pmatrix} 1 & -2 & 1 \\ 0 & 1 & 2 \\ 0 & 3 & 6 \end{pmatrix} \begin{pmatrix} -R_1 + R_2 \rightarrow R_2 \\ -R_1 + R_3 \rightarrow R_3 \end{pmatrix}$

$\sim \begin{pmatrix} 1 & -2 & 1 \\ 0 & 1 & 2 \\ 0 & 0 & 0 \end{pmatrix} (-3R_2 + R_3 \rightarrow R_3)$

$\therefore rank\, A = 2$

$\therefore \dim(W^\perp) = \dim(X) = nullity\, A = 3 - 2 = 1$

44. 1

풀이 직교여공간의 차원은 해공간의 차원과 같다.
해공간의 차원은 차원 정리에 의하여 다음과 같다.
$nullity(A) = $ 열의 수 $- rank(A)$

$A = \begin{pmatrix} 1 & -1 & 0 \\ 1 & 3 & 2 \\ 1 & 1 & 1 \end{pmatrix}$ 이고,

$\begin{pmatrix} 1 & -1 & 0 \\ 1 & 3 & 2 \\ 1 & 1 & 1 \end{pmatrix} \sim \begin{pmatrix} 1 & -1 & 0 \\ 0 & 4 & 2 \\ 0 & 2 & 1 \end{pmatrix} \begin{pmatrix} 1\text{행} \times (-1) + 2\text{행} \\ 1\text{행} \times (-1) + 3\text{행} \end{pmatrix}$

$\sim \begin{pmatrix} 1 & -1 & 0 \\ 0 & 4 & 2 \\ 0 & 0 & 0 \end{pmatrix} \left(2\text{행} \times \left(-\dfrac{1}{2} \right) + 3\text{행} \right)$ 이므로 $rank\, A = 2$이다.

따라서 직교여공간 $(W^\perp)$의 차원은 $3 - 2 = 1$이 된다.

45. 1

풀이 구하는 벡터공간의 차원은 $nullity(A)$와 같다.
즉, $A = \begin{pmatrix} 1 & 1 & 1 & 2 \\ -1 & 0 & -2 & 2 \\ 1 & 0 & 1 & 1 \end{pmatrix} \sim \begin{pmatrix} 1 & 1 & 1 & 2 \\ 0 & 1 & -1 & 4 \\ 0 & 0 & -1 & 3 \end{pmatrix}$ 이므로

$rank(A) = 3$이고 따라서 $nullity(A) = 4 - 3 = 1$이다.

46. ③

풀이 W는 R^3의 부분공간인 평면의 방정식이다.
$W^\perp$은 평면의 법선벡터 $(1, 2, 1)$를 기저벡터로 갖는다.

47. ②

풀이 U는 R^4의 부분공간인 초평면의 방정식이다. $U^\perp$은 초평면의 법선벡터 $(0, 1, 1, 1)$를 기저벡터로 갖는다

[다른 풀이]
$y + z + w = 0 \Leftrightarrow (x, y, z, w) \cdot (0, 1, 1, 1) = 0$와 같기 때문에
두 벡터는 수직관계에 있다고 할 수 있다.
따라서 $(x, y, z, w) \in U$이고, $(0, 1, 1, 1) \in U^\perp$ 이다.

[다른 풀이]
$u = (x, y, z, -y - z)$
$u \cdot ① = x = 2y + z - y - z = x - 3y \neq 0$
$u \cdot ② = 0 + y + z - y - z = 0$
$u \cdot ③ = 0 - y + z - y - z = -2y \neq 0$
$u \cdot ④ = x + y - z - y - z = x - 2z \neq 0$
따라서 u와 수직인 벡터는 ②이다.

[다른 풀이]

$u = \{(x, y, z, -y-z) \mid x, y, z \in R\}$
$= \{x(1, 0, 0, 0) + y(0, 1, 0, -1) + z(0, 0, 1, -1)\}$이므로
$u = span\{(1, 0, 0, 0), (0, 1, 0, 1), (0, 0, 1, -1)\}$

$X \perp u$에서 $X = \begin{pmatrix} a \\ b \\ c \\ d \end{pmatrix}$라 하면 $\begin{pmatrix} 1 & 0 & 0 & 0 \\ 0 & 1 & 0 & -1 \\ 0 & 0 & 1 & -1 \end{pmatrix} \begin{pmatrix} a \\ b \\ c \\ d \end{pmatrix} = \begin{pmatrix} 0 \\ 0 \\ 0 \\ 0 \end{pmatrix}$

연립방정식을 풀면 $a = 0$, $c = d$, $b = d$이므로

$X = t \begin{pmatrix} 0 \\ 1 \\ 1 \\ 1 \end{pmatrix}$이다.

48. 2

풀이

주어진 네 벡터를 행벡터로 하는 행렬 A를 생각하자.
구하는 부분공간은 A의 행공간의 직교여공간, 즉, 선형계
$AX = O$의 해공간의 차원을 구하면 된다.

$A = \begin{pmatrix} 1 & 2 & 1 & 2 \\ 3 & 0 & -1 & 0 \\ 2 & 1 & 0 & 1 \\ 1 & -1 & -1 & -1 \end{pmatrix} \sim \begin{pmatrix} 1 & 2 & 1 & 2 \\ 0 & -6 & -4 & -6 \\ 0 & -3 & -2 & -3 \\ 0 & -3 & -2 & -3 \end{pmatrix}$

$\sim \begin{pmatrix} 1 & 2 & 1 & 2 \\ 0 & -3 & -2 & -3 \\ 0 & 0 & 0 & 0 \\ 0 & 0 & 0 & 0 \end{pmatrix} \quad \therefore rankA = 2$

차원정리에 의하여 $rankA + nullityA = 4$이므로
$nullityA = 2$

49. 6

풀이

$\dim(C_A) = rank(A^t) = rank(A) = \dim(R_A) = 4$,
$rankA + nullityA = 10$이고 $R_A^\perp$는 선형계 $AX = O$의
해공간이므로 $rank(R_A^\perp) = 10 - 4 = 6$

50. 6

풀이

$rank(A) = 3$ 이므로 차원정리에 의해
$m = nullity(A) = 4 - 3 = 1$이고,

$A^2 = \begin{pmatrix} 0 & 1 & 0 & 0 \\ 0 & 0 & 2 & 0 \\ 0 & 0 & 0 & 3 \\ 0 & 0 & 0 & 0 \end{pmatrix} \begin{pmatrix} 0 & 1 & 0 & 0 \\ 0 & 0 & 2 & 0 \\ 0 & 0 & 0 & 3 \\ 0 & 0 & 0 & 0 \end{pmatrix} = \begin{pmatrix} 0 & 0 & 2 & 0 \\ 0 & 0 & 0 & 6 \\ 0 & 0 & 0 & 0 \\ 0 & 0 & 0 & 0 \end{pmatrix}$ 이므로

$rank(A^2) = 2$ 이다. 차원정리에 의해
$n = nullity(A^2) = 4 - 2 = 2$ 이다.

$A^3 = AA^2 = \begin{pmatrix} 0 & 1 & 0 & 0 \\ 0 & 0 & 2 & 0 \\ 0 & 0 & 0 & 3 \\ 0 & 0 & 0 & 0 \end{pmatrix} \begin{pmatrix} 0 & 0 & 2 & 0 \\ 0 & 0 & 0 & 6 \\ 0 & 0 & 0 & 0 \\ 0 & 0 & 0 & 0 \end{pmatrix} = \begin{pmatrix} 0 & 0 & 0 & 6 \\ 0 & 0 & 0 & 0 \\ 0 & 0 & 0 & 0 \\ 0 & 0 & 0 & 0 \end{pmatrix}$

이므로 $rank(A^3) = 1$ 이다. 차원정리에 의해
$p = nullity(A^3) = 4 - 1 = 3$ 이다.
따라서 $m + n + p = 6$ 이다.

51. 3

풀이

행렬의 곱에 대한 의미를 알아야 한다.

열벡터 u_1, u_2, u_3, u_4를 갖는 행렬 $A = \begin{pmatrix} u_1 & u_2 & u_3 & u_4 \end{pmatrix}$에 대하여

$A\begin{pmatrix} 1 \\ 0 \\ 0 \\ 0 \end{pmatrix} = \begin{pmatrix} 0 \\ 1 \\ 0 \\ 0 \end{pmatrix} = u_1$, $A\begin{pmatrix} 0 \\ 3 \\ 0 \\ 0 \end{pmatrix} = 3A\begin{pmatrix} 0 \\ 1 \\ 0 \\ 0 \end{pmatrix} = 3u_2 = \begin{pmatrix} 6 \\ 3 \\ 9 \end{pmatrix} = 3\begin{pmatrix} 2 \\ 1 \\ 3 \end{pmatrix}$이므로

$A = \begin{pmatrix} 0 & 2 \\ 1 & 1 & u_3 & u_4 \\ 0 & 3 \end{pmatrix}$임을 알 수 있다.

1열과 2열이 일차 독립이므로 $2 \leq rankA \leq 3$을르 갖는다.
차원정리에 의해서 $rankA + nullityA = 4$가 되어야 하므로
$1 \leq nullityA \leq 2$이므로 A의 영공간의 차원으로 가능한
값의 최대와 최소의 합은 3이다.

52. 0

풀이

행렬 A가 영행렬은 아니므로 $1 \leq rankA \leq 4$을 갖는다.
차원정리에 의해서 $rankA + nullityA = 4$가 되어야 하므로
$b = 0 \leq nullityA \leq 3 = a$이다.
행렬 B가 영행렬은 아니므로 $1 \leq rankB \leq 6$을 갖는다.
차원정리에 의해서 $rankA + nullityA = 10$가 되어야 하므로
$d = 4 \leq nullityB \leq 9 = c$이다.
따라서 $a = 3, b = 0, c = 9, d = 10$이다. $\therefore abcd = 0$이다.

53.   12

풀이 $|w_1\|w_2\|w_3| = |v_1 \cdot (v_2 \times v_3)| = 12$

[다른 풀이]

$w_1 = v_1 = (2, 1, 0)$

$w_2 = v_2 - proj_{w_1}v_2 = (0, 0, 3) - \dfrac{0}{5}(2, 1, 0) = (0, 0, 3)$

$w_3 = v_3 - proj_{w_1}v_3 - proj_{w_2}v_3$

$\quad = (0, 2, 2) - \dfrac{2}{5}(2, 1, 0) - (0, 0, 2) = \left(-\dfrac{4}{5}, \dfrac{8}{5}, 0\right)$

$\left(\because \begin{cases} proj_{w_1}v_3 = \dfrac{v_3 \cdot w_1}{w_1 \cdot w_1}w_1 = \dfrac{2}{5}(2, 1, 0) \\ proj_{w_2}v_3 = \dfrac{v_3 \cdot w_2}{w_2 \cdot w_2}w_2 = \dfrac{6}{9}(0, 0, 3) = (0, 0, 2) \end{cases}\right)$

$\therefore \|w_1\| = \sqrt{5},\ \|w_2\| = 3,\ \|w_3\| = \dfrac{4}{5}\sqrt{5}$

$\therefore |w_1\|w_2\|w_3| = 12$

54.   ②

풀이 (ⅰ) U가 R^3의 정규직교기저이려면

u_2가 u_1, u_3에 모두 수직이고 $\|u_2\| = 1$이어야 한다.

$u_1 \times u_3 = \begin{vmatrix} i & j & k \\ \dfrac{1}{\sqrt{3}} & \dfrac{1}{\sqrt{3}} & \dfrac{1}{\sqrt{3}} \\ 0 & \dfrac{1}{\sqrt{2}} & -\dfrac{1}{\sqrt{2}} \end{vmatrix}$

$\quad = \left(-\dfrac{2}{\sqrt{6}}, \dfrac{1}{\sqrt{6}}, \dfrac{1}{\sqrt{6}}\right)$

$u_2 = \pm\dfrac{1}{\sqrt{6}}(2, -1, -1)$이다.

(ⅱ) v를 U의 좌표로 표현한 좌표벡터를 구하고자 한다.

즉, 직교행렬 A에 대하여 $(A^{-1} = A^t)$

$AX = v \Leftrightarrow X = A^t u$만족하는 X를 구하자.

$X = \begin{pmatrix} u_1 \cdot v \\ u_2 \cdot v \\ u_3 \cdot v \end{pmatrix} = \begin{pmatrix} \dfrac{1}{\sqrt{3}} \\ \pm\dfrac{2}{\sqrt{6}} \\ \dfrac{2}{\sqrt{2}} \end{pmatrix}$

따라서 벡터 v를 U에서의 좌표로 표현하면

$\dfrac{1}{\sqrt{3}}(1, \sqrt{2}, \sqrt{6})$ 또는 $\dfrac{1}{\sqrt{3}}(1, -\sqrt{2}, \sqrt{6})$이다.

55.   0

풀이 ❖ 정규직교기저의 집합은 직교행렬이다. 직교행렬 A의

역행렬은 A^T이다.

$v_3 /\!/ \begin{vmatrix} i & j & k \\ 1 & 1 & 1 \\ 1 & 0 & -1 \end{vmatrix} = (-1, 2, -1)$ 이고 v_3는 정규기저이고

첫 번째 성분이 양수라고 했으므로 $v_3 = \dfrac{1}{\sqrt{6}}(1, -2, 1)$ 이다.

$A = \dfrac{1}{\sqrt{6}}\begin{bmatrix} \sqrt{2} & \sqrt{3} & 1 \\ \sqrt{2} & 0 & -2 \\ \sqrt{2} & -\sqrt{3} & 1 \end{bmatrix}$ 이고

$A^{-1} = A^T$의 3행의 성분은 A의 3열의 성분이다.

따라서 A의 3열의 성분의 합은 0이다.

56.   22

풀이 $av_1 + bv_2 + cv_3 = W \Leftrightarrow (v_1\ v_2\ v_3)\begin{pmatrix} a \\ b \\ c \end{pmatrix} = (W) \Leftrightarrow AX = W$

여기서 A는 직교행렬이므로 $X = A^t W = \begin{pmatrix} v_1 \\ v_2 \\ v_3 \end{pmatrix}(W)$이고,

$a = v_1 \cdot W,\ b = v_2 \cdot W,\ c = v_3 \cdot W$이다.

$a = 0,\ b = \dfrac{5}{\sqrt{6}},\ c = \dfrac{11}{\sqrt{66}}$이므로

$W = 0 \cdot v_1 + \dfrac{5}{\sqrt{6}}v_2 + \dfrac{11}{\sqrt{66}}v_3$이다.

$bc = \dfrac{5}{\sqrt{6}} \cdot \dfrac{11}{\sqrt{66}} = \dfrac{5\sqrt{11}}{6}$이고 $x + y + z = 22$이다.

57.   15

풀이 $av_1 + bv_2 + cv_3 = W \Leftrightarrow (v_1\ v_2\ v_3)\begin{pmatrix} a \\ b \\ c \end{pmatrix} = (W) \Leftrightarrow AX = W$

여기서 A는 직교행렬이므로 $X = A^t W = \begin{pmatrix} v_1 \\ v_2 \\ v_3 \end{pmatrix}(W)$이고,

$a = v_1 \cdot W,\ b = v_2 \cdot W,\ c = v_3 \cdot W$이다.

$a = \dfrac{14}{3},\ b = \dfrac{-8}{3},\ c = \dfrac{-1}{3}$이므로

$W = \dfrac{14}{3}v_1 - \dfrac{8}{3}v_2 - \dfrac{1}{3}v_3$이다.

$a + b + c = \dfrac{5}{3}$이므로 $xy = 15$이다.

■ 6. 함수의 직교화과정

58. $|1| = \sqrt{2\pi}, \ |\cos nx| = \sqrt{\pi}, \ |\sin nx| = \sqrt{\pi}$

[풀이]

(i) $|1|^2 = \langle 1, 1 \rangle = \int_{-\pi}^{\pi} 1 \cdot 1 \, dx = 2\pi$

$\qquad \therefore |1| = \sqrt{2\pi}$

(ii) $|\cos nx|^2 = \langle \cos nx, \cos nx \rangle$

$\qquad = \int_{-\pi}^{\pi} \cos^2 nx \, dx = \int_{-\pi}^{\pi} \frac{1 + \cos 2nx}{2} \, dx$

$\qquad = \frac{1}{2} \left[x + \frac{1}{2n} \sin 2nx \right]_{-\pi}^{\pi} = \pi$

$\qquad \therefore |\cos nx| = \sqrt{\pi}$

(iii) $|\sin nx|^2 = \langle \sin nx, \sin nx \rangle$

$\qquad = \int_{-\pi}^{\pi} \sin^2 nx \, dx = \int_{-\pi}^{\pi} \frac{1 - \cos 2nx}{2} \, dx$

$\qquad = \frac{1}{2} \left[x - \frac{1}{2n} \sin 2nx \right]_{-\pi}^{\pi} = \pi$

$\qquad \therefore |\sin nx| = \sqrt{\pi}$

[참고]

$\left\{ \dfrac{1}{\sqrt{2\pi}}, \dfrac{\cos x}{\sqrt{\pi}}, \dfrac{\cos 2x}{\sqrt{\pi}}, \dfrac{\cos 3x}{\sqrt{\pi}}, \cdots, \dfrac{\sin x}{\sqrt{\pi}}, \dfrac{\sin 2x}{\sqrt{\pi}}, \dfrac{\sin 3x}{\sqrt{\pi}}, \cdots \right\}$
는 정규직교집합이다.

[참고]

$\cos(n+m)x = \cos nx \cdot \cos mx - \sin nx \cdot \sin mx$

$\cos(n-m)x = \cos nx \cdot \cos mx + \sin nx \cdot \sin mx$

$\Rightarrow \cos nx \cdot \cos mx = \frac{1}{2}\{\cos(n+m)x + \cos(n-m)x\}$,

$\sin nx \cdot \sin mx = -\frac{1}{2}\{\cos(n+m)x - \cos(n-m)x\}$

[참고]

$\sin(n+m)x = \sin nx \cdot \cos mx + \cos nx \cdot \sin mx$

$\sin(n-m)x = \sin nx \cdot \cos mx - \cos nx \cdot \sin mx$

$\Rightarrow \sin nx \cdot \cos mx = \frac{1}{2}\{\sin(n+m)x + \sin(n-m)x\}$

59. 4개

[풀이] $\{1, \cos x, \cos 2x, \sin x, \sin 2x, \sin 3x, \cdots\}$는
$[-\pi, \pi]$에서 직교함수이다. 따라서 (가)~(라) 모두 옳다.

60. 풀이 참조

[풀이] 표준기저 $\{v_1 = 1, \ v_2 = x, \ v_3 = x^2\}$라 하고, 직교기저는
$\{w_1, w_2, w_3\}$라 하자.

$w_1 = v_1 = 1$

$w_2 = v_2 - proj_{w_1} v_2 = x - \dfrac{(x, 1)}{(1, 1)} 1$

$\qquad = x - \dfrac{\displaystyle\int_0^1 x \, dx}{\displaystyle\int_0^1 1 \, dx} = x - \dfrac{1}{2}$

$w_3 = v_3 - proj_{w_1} v_3 - proj_{w_2} v_3$

$\qquad = x^2 - \dfrac{(x^2, 1)}{(1, 1)} 1 - \dfrac{\left(x^2, x - \frac{1}{2}\right)}{\left(x - \frac{1}{2}, x - \frac{1}{2}\right)} \left(x - \frac{1}{2}\right)$

$\qquad = x^2 - \dfrac{\displaystyle\int_0^1 x^2 \, dx}{\displaystyle\int_0^1 1 \, dx} - \dfrac{\displaystyle\int_0^1 x^3 - \frac{1}{2} x^2 \, dx}{\displaystyle\int_0^1 x^2 - x + \frac{1}{4} \, dx} \left(x - \frac{1}{2}\right)$

$\qquad = x^2 - x + \dfrac{1}{6}$

구간 $[0, 1]$에서 P_2의 표준기저 $\{1, x, x^2\}$에 대한
직교기저는 $\left\{1, x - \dfrac{1}{2}, x^2 - x + \dfrac{1}{6}\right\}$이다.

61. $\dfrac{\pi}{6}$

[풀이] 두 벡터 1, $1 + x$가 이루는 각 θ는 $\cos\theta = \dfrac{\langle 1, 1 + x \rangle}{|1||1 + x|}$ 이다.
(단, $|v|$는 v의 크기이다.)

$|1| = \sqrt{\langle 1, 1 \rangle} = \sqrt{\displaystyle\int_{-1}^1 1 \, dx} = \sqrt{2}$

$|1 + x| = \sqrt{\langle 1 + x, 1 + x \rangle} = \sqrt{\displaystyle\int_{-1}^1 (1+x)^2 \, dx} = \dfrac{2\sqrt{2}}{\sqrt{3}}$

$\langle 1, 1 + x \rangle = \displaystyle\int_{-1}^1 (1 + x) \, dx = 2$에서

$\cos\theta = \dfrac{\langle 1, 1 + x \rangle}{|1||1 + x|} = \dfrac{2}{\sqrt{2} \cdot \frac{2\sqrt{2}}{\sqrt{3}}} = \dfrac{\sqrt{3}}{2}$ 이므로

$\theta = \dfrac{\pi}{6}$ 이다.

■ 1. 고윳값과 고유벡터의 정의

62. ④

풀이 $\begin{vmatrix} 4-\lambda & -3 & 1 \\ 2 & -1-\lambda & 2 \\ 0 & 0 & 3-\lambda \end{vmatrix} = 0$

$\Rightarrow (3-\lambda)(\lambda^2 - 3\lambda + 2) = 0 \Rightarrow \lambda = 1, 2, 3$

❖ $tr(A) = 6$이 되는 숫자의 조합을 생각해보면 답을 빠르게 찾을 수 있다.

63. ①

풀이 $\begin{vmatrix} 1-\lambda & 0 & 1 \\ 2 & 2-\lambda & 0 \\ 8 & 0 & 3-\lambda \end{vmatrix} = 0$

$\Rightarrow (2-\lambda)(\lambda^2 - 4\lambda - 5) = 0 \Rightarrow \lambda = -1, 2, 5$

❖ $tr(A) = 6$이 되는 숫자의 조합을 생각해보면 답을 빠르게 찾을 수 있다.

64. ㄱ, ㄷ

풀이 $\begin{vmatrix} 6-\lambda & -5 \\ 3 & -2-\lambda \end{vmatrix} = 0$에서 $\lambda = 1$ 또는 $\lambda = 3$

(i) $\lambda = 1$일 때, $\begin{bmatrix} 5 & -5 \\ 3 & -3 \end{bmatrix}\begin{bmatrix} x \\ y \end{bmatrix} = \begin{bmatrix} 0 \\ 0 \end{bmatrix}$에서 $v_1 = (1, 1)$

(ii) $\lambda = 3$일 때, $\begin{bmatrix} 3 & -5 \\ 3 & -5 \end{bmatrix}\begin{bmatrix} x \\ y \end{bmatrix} = \begin{bmatrix} 0 \\ 0 \end{bmatrix}$에서 $3x - 5y = 0$

∴ $v_2 = (5, 3)$

65. ①

풀이 객관식 문제이므로 고유벡터를 직접 구하는 것보다 $Av = \lambda v$임을 확인하는 것이 빠르다.

① $\begin{pmatrix} 5 & -4 & 4 \\ 12 & -11 & 12 \\ 4 & -4 & 5 \end{pmatrix}\begin{pmatrix} 2 \\ 1 \\ 0 \end{pmatrix} = \begin{pmatrix} 6 \\ 13 \\ 4 \end{pmatrix} \neq \lambda\begin{pmatrix} 2 \\ 1 \\ 0 \end{pmatrix}$

따라서 고유벡터가 아니다.

② $\begin{pmatrix} 5 & -4 & 4 \\ 12 & -11 & 12 \\ 4 & -4 & 5 \end{pmatrix}\begin{pmatrix} 1 \\ 0 \\ -1 \end{pmatrix} = \begin{pmatrix} 1 \\ 0 \\ -1 \end{pmatrix}$

따라서 $\lambda = 1$에 대응되는 고유벡터이다.

③ $\begin{pmatrix} 5 & -4 & 4 \\ 12 & -11 & 12 \\ 4 & -4 & 5 \end{pmatrix}\begin{pmatrix} 1 \\ 3 \\ 1 \end{pmatrix} = \begin{pmatrix} -3 \\ -9 \\ -3 \end{pmatrix} = -3\begin{pmatrix} 1 \\ 3 \\ 1 \end{pmatrix}$

이므로 $\lambda = -3$에 대응되는 고유벡터이다.

④ $\begin{pmatrix} 5 & -4 & 4 \\ 12 & -11 & 12 \\ 4 & -4 & 5 \end{pmatrix}\begin{pmatrix} 0 \\ 1 \\ 1 \end{pmatrix} = \begin{pmatrix} 0 \\ 1 \\ 1 \end{pmatrix}$

이므로 $\lambda = 1$에 대응되는 고유벡터이다.

66. 6

풀이 고유벡터 $v = \begin{bmatrix} 1 \\ b \\ -2 \end{bmatrix}$에 대응하는 고유치를 λ 라 하면

$Av = \lambda v \Leftrightarrow \begin{bmatrix} 1 & 0 & 1 \\ 0 & 1 & a \\ 2 & 1 & 1 \end{bmatrix}\begin{bmatrix} 1 \\ b \\ -2 \end{bmatrix} = \lambda\begin{bmatrix} 1 \\ b \\ -2 \end{bmatrix}$

$\Leftrightarrow \begin{bmatrix} -1 \\ b-2a \\ b \end{bmatrix} = \lambda\begin{bmatrix} 1 \\ b \\ -2 \end{bmatrix}$

이므로 $\lambda = -1$, $a = 2$, $b = 2$ 이다.

$|\lambda I - A| = \begin{vmatrix} \lambda-1 & 0 & -1 \\ 0 & \lambda-1 & -2 \\ -2 & -1 & \lambda-1 \end{vmatrix}$

$= (\lambda-1)(\lambda-3)(\lambda+1) = 0$ 이므로

A 의 가장 큰 고윳값 $c = 3$, 가장 작은 고윳값 $d = -1$이다.

따라서 $a + b + c + d = 6$ 이다.

67. ③

풀이 (가) $\begin{pmatrix} 1 & 1 & 1 \\ 1 & 1 & 1 \\ 1 & 1 & 1 \end{pmatrix}\begin{pmatrix} 2 \\ 2 \\ 2 \end{pmatrix} = \begin{pmatrix} 6 \\ 6 \\ 6 \end{pmatrix} = 3\begin{pmatrix} 2 \\ 2 \\ 2 \end{pmatrix}$

(나) $\begin{pmatrix} 1 & 1 & 1 \\ 1 & 1 & 1 \\ 1 & 1 & 1 \end{pmatrix}\begin{pmatrix} 3 \\ 0 \\ -3 \end{pmatrix} = \begin{pmatrix} 0 \\ 0 \\ 0 \end{pmatrix} = 0\begin{pmatrix} 3 \\ 0 \\ -3 \end{pmatrix}$

(다) $\begin{pmatrix} 1 & 1 & 1 \\ 1 & 1 & 1 \\ 1 & 1 & 1 \end{pmatrix}\begin{pmatrix} 2 \\ -5 \\ 4 \end{pmatrix} = \begin{pmatrix} 1 \\ 1 \\ 1 \end{pmatrix} \neq \lambda\begin{pmatrix} 2 \\ -5 \\ 4 \end{pmatrix}$

(라) $\begin{pmatrix} 1 & 1 & 1 \\ 1 & 1 & 1 \\ 1 & 1 & 1 \end{pmatrix}\begin{pmatrix} 3 \\ -7 \\ 4 \end{pmatrix} = \begin{pmatrix} 0 \\ 0 \\ 0 \end{pmatrix} = 0\begin{pmatrix} 3 \\ -7 \\ 4 \end{pmatrix}$

68. 4

풀이 $P(\lambda) = 0$은 행렬 B의 특성방정식이고 특성방정식의 근은 고유치이다. 따라서 모든 근의 합은 고유치의 합 즉, $tr(B) = 4$

69. -16

풀이 삼차방정식의 근과 계수의 관계에 의해 특성방정식의 모든 근의 곱은 -16이다. 행렬식의 값은 고유치의 곱과 같으므로 $\det A = -16$이다.

70.   7

풀이 행렬 A의 특성방정식(characteristic equation)이
$x^3 - 15x^2 + 71x - 105 = 0$이면 $tr(A) = 15$이므로
$5 + 3 + a = 15$를 만족해야 한다. 따라서 $a = 7$이다.

71.   ④

풀이 서로 다른 세 고윳값에 대응하는 고유벡터는 일차독립이다.

$$\therefore \begin{vmatrix} 1 & 2 & 1 \\ 0 & 1 & -1 \\ 1 & a & 0 \end{vmatrix} = \begin{vmatrix} 1 & 2 & 1 \\ 0 & 1 & -1 \\ 0 & a-2 & -1 \end{vmatrix} = -1 + a - 2 = a - 3 \neq 0$$

$$\therefore a \neq 3$$

72.   ④

풀이 $Au = u$: A의 고유치 1, 고유벡터 u
$Av = 3v$: A의 고유치 3, 고유벡터 v

$$④ \begin{vmatrix} 2+\sqrt{2}-\lambda & 1 \\ -1 & 2-\sqrt{2}-\lambda \end{vmatrix}$$
$$= \{\lambda - (2+\sqrt{2})\}\{\lambda - (2-\sqrt{2})\} + 1$$
$$= \lambda^2 - 4\lambda + 3 = (\lambda - 1)(\lambda - 3)$$

이므로 1, 3을 고유치로 갖는다.

73.   12

풀이 $A = \begin{pmatrix} 1 & 2 \\ 3 & 4 \end{pmatrix} B + 2B \Leftrightarrow AB^{-1} = \begin{pmatrix} 1 & 2 \\ 3 & 4 \end{pmatrix} I + 2I = \begin{pmatrix} 3 & 2 \\ 3 & 6 \end{pmatrix}$

고유치의 곱은 행렬식의 값이므로 $\det(AB^{-1}) = 18 - 6 = 12$

74.   ②

풀이 $\begin{pmatrix} 3 & 2 \\ 1 & 1 \end{pmatrix}\begin{pmatrix} x \\ y \end{pmatrix} = k\begin{pmatrix} x \\ y \end{pmatrix}$에서 $Av = \lambda v$꼴로 생각하면
k의 합은 고유치의 합이므로 $tr\,A = 4$이다.

[다른 풀이]

$$\begin{cases} 3x + 2y = kx \\ x + y = ky \end{cases} \Leftrightarrow \begin{cases} (3-k)x + 2y = 0 \\ x + (1-k)y = 0 \end{cases}$$

$$\Leftrightarrow \begin{pmatrix} 3-k & 2 \\ 1 & 1-k \end{pmatrix}\begin{pmatrix} x \\ y \end{pmatrix} = \begin{pmatrix} 0 \\ 0 \end{pmatrix}$$

이 때, $AX = O$가 자명해 이외의 해를 가지면,
즉, $\det A = 0$ 또는 $rank\,A < 2$이면 무수히 많은 해를 갖는다.
$$\begin{vmatrix} 3-k & 2 \\ 1 & 1-k \end{vmatrix} = (3-k)(1-k) - 2 = k^2 - 4k + 1 = 0$$
따라서 k값들의 합은 4이다.

75.   4

풀이 행렬 $A = \begin{pmatrix} 0 & 0 & 1 \\ 0 & 1 & 2 \\ 4 & 0 & 0 \end{pmatrix}$의 특성[고유]방정식은

$$\det\begin{pmatrix} -\lambda & 0 & 1 \\ 0 & 1-\lambda & 2 \\ 4 & 0 & -\lambda \end{pmatrix} = 0$$

$(1-\lambda)(\lambda^2 - 4) = 0 \Rightarrow \lambda = -2,\ 1,\ 2$
따라서 고윳값(eigenvalue) 중 가장 큰 것과 가장 작은 것의 차는 4이다.

76. -28

풀이 (행렬 A의 고유치들의 곱)$= \det(A) = \begin{vmatrix} 5 & -2 & 3 \\ 0 & 1 & 0 \\ 6 & 7 & -2 \end{vmatrix} = -28$

77.   4

풀이 대각원소의 합이 고유값의 합과 같으므로 $6 + a = 5 + 2i + 5 - 2i$
$\therefore a = 4$

78.   5

풀이 고윳값들의 합 $= \alpha = tr(A) = 5$이고

$$고윳값들의 곱 = \beta = |A| = \begin{vmatrix} 1 & -1 & 1 & -1 & 1 \\ -1 & 1 & -1 & 1 & -1 \\ 1 & -1 & 1 & -1 & 1 \\ -1 & 1 & -1 & 1 & -1 \\ 1 & -1 & 1 & -1 & 1 \end{vmatrix}$$

$$= \begin{vmatrix} 1 & -1 & 1 & -1 & 1 \\ 0 & 0 & 0 & 0 & 0 \\ 1 & -1 & 1 & -1 & 1 \\ -1 & 1 & -1 & 1 & -1 \\ 1 & -1 & 1 & -1 & 1 \end{vmatrix} = 0$$

이므로 $\alpha + \beta = 5$이다.

79. 6

풀이 고윳값의 곱은 행렬식과 같으므로

$$\det A = 2 \begin{vmatrix} 1 & 0 & 1 \\ 0 & -1 & 0 \\ 1 & 0 & -2 \end{vmatrix} = 2 \cdot 3 = 6 \text{ 이다.}$$

80. ①

풀이 행렬 $\begin{bmatrix} a & b \\ c & d \end{bmatrix}$의 특성방정식은 $\begin{vmatrix} a-\lambda & b \\ c & d-\lambda \end{vmatrix} = 0$ 이다.

즉, $\lambda^2 - (a+d)\lambda + (ad-bc) = 0$

판별식 $D = (a+d)^2 - 4(ad-bc)$
$$= a^2 + 2ad + d^2 - 4ad + 4bc = (a-d)^2 + 4bc$$

이므로 $bc > 0$ 이면 $D > 0$

따라서 이 행렬은 서로 다른 두 개의 실수 고유치를 항상 갖는다.

2. 고윳값과 고유벡터의 성질

81. 98

풀이 $A = \begin{pmatrix} 3 & 0 & 1 \\ 0 & 2 & 0 \\ 0 & 2 & 1 \end{pmatrix}$일 때,

$$|A - \lambda I| = \begin{vmatrix} 3-\lambda & 0 & 1 \\ 0 & 2-\lambda & 0 \\ 0 & 2 & 1-\lambda \end{vmatrix} = (2-\lambda)(3-\lambda)(1-\lambda)$$

이므로 A의 고윳값은 1, 2, 3이다.

따라서 A^4의 고윳값은 1, 16, 81이고

$tr(A^4) = 1 + 16 + 81 = 98$이다.

82. $1 + 3^{19}$

풀이 $a + d = tr(A^{19}) = (A^{19}$의 고유치의 합)
$$= (A\text{의 고유치의 19제곱의 합})$$

$$|A - \lambda I| = \begin{vmatrix} 2-\lambda & 1 \\ 1 & 2-\lambda \end{vmatrix} = (2-\lambda)^2 - 1$$
$$= \lambda^2 - 4\lambda + 3 = (\lambda-1)(\lambda-3) = 0$$

$\therefore \lambda = 1, 3$

따라서 A^{19}의 고유치는 $1, 3^{19}$이고 그 합은 $1 + 3^{19}$이다.

83. $1 + 2^{2024}$

풀이 A의 고유치를 구하면 $\begin{vmatrix} 2-x & -4 \\ 3 & -5-x \end{vmatrix} = x^2 + 3x + 2 = 0$에서

고유치는 $x = -1, -2$이다.

$tr(A^{2024}) = A^{2024}$의 고유치의 합 $= 1 + 2^{2024}$

84. 2^{-1007}

풀이 $B = \begin{pmatrix} 1 & 1 \\ 1 & -1 \end{pmatrix}$라고 할 때 특성다항식은 $\lambda^2 - 2 = 0$이므로 B의

고윳값은 $\sqrt{2}, -\sqrt{2}$이다.

$A = \frac{1}{2}\begin{pmatrix} 1 & 1 \\ 1 & -1 \end{pmatrix} = \frac{1}{2}B$이므로

A의 고윳값은 $\frac{\sqrt{2}}{2}, -\frac{\sqrt{2}}{2}$이다. 즉 $\lambda = \pm\frac{1}{\sqrt{2}}$이다.

$tr(A^{2016}) = (A^{2016}$의 모든 고윳값의 합)
$$= \left(\frac{1}{\sqrt{2}}\right)^{2016} + \left(-\frac{1}{\sqrt{2}}\right)^{2016}$$
$$= 2^{-1008} + 2^{-1008} = 2 \times 2^{-1008} = 2^{-1007} \text{이다.}$$

85. -4 또는 8

풀이 행렬 A의 고유치를 a, b라고 하면

$tr(A^2)=a^2+b^2=8$, $tr(A^3)=a^3+b^3=0$이 성립한다.

$tr(A^3)=a^3+b^3=(a+b)(a^2-ab+b^2)$
$=(a+b)(8-ab)=0$

그러므로 $a+b=0$이거나 $ab=8$이다.

(i) $a+b=0$이라 하면 $b=-a$이므로

    $a^2+b^2=2a^2=8$이고 $|A|=ab=-a^2=-4$이다.

(ii) $ab=8 \Leftrightarrow |A|=8$이다.

(i), (ii)에 의하여 $|A|=-4$또는 $|A|=8$이다.

86. -8

풀이 (i) 2×2행렬 A의 고유치를 a, b라고 하면

    A의 특성방정식은 $p(t)=(t-a)(t-b)$이고

    A^3의 특성방정식은 $q(t)=(t-a^3)(t-b^3)$이다.

    또한 $q(0)=-125$에 의하여

    $q(0)=a^3b^3=-125 \Leftrightarrow ab=-5$이고

    $q(1)=-234$에 의하여

    $q(1)=(1-a^3)(1-b^3)=1-(a^3+b^3)+a^3b^3$
        $=-124-(a^3+b^3)=-248 \Leftrightarrow a^3+b^3=124$

(ii) 위 식을 통해서 $ab=-5$, $a^3+b^3=124$임을 알았다.

    $(a+b)^3=a^3+b^3+3ab(a+b)$

    $\Rightarrow (a+b)^3=124-15(a+b)$

    $\Rightarrow a+b=x$로 치환해서 $x^3+15x-124=0$의 해를 구하면

        $x=a+b=4$이다.

(iii) $p(3)=(3-a)(3-b)=9+ab-3(a+b)=-80$이다.

87. 2^{20}

풀이 $A\begin{pmatrix}1\\-1\end{pmatrix}=\begin{pmatrix}2\\-2\end{pmatrix} \Rightarrow$ 고유치는 2이며 고유벡터는 $\begin{pmatrix}1\\-1\end{pmatrix}$이고

$A\begin{pmatrix}1\\1\end{pmatrix}=\begin{pmatrix}3\\3\end{pmatrix} \Rightarrow$ 고유치는 3이며 고유벡터는 $\begin{pmatrix}1\\1\end{pmatrix}$이다.

따라서 고유치, 고유벡터의 성질을 이용하면

$A^{17}\begin{pmatrix}11\\3\end{pmatrix}=A^{17}\left\{4\begin{pmatrix}1\\-1\end{pmatrix}+7\begin{pmatrix}1\\1\end{pmatrix}\right\}$

$=4A^{17}\begin{pmatrix}1\\-1\end{pmatrix}+7A^{17}\begin{pmatrix}1\\1\end{pmatrix}$

$=4\times2^{17}\begin{pmatrix}1\\-1\end{pmatrix}+7\times3^{17}\begin{pmatrix}1\\1\end{pmatrix}$

$=\begin{pmatrix}2^{19}\\-2^{19}\end{pmatrix}+\begin{pmatrix}7\cdot3^{17}\\7\cdot3^{17}\end{pmatrix}=\begin{pmatrix}2^{19}+7\cdot3^{17}\\-2^{19}+7\cdot3^{17}\end{pmatrix}$

이다. 그러므로 $x-y=2^{20}$이다.

88. 189

풀이 $A\begin{pmatrix}1\\1\\1\end{pmatrix}=\begin{pmatrix}2\\2\\2\end{pmatrix} \Rightarrow A$의 고유치 2의 고유벡터 $\begin{pmatrix}1\\1\\1\end{pmatrix}$

$A\begin{pmatrix}2\\0\\-1\end{pmatrix}=\begin{pmatrix}-2\\0\\1\end{pmatrix} \Rightarrow A$의 고유치 -1의 고유벡터 $\begin{pmatrix}2\\0\\-1\end{pmatrix}$

고윳값의 성질에 의해서 $Av=\lambda v$과 $A^n v=\lambda^n v$가 성립하므로

$A^4\begin{pmatrix}-2\\4\\7\end{pmatrix}=A^4\left\{4\begin{pmatrix}1\\1\\1\end{pmatrix}-3\begin{pmatrix}2\\0\\-1\end{pmatrix}\right\}$

$=4A^4\begin{pmatrix}1\\1\\1\end{pmatrix}-3A^4\begin{pmatrix}2\\0\\-1\end{pmatrix}$

$=4\times2^4\begin{pmatrix}1\\1\\1\end{pmatrix}-3(-1)^4\begin{pmatrix}2\\0\\-1\end{pmatrix}=64\begin{pmatrix}1\\1\\1\end{pmatrix}-3\begin{pmatrix}2\\0\\-1\end{pmatrix}$

$=\begin{pmatrix}58\\64\\67\end{pmatrix}=\begin{pmatrix}a\\b\\c\end{pmatrix}$이다. $\therefore a+b+c=189$

89.   풀이 참조

풀이 삼각행렬의 고유치는 주대각 원소이고

A의 고유치가 λ일 때, A^{-1}의 고유치는 $\dfrac{1}{\lambda}$이다.

(1) A의 고유치는 3, 3, 3이고

    A^{-1}의 고유치는 $\dfrac{1}{3}$, $\dfrac{1}{3}$, $\dfrac{1}{3}$이다.

(2) B의 고유치는 2, 3, 4, 5이고

    B^{-1}의 고유지는 $\dfrac{1}{2}$, $\dfrac{1}{3}$, $\dfrac{1}{4}$, $\dfrac{1}{5}$이다.

90.   ④

풀이 $Av=\lambda v$일 때, $A^{-1}v=\dfrac{1}{\lambda}v$

즉, A^{-1}의 고유벡터는 A의 고유벡터와 같다.

④ $\begin{pmatrix}1&-3&3\\0&-5&6\\0&-3&4\end{pmatrix}\begin{pmatrix}2\\2\\1\end{pmatrix}=\begin{pmatrix}-1\\-4\\-2\end{pmatrix}\neq\lambda\begin{pmatrix}2\\2\\1\end{pmatrix}$이므로

고유벡터가 아니다.

91. $\dfrac{1}{3}$

풀이 역행렬의 대각원소의 합은 두 가지 방법으로 구할 수 있다.

(i) A의 고유치를 활용하기

$$|\lambda I - A| = \lambda^3 - tr(A)\lambda^2 + (C_{11} + C_{22} + C_{33})\lambda - \det(A)$$
$$= \lambda^3 - 3\lambda^2 - \lambda + 3 = 0$$
이므로

A의 고윳값은 $-1, 1, 3$이다. A^{-1}의 고윳값은 A의 고윳값의

역수이므로 $-1, 1, \dfrac{1}{3}$이다.

$\therefore \ A^{-1}$의 고윳값의 합 $= tr(A^{-1}) = \dfrac{1}{3}$

(ii) 역행렬의 정의를 활용한다.

$$tr(A^{-1}) = \frac{C_{11} + C_{22} + C_{33}}{\det(A)} = \frac{-1}{-3} = \frac{1}{3}$$

92. $-\dfrac{3}{2}$

풀이 역행렬의 대각원소의 합은 두 가지 방법으로 구할 수 있다.

(i) A의 고유치를 활용하기

$A = \begin{pmatrix} 0 & 1 & 1 \\ 1 & 0 & 1 \\ 1 & 1 & 0 \end{pmatrix}$ 이라 할 때,

$$|\lambda I - A| = \lambda^3 - tr(A)\lambda^2 + (C_{11} + C_{22} + C_{33})\lambda - \det(A)$$
$$= \lambda^3 - 3\lambda - 2 = (\lambda+1)^2(\lambda-2)$$
이므로

A의 고유치는 $-1, -1, 2$이다.

따라서 A^{-1}의 고유치는 $-1, -1, \dfrac{1}{2}$이고

$tr(A^{-1}) = (-1) + (-1) + \dfrac{1}{2} = -\dfrac{3}{2}$이다.

(ii) 역행렬의 정의를 활용한다.

$$tr(A^{-1}) = \frac{C_{11} + C_{22} + C_{33}}{\det(A)} = \frac{-3}{2}$$

93. 3

풀이 $\lambda_1 \lambda_2 \lambda_3 = \det(A) = 9$

$\lambda_1 \lambda_2 + \lambda_2 \lambda_3 + \lambda_1 \lambda_3 = C_{11} + C_{22} + C_{33} - 6$

$\lambda_1 + \lambda_2 + \lambda_3 = tr(A) = 0$이므로

$\lambda_1 \lambda_2 \lambda_3 + \lambda_1 \lambda_2 + \lambda_2 \lambda_3 + \lambda_1 \lambda_3 + \lambda_1 + \lambda_2 + \lambda_3$
$= \det(A) + C_{11} + C_{22} + C_{33} + tr(A) = 3$이다.

94. 1

풀이 (i) $\begin{pmatrix} 1 \\ 1 \\ 1 \end{pmatrix}$이 A의 고유벡터인지 확인한다.

(ii) A의 고유벡터가 아니라면 A의 다른 고유벡터들의 일차결합으

로 $\begin{pmatrix} 1 \\ 1 \\ 1 \end{pmatrix}$를 생성하자.

A의 고윳값과 고유벡터를 구하자.

$$|A - \lambda I| = \begin{vmatrix} -1-\lambda & 2 & 0 \\ 2 & -1-\lambda & 0 \\ 0 & 0 & -1-\lambda \end{vmatrix}$$
$$= (1+\lambda)^3 - 4(1+\lambda)$$
$$= (\lambda+3)(\lambda+1)(\lambda-1) = 0$$

에서 $\lambda = -3, -1, 1$ 이고 각각의 고유벡터는

$u = (1, -1, 0), \ v = (0, 0, 1), \ w = (1, 1, 0)$이다.

즉, $Au = -3u, \ Av = -v, \ Aw = w$이고,

$A^{2025}u = (-3)^{2025}u, \ A^{2025}v = (-1)^{2025}v = -v,$

$A^{2025}w = (1)^{2025}w = w$이다.

$A^{2025}\begin{pmatrix} 1 \\ 1 \\ 1 \end{pmatrix} = A^{2025}(v+w) = A^{2025}v + A^{2025}w$

$\qquad = -v + w = \begin{pmatrix} 1 \\ 1 \\ -1 \end{pmatrix}$이고,

A^{2025}의 모든 성분의 합은 1이다.

95. 2

풀이 $B = \begin{bmatrix} 3 & -1 \\ -1 & 3 \end{bmatrix}$ 라고 할 때 $B\begin{pmatrix} 1 \\ 1 \end{pmatrix} = 2\begin{pmatrix} 1 \\ 1 \end{pmatrix}$이므로 B의 고윳값 2의

고유벡터는 $V = \begin{pmatrix} 1 \\ 1 \end{pmatrix}$이다. $A = \dfrac{1}{2}B$이므로 A의 고윳값은 1이고

고유벡터는 $V = \begin{pmatrix} 1 \\ 1 \end{pmatrix}$이다. 즉 $AV = V$이고 $A^{10}V = V$이다.

따라서 A^{10}의 모든 성분의 합은 2이다.

96. 2^{11}

풀이 $A = \begin{pmatrix} 7 & -5 \\ -1 & 3 \end{pmatrix}$이라 하면 $A\begin{pmatrix} 1 \\ 1 \end{pmatrix} = \begin{pmatrix} 2 \\ 2 \end{pmatrix} = 2\begin{pmatrix} 1 \\ 1 \end{pmatrix}$이므로

A의 고유치 2에 대응하는 고유벡터는 $\begin{pmatrix} 1 \\ 1 \end{pmatrix}$이다.

따라서 A^{10}의 고유치 2^{10}에 대응하는 고유벡터도 $\begin{pmatrix} 1 \\ 1 \end{pmatrix}$이다.

$A^{10}\begin{pmatrix} 1 \\ 1 \end{pmatrix} = 2^{10}\begin{pmatrix} 1 \\ 1 \end{pmatrix} \qquad \therefore \ a + b = 2^{10} + 2^{10} = 2^{11}$ 이다.

97. (1) $span\left\{\begin{pmatrix} 2 \\ -1 \end{pmatrix}\right\}$ (2) 6

풀이 행렬 $B = \begin{pmatrix} 7 & 10 \\ -2 & -2 \end{pmatrix}$의 특성방정식 $\lambda^2 - 5\lambda + 6 = 0 \Rightarrow \lambda = 2, 3$

이고 고유벡터는 각각 $u = \begin{pmatrix} 2 \\ -1 \end{pmatrix}$, $v = \begin{pmatrix} 5 \\ -2 \end{pmatrix}$이다.

행렬 $A = \frac{1}{3}B$이므로 A의 고윳값 $\frac{2}{3}$와 1에 대응하는

고유벡터도 각각 u, v이다.

(1) $\lim_{n \to \infty} A^n \mathbf{w} = \begin{bmatrix} 0 \\ 0 \end{bmatrix}$ 을 만족하는 w는 1보다 작은 고윳값에

대응하는 고유벡터이다.

$\lim_{n \to \infty} A^n u = \lim_{n \to \infty} \left(\frac{2}{3}\right)^n u = O$, $\lim_{n \to \infty} A^n v = v$ 이므로

w의 기저는 $\left\{\begin{pmatrix} 2 \\ -1 \end{pmatrix}\right\}$이다.

(2) $\mathbf{x} = \begin{bmatrix} 4 \\ -1 \end{bmatrix} = -3u + 2v$에 대하여

$\lim_{n \to \infty} A^n \mathbf{x} = \lim_{n \to \infty} A^n(-3u + 2v)$

$= \lim_{n \to \infty} -3A^n u + 2A^n v = 2v = 2\begin{bmatrix} 5 \\ -2 \end{bmatrix}$이다.

$\therefore a + b = 6$

98. 3

풀이 행렬 A의 특성방정식이 $f(\lambda) = \lambda^2 - 7\lambda + 10 = (\lambda - 2)(\lambda - 5)$

이므로 행렬 A의 고유치는 2와 5이다. 또한 고유치의 성질에

의하여 $tr(A^n) = 2^n + 5^n$ 이므로

$\lim_{n \to \infty} \left(tr(A^n)\right)^{\frac{1}{n}} = \lim_{n \to \infty} (2^n + 3^n)^{\frac{1}{n}} = \lim_{n \to \infty} e^{\frac{\ln(2^n + 3^n)}{n}}$

$= \lim_{n \to \infty} e^{\frac{2^n \ln 2 + 3^n \ln 3}{2^n + 3^n}} = \lim_{n \to \infty} e^{\ln 3} = 3$ 이다.

99. 53

풀이 $|\lambda I - A| = \lambda^2 - 2\lambda - 3 = (\lambda - 3)(\lambda + 1) = 0$

$\Rightarrow \lambda = 3, -1$이므로 $tr(A^k) = 3^k + (-1)^k$이다.

$\sum_{k=0}^{\infty} tr(A^k) x^{k-1} = \sum_{k=0}^{\infty} \left\{3^k + (-1)^k\right\} \cdot \frac{1}{5^{k-1}}$

$= 5\left\{\sum_{k=0}^{\infty} \left(\frac{3}{5}\right)^k + \sum_{k=0}^{\infty} \left(-\frac{1}{5}\right)^k\right\}$

$= 5\left(\frac{1}{1-\frac{3}{5}} + \frac{1}{1+\frac{1}{5}}\right) = \frac{50}{3}$

$\therefore a + b = 53$

100. 33

풀이 $\det(A) = -3$이고 $\det(A^k) = (-3)^k$

$\sum_{k=0}^{\infty} \det(A^k) \left(\frac{1}{5}\right)^{k-1} = \sum_{k=0}^{\infty} (-3)^k \left(\frac{1}{5}\right)^{k-1}$

$= 5\sum_{k=0}^{\infty} \left(\frac{-3}{5}\right)^k = 5 \cdot \frac{1}{1+\frac{3}{5}} = \frac{25}{8}$

이므로 $a + b = 33$이다.

101. 11

풀이 매클로린 급수를 통해서 무한급수의 합을 구하면

$\frac{1}{1-x} = \sum_{k=0}^{\infty} x^k$(양변을 미분하면)

$\Rightarrow \frac{1}{(1-x)^2} = \sum_{k=1}^{\infty} kx^{k-1}$(양변에 x를 곱해주면)

$\Rightarrow \frac{x}{(1-x)^2} = \sum_{k=1}^{\infty} kx^k$

$\det(A) = -3$이고 $\det(A^k) = (-3)^k$

$\sum_{k=1}^{\infty} \det(A^k) k \left(\frac{1}{5}\right)^k = \sum_{k=1}^{\infty} (-3)^k k \left(\frac{1}{5}\right)^k = 5\sum_{k=1}^{\infty} k\left(\frac{-3}{5}\right)^k$

$= 5 \cdot \frac{-\frac{3}{5}}{\left(1+\frac{3}{5}\right)^2} = -\frac{75}{64}$

이므로 $|a + b| = 11$이다.

102. 128

풀이 행렬 $A \in M_{3 \times 3}(\mathbb{R})$의 고윳값이 $-2, 1, 2$ 이므로

$\det(A) = $ (고윳값들의 곱) $= -4$

$\det(2A^2) = 2^3 \det(A^2) = 8[\det(A)]^2 = 8 \times (-4)^2 = 128$

103. 66

풀이 $\begin{vmatrix} 1-\lambda & 4 & 1 \\ 2 & 1-\lambda & 0 \\ -1 & 3 & 1-\lambda \end{vmatrix} = 0$

$\Rightarrow (1-\lambda)^3 + 6 + (1-\lambda) - 8(1-\lambda) = 0$

$\Rightarrow \lambda^3 - 3\lambda^2 - 4\lambda = 0$ $\Rightarrow \lambda(\lambda^2 - 3\lambda - 4) = 0$

$\Rightarrow \lambda(\lambda - 4)(\lambda + 1) = 0$ $\Rightarrow \lambda = -1, 0, 4$

$3B^2 + 5B$ 의 고윳값 : $3\lambda^2 + 5\lambda = -2, 0, 68$

$\therefore tr(3B^2 + 5B) = 66$

104.   0

풀이

$\begin{cases} Iv = 1v \\ Av = \lambda v \\ A^2 v = \lambda^2 v \quad (v \neq 0) \text{ 이면} \\ A^3 v = \lambda^3 v \\ \quad \vdots \end{cases}$

$Iv + Av + A^2 v + \cdots + A^8 v + A^9 v$

$= v + \lambda v + \lambda^2 v + \cdots + \lambda^8 v + \lambda^9 v$의 식을 정리하자.

$(I + A + A^2 + \cdots + A^8 + A^9)v$

$= (1 + \lambda + \lambda^2 + \cdots + \lambda^8 + \lambda^9)v$

$Bv = (1 + \lambda + \lambda^2 + \cdots + \lambda^8 + \lambda^9)v$

즉, B의 고유치는 $1 + \lambda + \lambda^2 + \cdots + \lambda^8 + \lambda^9$ 이다.

A의 고유치는

$\begin{vmatrix} -\lambda & 0 & 2 \\ 1 & -\lambda & 1 \\ 0 & 1 & -2-\lambda \end{vmatrix}$

$= -\lambda \begin{vmatrix} -\lambda & 1 \\ 1 & -2-\lambda \end{vmatrix} + 2 \begin{vmatrix} 1 & -\lambda \\ 0 & 1 \end{vmatrix}$

$= -\lambda(\lambda^2 + 2\lambda - 1) + 2$

$= -(\lambda-1)(\lambda+1)(\lambda+2) = 0$

이므로 $\lambda = -2, -1, 1$이다.

I의 고유치는	1	1	1
A의 고유치는	1	-1	-2
A^2의 고유치는	1	1	$(-2)^2$
			$\vdots$
A^9의 고유치는	1	-1	$(-2)^9$
B의 고유치는	10	0	$1-2+(-2)^2+\cdots+(-2)^9$

$\det B$는 B의 모든 고유치의 곱이므로 0이다.

105.   140

풀이

$|A - \lambda I| = \begin{vmatrix} 1-\lambda & 4 \\ 2 & 3-\lambda \end{vmatrix} = \lambda^2 - 4\lambda - 5 = (\lambda-5)(\lambda+1) = 0$

이므로 행렬 A의 고유치는 -1, 5이다.

따라서 고유치 성질에 의하여 $A^3 + 3A + 2I$의 고유치는

$(-1)^3 + 3(-1) + 2 = -2$ 와 $(5)^3 + 3(5) + 2 = 142$이다.

그러므로 $A^3 + 3A + 2I$의 고유치의 합은 140이다.

106.   69

풀이

행렬 A의 고유치를 a, b 라 할 때, $tr(A) = a + b = 3$,

$\det(A) = ab = 1$ 이다.

$3A^3 + 5A$의 고윳값은 $3a^3 + 5a$, $3b^3 + 5b$이다.

$tr(B) = tr(3A^3 + 5A)$

$\quad = 3(a^3 + b^3) + 5(a + b)$

$= 3\{(a+b)^3 - 3ab(a+b)\} + 5(a+b)$

$= 3(27 - 9) + 5 \cdot 3 = 69$

107. -81, 0

풀이

$f(\lambda) = \lambda^3 + \lambda + 3$이므로 케일리-해밀턴 정리에 의해

$A^3 + A + 3I = O$이 성립한다. 삼차방정식의 근과 계수의 관계에

의해 $tr A = \lambda_1 + \lambda_2 + \lambda_3 = 0$, $\det A = \lambda_1 \lambda_2 \lambda_3 = -3$이다.

이때, $A^5 + 3A^2 + 2A - 3I$

$\quad = (A^3 + A + 3I)(A^2 - I) + 3A = 3A$가 성립하므로

$\det(A^5 + 3A^2 + 2A - 3I) = \det(3A) = 3^3 \det(A) = -81$

$tr(A^5 + 3A^2 + 2A - 3I) = tr(3A) = 3tr(A) = 0$

108. -1000, 0

풀이

A의 특성방정식이 $f(\lambda) = \det(\lambda I - A) = \lambda^3 + 4\lambda + 1$

이므로 $\det(A) = -1$, $tr(A) = 0$이다.

케일리-해밀턴 정리에 의해 $A^3 + 4A + I = O$이고

$A^5 + A^2 - 6A - 4I = (A^2 - 4)(A^3 + 4A + I) + 10A = 10A$

이므로 $\det(10A) = 10^3 |A| = -1000$, $tr(10A) = 0$

109. -76

풀이

행렬 A의 특성방정식은 $\lambda^2 - 6\lambda + 9 = 0$이므로

케일리-해밀턴 정리에 의해 $A^2 - 6A + 9I = O$이다.

$f(A) = A^4 - 5A^3 + A^2 + 3A - 2I$

$\quad = (A^2 - 6A + 9I)(A^2 + A - 2I) - 18A + 16I$

$\quad = \begin{pmatrix} -20 & -18 \\ 18 & -56 \end{pmatrix}$이다.

따라서 행렬 $A^4 - 5A^3 + A^2 + 3A - 2I$의 모든 성분들의 합은

-76 이다.

[다른 풀이]

A의 고윳값 3에 대응하는 고유벡터는 $\begin{pmatrix} 1 \\ 1 \end{pmatrix}$이다.

$A^4 - 5A^3 + A^2 + 3A - 2I$의 고윳값은 -38이고 대응하는

고유벡터는 $\begin{pmatrix} 1 \\ 1 \end{pmatrix}$이므로

$(A^4 - 5A^3 + A^2 + 3A - 2I)\begin{pmatrix} 1 \\ 1 \end{pmatrix} = -38\begin{pmatrix} 1 \\ 1 \end{pmatrix}$이다.

따라서 모든 성분의 합은 -76이다.

110. ④

풀이

① A와 A^t의 고유치는 같다. 그러나 고유벡터는 같지 않다.

② $Av = \lambda v \Rightarrow A^5 v = \lambda^5 v$

③ A가 가역이면 A는 0을 고윳값으로 갖지 않는다.

따라서 역행렬 A^{-1}가 존재하고 그 고윳값은 $\frac{1}{\lambda}$이다.

④ $Ax = \lambda x$이므로 $\{x,\, Ax\} = \{x,\, \lambda x\}$
$\Rightarrow$ 일차종속 $\dim\{x,\, \lambda x\} = 1$

⑤ $rank\,A + nullity\,A = n$
$rank(A - \lambda I) + nullity(A - \lambda I) = n$
이때 $nullity(A - \lambda I)$는 λ에 대응하는 고유벡터의 개수,
즉, λ의 기하적 중복도를 나타낸다.

111. ④

풀이

① (거짓)

A가 가역이면 모든 자연수 n에 대하여 A^n은 가역이다.

② (거짓) $\det(nA) = n^3 \det(A) \neq n \det(A)$

③ (거짓) 반례 : 0을 고윳값으로 가지면 비가역이다.

④ (참) λ가 A의 고윳값이고 v가 λ에 대응되는 A의 고유벡터이면, λ^2은 A^2의 고윳값이고 v는 λ^2에 대응되는 A^2의 고유벡터이므로 v의 상수배인 $2v$ 또한 λ^2에 대응되는 A^2의 고유벡터이다.

112. ③

풀이

(가) $Av = \lambda v$이고 $A^2 v = \lambda A v = \lambda^2 v$이므로
$A^2 = A$이면 $\lambda^2 = \lambda$, $\lambda(\lambda - 1) = 0$
$\therefore \lambda = 0,\, 1$

(나) $rank(AB) \leq min\{rank A,\, rank B\}$
ex) A는 3×4 행렬, B는 $4 \times n$ 행렬이면 AB는 $3 \times n$행렬이다. 이때, $rank A = 3$, $rank B = 4$이면 $rank(AB) \leq rank A$

(다) $A : 4 \times 4$ 행렬, $\det A = 2$, $\det(adj A) = |A|^{4-1} = 2^3 = 8$

(라) $AB = O$을 만족하는 B는 A의 해공간의 집합이다.
A가 5×5 행렬이고 $rank A = 3$이면 $nullity A = 2$이고,
$AB = O$을 만족하는 B가 존재한다면 $rank B = 2$이다.
즉, $rank B$는 절대 3이 될 수 없다.
$\therefore rank A = 3$, $rank B = 3$이면 $AB \neq O$이다.
따라서 옳은 것은 (가), (다), (라)의 3개이다.

■ **3. 행렬의 대각화**

113. ④

풀이

$$|\lambda I - A| = \begin{vmatrix} \lambda - 1 & -1 & 3 \\ 1 & \lambda - 3 & -1 \\ 1 & -1 & \lambda + 1 \end{vmatrix}$$
$$= \{(\lambda - 1)(\lambda - 3)(\lambda + 1) - 3 + 1\}$$
$$\qquad - \{3(\lambda - 3) + (\lambda - 1) - (\lambda + 1)\}$$
$$= (\lambda - 1)(\lambda - 3)(\lambda + 1) - 3(\lambda - 3)$$
$$= (\lambda - 3)(\lambda + 2)(\lambda - 2)$$

이므로 행렬 A의 고윳값은 $3,\, -2,\, 2$이다.

(i) $\lambda = 3$일 때,

$$\begin{pmatrix} 2 & -1 & 3 \\ 1 & 0 & -1 \\ 1 & -1 & 4 \end{pmatrix}\begin{pmatrix} x \\ y \\ z \end{pmatrix} = \begin{pmatrix} 0 \\ 0 \\ 0 \end{pmatrix} \Leftrightarrow \begin{pmatrix} 0 & -1 & 5 \\ 1 & 0 & -1 \\ 0 & -1 & 5 \end{pmatrix}\begin{pmatrix} x \\ y \\ z \end{pmatrix} = \begin{pmatrix} 0 \\ 0 \\ 0 \end{pmatrix}$$

이므로 $-y + 5z = 0$, $x - z = 0$이다. $\therefore \begin{pmatrix} x \\ y \\ z \end{pmatrix} = \begin{pmatrix} 1 \\ 5 \\ 1 \end{pmatrix}$

(ii) $\lambda = -2$일 때,

$$\begin{pmatrix} -3 & -1 & 3 \\ 1 & -5 & -1 \\ 1 & -1 & -1 \end{pmatrix}\begin{pmatrix} x \\ y \\ z \end{pmatrix} = \begin{pmatrix} 0 \\ 0 \\ 0 \end{pmatrix}$$
$$\Leftrightarrow \begin{pmatrix} 0 & -16 & 0 \\ 1 & -5 & -1 \\ 0 & 4 & 0 \end{pmatrix}\begin{pmatrix} x \\ y \\ z \end{pmatrix} = \begin{pmatrix} 0 \\ 0 \\ 0 \end{pmatrix} \Leftrightarrow \begin{pmatrix} 0 & 1 & 0 \\ 1 & 0 & -1 \\ 0 & 0 & 0 \end{pmatrix}\begin{pmatrix} x \\ y \\ z \end{pmatrix} = \begin{pmatrix} 0 \\ 0 \\ 0 \end{pmatrix}$$

이므로 $y = 0$이고 $x - z = 0$이다. $\therefore \begin{pmatrix} x \\ y \\ z \end{pmatrix} = \begin{pmatrix} 1 \\ 0 \\ 1 \end{pmatrix}$

(iii) $\lambda = 2$일 때,

$$\begin{pmatrix} 1 & -1 & 3 \\ 1 & -1 & -1 \\ 1 & -1 & 3 \end{pmatrix}\begin{pmatrix} x \\ y \\ z \end{pmatrix} = \begin{pmatrix} 0 \\ 0 \\ 0 \end{pmatrix}$$
$$\Leftrightarrow \begin{pmatrix} 1 & -1 & 3 \\ 0 & 0 & -4 \\ 0 & 0 & 0 \end{pmatrix}\begin{pmatrix} x \\ y \\ z \end{pmatrix} = \begin{pmatrix} 0 \\ 0 \\ 0 \end{pmatrix} \Leftrightarrow \begin{pmatrix} 1 & -1 & 0 \\ 0 & 0 & 1 \\ 0 & 0 & 0 \end{pmatrix}\begin{pmatrix} x \\ y \\ z \end{pmatrix} = \begin{pmatrix} 0 \\ 0 \\ 0 \end{pmatrix}$$

이므로 $z = 0$이고 $x - y = 0$이다.

$\therefore \begin{pmatrix} x \\ y \\ z \end{pmatrix} = \begin{pmatrix} 1 \\ 1 \\ 0 \end{pmatrix}$ $\qquad \therefore P = \begin{pmatrix} 1 & 1 & 1 \\ 5 & 0 & 1 \\ 1 & 1 & 0 \end{pmatrix}$

114. ③

풀이

행렬 A의 고윳값을 λ_1, λ_2라 하고, 각 고윳값에 대응하는 고유벡터를 v_1, v_2라고 하면 $A = PDP^{-1}$, 즉, $AP = PD$를 만족시키는 행렬들은 $P = \begin{bmatrix} v_1 & v_2 \end{bmatrix}$와 $D = \begin{bmatrix} \lambda_1 & 0 \\ 0 & \lambda_2 \end{bmatrix}$이다.

행렬 A의 고윳값은 $\det(A - \lambda I) = \begin{vmatrix} 7 - \lambda & -2 \\ 4 & 1 - \lambda \end{vmatrix}$

$= (\lambda - 3)(\lambda - 5) = 0$에서 $\lambda_1 = 3$, $\lambda_2 = 5$이고, $\lambda_1 = 3$에

대응하는 고유벡터 v_1과 $\lambda_2 = 5$에 대응하는 고유벡터 v_2는

$$(A-3I)v_1 = 0 \Rightarrow 2x_1 = x_2 \Rightarrow v_1 = \begin{bmatrix} 1 \\ 2 \end{bmatrix}$$

$$(A-5I)v_2 = 0 \Rightarrow x_1 = x_2 \Rightarrow v_2 = \begin{bmatrix} 1 \\ 1 \end{bmatrix}$$

따라서 $P = \begin{bmatrix} 1 & 1 \\ 2 & 1 \end{bmatrix}$, $D = \begin{bmatrix} 3 & 0 \\ 0 & 5 \end{bmatrix}$이고,

두 행렬의 곱 $PD = \begin{bmatrix} 3 & 5 \\ 6 & 5 \end{bmatrix}$이다.

115. 0

풀이 $V^{-1}AV = D = \begin{pmatrix} \lambda_1 & 0 & 0 \\ 0 & \lambda_2 & 0 \\ 0 & 0 & \lambda_3 \end{pmatrix}$

즉, D의 모든 원소의 합은 $\lambda_1 + \lambda_2 + \lambda_3 = tr\, A = 0$

116. 4

풀이 $P^{-1}AP = D = \begin{pmatrix} \lambda_1 & 0 & 0 \\ 0 & \lambda_2 & 0 \\ 0 & 0 & \lambda_3 \end{pmatrix}$에서 A와 D는 닮은 행렬이므로

D의 대각성분의 곱은 $\lambda_1 \lambda_2 \lambda_3 = \det A$이다.

$\det A = \begin{vmatrix} 0 & 0 & -2 \\ 1 & 2 & 1 \\ 1 & 0 & 3 \end{vmatrix} = -2 \begin{vmatrix} 1 & 2 \\ 1 & 0 \end{vmatrix} = -2 \times (-2) = 4$

117. 11

풀이 A와 $\begin{pmatrix} \alpha & 0 & 0 \\ 0 & \beta & 0 \\ 0 & 0 & \gamma \end{pmatrix}$는 닮은 행렬이므로 $tr(A) = tr \begin{pmatrix} \alpha & 0 & 0 \\ 0 & \beta & 0 \\ 0 & 0 & \gamma \end{pmatrix}$

따라서 $\alpha + \beta + \gamma = 3 + 3 + 5 = 11$이다.

118. 21

풀이 행렬 A와 D는 닮음행렬이다. 따라서 두 행렬의 행렬식이 같다.

$\therefore d_1 d_2 d_3 = \det(D) = \det(A) = 21$

119. $-\dfrac{3}{4}$

풀이 $\begin{vmatrix} 2-\lambda & 3 \\ c & -1-\lambda \end{vmatrix} = \lambda^2 - \lambda - 2 - 3c = 0$이고 대각화가 불가능

하기 위해서는 λ에 대한 대수적 중복도가 2이고 기하적 중복도가

1이어야 하므로 $\lambda^2 - \lambda - 2(1+c) = 0$을 만족하는 λ는 중근을

가져야한다. 따라서

판별식 $D = 1 - 4(-2-3c) = 0 \Leftrightarrow 12c = -9 \Leftrightarrow c = -\dfrac{3}{4}$

120. ㄴ, ㄷ

풀이 $|A-\lambda I| = \begin{vmatrix} 1-\lambda & 1 & 0 \\ 0 & 1-\lambda & 2 \\ 3 & 2 & -2-\lambda \end{vmatrix}$

$= (1-\lambda) \begin{vmatrix} 1-\lambda & 2 \\ 2 & -2-\lambda \end{vmatrix} - \begin{vmatrix} 0 & 2 \\ 3 & -2-\lambda \end{vmatrix}$

$= (1-\lambda)(\lambda^2 + \lambda - 6) - (-6)$

$= -\lambda^3 - \lambda^2 + 6\lambda + \lambda^2 + \lambda - 6 + 6$

$= -\lambda^3 + 7\lambda = -\lambda(\lambda^2 - 7) = 0$

$\therefore \lambda = 0,\ \sqrt{7},\ -\sqrt{7}$

서로 다른 세 개의 고윳값을 가지므로 대각화 가능하고, 고유치 0

을 포함하므로 역행렬을 가지지 않는다.

$\lambda = 0$일 때, $A \begin{pmatrix} 2 \\ -2 \\ 1 \end{pmatrix} = \begin{pmatrix} 1 & 1 & 0 \\ 0 & 1 & 2 \\ 3 & 2 & -2 \end{pmatrix} \begin{pmatrix} 2 \\ -2 \\ 1 \end{pmatrix} = \begin{pmatrix} 0 \\ 0 \\ 0 \end{pmatrix} = 0 \cdot \begin{pmatrix} 2 \\ -2 \\ 1 \end{pmatrix}$

이므로 $(2, -2, 1)$은 $\lambda = 0$에 대응되는 고유벡터이다.

따라서 옳은 것은 ㄴ, ㄷ이다.

121. 가, 나, 다, 라

풀이 (가) $P^{-1}AP = \begin{pmatrix} -1 & 0 & 0 & 0 & 0 \\ 0 & 1 & 0 & 0 & 0 \\ 0 & 0 & 2 & 0 & 0 \\ 0 & 0 & 0 & 3 & 0 \\ 0 & 0 & 0 & 0 & 0 \end{pmatrix}$이므로 $rank A = rank D = 4$

(나) $|A-\lambda I| = \lambda(\lambda+1)(\lambda-1)(\lambda-2)(\lambda-3) = 0$이므로

x는 고유다항식 $f(x)$의 인수이다.

(다) $A+2I$의 고유치 : 1, 2, 3, 4, 5

$(A+2I)^{-1}$의 고유치 : 1, $\dfrac{1}{2}$, $\dfrac{1}{3}$, $\dfrac{1}{4}$, $\dfrac{1}{5}$

$\therefore \det(A+2I)^{-1} = \dfrac{1}{120}$

(라) A가 대각화 가능하면 A^n도 대각화 가능하다.

따라서 (가), (나), (다), (라) 모두 옳다.

122. ④

풀이 ① A^2의 고유치는 $0, 1^2, 2^2, 3^2$이므로 $tr(A^2) = 14$

② A는 서로 다른 4개의 고유치를 가지므로 대각화 가능하다.

③ A^2도 서로 다른 4개의 고유치를 가지므로 대각화 가능하다.

④ $\det A = 0 \times 1 \times 2 \times 3 = 0$이므로 역행렬이 존재하지 않는다.

123. ⓐ, ⓑ, ⓒ

풀이 행렬 A가 대각화 가능하므로 $D = P^{-1}AP$를 만족하는 가역행렬 P가 존재한다. 또한 n개의 서로 독립인 고유벡터를 갖는다.

ⓐ $15A$와 A의 고유벡터는 같으므로 $15A$는 대각화 가능하다.

ⓑ $2A^3$와 A의 고유벡터는 같으므로 $2A^3$는 대각화 가능하다.

ⓒ $7A^T = 7(PDP^{-1})^T = 7(P^{-1})^T D^T P^T$
$\quad = 7(P^{-1})^T D P^T = 7(P^T)^{-1} D P^T$

이므로 가역행렬 P^T가 존재한다. 따라서 $7A^T$는 대각화 가능하다.

124. A, B, C

풀이 A. 고유다항식은 $\lambda^2 - 5\lambda - 16 = 0$, $D = 25 - 4 \times (-16) > 0$
즉, 서로 다른 두 고윳값을 가지므로 대각화 가능하다.

B. 고윳값은 -3, 8로 서로 다른 고윳값을 가지므로 대각화 가능하다.

C. 고유다항식은 $\lambda^2 - 7\lambda = 0$에서 $\lambda = 0$ 또는 7로 서로 다른 두 고윳값을 가지므로 대각화 가능하다.
따라서 A, B, C 모두 대각화 가능하다.

125. 가

풀이 (가) $\det A = 0$이면 반드시 0을 고윳값으로 갖는다.

$(A - 0I)v = O \Leftrightarrow Av = 0$

$\Rightarrow A \sim \begin{pmatrix} -1 & 0 & 1 \\ 0 & 0 & 0 \\ 0 & 0 & 0 \end{pmatrix}$에서 $rank\,A = 1, nullity\,A = 2$이다.

$|A - \lambda I| = \begin{vmatrix} -1-\lambda & 0 & 1 \\ 3 & -\lambda & -3 \\ 1 & 0 & -1-\lambda \end{vmatrix}$

$= (-\lambda)\begin{vmatrix} -1-\lambda & 1 \\ 1 & -1-\lambda \end{vmatrix}$

$= (-\lambda)(\lambda^2 + 2\lambda + 1 - 1) = -\lambda^2(\lambda + 2) = 0$

이므로 $\lambda = 0, 0, -2$이고 대수적 중복도와 기하적 중복도가 일치하므로 대각화 가능하다.

(나) A의 고유치는 $\lambda = 2, 3, 3$이고, 이때

$A - 3I = \begin{pmatrix} -1 & 0 & 0 \\ 1 & 0 & 0 \\ -3 & 5 & 0 \end{pmatrix} \sim \begin{pmatrix} 1 & 0 & 0 \\ 0 & 0 & 0 \\ -3 & 5 & 0 \end{pmatrix}$이므로

$rank(A - 3I) = 2, nullity(A - 3I) = 1$이다.

즉, $\lambda = 3$의 대수적 중복도와 기하적 중복도가 일치하지 않으므로 대각화 가능하지 않다.

(다) $|A - \lambda I| = \begin{vmatrix} 4-\lambda & -2 & 1 \\ 2 & -\lambda & 3 \\ 2 & -2 & 3-\lambda \end{vmatrix}$

$= -2\begin{vmatrix} -2 & 1 \\ -2 & 3-\lambda \end{vmatrix} - \lambda\begin{vmatrix} 4-\lambda & 1 \\ 2 & 3-\lambda \end{vmatrix}$

$\qquad\qquad\qquad\qquad - 3\begin{vmatrix} 4-\lambda & -2 \\ 2 & -2 \end{vmatrix}$

$= -2(2\lambda - 4) - \lambda(\lambda^2 - 7\lambda + 10) - 3(2\lambda - 4)$

$= -(\lambda - 2)(\lambda^2 - 5\lambda + 10) = 0$

복소 고유치를 가지므로 실수체 위에서 대각화 가능하지 않다.

(라) $\begin{vmatrix} -\lambda & 0 & -2 \\ 1 & 2-\lambda & 2 \\ 1 & 0 & 3-\lambda \end{vmatrix} = (2-\lambda)(\lambda^2 - 3\lambda + 2)$

$\qquad\qquad\qquad\qquad = (2-\lambda)(\lambda - 1)(\lambda - 2)$

이므로 $\lambda = 1$, $\lambda = 2$이다.

(i) $\lambda = 1$일 때,
대수적 중복도가 1이므로 기하적 중복도도 1이다.

(ii) $\lambda = 2$일 때,
$rank\begin{pmatrix} 0-2 & 0 & -2 \\ 1 & 2-2 & 2 \\ 1 & 0 & 3-2 \end{pmatrix} = rank\begin{pmatrix} 1 & 0 & 1 \\ 0 & 0 & 1 \\ 0 & 0 & 0 \end{pmatrix} = 2$

이므로 $nullity\begin{pmatrix} 0-2 & 0 & -2 \\ 1 & 2-2 & 2 \\ 1 & 0 & 3-2 \end{pmatrix} = 3 - 2 = 1$이다.

따라서 (대수적 중복도)$\neq$(기하적 중복도)이다.

(i), (ii)에 의하여 대각화 가능하지 않다.

그러므로 대각화 가능한 행렬은 (가)뿐이다.

126. I

풀이 $P^{-1}AP = \begin{pmatrix} -1 & 0 \\ 0 & 1 \end{pmatrix}$

$\Leftrightarrow P^{-1}APP^{-1}AP = \begin{pmatrix} -1 & 0 \\ 0 & 1 \end{pmatrix}\begin{pmatrix} -1 & 0 \\ 0 & 1 \end{pmatrix}$

$\Leftrightarrow P^{-1}A^2P = \begin{pmatrix} 1 & 0 \\ 0 & 1 \end{pmatrix} \Leftrightarrow A^2P = PI \Leftrightarrow A^2 = PIP^{-1} = I$

$\therefore A^{2014} = (A^2)^{1007} = I$

127. ①

풀이 $A = \begin{pmatrix} a & b \\ c & d \end{pmatrix}$일 때, 케일리-해밀턴 정리에 의해

$A^2 - (a+d)A + (ad - bc)I = O$이므로

$A^2 - \{3 + (-3)\}A + \{3 \cdot (-3) - (-2) \cdot 2\}I = O$

즉, $A^2 = 5I$이므로 $A^{200} = (A^2)^{100} = 5^{100}I = \begin{pmatrix} 5^{100} & 0 \\ 0 & 5^{100} \end{pmatrix}$

128. ①

풀이

$$|A - \lambda I| = \begin{vmatrix} 1-\lambda & 2 \\ 2 & 1-\lambda \end{vmatrix} = \lambda^2 - 2\lambda + 1 - 4$$

$$= \lambda^2 - 2\lambda - 3 = (\lambda - 3)(\lambda + 1) = 0$$

$$\therefore \lambda = -1, 3$$

따라서 A^{100}의 고유치는 $(-1)^{100}, 3^{100}$이므로

$tr(A^{100}) = 1 + 3^{100}$, $\det(A^{100}) = 3^{100}$이고

보기 중 이를 만족하는 것은 ①이다.

129. $-2^8 + 2 \cdot 3^7$

풀이 행렬 A는 대각화 가능한 행렬이다. 행렬의 곱 $A^7 \begin{pmatrix} 0 \\ 0 \\ 1 \end{pmatrix}$을 통해서

A^7의 3열을 찾을 수 있다.

$$\begin{vmatrix} 1-\lambda & 1 & 0 \\ 0 & 2-\lambda & 2 \\ 0 & 0 & 3-\lambda \end{vmatrix} = (1-\lambda)(2-\lambda)(3-\lambda)$$이므로

$\lambda = 1$, $\lambda = 2$, $\lambda = 3$이다.

(i) $\lambda = 1$일 때, $A - I = \begin{pmatrix} 0 & 1 & 0 \\ 0 & 1 & 2 \\ 0 & 0 & 2 \end{pmatrix} \sim \begin{pmatrix} 0 & 1 & 0 \\ 0 & 0 & 2 \\ 0 & 0 & 0 \end{pmatrix}$이므로

$\lambda = 1$에 대응하는 고유벡터는 $u = \begin{pmatrix} 1 \\ 0 \\ 0 \end{pmatrix}$

(ii) $\lambda = 2$일 때, $A - 2I = \begin{pmatrix} -1 & 1 & 0 \\ 0 & 0 & 2 \\ 0 & 0 & 1 \end{pmatrix} \sim \begin{pmatrix} -1 & 1 & 0 \\ 0 & 0 & 2 \\ 0 & 0 & 0 \end{pmatrix}$이므

로 $\lambda = 2$에 대응하는 고유벡터는 $v = \begin{pmatrix} 1 \\ 1 \\ 0 \end{pmatrix}$이다.

(iii) $\lambda = 3$일 때, $A - 3I = \begin{pmatrix} -2 & 1 & 0 \\ 0 & -1 & 2 \\ 0 & 0 & 0 \end{pmatrix}$이므로 $\lambda = 3$에 대

응하는 고유벡터는 $w = \begin{pmatrix} 1 \\ 2 \\ 1 \end{pmatrix}$이다.

고윳값의 성질에 의해서 $Au = u \Rightarrow A^7 u = u$, $Av = 2v$

$\Rightarrow A^7 v = 2^7 v, Aw = 3w \Rightarrow A^7 w = 3^7 w$ 이 성립한다.

$au + bv + cw = \begin{pmatrix} 0 \\ 0 \\ 1 \end{pmatrix}$을 만족하는 a, b, c를 찾기 위해서 연립방

정식의 해를 구하자.

$$\begin{pmatrix} 1 & 1 & 1 & \vdots & 0 \\ 0 & 1 & 2 & \vdots & 0 \\ 0 & 0 & 1 & \vdots & 1 \end{pmatrix} \sim \begin{pmatrix} 1 & 1 & 0 & \vdots & -1 \\ 0 & 1 & 0 & \vdots & -2 \\ 0 & 0 & 1 & \vdots & 1 \end{pmatrix} \sim \begin{pmatrix} 1 & 0 & 0 & \vdots & 1 \\ 0 & 1 & 0 & \vdots & -2 \\ 0 & 0 & 1 & \vdots & 1 \end{pmatrix}$$

이므로 $X = \begin{pmatrix} 0 \\ 0 \\ 1 \end{pmatrix} = u - 2v + w$이다.

$$A^7 \begin{pmatrix} 0 \\ 0 \\ 1 \end{pmatrix} = A^7 X = A^7 (u - 2v + w)$$

$$= A^7 u - 2A^7 v + A^7 w = u - 2 \cdot 2^7 v + 3^7 w$$

$$= \begin{pmatrix} 1 \\ 0 \\ 0 \end{pmatrix} - 2^8 \begin{pmatrix} 1 \\ 1 \\ 0 \end{pmatrix} + 3^7 \begin{pmatrix} 1 \\ 2 \\ 1 \end{pmatrix} = \begin{pmatrix} 1 - 2^8 + 3^7 \\ -2^8 + 2 \cdot 3^7 \\ 3^7 \end{pmatrix}$$이므로

행렬 A^7의 $(2, 3)$성분의 값은 $-2^8 + 2 \cdot 3^7$이다.

■ 4. 대칭행렬의 직교대각화

130. $\dfrac{\pi}{2}$

풀이 $|A-\lambda I|=\begin{vmatrix} 1-\lambda & -2 \\ -2 & 1-\lambda \end{vmatrix}=\lambda^2-2\lambda-3$

$\qquad\qquad =(\lambda-3)(\lambda+1)=0$이므로 $\lambda=-1,\,3$이다.

이때 A는 대칭행렬이므로 서로 다른 고윳값에 대응하는 두 고유벡터는 서로 수직이다.

131. 0

풀이 주어진 행렬은 대칭행렬이고 대칭행렬의 서로 다른 고유치에 대응하는 고유벡터는 서로 수직이다. 즉, $v\perp w$이므로 $v\cdot w=0$이다.
따라서 $(v)(w)=v^t w=0$이다.

132. 3

풀이 주어진 행렬은 대칭행렬이므로 고유치 λ의 대수적 중복도와 기하적 중복도가 같다. 따라서 고유치 0의 기하적 중복도는 $nullity(K-0I)=nullity(K)$와 같다.

$\begin{pmatrix} 1 & 2 & 3 & 4 & 5 \\ 2 & 0 & 0 & 0 & 0 \\ 3 & 0 & 0 & 0 & 0 \\ 4 & 0 & 0 & 0 & 0 \\ 5 & 0 & 0 & 0 & 0 \end{pmatrix} \sim \begin{pmatrix} 1 & 0 & 0 & 0 & 0 \\ 0 & 2 & 3 & 4 & 5 \\ 0 & 0 & 0 & 0 & 0 \\ 0 & 0 & 0 & 0 & 0 \\ 0 & 0 & 0 & 0 & 0 \end{pmatrix}$

$rank(K)=2,\ nullity(K)=3$이므로 중복도는 3이다.

133. 32

풀이 행렬 $A=\begin{pmatrix} 1 & 2 & 3 & 4 \\ 2 & 4 & 6 & 8 \\ 3 & 6 & 9 & 12 \\ 4 & 8 & 12 & 16 \end{pmatrix}$, $|A|=0$이므로 고윳값 중 0이 존재한다.

A는 대칭행렬이므로 대각화 가능해야 하고 모든 고윳값의 대수적 중복도와 기하적 중복도가 같다.
$rank(A-0I)=rank(A)=1$이고 $nullity(A)=3$이므로
$\lambda=0$에 대한 기하적 중복도(고유공간의 차원)와 대수적 중복도는 3이다.
$tr(A)=30$이므로 4차 정방행렬의 고윳값은 $30,0,0,0$이다.
따라서 서로 다른 고윳값의 개수 $a=2$, 서로다른 고윳값의 합은 $b=30$이므로 $a+b=32$이다.

134. 32

풀이 행렬 $C=\begin{bmatrix} 1 & 1 & 1 & 1 \\ 1 & 1 & 1 & 1 \\ 1 & 1 & 1 & 1 \\ 1 & 1 & 1 & 1 \end{bmatrix}$라고 할 때

$A=\begin{bmatrix} 3 & 1 & 1 & 1 \\ 1 & 3 & 1 & 1 \\ 1 & 1 & 3 & 1 \\ 1 & 1 & 1 & 3 \end{bmatrix}=C+2I$이고

$B=\begin{bmatrix} -1 & 1 & 1 & 1 \\ 1 & -1 & 1 & 1 \\ 1 & 1 & -1 & 1 \\ 1 & 1 & 1 & -1 \end{bmatrix}=C-2I$이다.

C의 고윳값은 $0,0,0,4$이므로
A의 고윳값은 $2,2,2,6$이고 $\det(A)=48$
B의 고윳값은 $-2,-2,-2,2$이므로 $\det(B)=-16$이다.
$\therefore\ \det A+\det B=48-16=32$

135. 16

풀이 직교 대각화를 시키는 P는 직교행렬이고 $P^t P=PP^t=I$이다.

두 벡터를 $u=\begin{pmatrix} 3 \\ 0 \\ -5 \end{pmatrix},\ v=\begin{pmatrix} 7 \\ 4 \\ 1 \end{pmatrix}$라고 하자.

$Pu\cdot Pv=(Pu)^t(Pv)=u^t P^t P v=u^t v=u\cdot v=16$

136. 풀이 참조

풀이 $A=\begin{pmatrix} 1 & 2 \\ 2 & -2 \end{pmatrix}$의 고윳값은 $-3,2$이고 대응하는 고유벡터는

각각 $u=\dfrac{1}{\sqrt{5}}\begin{pmatrix} 1 \\ -2 \end{pmatrix},\ v=\dfrac{1}{\sqrt{5}}\begin{pmatrix} 2 \\ 1 \end{pmatrix}$이다. (과정 생략)

$A=-3uu^t+2vv^t=\dfrac{-3}{5}\begin{pmatrix} 1 \\ -2 \end{pmatrix}(1\ \ -2)+\dfrac{2}{5}\begin{pmatrix} 2 \\ 1 \end{pmatrix}(2\ \ 1)$

$=-\dfrac{3}{5}\begin{pmatrix} 1 & -2 \\ -2 & 4 \end{pmatrix}+\dfrac{2}{5}\begin{pmatrix} 4 & 2 \\ 2 & 1 \end{pmatrix}$

$=\dfrac{1}{5}\begin{pmatrix} -3 & 6 \\ 6 & -12 \end{pmatrix}+\dfrac{1}{5}\begin{pmatrix} 8 & 4 \\ 4 & 2 \end{pmatrix}=\dfrac{1}{5}\begin{pmatrix} 5 & 10 \\ 10 & -10 \end{pmatrix}=\begin{pmatrix} 1 & 2 \\ 2 & -2 \end{pmatrix}$

137. 11

풀이 주어진 등식은 3×3 대칭행렬을 스펙트럼 분해한 형태이다. 따라서 a,b,c는 고윳값이고 열벡터들은 각각의 고윳값에 대응하는 직교 단위 고유벡터들이다.

$\therefore a(u_1{}^2+u_2{}^2+u_3{}^3)+b(v_1{}^2+v_2{}^2+v_3{}^2)$
$\qquad+c(w_1{}^2+w_2{}^2+w_3{}^2)=a\cdot1^2+b\cdot1^2+c\cdot1^2$
$\quad=1+4+6=11$

138. 21

풀이 A의 고윳값이 3, 3, 7이고,

대응하는 고유벡터는 $u = \begin{bmatrix} -1 \\ 1 \\ 0 \end{bmatrix}$, $v = \begin{bmatrix} -1 \\ -1 \\ 2 \end{bmatrix}$, $w = \begin{bmatrix} 1 \\ 1 \\ 1 \end{bmatrix}$ 이다.

$Au = 3u$, $Av = 3v$, $Aw = 7w$이다.

$A\begin{bmatrix} 1 \\ 1 \\ 1 \end{bmatrix} = \begin{bmatrix} a \\ b \\ c \end{bmatrix}$ 라고 할 때 A의 모든 성분의 합은 $a+b+c$이므로

고윳값의 성질을 이용하면 $Aw = A\begin{bmatrix} 1 \\ 1 \\ 1 \end{bmatrix} = \begin{bmatrix} 7 \\ 7 \\ 7 \end{bmatrix}$

⇒ 모든 성분의 합은 21이다.

[다른 풀이]

스펙트럼 분해를 이용하면

A의 고윳값이 3, 3, 7이고, 이 순서대로 고유벡터

$u = \begin{bmatrix} -1 \\ 1 \\ 0 \end{bmatrix}$, $v = \begin{bmatrix} -1 \\ -1 \\ 2 \end{bmatrix}$, $w = \begin{bmatrix} 1 \\ 1 \\ 1 \end{bmatrix}$ 이고

$u_1 = \frac{1}{\sqrt{2}}\begin{bmatrix} -1 \\ 1 \\ 0 \end{bmatrix}$, $v_1 = \frac{1}{\sqrt{6}}\begin{bmatrix} -1 \\ -1 \\ 2 \end{bmatrix}$, $w_1 = \frac{1}{\sqrt{3}}\begin{bmatrix} 1 \\ 1 \\ 1 \end{bmatrix}$

라 하자. $A = 3u_1 u_1^t + 3v_1 v_1^t + 7w_1 w_1^t$을 통해서 구할 수 있다.

[다른 풀이]

행렬의 대각화를 이용하여 $P = \begin{pmatrix} u\ v\ w \end{pmatrix}$, $D = \begin{pmatrix} 3 & 0 & 0 \\ 0 & 3 & 0 \\ 0 & 0 & 7 \end{pmatrix}$ 라고 하면

$A = PDP^{-1}$를 통해서 구할 수도 있다.

139. 51

풀이 $A^t A$는 대칭행렬이고 $A^t A = auu^t + bvv^t + cww^t$은

대칭행렬의 스펙트럼 분해를 한 것이므로

a, b, c는 $A^t A$의 고윳값을 의미한다.

$A^T A = \begin{pmatrix} 21 & 6 & 12 \\ 12 & 9 & 6 \\ 12 & 6 & 21 \end{pmatrix}$ 이고, $a+b+c = tr(A^t A) = 51$이다.

■ 5. 조르단 표준형

140. ②

풀이 보기를 보고 B의 고유치가 2, 3임을 유추할 수 있다.

$(\because tr(B) = 9 = 2+2+2+3)$

$B - 2I = \begin{pmatrix} 0 & -1 & 0 & 1 \\ 0 & 1 & -1 & 0 \\ 0 & 1 & -1 & 0 \\ 0 & -1 & 0 & 1 \end{pmatrix} \sim \begin{pmatrix} 0 & -1 & 0 & 1 \\ 0 & 1 & -1 & 0 \\ 0 & 0 & 0 & 0 \\ 0 & 0 & 0 & 0 \end{pmatrix}$

$rank(B - 2I) = 2$, $nullity(B - 2I) = 2$

즉, $\lambda = 2$에 대응하는 고유벡터가 2개이므로 조르단 블록도 2개이다.

141. ②

풀이 A의 고유치는 2, 2, 3, 3, 3 이고

$tr(A) = 2+2+3+3+3 = 13$이다. 닮은 두 행렬은 고유치를 공유하지만 고유공간을 공유하지는 않으므로 고유벡터는 알 수 없다. A의 특성방정식은 $(\lambda-2)^2(\lambda-3)^3$ 이고 최소다항식도 $(\lambda-2)^2(\lambda-3)^3$ 이다.

$rank(J-3I) = 4 = rank(A-3I)$

$rank(J-3I)^2 = 3 = rank(A-3I)^2$

$rank(J-3I)^3 = 2 = rank(A-3I)^3$

$rank(J-3I)^4 = 2 = rank(A-3I)^4$

$rank(J-3I)^5 = 2 = rank(A-3I)^5$ 이다.

142. 풀이 참조

풀이 (1) A의 고유치 : 2, 2, 4

$A - 2I = \begin{pmatrix} 0 & 0 & 0 \\ -1 & 2 & 0 \\ -3 & 6 & 0 \end{pmatrix}$에서

$rank(A-2I) = 1$, $nullity(A-2I) = 2$이므로

$\lambda = 2$에 대응하는 고유벡터는 2개 존재한다.

따라서 A는 대각화 가능하고 $P^{-1}AP = \begin{pmatrix} 2 & 0 & 0 \\ 0 & 2 & 0 \\ 0 & 0 & 4 \end{pmatrix}$이다.

A의 특성다항식은 $(\lambda-2)^2(\lambda-4)$,

A의 최소다항식은 $(\lambda-2)(\lambda-4)$이다.

[참고]

케일리-해밀턴 정리에 의해 $(A-2I)^2(A-4I) = 0$, $(A-2I)(A-4I) = 0$이 성립한다.

(2) B의 고유치 : 2, 2, 4

$B-2I = \begin{pmatrix} 0 & 0 & 0 \\ 0 & 2 & 0 \\ 1 & 0 & 0 \end{pmatrix}$이므로

$rank(B-2I) = 2$, $nullity(B-2I) = 1$이다.

즉, $\lambda = 2$에 대응하는 고유벡터가 1개뿐이므로 B는 대각화 불가능하다.

$C^{-1}BC = J = \begin{pmatrix} 2 & 1 & 0 \\ 0 & 2 & 0 \\ 0 & 0 & 4 \end{pmatrix}$

B의 특성다항식 : $(\lambda-2)^2(\lambda-4)$

B의 최소다항식 : $(\lambda-2)^2(\lambda-4)$

143.　36

풀이 주어진 행렬은 조르단 표준형 행렬이다.

조르단 블록의 사이즈를 통해서 최소다항식이

$g(x) = (x-2)^2(x-3)^2 = 0$임을 알 수 있고,

케일리-해밀턴 정리에 의해서 $(A-2I)^2(A-3I)^2 = O$이다.

문제에서 제시한 식과 최소다항식은 같은 것임을 알 수 있다.

$A^4 + aA^3 + bA^2 + cA + dI = (A-2I)^2(A-3I)^2 = O$

즉, $d = 36$이다.

144.　$x^3 - 4x^2 + 5x - 2$

풀이 행렬 $A = \begin{pmatrix} 1 & 0 & 1 & 1 & 0 \\ 0 & 1 & 0 & 0 & 0 \\ 0 & 0 & 1 & 0 & 0 \\ 0 & 0 & 0 & 1 & 0 \\ 1 & 1 & 1 & 1 & 2 \end{pmatrix}$은 $\lambda = 1$에 대하여 대수적 중복도가 4,

$rank(A-I) = 3$이므로 기하적 중복도가 2이다.

$\lambda = 2$에서 대수적중복도가 1이고 $rank(A-2I) = 4$이므로 기하적 중복도가 1이다.

또한 $(A-I)^2 = 1$, $(A-I)^3 = 1$이므로

특성다항식은 $(x-1)^4(x-2)$이고,

최소다항식은 $(x-1)^2(x-2) = x^3 - 4x^2 + 5x - 2$이다.

145.　ㄷ

풀이 A의 고윳값은 5이고 대수적 중복도는 4이므로 특성방정식은

$f_A(\lambda) = (\lambda-5)^4$이다.

$A-5I = \begin{pmatrix} 0 & 0 & 0 & 0 \\ 1 & 0 & 0 & 0 \\ 0 & 0 & 0 & 4 \\ 0 & 0 & 0 & 0 \end{pmatrix}$

$(A-5I)^2 = \begin{pmatrix} 0 & 0 & 0 & 0 \\ 1 & 0 & 0 & 0 \\ 0 & 0 & 0 & 4 \\ 0 & 0 & 0 & 0 \end{pmatrix}\begin{pmatrix} 0 & 0 & 0 & 0 \\ 1 & 0 & 0 & 0 \\ 0 & 0 & 0 & 4 \\ 0 & 0 & 0 & 0 \end{pmatrix} = \begin{pmatrix} 0 & 0 & 0 & 0 \\ 0 & 0 & 0 & 0 \\ 0 & 0 & 0 & 0 \\ 0 & 0 & 0 & 0 \end{pmatrix}$

$rank(A-5I) = 2$이므로 $nullity(A-5I) = 2$이고 조르단 블록(고유공간의 차원)은 2개이다.

또한 $rank(A-5I)^2 = 0$이므로 최소다항식은

$g_A(\lambda) = (\lambda-5)^2$이다.

따라서 $J_A = \begin{pmatrix} 5 & 1 & 0 & 0 \\ 0 & 5 & 0 & 0 \\ 0 & 0 & 5 & 1 \\ 0 & 0 & 0 & 5 \end{pmatrix}$임을 알 수 있다.

B의 고윳값은 5이고 대수적 중복도는 4이므로 특성방정식은 $f_B(\lambda) = (\lambda-5)^4$이다.

$B-5I = \begin{pmatrix} 0 & 0 & 0 & 0 \\ 3 & 0 & 4 & 0 \\ 0 & 0 & 0 & 0 \\ 0 & 0 & 0 & 0 \end{pmatrix}$

$(B-5I)^2 = \begin{pmatrix} 0 & 0 & 0 & 0 \\ 3 & 0 & 4 & 0 \\ 0 & 0 & 0 & 0 \\ 0 & 0 & 0 & 0 \end{pmatrix}\begin{pmatrix} 0 & 0 & 0 & 0 \\ 3 & 0 & 4 & 0 \\ 0 & 0 & 0 & 0 \\ 0 & 0 & 0 & 0 \end{pmatrix} = \begin{pmatrix} 0 & 0 & 0 & 0 \\ 0 & 0 & 0 & 0 \\ 0 & 0 & 0 & 0 \\ 0 & 0 & 0 & 0 \end{pmatrix}$

$rank(B-5I) = 1$이므로 $nullity(B-5I) = 3$이고 조르단 블록 (고유공간의 차원)은 3개이다.

또한 $rank(B-5I)^2 = 0$이므로 최소다항식은

$g_B(\lambda) = (\lambda-5)^2$이다.

따라서 $J_B = \begin{pmatrix} 5 & 1 & 0 & 0 \\ 0 & 5 & 0 & 0 \\ 0 & 0 & 5 & 0 \\ 0 & 0 & 0 & 5 \end{pmatrix}$임을 알 수 있다.

ㄱ. $f_A(x) = f_B(x) = (x-3)^4$ (참)

ㄴ. $g_A(\lambda) = g_B(\lambda) = (\lambda-5)^2$ (참)

ㄷ. 고유공간의 차원이 다르므로 닮음이 아니다. (거짓)

ㄹ. $g(x) = (x-3)^2$ (참)

146.   풀이 참조

풀이 (1) 행렬 A는 대각화가 가능하므로 $e^A = P \begin{pmatrix} e_1^\lambda & 0 \\ 0 & e_2^\lambda \end{pmatrix} P^{-1}$ 로

나타낼 수 있다. $\det(\lambda I - A) = \lambda^2 - 1 = 0$ 이므로

$\lambda_1 = 1$, $\lambda_2 = -1$ 이고, 1에 대응하는 고유벡터 $v_1 = \begin{pmatrix} 1 \\ 1 \end{pmatrix}$,

-1에 대응하는 고유벡터 $v_2 = \begin{pmatrix} 1 \\ -1 \end{pmatrix}$ 이다. 따라서

$$e^A = \begin{pmatrix} 1 & 1 \\ 1 & -1 \end{pmatrix} \begin{pmatrix} e & 0 \\ 0 & e^{-1} \end{pmatrix} \begin{pmatrix} \frac{1}{2} & \frac{1}{2} \\ \frac{1}{2} & -\frac{1}{2} \end{pmatrix}$$

$$= \begin{pmatrix} \frac{e + e^{-1}}{2} & \frac{e - e^{-1}}{2} \\ \frac{e - e^{-1}}{2} & \frac{e + e^{-1}}{2} \end{pmatrix} = \begin{pmatrix} \cosh 1 & \sinh 1 \\ \sinh 1 & \cosh 1 \end{pmatrix}$$ 이다.

(2) $e^A = \sum_{n=0}^{\infty} \frac{1}{n!} A^n = I + \frac{1}{1!} A + \frac{1}{2!} A^2 + \frac{1}{3!} A^3 + \cdots$ 로

나타낼 수 있다. 이 때, 행렬 A는 대각화가 불가능하므로
규칙성을 이용하여 전개를 하여야 한다. 따라서

$$e^A = I + \frac{1}{1!} A + \frac{1}{2!} A^2 + \frac{1}{3!} A^3 + \cdots$$

$$= \begin{pmatrix} 1 & 0 \\ 0 & 1 \end{pmatrix} + \frac{1}{1!} \begin{pmatrix} 1 & 2 \\ 0 & 1 \end{pmatrix} + \frac{1}{2!} \begin{pmatrix} 1 & 4 \\ 0 & 1 \end{pmatrix} + \frac{1}{3!} \begin{pmatrix} 1 & 6 \\ 0 & 1 \end{pmatrix} + \cdots$$

$$= \begin{pmatrix} 1 + \frac{1}{1!} + \frac{1}{2!} + \frac{1}{3!} + \cdots & \frac{1}{1!} 2 + \frac{1}{2!} 4 + \frac{1}{3!} 6 + \cdots \\ 0 & 1 + \frac{1}{1!} + \frac{1}{2!} + \frac{1}{3!} + \cdots \end{pmatrix}$$

$$= \begin{pmatrix} 1 + \frac{1}{1!} + \frac{1}{2!} + \frac{1}{3!} + \cdots & 2\left(1 + \frac{1}{1!} + \frac{1}{2!} + \cdots \right) \\ 0 & 1 + \frac{1}{1!} + \frac{1}{2!} + \frac{1}{3!} + \cdots \end{pmatrix}$$

$$= \begin{pmatrix} e & 2e \\ 0 & e \end{pmatrix}$$ 이다.

147. e^4

풀이 $n \times n$ 정사각행렬 A에 대하여 행렬지수(matrix exponential)는
다음과 같이 정의한다.

$$e^A = I + A + \frac{1}{2!} A^2 + \frac{1}{3!} A^3 + \cdots = \sum_{k=0}^{n} \frac{1}{k!} A^k$$

이때, 행렬 A를 대각화한

행렬 $D = \begin{bmatrix} \lambda_1 & 0 & 0 & \cdots & 0 \\ 0 & \lambda_2 & 0 & \cdots & 0 \\ \vdots & \vdots & \vdots & \ddots & \vdots \\ 0 & 0 & 0 & 0 & \lambda_n \end{bmatrix}$ 에 대하여

$$e^D = \begin{bmatrix} e^{\lambda_1} & 0 & 0 & \cdots & 0 \\ 0 & e^{\lambda_2} & 0 & \cdots & 0 \\ \vdots & \vdots & \vdots & \ddots & \vdots \\ 0 & 0 & 0 & 0 & e^{\lambda_n} \end{bmatrix}$$ 으로 나타낼 수 있고,

$\det(e^A) = \det(e^D) = e^{tr(D)}$ 이다.

따라서 $\det(e^A) = e^{tr(D)} = e^{tr(A)} = e^4$ 이다.

■ **1. 선형변환**

148. ①

풀이 선형변환의 선형성에 의해 $T(1)=2$,
$T(2)=T(1+1)=T(1)+T(1)=2+2=4$,
$T(3)=T(1+2)=T(1)+T(2)=2+4=6$이므로
$T(2)=2T(1)$, $T(3)=3T(1)$, $\cdots$를 만족하느 함수는
$T(x)=2x$이다.

149. ③

풀이 $u, v \in V$이고 $k \in R$이라 하자.

③ $f(v)=v+w$(단, $w \in V$는 영이 아닌 벡터)일 때,
$$f(u+v)=(u+v)+w$$
$$=(u+w)+(v+w)-w$$
$$=f(u)+f(v)-w$$
이므로 $f(u+v) \neq f(u)+f(v)$이다.
그러므로 $f(v)=v+w$는 선형변환이 아니다.

[다른 풀이]
$f(O)=O+w \neq O$이므로 선형변환의 성질을 만족하지 못하므로 선형변환이 아니다.

150. 9

풀이 $v_1=(4,3)$, $v_2=(6,1)$이라 하자. $av_1+bv_2=(5,2)$이므로
$\begin{pmatrix} 4 & 6 \\ 3 & 1 \end{pmatrix}\begin{pmatrix} a \\ b \end{pmatrix}=\begin{pmatrix} 5 \\ 2 \end{pmatrix}$의 해를 구하면 $a=\dfrac{1}{2}$, $b=\dfrac{1}{2}$이다.

즉, $(5,2)=\dfrac{1}{2}(4,3)+\dfrac{1}{2}(6,1)$

$L(5,2)=L\left(\dfrac{1}{2}(4,3)+\dfrac{1}{2}(6,1)\right)=\dfrac{1}{2}L(4,3)+\dfrac{1}{2}L(6,1)$

$\qquad =\dfrac{1}{2}(1,2,5)+\dfrac{1}{2}(3,6,1)=(2,4,3)$

따라서 성분의 합은 $2+4+3=9$

151. $(5,-1)$

풀이 $(3,1,7)=(4)(1,0,2)+(1)(-1,1,-1)$
$L(3,1,7)=4L(1,0,2)+L(-1,1,-1)$
$\qquad\qquad =4(1,0)+(1,-1)=(5,-1)$

152. 18

풀이 $(8,11)=2(1,1)+3(2,3)$이므로 일차변환 T에 의해
$$T(8,11)=2T(1,1)+3T(2,3)$$
$$=2(1,0,2)+3(1,-1,4)$$
$$=(5,-3,16)$$
따라서 $a+b+c=18$

153. $(6,3)$

풀이 선형변환의 선형성을 이용하여 표준기저의 함숫값을 구하자.
$T(1,0,0)=(1,0)$, $T(0,1,0)=(1,0)$, $T(0,0,1)=(-2,3)$
$T(5,3,1)=5T(1,0,0)+3T(0,1,0)+T(0,0,1)$
$\qquad\qquad =5(1,0)+3(1,0)+(-2,3)=(6,3)$

[다른 풀이]
선형변환의 선형성을 이용하여 풀이하자.
$\begin{pmatrix} 1 & 1 & 1 \\ 0 & 1 & 1 \\ 0 & 0 & 1 \end{pmatrix}\begin{pmatrix} a \\ b \\ c \end{pmatrix}=\begin{pmatrix} 5 \\ 3 \\ 1 \end{pmatrix}$을 만족하는 $\begin{pmatrix} a \\ b \\ c \end{pmatrix}$를 찾자.

$\begin{pmatrix} 1 & 1 & 1 & 5 \\ 0 & 1 & 1 & 3 \\ 0 & 0 & 1 & 1 \end{pmatrix} \sim \begin{pmatrix} 1 & 1 & 0 & 4 \\ 0 & 1 & 0 & 2 \\ 0 & 0 & 1 & 1 \end{pmatrix} \sim \begin{pmatrix} 1 & 0 & 0 & 2 \\ 0 & 1 & 0 & 2 \\ 0 & 0 & 1 & 1 \end{pmatrix}$

$(5,3,1)=2(1,0,0)+2(1,1,0)+1(1,1,1)$이므로
$T(5,3,1)=2T(1,0,0)+2T(1,1,0)+T(1,1,1)$
$\qquad\qquad =2(1,0)+2(2,0)+(0,3)=(6,3)$

154. $\begin{bmatrix} 8 \\ -3 \\ 13 \end{bmatrix}$

풀이 선형변환의 선형성을 이용하여 표준기저의 함숫값을 구하자.

$L\begin{pmatrix} 1 \\ 0 \end{pmatrix}=\begin{pmatrix} 1 \\ 0 \\ 2 \end{pmatrix}$, $L\begin{pmatrix} 0 \\ 1 \end{pmatrix}=\begin{pmatrix} 2 \\ -1 \\ 3 \end{pmatrix}$이고, $L\begin{pmatrix} 2 \\ 3 \end{pmatrix}=2L\begin{pmatrix} 1 \\ 0 \end{pmatrix}+3L\begin{pmatrix} 0 \\ 1 \end{pmatrix}=\begin{pmatrix} 8 \\ -3 \\ 13 \end{pmatrix}$

[다른 풀이]
$\begin{bmatrix} 2 \\ 3 \end{bmatrix}=\alpha\begin{bmatrix} 1 \\ 0 \end{bmatrix}+\beta\begin{bmatrix} 1 \\ -1 \end{bmatrix}$에서 $\alpha=5$, $\beta=-3$이므로

$L\begin{bmatrix} 2 \\ 3 \end{bmatrix}=L\left(5\begin{bmatrix} 1 \\ 0 \end{bmatrix}-3\begin{bmatrix} 1 \\ -1 \end{bmatrix}\right)=5L\begin{bmatrix} 1 \\ 0 \end{bmatrix}-3L\begin{bmatrix} 1 \\ -1 \end{bmatrix}$

$\qquad =5\begin{bmatrix} 1 \\ 0 \\ 2 \end{bmatrix}-3\begin{bmatrix} -1 \\ 1 \\ -1 \end{bmatrix}=\begin{bmatrix} 8 \\ -3 \\ 13 \end{bmatrix}$

155. $\begin{pmatrix} -1 \\ -9 \end{pmatrix}$

[풀이] 여러 개의 행렬의 곱을 하나의 행렬의 곱으로 표현할 수 있다.

$A\begin{pmatrix} 3 \\ 2 \end{pmatrix} = \begin{pmatrix} 1 \\ -1 \end{pmatrix}$, $A\begin{pmatrix} 1 \\ 1 \end{pmatrix} = \begin{pmatrix} 3 \\ 7 \end{pmatrix}$ $\Leftrightarrow A\begin{pmatrix} 3 & 1 \\ 2 & 1 \end{pmatrix} = \begin{pmatrix} 1 & 3 \\ -1 & 7 \end{pmatrix}$

$A = \begin{pmatrix} 1 & 3 \\ -1 & 7 \end{pmatrix}\begin{pmatrix} 3 & 1 \\ 2 & 1 \end{pmatrix}^{-1}$

$= \begin{pmatrix} 1 & 3 \\ -1 & 7 \end{pmatrix}\begin{pmatrix} 1 & -1 \\ -2 & 3 \end{pmatrix} = \begin{pmatrix} -5 & 8 \\ -15 & 22 \end{pmatrix}$

$A\begin{pmatrix} 5 \\ 3 \end{pmatrix} = \begin{pmatrix} -5 & 8 \\ -15 & 22 \end{pmatrix}\begin{pmatrix} 5 \\ 3 \end{pmatrix} = \begin{pmatrix} -1 \\ -9 \end{pmatrix}$

[다른 풀이]

$\begin{pmatrix} 5 \\ 3 \end{pmatrix} = 2\begin{pmatrix} 3 \\ 2 \end{pmatrix} - 1\begin{pmatrix} 1 \\ 1 \end{pmatrix}$

$A\begin{pmatrix} 5 \\ 3 \end{pmatrix} = A\left\{ 2\begin{pmatrix} 3 \\ 2 \end{pmatrix} - \begin{pmatrix} 1 \\ 1 \end{pmatrix} \right\} = 2A\begin{pmatrix} 3 \\ 2 \end{pmatrix} - A\begin{pmatrix} 1 \\ 1 \end{pmatrix}$

$= 2\begin{pmatrix} 1 \\ -1 \end{pmatrix} - \begin{pmatrix} 3 \\ 7 \end{pmatrix} = \begin{pmatrix} -1 \\ -9 \end{pmatrix}$

156. ③

[풀이] 변환 행렬을 $A = \begin{pmatrix} a & b \\ c & d \end{pmatrix}$라고 할 때,

$Av = \begin{pmatrix} 0 \\ 1 \end{pmatrix} \Leftrightarrow \begin{pmatrix} a & b \\ c & d \end{pmatrix}\begin{pmatrix} \cos\theta \\ \sin\theta \end{pmatrix} = \begin{pmatrix} 0 \\ 1 \end{pmatrix}$의식을 정리하면

$a\cos\theta + b\sin\theta = 0$, $c\cos\theta + d\sin\theta = 1$을 만족해야 한다.
따라서 $a = \sin\theta$, $b = -\cos\theta$ 또는 $a = -\sin\theta$, $b = \cos\theta$이고
$c = \cos\theta$, $d = \sin\theta$이다. 그러므로 표현행렬은

$\begin{pmatrix} \sin\theta & -\cos\theta \\ \cos\theta & \sin\theta \end{pmatrix} = \begin{bmatrix} \cos\left(\theta - \dfrac{\pi}{2}\right) & \sin\left(\theta - \dfrac{\pi}{2}\right) \\ -\sin\left(\theta - \dfrac{\pi}{2}\right) & \cos\left(\theta - \dfrac{\pi}{2}\right) \end{bmatrix}$이다.

[다른 풀이]

객관식 보기의 해당항 행렬에 직접 v를 곱해서 $Av = \begin{pmatrix} 0 \\ 1 \end{pmatrix}$을 만족하는 행렬을 구할 수도 있다.

157. 9

[풀이] 벡터의 일차결합과 열행전개를 이용하자.
$L(X) = AX$로 나타낼 수 있다.

$L(u) = A\begin{pmatrix} 1 \\ 0 \\ 0 \end{pmatrix} = \begin{pmatrix} -1 \\ 0 \\ 0 \end{pmatrix}$이므로 A의 1열의 성분은 $\begin{pmatrix} -1 \\ 0 \\ 0 \end{pmatrix}$이다.

$L(v) = A\begin{pmatrix} 1 \\ 1 \\ 0 \end{pmatrix} = \begin{pmatrix} 2 \\ 2 \\ 0 \end{pmatrix}$이므로 A의 1열과 2열의 성분의 합 $\begin{pmatrix} 2 \\ 2 \\ 0 \end{pmatrix}$이다.

1열의 성분을 고려했을 때 2열의 성분은 $\begin{pmatrix} 3 \\ 2 \\ 0 \end{pmatrix}$이다.

$L(w) = A\begin{pmatrix} 1 \\ 1 \\ 1 \end{pmatrix} = \begin{pmatrix} 1 \\ 1 \\ 1 \end{pmatrix}$이므로 A의 1열과 2열, 3열의 성분의 합이

$\begin{pmatrix} 1 \\ 1 \\ 1 \end{pmatrix}$이다. 1열과 2열을 고려했을 때 3열의 성분은 $\begin{pmatrix} -1 \\ -1 \\ 1 \end{pmatrix}$이다.

즉, $A = \begin{pmatrix} -1 & 3 & -1 \\ 0 & 2 & -1 \\ 0 & 0 & 1 \end{pmatrix}$이다.

$L\begin{pmatrix} 5 \\ 3 \\ 1 \end{pmatrix} = A\begin{pmatrix} 5 \\ 3 \\ 1 \end{pmatrix} = \begin{pmatrix} -1 & 3 & -1 \\ 0 & 2 & -1 \\ 0 & 0 & 1 \end{pmatrix}\begin{pmatrix} 5 \\ 3 \\ 1 \end{pmatrix} = \begin{pmatrix} 3 \\ 5 \\ 1 \end{pmatrix}$이고 $a+b+c = 9$이다.

[다른 풀이]

표준기저 i, j, k에 대하여 $u = i$, $v = i+j$, $w = i+j+k$이므로

$L(u) = L(i) = \begin{pmatrix} -1 \\ 0 \\ 0 \end{pmatrix} = -i$,

$L(v) = L(i+j) = L(i) + L(j) = \begin{pmatrix} -1 \\ 0 \\ 0 \end{pmatrix} + \begin{pmatrix} 3 \\ 2 \\ 0 \end{pmatrix} \Rightarrow L(j) = \begin{pmatrix} 3 \\ 2 \\ 0 \end{pmatrix}$

$L(w) = L(i+j+k) = \begin{pmatrix} -1 \\ 0 \\ 0 \end{pmatrix} + \begin{pmatrix} 3 \\ 2 \\ 0 \end{pmatrix} + \begin{pmatrix} -1 \\ -1 \\ 1 \end{pmatrix} \Rightarrow L(k) = \begin{pmatrix} -1 \\ -1 \\ 1 \end{pmatrix}$

$L\begin{pmatrix} 5 \\ 3 \\ 1 \end{pmatrix} = L(5i + 3j + k) = 5\begin{pmatrix} -1 \\ 0 \\ 0 \end{pmatrix} + 3\begin{pmatrix} 3 \\ 2 \\ 0 \end{pmatrix} + \begin{pmatrix} -1 \\ -1 \\ 1 \end{pmatrix}$

$= 5\begin{pmatrix} -1 \\ 0 \\ 0 \end{pmatrix} + 3\begin{pmatrix} 3 \\ 2 \\ 0 \end{pmatrix} + \begin{pmatrix} -1 \\ -1 \\ 1 \end{pmatrix} = \begin{pmatrix} 3 \\ 5 \\ 1 \end{pmatrix}$ $\therefore a+b+c = 9$

[다른 풀이]

$x = 2u + 2v + w$이므로 선형성에 의하여

$L(x) = L(2u + 2v + w) = 2L(u) + 2L(v) + L(w)$

$= -2u + 2(2v) + w = -2u + 4v + w$

$= -2\begin{pmatrix} 1 \\ 0 \\ 0 \end{pmatrix} + 4\begin{pmatrix} 1 \\ 1 \\ 0 \end{pmatrix} + \begin{pmatrix} 1 \\ 1 \\ 1 \end{pmatrix} = \begin{pmatrix} 3 \\ 5 \\ 1 \end{pmatrix}$ $\therefore a+b+c = 9$

158. 풀이 참조

[풀이] (1) $L(1) = (x-1)(1)' = 0$

$L(x) = (x-1)x' = (x-1) \cdot 1 = -1 + x$

$L(x^2) = (x-1)(x^2)' = 2x(x-1) = -2x + 2x^2$

(2) $L(5 - 4x + 3x^2) = (x-1) \cdot (5 - 4x + 3x^2)'$

$= (x-1) \cdot (-4 + 6x)$

$= 4 - 10x + 6x^2$이므로 $a+b+c = 0$이다.

159. $2 + 47x - 5x^2 + 7x^3$

풀이 문제의 주어진 조건식

$T(x - x^2) = -x - x^2$, $T(x^2 - x^3) = -4x + x^2 - x^3$,

$T(1 - x) = 1 - 2x$, $T(1 + x^3) = 1 + 9x + x^3$을 모두 더하면

$T(2) = 2 + 2x \Rightarrow T(1) = 1 + x$이고, $T(x) = 3x$,

$T(x^2) = 4x + x^2$, $T(x^3) = 8x + x^3$이다.

$T(2 + 3x - 5x^2 + 7x^3)$

$= 2T(1) + 3T(x) - 5T(x^2) + 7T(x^3)$

$= 2 + 47x - 5x^2 + 7x^3$

■ 2. 표준행렬

160. ③

풀이

$$F\begin{pmatrix} x_1 \\ x_2 \\ x_3 \end{pmatrix} = \begin{pmatrix} x_1 - 4x_2 + 2x_3 \\ x_2 + x_3 \end{pmatrix} = \begin{pmatrix} 1 & -4 & 2 \\ 0 & 1 & 1 \end{pmatrix}\begin{pmatrix} x_1 \\ x_2 \\ x_3 \end{pmatrix}$$

161. $\begin{pmatrix} 1 & 2 \\ 3 & 2 \end{pmatrix}$

풀이

$R^2 = \{e_1 = (1, 0), e_2 = (0, 1)\}$

$L(e_1) = L(1, 0) = (1, 3) = 1e_1 + 3e_2$

$L(e_2) = L(0, 1) = (2, 2) = 2e_1 + 2e_2$

$\therefore L = \begin{pmatrix} 1 & 2 \\ 3 & 2 \end{pmatrix}$

[다른 풀이]

$$L\begin{pmatrix} x \\ y \end{pmatrix} = \begin{pmatrix} x + 2y \\ 3x + 2y \end{pmatrix} = \begin{pmatrix} 1 & 2 \\ 3 & 2 \end{pmatrix}\begin{pmatrix} x \\ y \end{pmatrix}$$

$\therefore L = \begin{pmatrix} 1 & 2 \\ 3 & 2 \end{pmatrix}$

162. $\begin{pmatrix} 3 & -14 & 4 \\ 1 & 2 & 0 \\ 3 & 1 & 1 \end{pmatrix}$

풀이 $X = (x, y, z) \in R^3$이고, $Y = (x, y) \in R^2$일 때,

$T(X) = AX$에 대하여 $A = \begin{pmatrix} 1 & -3 & 1 \\ 0 & 5 & -1 \end{pmatrix}$이고,

$S(Y) = BY$에 대하여 $B = \begin{pmatrix} 3 & -1 \\ 1 & 1 \\ 3 & 2 \end{pmatrix}$이다.

따라서 $S \circ T : R^3 \to R^3$이므로

$S(T(X)) = S(AX) = BAX$이므로 표현행렬은 다음과 같다.

$$BA = \begin{pmatrix} 3 & -1 \\ 1 & 1 \\ 3 & 2 \end{pmatrix}\begin{pmatrix} 1 & -3 & 1 \\ 0 & 5 & -1 \end{pmatrix} = \begin{pmatrix} 3 & -14 & 4 \\ 1 & 2 & 0 \\ 3 & 1 & 1 \end{pmatrix}$$

163. 풀이 참조

풀이 (1) 주어진 선형변환은 행렬변환 $L(X) = AX$로 나타낼 수 있다.

$L(u) = A\begin{pmatrix} 1 \\ 0 \\ 0 \end{pmatrix} = \begin{pmatrix} -1 \\ 0 \\ 0 \end{pmatrix}$이므로 A의 1열의 성분은 $\begin{pmatrix} -1 \\ 0 \\ 0 \end{pmatrix}$이다.

$L(v) = A\begin{pmatrix} 1 \\ 1 \\ 0 \end{pmatrix} = \begin{pmatrix} 2 \\ 2 \\ 0 \end{pmatrix}$이므로 A의 1열과 2열의 성분의 합 $\begin{pmatrix} 2 \\ 2 \\ 0 \end{pmatrix}$이

다.

1열의 성분을 고려했을 때 2열의 성분은 $\begin{pmatrix} 3 \\ 2 \\ 0 \end{pmatrix}$이다.

$L(w) = A\begin{pmatrix} 1 \\ 1 \\ 1 \end{pmatrix} = \begin{pmatrix} 1 \\ 1 \\ 1 \end{pmatrix}$이므로 A의 1열과 2열, 3열의 성분의 합

이 $\begin{pmatrix} 1 \\ 1 \\ 1 \end{pmatrix}$이다. 1열과 2열을 고려했을 때 3열의 성분은 $\begin{pmatrix} -1 \\ -1 \\ 1 \end{pmatrix}$이

다.

즉, $A = \begin{pmatrix} -1 & 3 & -1 \\ 0 & 2 & -1 \\ 0 & 0 & 1 \end{pmatrix}$이다. 따라서 대각원소의 합 $tr(A) = 2$

이다.

[다른 풀이]

표준기저 i, j, k에 대하여 $u = i$, $v = i+j$, $w = i+j+k$이

므로

$L(u) = L(i) = \begin{pmatrix} -1 \\ 0 \\ 0 \end{pmatrix} = -i,$

$L(v) = L(i+j) = L(i)+L(j) = \begin{pmatrix} -1 \\ 0 \\ 0 \end{pmatrix} + \begin{pmatrix} 3 \\ 2 \\ 0 \end{pmatrix} \Rightarrow L(j) = \begin{pmatrix} 3 \\ 2 \\ 0 \end{pmatrix}$

$L(w) = L(i+j+k) = \begin{pmatrix} -1 \\ 0 \\ 0 \end{pmatrix} + \begin{pmatrix} 3 \\ 2 \\ 0 \end{pmatrix} + \begin{pmatrix} -1 \\ -1 \\ 1 \end{pmatrix} \Rightarrow$

$L(k) = \begin{pmatrix} -1 \\ -1 \\ 1 \end{pmatrix}$

따라서 표준행렬은 $A = \begin{pmatrix} -1 & 3 & -1 \\ 0 & 2 & -1 \\ 0 & 0 & 1 \end{pmatrix}$이다.

대각원소의 합 $tr(A) = 2$이다.

[다른 풀이]

표준행렬과 표현행렬의 닮은 관계를 이용하자.

R^3의 기저를 $V = \{u, v, w\}$라고 한다면

표현행렬은 $[L]_V^V = \begin{pmatrix} -1 & 0 & 0 \\ 0 & 2 & 0 \\ 0 & 0 & 1 \end{pmatrix}$이다.

닮은관계에 의해서 $tr(A) = tr(L) = 2$이다.

(2) $L(X) = AX = \begin{pmatrix} -1 & 3 & -1 \\ 0 & 2 & -1 \\ 0 & 0 & 1 \end{pmatrix}\begin{pmatrix} 5 \\ 3 \\ 1 \end{pmatrix} = \begin{pmatrix} 3 \\ 5 \\ 1 \end{pmatrix}$이므로

$a+b+c = 9$이다.

164.   2

[풀이] $P_2(R)$의 표준기저 $= \{1, t, t^2\}$를 함수에 대입하자.

$S(f(t)) = f(1) + f(0) t + f(-1) t^2$ 일 때,

다음과 같은 함숫값을 갖는다.

$f(t) = 1 \Rightarrow S(1) = 1 + t + t^2$

$f(t) = t \Rightarrow S(t) = 1 - t^2$

$f(t) = t^2 \Rightarrow S(t^2) = 1 + t^2$

표현행렬 $S = \begin{pmatrix} 1 & 1 & 1 \\ 1 & 0 & 0 \\ 1 & -1 & 1 \end{pmatrix}$이고, $tr(S) = 2$이다.

165.   5

[풀이]

$T(1) = 0 = 0 \cdot 1 + 0 \cdot x + 0 \cdot x^2$

$T(x) = 1 = 1 \cdot 1 + 0 \cdot x + 0 \cdot x^2$

$T(x^2) = 2 + 2x = 2 \cdot 1 + 2 \cdot x + 0 \cdot x^2$이므로

표현행렬 $A = \begin{pmatrix} 0 & 1 & 2 \\ 0 & 0 & 2 \\ 0 & 0 & 0 \end{pmatrix}$이다.

따라서 행렬 A의 모든 성분의 합은 5이다.

166.   3

[풀이] $p(x)$가 우함수이면 $p(-x) = p(x)$가 성립하고

$p(x)$가 기함수이면 $p(-x) = -p(x)$가 성립한다.

따라서 우함수 $\{1, x^2, x^4\}$를 대입하면

$T(1) = 1$, $T(x^2) = x^2$, $T(x^4) = x^4$이고

기함수 $\{x, x^3, x^5\}$를 대입하면

$T(x) = -x$, $T(x^3) = x^3$, $T(x^5) = x^5$이다.

표준행렬 $T = \begin{pmatrix} 1 & 0 & 0 & 0 & 0 & 0 \\ 0 & -1 & 0 & 0 & 0 & 0 \\ 0 & 0 & 1 & 0 & 0 & 0 \\ 0 & 0 & 0 & -1 & 0 & 0 \\ 0 & 0 & 0 & 0 & 1 & 0 \\ 0 & 0 & 0 & 0 & 0 & -1 \end{pmatrix}$의 고윳값은 $1, -1$이고,

$T - I = \begin{pmatrix} 0 & 0 & 0 & 0 & 0 & 0 \\ 0 & -2 & 0 & 0 & 0 & 0 \\ 0 & 0 & 0 & 0 & 0 & 0 \\ 0 & 0 & 0 & -2 & 0 & 0 \\ 0 & 0 & 0 & 0 & 0 & 0 \\ 0 & 0 & 0 & 0 & 0 & -2 \end{pmatrix}$ $rank(T-I) = 3$,

$nullity(T-I) = 3$이므로 고윳값 1의 고유공간의 차원은 3차원

이다.

167. -2^{15}

[풀이]

T를 R^3의 표준기저(standard basis)로 표현한 행렬

$A = \begin{pmatrix} 3 & 1 & 1 \\ 2 & 4 & 2 \\ -1 & -1 & 1 \end{pmatrix}$의 특성방정식

$$\begin{vmatrix} 3-\lambda & 1 & 1 \\ 2 & 4-\lambda & 2 \\ -1 & -1 & 1-\lambda \end{vmatrix} = 0 \;\Rightarrow\; \lambda = 2,2,4$$

$rank(A-2I)=1$이므로 차원정리에 의해
$nullity(A-2I)=2$이다.
따라서 행렬 A는 대각화 가능하다.

(i) $\lambda=2$에 대응하는 고유벡터 $\begin{pmatrix} 1 & 1 & 1 \\ 2 & 2 & 2 \\ -1 & -1 & -1 \end{pmatrix}\begin{pmatrix} x \\ y \\ z \end{pmatrix}=\begin{pmatrix} 0 \\ 0 \\ 0 \end{pmatrix}$

$$\Rightarrow x+y+z=0 \Rightarrow v_1=\begin{pmatrix} 1 \\ -1 \\ 0 \end{pmatrix},\; v_2=\begin{pmatrix} 1 \\ 0 \\ -1 \end{pmatrix}$$

(ii) $\lambda=4$에 대응하는 고유벡터 $\begin{pmatrix} -1 & 1 & 1 \\ 2 & 0 & 2 \\ -1 & -1 & -3 \end{pmatrix}\begin{pmatrix} x \\ y \\ z \end{pmatrix}=\begin{pmatrix} 0 \\ 0 \\ 0 \end{pmatrix}$

$$\Rightarrow \begin{pmatrix} -1 & 1 & 1 \\ 0 & 2 & 4 \\ 0 & 0 & 0 \end{pmatrix}\begin{pmatrix} x \\ y \\ z \end{pmatrix}=\begin{pmatrix} 0 \\ 0 \\ 0 \end{pmatrix} \;\Rightarrow\; v_3=\begin{pmatrix} -1 \\ -2 \\ 1 \end{pmatrix}$$

(iii) $Av_2=2v_2$이고 $A^{15}v_2=2^{15}v_2$이다.

$$A^{15}v_2=\begin{bmatrix} a_{11} & a_{12} & a_{13} \\ a_{21} & a_{22} & a_{23} \\ a_{31} & a_{32} & a_{33} \end{bmatrix}\begin{bmatrix} 1 \\ 0 \\ -1 \end{bmatrix}=\begin{bmatrix} a_{11}-a_{13} \\ a_{21}-a_{23} \\ a_{31}-a_{33} \end{bmatrix}$$

$$=2^{15}\begin{pmatrix} 1 \\ 0 \\ -1 \end{pmatrix}$$이므로 $a_{31}-a_{33}=-2^{15}$이다.

168.
$$\Phi=\begin{pmatrix} 1 & 1 & 0 & 1 \\ 1 & 1 & 1 & 0 \\ 0 & 1 & 1 & 1 \\ 1 & 0 & 1 & 1 \end{pmatrix}$$

풀이

$M_{2\times2}(R)$의 표준기저는 다음과 같다.

$$M_{2\times2}=\left\{e_1=\begin{pmatrix} 1 & 0 \\ 0 & 0 \end{pmatrix},\; e_2=\begin{pmatrix} 0 & 1 \\ 0 & 0 \end{pmatrix},\; e_3=\begin{pmatrix} 0 & 0 \\ 1 & 0 \end{pmatrix},\; e_4=\begin{pmatrix} 0 & 0 \\ 0 & 1 \end{pmatrix}\right\}$$

함수 $\Phi\left(\begin{bmatrix} a & b \\ c & d \end{bmatrix}\right)=\begin{pmatrix} a+b+d & a+b+c \\ b+c+d & a+c+d \end{pmatrix}$에 기저를 대입하자.

$$\Phi(e_1)=\Phi\begin{pmatrix} 1 & 0 \\ 0 & 0 \end{pmatrix}=\begin{pmatrix} 1 & 1 \\ 0 & 1 \end{pmatrix}=e_1+e_2+0e_3+e_4$$

$$\Phi(e_2)=\Phi\begin{pmatrix} 0 & 1 \\ 0 & 0 \end{pmatrix}=\begin{pmatrix} 1 & 1 \\ 1 & 0 \end{pmatrix}=e_1+e_2+e_3+0e_4$$

$$\Phi(e_3)=\Phi\begin{pmatrix} 0 & 0 \\ 1 & 0 \end{pmatrix}=\begin{pmatrix} 0 & 1 \\ 1 & 1 \end{pmatrix}=0e_1+e_2+e_3+e_4$$

$$\Phi(e_1)=\Phi\begin{pmatrix} 0 & 0 \\ 0 & 1 \end{pmatrix}=\begin{pmatrix} 1 & 0 \\ 1 & 1 \end{pmatrix}=e_1+0e_2+e_3+e_4$$

$$\therefore \Phi=\begin{pmatrix} 1 & 1 & 0 & 1 \\ 1 & 1 & 1 & 0 \\ 0 & 1 & 1 & 1 \\ 1 & 0 & 1 & 1 \end{pmatrix}$$

169.   4

풀이

(I) V의 기저 β에 대한 T의 행렬 $[T]_\beta$를 구하자.

$T:V\to V$이 $T(X)=\begin{bmatrix} 1 & 2 \\ 3 & 4 \end{bmatrix}X$로 주어진 선형변환이므로

(i) $T\left(\begin{bmatrix} 1 & 0 \\ 0 & 0 \end{bmatrix}\right)=\begin{bmatrix} 1 & 2 \\ 3 & 4 \end{bmatrix}\begin{bmatrix} 1 & 0 \\ 0 & 0 \end{bmatrix}=\begin{bmatrix} 1 & 0 \\ 3 & 0 \end{bmatrix}$

$\quad=1\begin{bmatrix} 1 & 0 \\ 0 & 0 \end{bmatrix}+0\begin{bmatrix} 0 & 1 \\ 0 & 0 \end{bmatrix}+3\begin{bmatrix} 0 & 0 \\ 1 & 0 \end{bmatrix}+0\begin{bmatrix} 0 & 0 \\ 0 & 1 \end{bmatrix}$

(ii) $T\left(\begin{bmatrix} 0 & 1 \\ 0 & 0 \end{bmatrix}\right)=\begin{bmatrix} 1 & 2 \\ 3 & 4 \end{bmatrix}\begin{bmatrix} 0 & 1 \\ 0 & 0 \end{bmatrix}=\begin{bmatrix} 0 & 1 \\ 0 & 3 \end{bmatrix}$

$\quad=0\begin{bmatrix} 1 & 0 \\ 0 & 0 \end{bmatrix}+1\begin{bmatrix} 0 & 1 \\ 0 & 0 \end{bmatrix}+0\begin{bmatrix} 0 & 0 \\ 1 & 0 \end{bmatrix}+3\begin{bmatrix} 0 & 0 \\ 0 & 1 \end{bmatrix}$

(iii) $T\left(\begin{bmatrix} 0 & 0 \\ 1 & 0 \end{bmatrix}\right)=\begin{bmatrix} 1 & 2 \\ 3 & 4 \end{bmatrix}\begin{bmatrix} 0 & 0 \\ 1 & 0 \end{bmatrix}=\begin{bmatrix} 2 & 0 \\ 4 & 0 \end{bmatrix}$

$\quad=2\begin{bmatrix} 1 & 0 \\ 0 & 0 \end{bmatrix}+0\begin{bmatrix} 0 & 1 \\ 0 & 0 \end{bmatrix}+4\begin{bmatrix} 0 & 0 \\ 1 & 0 \end{bmatrix}+0\begin{bmatrix} 0 & 0 \\ 0 & 1 \end{bmatrix}$

(iv) $T\left(\begin{bmatrix} 0 & 0 \\ 0 & 1 \end{bmatrix}\right)=\begin{bmatrix} 1 & 2 \\ 3 & 4 \end{bmatrix}\begin{bmatrix} 0 & 0 \\ 0 & 1 \end{bmatrix}=\begin{bmatrix} 0 & 2 \\ 0 & 4 \end{bmatrix}$

$\quad=0\begin{bmatrix} 1 & 0 \\ 0 & 0 \end{bmatrix}+2\begin{bmatrix} 0 & 1 \\ 0 & 0 \end{bmatrix}+0\begin{bmatrix} 0 & 0 \\ 1 & 0 \end{bmatrix}+4\begin{bmatrix} 0 & 0 \\ 0 & 1 \end{bmatrix}$

표현행렬 $[T]_\beta=\begin{pmatrix} 1 & 0 & 2 & 0 \\ 0 & 1 & 0 & 2 \\ 3 & 0 & 4 & 0 \\ 0 & 3 & 0 & 4 \end{pmatrix}$

(II) $[T]_\beta$의 행렬식을 계산하자.

$$|[T]_\beta|=\begin{vmatrix} 1 & 0 & 2 & 0 \\ 0 & 1 & 0 & 2 \\ 3 & 0 & 4 & 0 \\ 0 & 3 & 0 & 4 \end{vmatrix}=\begin{vmatrix} 1 & 0 & 2 & 0 \\ 0 & 1 & 0 & 2 \\ 0 & 0 & -2 & 0 \\ 0 & 3 & 0 & 4 \end{vmatrix}=\begin{vmatrix} 1 & 0 & 2 \\ 0 & -2 & 0 \\ 3 & 0 & 4 \end{vmatrix}$$

$$=(-2)\times\begin{vmatrix} 1 & 2 \\ 3 & 4 \end{vmatrix}=-2(1\times4-2\times3)=4$$

■ **3. 표현행렬**

170.   3

풀이 $T(v_1) = v_2 = 0v_1 + 1v_2 + 0v_3$, $T(v_2) = v_3 = 0v_1 + 0v_2 + 1v_3$,

$T(v_3) = v_1 = 1v_1 + 0v_2 + 0v_3$이므로 선형사상 T의 표현행렬

을 A라고 할 때, $A = \begin{pmatrix} 0 & 0 & 1 \\ 1 & 0 & 0 \\ 0 & 1 & 0 \end{pmatrix}$이다.

$A\begin{pmatrix} 1 \\ 1 \\ 1 \end{pmatrix} = \begin{pmatrix} 1 \\ 1 \\ 1 \end{pmatrix}$이므로 A의 고윳값 1에 대응하는 고유벡터가

$\begin{pmatrix} 1 \\ 1 \\ 1 \end{pmatrix}$이다. $A^3\begin{pmatrix} 1 \\ 1 \\ 1 \end{pmatrix} = \begin{pmatrix} 1 \\ 1 \\ 1 \end{pmatrix}$이므로 A^3의 모든 성분의 합은 3이다.

171. $T = \begin{pmatrix} 1 & 5 & 2 \\ -4 & -9 & -1 \end{pmatrix}$

풀이 $T(x, y, z) = (2x + 3y - 4z, x - 5y + z)$에 정의역의 기저벡터

를 대입한 결과를 공역의 기저벡터로 일차결합하여 정리하자.

$T(1, 1, 1) = 1(1, 1) - 4(0, 1)$,

$T(1, 1, 0) = 5(1, 1) - 9(0, 1)$,

$T(1, 0, 0) = 2(1, 1) - 1(0, 1)$

따라서 표현행렬 T는 좌표벡터를 열벡터로 나열한 행렬이므로

$T = \begin{pmatrix} 1 & 5 & 2 \\ -4 & -9 & -1 \end{pmatrix}$이다.

172.   ②

풀이 $A = \begin{bmatrix} 2 & -1 & 3 \\ 0 & 2 & 4 \\ 5 & 3 & 6 \end{bmatrix}$에서 $T(3b_1 - 2b_2)$의 좌표벡터는

표현행렬×정의역의 좌표벡터이므로

$A\begin{bmatrix} 3 \\ -2 \\ 0 \end{bmatrix} = \begin{bmatrix} 2 & -1 & 3 \\ 0 & 2 & 4 \\ 5 & 3 & 6 \end{bmatrix}\begin{bmatrix} 3 \\ -2 \\ 0 \end{bmatrix} = 3\begin{bmatrix} 2 \\ 0 \\ 5 \end{bmatrix} - 2\begin{bmatrix} -1 \\ 2 \\ 3 \end{bmatrix} = \begin{bmatrix} 8 \\ -4 \\ 9 \end{bmatrix}$

$\therefore T(3b_1 - 2b_2) = 8b_1 - 4b_2 + 9b_3$

[다른 풀이]

$T(b_1) = 2b_1 + 0 \cdot b_2 + 5b_3$,

$T(b_2) = -1 \cdot b_1 + 2b_2 + 3b_3$,

$T(b_3) = 3b_1 + 4b_2 + 6b_3$이고, 선형변환의 선형성에 의해

$T(3b_1 - 2b_2) = 3T(b_1) - 2T(b_2)$

$\qquad = 6b_1 + 15b_3 + 2b_1 - 4b_2 - 6b_3$

$\qquad = 8b_1 - 4b_2 + 9b_3$

173.   15

풀이 $[T(3b_1 - 4b_2)]_B = \begin{pmatrix} 0 & -6 & 1 \\ 0 & 5 & -1 \\ 1 & -2 & 7 \end{pmatrix}\begin{pmatrix} 3 \\ -4 \\ 0 \end{pmatrix} = \begin{pmatrix} 24 \\ -20 \\ 11 \end{pmatrix}$이고

$T(3b_1 - 4b_2) = 24b_1 - 20b_2 + 11b_3$이므로

$x + y + z = 24 + (-20) + 11 = 15$이다.

174. $\dfrac{29}{6}$

풀이 표현행렬의 모든 성분의 합은

표현행렬$\times\begin{pmatrix} 1 \\ 1 \\ 1 \end{pmatrix} = \begin{pmatrix} a \\ b \\ c \end{pmatrix}$의 $a + b + c$이다.

함수의 벡터화를 이용하면 $p(x) = 1 + x + x^2$을 대입하면

$\left[T(p(x))\right]_E = \left(p'(0), \ p''(1), \ \int_0^1 p(x)\,dx\right)_E = \left(1, 2, \frac{11}{6}\right)$

이므로 표현행렬의 모든 성분의 합은 $\dfrac{29}{6}$이다.

[다른 풀이]

$(1, 0, 0) = e_1$, $(0, 1, 0) = e_2$, $(0, 0, 1) = e_3$라고 하면

$T(1) = (0, 0, 1) = 0e_1 + 0e_2 + 1e_3$

$T(x) = \left(1, 0, \frac{1}{2}\right) = 1e_1 + 0e_2 + \frac{1}{2}e_3$

$T(x^2) = \left(0, 2, \frac{1}{3}\right) = 0e_1 + 2e_2 + \frac{1}{3}e_3$이므로

표현행렬은 $T = \begin{pmatrix} 0 & 1 & 0 \\ 0 & 0 & 2 \\ 1 & \frac{1}{2} & \frac{1}{3} \end{pmatrix}$이다.

$\displaystyle\sum_{i=1}^{3}\sum_{j=1}^{3} a_{ij}$는 T의 모든성분의 합이므로

T의 모든성분의 합은 $1 + 2 + 1 + \frac{1}{2} + \frac{1}{3} = \frac{29}{6}$이다

175.   28

풀이 주어진 기저를 벡터화 하자.

$B = \{1 + t^2, \ t + t^2, \ 1 + 2t + t^2\}$의 벡터화 기저를

$C = \left\{\begin{pmatrix} 1 \\ 0 \\ 1 \end{pmatrix}, \begin{pmatrix} 0 \\ 1 \\ 1 \end{pmatrix}, \begin{pmatrix} 1 \\ 2 \\ 1 \end{pmatrix}\right\}$라 하고 $1 + 2t + 2t^2$의 벡터화는 $\begin{pmatrix} 1 \\ 2 \\ 2 \end{pmatrix}$이다.

$\begin{pmatrix} 1 & 0 & 1 & \vdots & 1 \\ 0 & 1 & 2 & \vdots & 2 \\ 1 & 1 & 1 & \vdots & 2 \end{pmatrix} \sim \begin{pmatrix} 1 & 0 & 1 & \vdots & 1 \\ 0 & 1 & 2 & \vdots & 2 \\ 0 & 1 & 0 & \vdots & 1 \end{pmatrix} \sim \begin{pmatrix} 1 & 0 & 1 & \vdots & 1 \\ 0 & 1 & 0 & \vdots & 1 \\ 0 & 0 & 2 & \vdots & 1 \end{pmatrix} \sim \begin{pmatrix} 1 & 0 & 0 & \vdots & 1/2 \\ 0 & 1 & 0 & \vdots & 1 \\ 0 & 0 & 1 & \vdots & 1/2 \end{pmatrix}$

$$\left[T(1+2t+2t^2)\right]_B = [T]_B \begin{pmatrix} 1/2 \\ 1 \\ 1/2 \end{pmatrix} = \begin{pmatrix} 3 & 4 & 0 \\ 0 & 5 & -1 \\ 1 & -2 & 7 \end{pmatrix} \begin{pmatrix} 1/2 \\ 1 \\ 1/2 \end{pmatrix}$$

$$= \begin{pmatrix} 11/2 \\ 9/2 \\ 2 \end{pmatrix}$$ 이므로

$$T(1+2t+2t^2) = \frac{11}{2}(1+t^2) + \frac{9}{2}(t+t^2) + 2(1+2t+t^2)$$

$$= \frac{15}{2} + \frac{17}{2}t + 12t^2$$

이므로 $a+b+c=28$ 이다.

■ **4. 선형변환의 핵과 치역**

176. ④

풀이 $T(X)=AX$ 의 치역은 행렬 A 의 열공간이고 A^t 의 행공간이다.

$$A = \begin{pmatrix} 1&1&1 \\ 1&1&2 \\ 1&1&4 \end{pmatrix}$$ 이므로 $$A^T = \begin{pmatrix} 1&1&1 \\ 1&1&1 \\ 1&2&4 \end{pmatrix} \sim \begin{pmatrix} 1&1&1 \\ 0&0&0 \\ 0&1&3 \end{pmatrix}$$ 이고

A^t 의 행공간의 기저는 $\{(1,1,1),(0,1,3)\}$ 이다.

① $(1,0,-2) = (1)(1,1,1) + (-1)(0,1,3)$
② $(0,1,3) = (0)(1,1,1) + (1)(0,1,3)$
③ $(2,3,5) = (2)(1,1,1) + (1)(0,1,3)$
④ $(1,1,-1) \neq (1)(1,1,1) + (0)(0,1,3)$

177. ②

풀이 $T(X) = AX = \begin{pmatrix} 1&0&1 \\ 2&0&1 \\ 0&2&-4 \\ -3&0&6 \end{pmatrix}\begin{pmatrix} x \\ y \\ z \\ w \end{pmatrix}$ 의 치역은

$W = Col(A) = Row(A^t)$ 이고

$W^\perp = \left(Row(A^t)\right)^\perp = null(A^t)$ 이다.

$$A^t = \begin{pmatrix} 1&2&0&-3 \\ 0&0&2&0 \\ 1&2&-4&6 \end{pmatrix} \sim \begin{pmatrix} 1&2&0&-3 \\ 0&0&2&0 \\ 0&0&-4&9 \end{pmatrix}$$

$$\sim \begin{pmatrix} 1&2&0&-3 \\ 0&0&1&0 \\ 0&0&0&1 \end{pmatrix} \sim \begin{pmatrix} 1&2&0&0 \\ 0&0&1&0 \\ 0&0&0&1 \end{pmatrix}$$

$W^\perp = null(A^t)$
$\quad = \{(x,y,z,w) \mid x=-2t, y=t, z=0, w=0\}$

$$= t\begin{pmatrix} -2 \\ 1 \\ 0 \\ 0 \end{pmatrix}_{t \in R}$$

$$T(X) = AX = \begin{pmatrix} 1&0&1 \\ 2&0&1 \\ 0&2&-4 \\ -3&0&6 \end{pmatrix}\begin{pmatrix} x \\ y \\ z \\ w \end{pmatrix}$$

178. -3

풀이 $A = \begin{pmatrix} 1&2&2 \\ 0&3&6 \\ 1&1&0 \end{pmatrix}$ 이라 하면 선형사상의 치역 $Im\,T$ 는

A 의 열공간이다. 기본행연산으로 기저를 찾아보자.

$$A \sim \begin{pmatrix} 1&2&2 \\ 0&1&2 \\ 1&1&0 \end{pmatrix} \sim \begin{pmatrix} 1&2&2 \\ 0&1&2 \\ 0&-1&-2 \end{pmatrix} \sim \begin{pmatrix} 1&2&2 \\ 0&1&2 \\ 0&0&0 \end{pmatrix}$$

선두 1이 1, 2열에 존재하므로 열공간의 기저는 $\left\{\begin{pmatrix}1\\0\\1\end{pmatrix}, \begin{pmatrix}2\\3\\1\end{pmatrix}\right\}$이다.

두 기저벡터를 외적하면 $(1, 0, 1) \times (2, 3, 1) = (-3, 1, 3)$

이고, 열공간은 $Im T = \left\{\begin{pmatrix}x\\y\\z\end{pmatrix} \middle| -x + \dfrac{1}{3}y + z = 0\right\}$이다.

따라서 $a = -1$, $b = \dfrac{1}{3}$이고, $\dfrac{a}{b} = -3$이다.

179. $\dfrac{25}{9}$

풀이 (i) T의 치역은 A의 열공간과 A^t의 행공간과 같다. 따라서

$$A^t = \begin{pmatrix}3&1&1\\2&1&2\\1&1&3\end{pmatrix} \sim \begin{pmatrix}1&1&3\\0&-1&-4\\0&-2&-8\end{pmatrix} \sim \begin{pmatrix}1&1&3\\0&1&4\\0&0&0\end{pmatrix} \sim \begin{pmatrix}1&0&-1\\0&1&4\\0&0&0\end{pmatrix}$$이므

로 A의 열공간의 기저는 $\left\{v_1 = \begin{pmatrix}1\\0\\-1\end{pmatrix}, v_2 = \begin{pmatrix}0\\1\\4\end{pmatrix}\right\}$이다.

즉, A의 열공간은 원점을 지나고,

법선벡터 $\vec{n} = v_1 \times v_2 = (1, -4, 1)$인 평면 $x - 4y + z = 0$이다.

(ii) 점 $P(1, 1, 1)$를 지나고 방향벡터 $(1, -4, 1)$인

직선 $r(t) = (t+1, -4t+1, t+1)$과 평면 $x - 4y + z = 0$

의 교점은 $t = \dfrac{1}{9}$일 때이다.

$$a + b + c = -2t + 3]_{t=\frac{1}{9}} = \dfrac{25}{9}$$이다.

180. 2, 2

풀이
$$T\begin{pmatrix}x_1\\x_2\\x_3\\x_4\end{pmatrix} = \begin{pmatrix}x_1+x_2+3x_3+x_4\\2x_1-x_2+x_4\\4x_1+x_2+6x_3+3x_4\end{pmatrix} = \begin{pmatrix}1&1&3&1\\2&-1&0&1\\4&1&6&3\end{pmatrix}\begin{pmatrix}x_1\\x_2\\x_3\\x_4\end{pmatrix}$$에서

$$T = \begin{pmatrix}1&1&3&1\\2&-1&0&1\\4&1&6&3\end{pmatrix} \sim \begin{pmatrix}1&1&3&1\\0&-3&-6&-1\\0&-3&-6&-1\end{pmatrix} \sim \begin{pmatrix}1&1&3&1\\0&-3&-6&-1\\0&0&0&0\end{pmatrix}$$

$\therefore \dim(Im\ T) = rank T = 2$

$\therefore \dim(Ker\ T) = nullity T = 2$

TIP 이때 정의역의 차원은 $rank T + nullity T = 4$이다.

181. ④

풀이 $L\begin{pmatrix}x\\y\end{pmatrix} = \begin{pmatrix}2&-1\\-4&2\end{pmatrix}\begin{pmatrix}x\\y\end{pmatrix}$이므로 $L \sim \begin{pmatrix}2&-1\\0&0\end{pmatrix}$

① $rank L = \dim(Im T) = 1$

②, ③ $nullity L = \dim(Ker L) = 1$

④ $L\begin{pmatrix}x\\y\end{pmatrix} = \begin{pmatrix}2&-1\\-4&2\end{pmatrix}\begin{pmatrix}x\\y\end{pmatrix} = \begin{pmatrix}a\\b\end{pmatrix}$에서

$$\begin{pmatrix}2&-1&|&a\\-4&2&|&b\end{pmatrix} \sim \begin{pmatrix}2&-1&|&a\\0&0&|&2a+b\end{pmatrix}$$

$2a + b \neq 0$이면 해가 존재하지 않는다.

따라서 옳지 않은 것은 ④이다.

[참고]

$L\begin{pmatrix}x\\y\end{pmatrix} = \begin{pmatrix}2&-1\\-4&2\end{pmatrix}\begin{pmatrix}x\\y\end{pmatrix} = AX$이고 $col(A) = span\begin{pmatrix}1\\-2\end{pmatrix}$이므로

$\dim(Im\ T) = 1$이다. 따라서 치역의 기저벡터는 1개,

즉, R^2상에서의 원점을 지나는 직선을 생성한다.

182. 1

풀이 선형변환 T의 행렬표현은 $A = \begin{pmatrix}1&3&2\\0&1&1\\-1&4&5\end{pmatrix}$이므로

$$A = \begin{pmatrix}1&3&2\\0&1&1\\-1&4&5\end{pmatrix} \sim \begin{pmatrix}1&3&2\\0&1&1\\0&7&7\end{pmatrix}[\because (1행)\times(+1)+(3행)\to(3행)]$$

$$\sim \begin{pmatrix}1&0&-1\\0&1&1\\0&0&0\end{pmatrix}\begin{bmatrix}\because (2행)\times(-3)+(1행)\to(1행)\\(2행)\times(-7)+(3행)\to(3행)\end{bmatrix}$$이다.

$s = \dim(Im\ T) = rank A = 2$,

$t = \dim(\ker T) = nullity A = 3 - rank A = 1$ $\quad \therefore s - t = 1$

183. 2

풀이 $A = \begin{bmatrix}1&2&-2&3&-1\\0&1&3&2&1\\2&7&5&12&1\\1&2&-2&3&-1\end{bmatrix} \sim \begin{bmatrix}1&2&-2&3&-1\\0&1&3&2&1\\0&3&9&6&3\\0&0&0&0&0\end{bmatrix} \sim \begin{bmatrix}1&2&-2&3&-1\\0&1&3&2&1\\0&0&0&0&0\\0&0&0&0&0\end{bmatrix}$

$\Rightarrow rank(A) = 2$

$(L(R^5)$의 차원) = 치역의 차원 = $rank(A) = 2$

184. $\dfrac{1}{5}$

풀이 "치역의 차원 + 핵의 차원 = 정의역의 차원"에 의하여

정의역이 4차원이고 치역이 2차원이므로 핵의 차원은 2차원이다.

$rank(T) = 2$가 되기 위해서

$$\begin{pmatrix}3&-3&-1&-4\\2&-7&0&-6\\-1&2&a&2\end{pmatrix} \sim \begin{pmatrix}0&3&3a-1&2\\0&-3&2a&-2\\-1&2&a&2\end{pmatrix}$$

$$\sim \begin{pmatrix}0&0&5a-1&0\\0&-3&2a&-2\\-1&2&a&2\end{pmatrix}$$이므로 $5a - 1 = 0 \Rightarrow a = \dfrac{1}{5}$이다.

185.　12

풀이

"치역의 차원 + 핵의 차원 = 정의역의 차원" 에 의하여
정의역이 3차원이고 핵이 1차원이므로 치역의 차원은 2차원이다.
주어진 선형변환 T를 행렬변환으로 표현해서 표준행렬을 구하면

$$\begin{bmatrix} 1 & 2 & 1 \\ 1 & 1 & 1 \\ 2 & 7 & a \\ 3 & 5 & b \end{bmatrix} \sim \begin{bmatrix} 1 & 1 & 1 \\ 1 & 2 & 1 \\ 2 & 7 & a \\ 3 & 5 & b \end{bmatrix} \sim \begin{bmatrix} 1 & 1 & 1 \\ 0 & 1 & 0 \\ 0 & 5 & a-2 \\ 0 & 2 & b-3 \end{bmatrix} \sim \begin{bmatrix} 1 & 1 & 1 \\ 0 & 1 & 0 \\ 0 & 0 & a-2 \\ 0 & 0 & b-3 \end{bmatrix}$$

$Im(T) = rank\,T = 2 = c$ 가 되기 위해서
$a = 2, b = 3$이다.
$\therefore \ abc = 12$

186.　2

풀이

치역의 차원 $= \dim(col(A)) = rank(A)$에 의하여

$$\begin{pmatrix} 2 & 0 & -2 & 4 \\ 1 & 0 & -2 & 3 \\ 0 & 4 & 2 & 1 \\ 6 & 4 & -4 & 13 \\ 2 & 4 & -2 & 7 \end{pmatrix} \sim \begin{pmatrix} 1 & 0 & -2 & 3 \\ 2 & 0 & -2 & 4 \\ 0 & 4 & 2 & 1 \\ 6 & 4 & -4 & 13 \\ 2 & 4 & -2 & 7 \end{pmatrix} \sim \begin{pmatrix} 1 & 0 & -2 & 3 \\ 0 & 0 & 2 & -2 \\ 0 & 4 & 2 & 1 \\ 0 & 4 & 8 & -5 \\ 0 & 4 & 2 & 1 \end{pmatrix}$$

$$\sim \begin{pmatrix} 1 & 0 & -2 & 3 \\ 0 & 0 & 2 & -2 \\ 0 & 4 & 2 & 1 \\ 0 & 0 & 6 & -6 \\ 0 & 0 & 0 & 0 \end{pmatrix} \sim \begin{pmatrix} 1 & 0 & -2 & 3 \\ 0 & 4 & 2 & 1 \\ 0 & 0 & 2 & -2 \\ 0 & 0 & 0 & 0 \\ 0 & 0 & 0 & 0 \end{pmatrix}$$

이므로 $rank(A) = 3 = r$이다. 정의역은 4차원이고,
차원 정리 "치역의 차원 + 핵의 차원 = 정의역의 차원"에 의하여
$\dim(\ker(T)) = 4 - 3 = 1 = n$이다.
$\therefore \ r - n = 3 - 1 = 2$이다.

187.　풀이 참조

풀이

(1) 치역 $Im(T) \subset P_5$의 기저는 $\{1, x^2, x^3\}$이므로
　　치역은 3차원이고
　　차원정리(치역의 차원+핵의 차원=정의역의 차원)에 의해서
　　핵 $\ker(T)$은 2차원이다.

(2) $Ker\,T = \left\{ (a, b, c, d, e) \in R^5 \ \middle| \ a + \dfrac{b}{2}x^2 + \dfrac{c}{3}x^3 = 0 \right\}$
　　$= \{(0, 0, 0, d, e) \in R^5 \mid d, e \in R\}$
　　$= span\{(0, 0, 0, 1, 0), (0, 0, 0, 0, 1)\}$
　　따라서 $(0,0,0,0,2)$는 핵의 원소이다.

188.　①

풀이

정의역의 차원이 3 이고 $\dim(im\,T) = 2$ 이므로
차원정리에 의해 $\dim(\ker T) = 1$ 이다.

189.　6, 10

풀이

(i) $Ker\,T = \{ A \in M_{4 \times 4} \mid T(A) = A + A^t = O \}$
　　　$= \{ A \in M_{4 \times 4} \mid A = -A^t \}$

즉, 4×4 교대행렬이므로 $\begin{pmatrix} 0 & b & c & d \\ -b & 0 & f & g \\ -c & -f & 0 & i \\ -d & -g & -i & 0 \end{pmatrix}$

자유변수는 6개이다.　$\therefore \dim(Ker\,T) = 6$

(ii) $Im\,T = \{ A + A^t \in M_{4 \times 4} \mid A \in M_{4 \times 4} \}$ 는

대칭행렬 $\begin{pmatrix} a & b & c & d \\ b & e & f & g \\ c & f & h & i \\ d & g & i & j \end{pmatrix}$ 이므로 자유변수는 10개이다.

$\therefore \dim(Im\,T) = 10$

190.　1, 3

풀이

$\ker L = \{ A \in M_{2 \times 2}(R) \mid L(A) = O \}$
　　$= \{ A \in M_{2 \times 2}(R) \mid A^t = -A \}$
　　$= \left\{ \begin{pmatrix} 0 & a \\ -a & 0 \end{pmatrix} \ \middle| \ a \in R \right\}$

자유변수는 1개이므로 선형변환 L의 핵의 차원은 1이다.
정의역이 4차원이므로 차원정리에 의해 선형변환 L의
치역의 차원은 3이다.

191.　①

풀이

선형사상 T의 표준행렬이 $A = \begin{pmatrix} 1 & -1 & 0 \\ 1 & 1 & 0 \\ 0 & 1 & -1 \end{pmatrix}$이고

$A = \begin{pmatrix} 1 & -1 & 0 \\ 1 & 1 & 0 \\ 0 & 1 & -1 \end{pmatrix} \sim \begin{pmatrix} 1 & -1 & 0 \\ 0 & 2 & 0 \\ 0 & 1 & -1 \end{pmatrix} \sim \begin{pmatrix} 1 & -1 & 0 \\ 0 & 1 & 0 \\ 0 & 0 & -1 \end{pmatrix}$이므로

$rank(A) = 3$ 이다. 따라서 차원정리에 의해
$\dim(\ker(T)) = nullity(A) = 3 - rank(A) = 0$

192.　ㄱ

풀이

$\ker T = \left\{ (a, b) \in R^2 \mid T(a, b) = \begin{pmatrix} -b & a-b \\ 0 & a+2b \end{pmatrix} = \begin{pmatrix} 0 & 0 \\ 0 & 0 \end{pmatrix} \right\} = \{(0, 0)\}$

이므로 T는 일대일 사상이고, 핵의 차원은 $\dim(\ker T) = 0$ 이다.
$\Rightarrow T$는 일대일 사상이다. $\Rightarrow$ 치역의 차원 $\dim(Im\,T) = 2$이다.
($\because$ 정의역의 차원=치역의 차원+핵의 차원)

$T(a, a-b) = \begin{pmatrix} -(a-b) & a-(a-b) \\ 0 & a+2(a-b) \end{pmatrix} = \begin{pmatrix} b-a & b \\ 0 & 3a-2b \end{pmatrix}$는 2차

원이다.

[다른 풀이]

$$T(1,0)=\begin{pmatrix}0&1\\0&1\end{pmatrix},\ T(0,1)=\begin{pmatrix}-1&-1\\0&2\end{pmatrix},\ 표준행렬은\ \begin{pmatrix}0&-1\\1&-1\\0&0\\1&2\end{pmatrix}$$

$rank\,T=2$이므로 $nullity\,A=0\Leftrightarrow \dim(\ker T)=0$

$\Leftrightarrow T$: 일대일 함수 $T(a,a-b)=\begin{pmatrix}-a+b&b\\0&3a-2b\end{pmatrix}$

$\dim(T(a,a-b))=2$

193. ⓑ, ⓒ

풀이 T의 표현행렬을 구하면

$$T\begin{pmatrix}1&0\\0&0\end{pmatrix}=(1,0,0)=1(1,0,0)+0(0,1,0)+0(0,0,1)$$

$$T\begin{pmatrix}0&1\\0&0\end{pmatrix}=(0,0,1)=0(1,0,0)+0(0,1,0)+1(0,0,1)$$

$$T\begin{pmatrix}0&0\\1&0\end{pmatrix}=(0,1,0)=0(1,0,0)+1(0,1,0)+0(0,0,1)$$

$$T\begin{pmatrix}0&0\\0&1\end{pmatrix}=(1,0,0)=1(1,0,0)+0(0,1,0)+0(0,0,1)$$

따라서 $T=\begin{pmatrix}1&0&0&1\\0&0&1&0\\0&1&0&0\end{pmatrix}$이며 $Rank(T)=3$, 해공간의 차원은

1이다. 즉, 상공간의 차원은 3, 핵의 차원은 1이다.

ⓐ (거짓) 핵의 차원이 0일 때 일대일 사상이 성립하므로 T는 일대일 사상이 아니다.

ⓑ (참) 상공간의 차원이 3차원이므로 옳다.

ⓒ (참) $T\begin{pmatrix}0&1\\2&0\end{pmatrix}=(0,2,1)$, $T\begin{pmatrix}1&1\\0&0\end{pmatrix}=(1,0,1)$,

$T\begin{pmatrix}0&0\\1&2\end{pmatrix}=(2,1,0)$이고 $rank\begin{pmatrix}1&0&1\\2&1&0\\0&2&1\end{pmatrix}=3$이므로

일차독립이다.

194. ③

풀이 ③ $A=\begin{pmatrix}1&2&3\\2&3&4\\3&4&5\end{pmatrix}\sim\begin{pmatrix}1&2&3\\1&1&1\\2&2&2\end{pmatrix}\sim\begin{pmatrix}1&1&1\\0&1&2\\0&0&0\end{pmatrix}\Rightarrow rank(A)=2$

$nullity(A)=1$이므로 일대일 함수가 아니다.

■ 5. 선형변환의 기하학적 의미

195. 3

풀이 $u=2x+y,\ v=x+2y\Rightarrow \begin{pmatrix}u\\v\end{pmatrix}=\begin{pmatrix}2&1\\1&2\end{pmatrix}\begin{pmatrix}x\\y\end{pmatrix}$

$\det\begin{pmatrix}2&1\\1&2\end{pmatrix}=3$이므로 uv-평면에서 S의 상(image)의

면적은 3이다.

196. 3

풀이 $u=2x+y+1,\ v=x+2y-2\Rightarrow$

$\begin{pmatrix}u\\v\end{pmatrix}=\begin{pmatrix}2&1\\1&2\end{pmatrix}\begin{pmatrix}x\\y\end{pmatrix}+\begin{pmatrix}1\\-2\end{pmatrix}$이고, $\det\begin{pmatrix}2&1\\1&2\end{pmatrix}=3$이므로

uv-평면에서 S의 상(image)의 면적은 3이다.

197. 4

풀이 세 점으로 이루어진 삼각형의 넓이는 2이고, $\det A=2$이므로, A에 의해 변환된 삼각형의 넓이는 $2\times2=4$이다.

198. 65

풀이 $\dfrac{1}{2}\left|\overrightarrow{AB}\times\overrightarrow{AC}\right|=\left|\dfrac{1}{2}\begin{vmatrix}i&j&k\\2&-1&0\\3&3&0\end{vmatrix}\right|=\dfrac{9}{2}$이므로

세 점 A, B, C으로 이루어진 삼각형의 넓이는 $\dfrac{9}{2}$이다.

선형변환 $T(1,0)=(2,3)$, $T(1,1)=(3,1)$의 값에 의해서 $T(1,0)=(2,3)$, $T(0,1)=(1,-2)$임을 알 수 있다. 따라서 $T(X)=AX$형태로 나타낼 수 있고 표준행렬은 $A=\begin{pmatrix}2&1\\3&-2\end{pmatrix}$

이므로 세 점 P, Q, R로 이루어진 삼각형의 넓이는

$\left|\dfrac{9}{2}\times|A|\right|=\dfrac{9}{2}\times7=\dfrac{63}{2}=\dfrac{b}{a}$이다. $\therefore a+b=65$

[다른 풀이]

선형변환 $T(1,0)=(2,3)$, $T(1,1)=(3,1)$의 값에 의해서 $T(1,0)=(2,3)$, $T(0,1)=(1,-2)$임을 알 수 있다.

선형변환 $T(1,0)=(2,3)$, $T(0,1)=(1,-2)$을 이용하면

$P=-(2,3)=(-2,-3)$, $Q=(2,3)-(1,-2)=(1,5)$,

$R=2(2,3)+3(1,-2)=(7,0)$이므로

삼각형 $\triangle PQR$의 넓이는

$\dfrac{1}{2}\left|\overrightarrow{PQ}\times\overrightarrow{PR}\right|=\left|\dfrac{1}{2}\begin{vmatrix}i&j&k\\3&8&0\\9&3&0\end{vmatrix}\right|=\dfrac{1}{2}|9-72|=\dfrac{63}{2}$

199. $\dfrac{16\pi}{3}$

> **풀이** 구 $x^2 + y^2 + z^2 = 1$ 의 부피는 $\dfrac{4\pi}{3}$ 이고
>
> $\det\begin{pmatrix} 1 & 2 & 3 \\ 0 & 4 & 5 \\ 0 & 0 & 1 \end{pmatrix} = 4$ 이므로 영역 D의 부피는 $\dfrac{16\pi}{3}$ 이다.

200. 9

> **풀이** $\overrightarrow{OP} = (1,\ 0,\ 0)$, $\overrightarrow{OQ} = (0,\ 2,\ 0)$, $\overrightarrow{OR} = (0,\ 0,\ 1)$
>
> 이므로 네 점 O, P, Q, R을 꼭짓점으로 하는 사면체의 부피 V는
>
> $V = \dfrac{1}{6}\left|\ \overrightarrow{OP} \cdot (\overrightarrow{OQ} \times \overrightarrow{OR})\ \right| = \dfrac{1}{6}\begin{vmatrix} 1 & 0 & 0 \\ 0 & 2 & 0 \\ 0 & 0 & 1 \end{vmatrix} = \dfrac{1}{3}$
>
> 따라서 네 점 $f(\mathrm{O})$, $f(\mathrm{P})$, $f(\mathrm{Q})$, $f(\mathrm{R})$을 꼭짓점으로 하는 사면체의 부피 $f(V)$는
>
> $f(V) = \begin{vmatrix} 2 & 1 & 2 \\ -3 & 3 & 0 \\ 0 & 3 & 5 \end{vmatrix} \cdot V = (30 - 18 + 15) \cdot \dfrac{1}{3} = 9$

201. $16\sqrt{6}\,\pi$

> **풀이** $T = \begin{bmatrix} 2 & -1 \\ 2 & 3 \\ 0 & 2 \end{bmatrix}$ 이므로 $\sqrt{|T^T T|} = \sqrt{\begin{vmatrix} 8 & 4 \\ 4 & 14 \end{vmatrix}} = 4\sqrt{6}$
>
> $\therefore S = 4\sqrt{6} \cdot 4\pi = 16\sqrt{6}\,\pi$

202. $\dfrac{5\sqrt{5}}{2}$

> **풀이** $T(1, -1, 2) = (0, 2, 2)$, $T(2, 1, 3) = (3, 9, 8)$,
>
> $T(0, 2, 1) = (2, 5, 6)$ 이다.
>
> $\mathrm{A}(0, 2, 2)$, $\mathrm{B}(3, 9, 8)$, $\mathrm{C}(2, 5, 6)$ 라 할 때
>
> $\overrightarrow{AB} = <3, 7, 6>$, $\overrightarrow{AC} = <2, 3, 4>$ 이므로
>
> $\overrightarrow{AB} \times \overrightarrow{AC} = <10, 0, -5>$ 이다.
>
> 따라서 세 점 $\mathrm{A}, \mathrm{B}, \mathrm{C}$ 를 꼭짓점으로 갖는 삼각형의 넓이는
>
> $\dfrac{1}{2}\|\overrightarrow{AB} \times \overrightarrow{AC}\| = \dfrac{5\sqrt{5}}{2}$ 이다.

1. 회전변환

203. $\left(\dfrac{1}{2}-\sqrt{3},\ \dfrac{\sqrt{3}}{2}+1\right)$

풀이

$$\begin{pmatrix} x' \\ y' \end{pmatrix} = \begin{pmatrix} \cos\dfrac{\pi}{3} & -\sin\dfrac{\pi}{3} \\ \sin\dfrac{\pi}{3} & \cos\dfrac{\pi}{3} \end{pmatrix}\begin{pmatrix} 1 \\ 2 \end{pmatrix}$$

$$= \begin{pmatrix} \dfrac{1}{2} & -\dfrac{\sqrt{3}}{2} \\ \dfrac{\sqrt{3}}{2} & \dfrac{1}{2} \end{pmatrix}\begin{pmatrix} 1 \\ 2 \end{pmatrix} = \begin{pmatrix} \dfrac{1}{2}-\sqrt{3} \\ \dfrac{\sqrt{3}}{2}+1 \end{pmatrix}$$

204. $4\sqrt{2}$

풀이 회전변환을 이용하여 대응되는 좌표를 구하자.

$$\begin{pmatrix} \cos\dfrac{\pi}{4} & -\sin\dfrac{\pi}{4} \\ \sin\dfrac{\pi}{4} & \cos\dfrac{\pi}{4} \end{pmatrix}\begin{pmatrix} 4 \\ 2 \end{pmatrix} = \begin{pmatrix} 4\cos\dfrac{\pi}{4}-2\sin\dfrac{\pi}{4} \\ 4\sin\dfrac{\pi}{4}+2\cos\dfrac{\pi}{4} \end{pmatrix} = \begin{pmatrix} \sqrt{2} \\ 3\sqrt{2} \end{pmatrix}$$

이므로 $a+b=4\sqrt{2}$ 이다.

205. $-\dfrac{3}{16}$

풀이 $A = \begin{pmatrix} \cos\dfrac{\pi}{6} & -\sin\dfrac{\pi}{6} \\ \sin\dfrac{\pi}{6} & \cos\dfrac{\pi}{6} \end{pmatrix}$ 일 때,

$A^6 = \begin{pmatrix} \cos\pi & -\sin\pi \\ \sin\pi & \cos\pi \end{pmatrix} = \begin{pmatrix} -1 & 0 \\ 0 & -1 \end{pmatrix} = -I$ 이므로

$A^{1000} = (A^6)^{166}A^4 = (-I)^{166}A^4 = A^4$

$$= \begin{pmatrix} \cos\dfrac{2}{3}\pi & -\sin\dfrac{2}{3}\pi \\ \sin\dfrac{2}{3}\pi & \cos\dfrac{2}{3}\pi \end{pmatrix} = \begin{pmatrix} -\dfrac{1}{2} & -\dfrac{\sqrt{3}}{2} \\ \dfrac{\sqrt{3}}{2} & -\dfrac{1}{2} \end{pmatrix}$$

이다. 따라서 $abcd = -\dfrac{3}{16}$ 이다.

206. O

풀이 $A = \begin{pmatrix} \cos\dfrac{\pi}{6} & -\sin\dfrac{\pi}{6} \\ \sin\dfrac{\pi}{6} & \cos\dfrac{\pi}{6} \end{pmatrix}$ $A^6 = \begin{pmatrix} \cos\pi & -\sin\pi \\ \sin\pi & \cos\pi \end{pmatrix} = -I$

$\therefore\ I+A+A^2+\cdots+A^5+A^6+A^7+\cdots+A^{11}$
$= I+A+\cdots+A^5-I-A-A^2-\cdots A^5 = O$

207. 풀이 참조

풀이 (a) 회전축 위의 점 또는 벡터 X를 행렬 A에 대해 변환을 시키면 자기 자신이 나온다. 즉, $AX=X$이므로 회전축은 X와 평행하고 원점을 지나는 직선이다. 따라서 행렬 A의 고유치 1에 대응하는 고유벡터가 회전축의 방향벡터이다.

$$\begin{pmatrix} 0 & 0 & 1 \\ 1 & 0 & 0 \\ 0 & 1 & 0 \end{pmatrix}\begin{pmatrix} x \\ y \\ z \end{pmatrix} = \begin{pmatrix} x \\ y \\ z \end{pmatrix} \Leftrightarrow (A-I)X=0$$

$$\Leftrightarrow \begin{pmatrix} -1 & 0 & 1 \\ 1 & -1 & 0 \\ 0 & 1 & -1 \end{pmatrix}\begin{pmatrix} x \\ y \\ z \end{pmatrix} = \begin{pmatrix} 0 \\ 0 \\ 0 \end{pmatrix}$$

$$\Leftrightarrow \begin{pmatrix} -1 & 0 & 1 \\ 1 & -1 & 0 \\ 0 & 1 & -1 \end{pmatrix} \underset{R_1+R_2}{\sim} \begin{pmatrix} -1 & 0 & 1 \\ 0 & -1 & 1 \\ 0 & 1 & -1 \end{pmatrix}$$

$$\underset{R_2+R_3}{\sim} \begin{pmatrix} -1 & 0 & 1 \\ 0 & -1 & 1 \\ 0 & 0 & 0 \end{pmatrix} \underset{-R_2}{\overset{-R_1}{\sim}} \begin{pmatrix} 1 & 0 & -1 \\ 0 & 1 & -1 \\ 0 & 0 & 0 \end{pmatrix}$$

$x=z,\ y=z$이므로 $X = \begin{pmatrix} t \\ t \\ t \end{pmatrix}$,

따라서 회전축은 직선 $\begin{cases} x=t \\ y=t \\ z=t \end{cases}$ 이다.

(b) 회전축은 점 $(1,1,1)$과 원점을 통과하는 직선이고, 직선에 수직이고 원점을 통과하는 평면은 $W: x+y+z=0$이다.

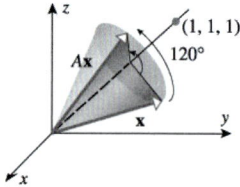

평면 W상의 임의의 한 벡터(점)는 $w = \begin{pmatrix} 1 \\ -1 \\ 0 \end{pmatrix}$에 대하여

$Aw = \begin{pmatrix} 0 & 0 & 1 \\ 1 & 0 & 0 \\ 0 & 1 & 0 \end{pmatrix}\begin{pmatrix} 1 \\ -1 \\ 0 \end{pmatrix} = \begin{pmatrix} 0 \\ 1 \\ -1 \end{pmatrix}$, $w \in W$ 이다. $w \times Aw = \begin{pmatrix} 1 \\ 1 \\ 1 \end{pmatrix}$

이고, 회전각도 θ에 대하여 $\cos\theta = \dfrac{w \cdot Aw}{\|w\|\,\|Aw\|} = -\dfrac{1}{2}$

$\sin\theta = \dfrac{\|w \times Aw\|}{\|w\|\,\|Aw\|} = \dfrac{\sqrt{3}}{2}$ 이므로 사잇각은 $\dfrac{2\pi}{3}$ 이다.

[다른 풀이]

회전변환 $A = \begin{pmatrix} 0 & 0 & 1 \\ 1 & 0 & 0 \\ 0 & 1 & 0 \end{pmatrix}$에 대하여 $AU = U'$와 같이 회전에

의하여 옮겨진 영역이 나온다. 그 U'을 다시 회전하면

$AU' = A^2 U = U''$이 된다. 이와 같은 방법으로 시행하여

$A^n U = U$ ($A^n = I$)가 된다면 회전각은 $\dfrac{2\pi}{n}$이 된다.

주어진 행렬의 경우 $A^3 = I$가 되므로 회전각은 $\dfrac{2\pi}{3}$이다.

[다른 풀이]

회전변환에서 회전각을 구하는 공식은 $\cos\theta = \dfrac{tr(A)-1}{2}$

이다. 이 공식을 이용해서 구하면

$\cos\theta = \dfrac{tr(A)-1}{2} = -\dfrac{1}{2}$이 되므로

사잇각은 $\dfrac{2\pi}{3}$이다.

208. x축

풀이 $A = \begin{pmatrix} 1 & 0 & 0 \\ 0 & 0 & -1 \\ 0 & 1 & 0 \end{pmatrix} = \begin{pmatrix} 1 & 0 & 0 \\ 0 & \cos\frac{\pi}{2} & -\sin\frac{\pi}{2} \\ 0 & \sin\frac{\pi}{2} & \cos\frac{\pi}{2} \end{pmatrix}$이므로 x축의 양의 방향을

중심으로 $\dfrac{\pi}{2}$만큼 회전하는 변환을 나타낸다.

[다른 풀이]

$A = \begin{pmatrix} 1 & 0 & 0 \\ 0 & 0 & -1 \\ 0 & 1 & 0 \end{pmatrix}$의 고유치 1에 대응하는 고유벡터가

회전축이다. 즉, $(A - I)X = O$의 X가 회전축이다.

$A - I = \begin{pmatrix} 0 & 0 & 0 \\ 0 & -1 & -1 \\ 0 & 1 & -1 \end{pmatrix} \sim \begin{pmatrix} 0 & 0 & 0 \\ 0 & 1 & 1 \\ 0 & 0 & 1 \end{pmatrix} \sim \begin{pmatrix} 0 & 1 & 0 \\ 0 & 0 & 1 \\ 0 & 0 & 0 \end{pmatrix}$

$X = \begin{pmatrix} t \\ 0 \\ 0 \end{pmatrix}_{t \in R}$ 이므로 회전축은 x축이다.

209. 12

풀이 법선벡터가 $(1, 1, 1)$인 평면의 방정식 $x + y + z = 1$과 x축, y축,

z축과의 교점은 $(1, 0, 0), (0, 1, 0), (0, 0, 1)$이다.

또한 이 점들을 연결하면 정삼각형이도 세 점의 무게중심

$\left(\dfrac{1}{3}, \dfrac{1}{3}, \dfrac{1}{3} \right)$은 직선 $r(t) = (t, t, t)$과 평면의 교점과 같다.

$T\begin{pmatrix} 1 \\ 0 \\ 0 \end{pmatrix} = \begin{pmatrix} 0 \\ 1 \\ 0 \end{pmatrix}$, $T\begin{pmatrix} 0 \\ 1 \\ 1 \end{pmatrix} = \begin{pmatrix} 0 \\ 0 \\ 1 \end{pmatrix}$, $T\begin{pmatrix} 0 \\ 0 \\ 1 \end{pmatrix} = \begin{pmatrix} 1 \\ 0 \\ 0 \end{pmatrix}$이므로 표준행렬은

$A = \begin{pmatrix} 0 & 0 & 1 \\ 1 & 0 & 0 \\ 0 & 1 & 0 \end{pmatrix}$이다. 따라서 $T\begin{pmatrix} 1 \\ 2 \\ 3 \end{pmatrix} = \begin{pmatrix} 0 & 0 & 1 \\ 1 & 0 & 0 \\ 0 & 1 & 0 \end{pmatrix}\begin{pmatrix} 1 \\ 2 \\ 3 \end{pmatrix} = \begin{pmatrix} 3 \\ 1 \\ 2 \end{pmatrix}$이므로

$a + b + c + abc = 12$

210. 풀이 참조

풀이 z축의 양의방향으로 $\dfrac{\pi}{6}$만큼 시계반대방향으로 회전시키는

행렬을 $A = \begin{pmatrix} \cos\frac{\pi}{6} & -\sin\frac{\pi}{6} & 0 \\ \sin\frac{\pi}{6} & \cos\frac{\pi}{6} & 0 \\ 0 & 0 & 1 \end{pmatrix} = \dfrac{1}{2}\begin{pmatrix} \sqrt{3} & -1 & 0 \\ 1 & \sqrt{3} & 0 \\ 0 & 0 & 2 \end{pmatrix}$

y축의 양의방향으로 $\dfrac{\pi}{3}$만큼 시계반대방향으로 회전시키는

행렬은 $B = \begin{pmatrix} \cos\frac{\pi}{3} & 0 & \sin\frac{\pi}{3} \\ 0 & 1 & 0 \\ -\sin\frac{\pi}{3} & 0 & \cos\frac{\pi}{3} \end{pmatrix} = \dfrac{1}{2}\begin{pmatrix} 1 & 0 & \sqrt{3} \\ 0 & 2 & 0 \\ -\sqrt{3} & 0 & 1 \end{pmatrix}$이다.

회전변환의 표현행렬을 P라고 할 때,

$P = BA = \dfrac{1}{4}\begin{pmatrix} 1 & 0 & \sqrt{3} \\ 0 & 2 & 0 \\ -\sqrt{3} & 0 & 1 \end{pmatrix}\begin{pmatrix} \sqrt{3} & -1 & 0 \\ 1 & \sqrt{3} & 0 \\ 0 & 0 & 2 \end{pmatrix}$

$= \dfrac{1}{4}\begin{pmatrix} \sqrt{3} & -1 & 2\sqrt{3} \\ 2 & 2\sqrt{3} & 0 \\ -3 & \sqrt{3} & 2 \end{pmatrix}$이다.

211. $\begin{pmatrix} \dfrac{1+\sqrt{3}}{2} \\[2mm] \dfrac{\sqrt{3}-1}{2} \end{pmatrix}$

풀이 반사변환의 표준행렬에 $\theta = \pi/6$을 대입하면

$$\begin{pmatrix} \cos\dfrac{\pi}{3} & \sin\dfrac{\pi}{3} \\[2mm] \sin\dfrac{\pi}{3} & -\cos\dfrac{\pi}{3} \end{pmatrix} = \begin{pmatrix} \dfrac{1}{2} & \dfrac{\sqrt{3}}{2} \\[2mm] \dfrac{\sqrt{3}}{2} & -\dfrac{1}{2} \end{pmatrix}$$ 이다.

$$T\begin{pmatrix} 1 \\ 1 \end{pmatrix} = \begin{pmatrix} \dfrac{1}{2} & \dfrac{\sqrt{3}}{2} \\[2mm] \dfrac{\sqrt{3}}{2} & -\dfrac{1}{2} \end{pmatrix}\begin{pmatrix} 1 \\ 1 \end{pmatrix} = \begin{pmatrix} \dfrac{1+\sqrt{3}}{2} \\[2mm] \dfrac{\sqrt{3}-1}{2} \end{pmatrix}$$

212. $\begin{pmatrix} 0 & 1 \\ -1 & 0 \end{pmatrix}$

풀이

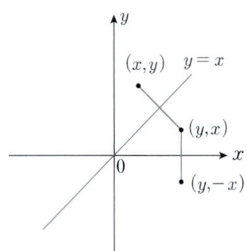

$y = x$에 반사시키는 표현행렬은 $\begin{pmatrix} 0 & 1 \\ 1 & 0 \end{pmatrix}$,

x축에 반사시키는 표현행렬은 $\begin{pmatrix} 1 & 0 \\ 0 & -1 \end{pmatrix}$이므로

$$T\begin{pmatrix} x \\ y \end{pmatrix} = \begin{pmatrix} 1 & 0 \\ 0 & -1 \end{pmatrix}\begin{pmatrix} 0 & 1 \\ 1 & 0 \end{pmatrix}\begin{pmatrix} x \\ y \end{pmatrix} = \begin{pmatrix} 0 & 1 \\ -1 & 0 \end{pmatrix}\begin{pmatrix} x \\ y \end{pmatrix}$$

즉, 구하는 표현행렬은 $\begin{pmatrix} 0 & 1 \\ -1 & 0 \end{pmatrix}$이다.

213. $(-1, -1, 5)$

풀이 평면의 기저는 $\{u = (2, 0, 1), v = (0, 2, 3)\}$이고

법선벡터는 $n = \begin{pmatrix} 1 \\ 3 \\ -2 \end{pmatrix}$이다.

반사변환 T에 의해서 $T(u) = u$, $T(v) = v$, $T(n) = -n$이다.
$T(2, 0, 1) = (2, 0, 1)$, $T(0, 2, 3) = (0, 2, 3)$,
$T(1, 3, -2) = (-1, -3, 2)$,
$T(1, 5, 1) = T(v+n) = (-1, -1, 5)$

214. $5\sqrt{2}$

풀이 반사변환행렬 A는 직교행렬이므로 크기를 보존한다.
따라서 $|T(X)| = |AX| = |X|$이므로

$T\begin{pmatrix} 3 \\ 4 \\ 5 \end{pmatrix}$의 크기는 $\begin{pmatrix} 3 \\ 4 \\ 5 \end{pmatrix}$의 크기 $\sqrt{50} = 5\sqrt{2}$와 같다.

215. 1

풀이 평면의 기저는 $\{u, v\}$이고 법선벡터는 n이다. 반사변환 T에 의해서 $T(u) = u$, $T(v) = v$, $T(n) = -n$이므로 고유치는 $1, 1, -1$이고 반사변환 행렬의 대각원소의 합 $tr(T)$은 고유치의 합 1과 같다.

216. 2

풀이 평면의 기저는 $\{u, v, w\}$이고 법선벡터는 n이다. 반사변환 T에 의해서 $T(u) = u$, $T(v) = v$, $T(w) = w$, $T(n) = -n$이므로 고유치는 $1, 1, 1, -1$이고 반사변환 행렬의 대각원소의 합 $tr(T)$은 고유치의 합 2와 같다.

■ 3. 사영변환

217. 풀이 참조

풀이 직선의 단위방향벡터를 $<\cos\theta,\ \sin\theta>$라 하면

$$P = uu^t = \begin{pmatrix} \cos\theta \\ \sin\theta \end{pmatrix} (\cos\theta \quad \sin\theta)$$

$$= \begin{pmatrix} \cos^2\theta & \sin\theta\cos\theta \\ \sin\theta\cos\theta & \sin^2\theta \end{pmatrix}$$

$proj_u X = PX$의 P를 정사영행렬 즉 사영변환의
표현행렬이라고 한다.

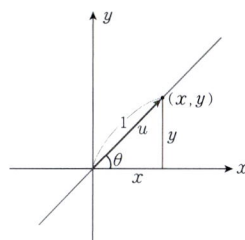

218. 풀이 참조

풀이 $u = \dfrac{1}{|v|}v = \dfrac{1}{\sqrt{14}}\begin{pmatrix} 1 \\ 3 \\ 2 \end{pmatrix}$

$$P = uu^t = \dfrac{1}{\sqrt{14}}\begin{pmatrix} 1 \\ 3 \\ 2 \end{pmatrix}\dfrac{1}{\sqrt{14}}(1 \quad 3 \quad 2) = \dfrac{1}{14}\begin{pmatrix} 1 & 3 & 2 \\ 3 & 9 & 6 \\ 2 & 6 & 4 \end{pmatrix}$$

219. 풀이 참조

풀이 $W = span\{v_1,\ v_2\}$는 R^3의 평면이고
y에 가장 가까운 W의 벡터는 y를 W 위로의 정사영벡터이다.
평면 W의 법선벡터를 n이라 하면 $proj_W y = y - proj_n y$
이다.

이때, $n = v_1 \times v_2 = \begin{vmatrix} i & j & k \\ 2 & 5 & -1 \\ -2 & 1 & 1 \end{vmatrix} = 6<1, 0, 2>$이므로

$W:\ x + 2z = 0$이다.

$proj_n y = \dfrac{y \cdot n}{n \cdot n}n = \dfrac{7}{5}<1, 0, 2>$이므로

$y - proj_n y = <1, 2, 3> - \dfrac{7}{5}<1, 0, 2>$

$$= \dfrac{1}{5}<-2, 10, 1>$$

[다른 풀이]
주어진 벡터 v_1, v_2는 W의 직교기저이므로

$proj_W y = proj_{v_1} y + proj_{v_2} y$

$$= \dfrac{y \cdot v_1}{v_1 \cdot v_1}v_1 + \dfrac{y \cdot v_2}{v_2 \cdot v_2}v_2 = \dfrac{3}{10}v_1 + \dfrac{1}{2}v_2$$

$$= \dfrac{1}{5}<-2, 10, 1>$$

220. $2\sqrt{21}$

풀이 벡터공간 $V = \{c_1 b_1 + c_2 b_2 \,|\, c_1, c_2 \in R\}$는 b_1과 b_2로
만들어지는 평면이다. 이 때, 평면의 법선벡터는

$$\vec{n} = b_1 \times b_2 = \begin{vmatrix} i & j & k \\ 4 & 0 & 1 \\ 0 & 2 & 1 \end{vmatrix} = (-2, 4, 8)\ 이다.$$

따라서 벡터공간 V는 $x - 2y - 4y = 0$ 이다.
즉, 벡터 a와 V의 유클리디안 거리는

평면 $x - 2y - 4y = 0$과 점 a의 거리 $d = \dfrac{42}{\sqrt{21}} = 2\sqrt{21}$ 이다.

221. 1

풀이 $W = span\{v_1,\ v_2\}$, $x = \begin{pmatrix} 1 \\ 1 \\ 1 \\ -1 \end{pmatrix}$이라 하면 $proj_W x = \begin{pmatrix} a_1 \\ a_2 \\ a_3 \\ a_4 \end{pmatrix} = v$

$$M^t M = \begin{pmatrix} 1 & 0 & -1 & -1 \\ 0 & 2 & 1 & 2 \end{pmatrix}\begin{pmatrix} 1 & 0 \\ 0 & 2 \\ -1 & 1 \\ -1 & 2 \end{pmatrix} = \begin{pmatrix} 3 & -3 \\ -3 & 9 \end{pmatrix}$$

$$(M^t M)^{-1} = \dfrac{1}{27-9}\begin{pmatrix} 9 & 3 \\ 3 & 3 \end{pmatrix} = \dfrac{1}{6}\begin{pmatrix} 3 & 1 \\ 1 & 1 \end{pmatrix}$$

$$\therefore proj_W x = M(M^t M)^{-1}M^t x$$

$$= \dfrac{1}{6}M\begin{pmatrix} 3 & 1 \\ 1 & 1 \end{pmatrix}\begin{pmatrix} 1 & 0 & -1 & -1 \\ 0 & 2 & 1 & 2 \end{pmatrix}\begin{pmatrix} 1 \\ 1 \\ 1 \\ -1 \end{pmatrix} = \dfrac{1}{6}M\begin{pmatrix} 3 & 1 \\ 1 & 1 \end{pmatrix}\begin{pmatrix} 1 \\ 1 \end{pmatrix}$$

$$= \dfrac{1}{6}\begin{pmatrix} 1 & 0 \\ 0 & 2 \\ -1 & 1 \\ -1 & 2 \end{pmatrix}\begin{pmatrix} 4 \\ 2 \end{pmatrix} = \dfrac{1}{6}\begin{pmatrix} 4 \\ 4 \\ -2 \\ 0 \end{pmatrix}$$

$$\therefore a_1 + a_2 + a_3 + a_4 = \dfrac{1}{6}(4+4-2) = 1$$

222. 2

풀이 $X = (1, 0, -2, 3)$ 을 벡터공간 $\Pi^\perp$ 에 정사영 시킨 벡터의 크기 $\| proj_{\Pi^\perp} X \|$ 가 벡터 $(1, 0, -2, 3)$ 과 Π 사이의 거리 $\| X - proj_\Pi X \|$ 와 같다. 왜냐하면

$X = proj_\Pi X + proj_{\Pi^\perp} X$

$\Rightarrow \| X - proj_\Pi X \| = \| proj_{\Pi^\perp} X \|$

$\begin{pmatrix} 1 & 0 & 0 & 1 \\ 1 & 1 & 0 & 0 \\ 0 & 0 & 1 & 1 \end{pmatrix} \begin{pmatrix} x \\ y \\ z \\ w \end{pmatrix} = \begin{pmatrix} 0 \\ 0 \\ 0 \\ 0 \end{pmatrix}$ 을 만족하는 $\begin{pmatrix} x \\ y \\ z \\ w \end{pmatrix}$ 가 $\Pi^\perp$ 의 기저이다.

$\begin{pmatrix} 1 & 0 & 0 & 1 \\ 1 & 1 & 0 & 0 \\ 0 & 0 & 1 & 1 \end{pmatrix} \sim \begin{pmatrix} 1 & 0 & 0 & 1 \\ 0 & 1 & 0 & -1 \\ 0 & 0 & 1 & 1 \end{pmatrix}$

$w = t$ 이면 $x = -t, y = t, z = -t$

$\Pi^\perp = \begin{pmatrix} -t \\ t \\ -t \\ t \end{pmatrix} = -t \begin{pmatrix} 1 \\ -1 \\ 1 \\ -1 \end{pmatrix} (t \in R)$

$proj_\Pi X = \dfrac{X \cdot \Pi^\perp}{\Pi^\perp \cdot \Pi^\perp} \Pi^\perp = \dfrac{-4}{4} \Pi^\perp, \ \| proj_{\Pi^\perp} X \| = 2$

223. $\dfrac{9}{4}$

풀이 W의 정규직교기저를 $u_1 = (1, 0, 0, 0)$,

$u_2 = \left(0, 0, \dfrac{1}{\sqrt{2}}, \dfrac{1}{\sqrt{2}} \right)$ 라 할 수 있다.

$proj_w v = proj_{u_1} v + proj_{u_2} v$

$\qquad = (u_1 \cdot v) u_1 + (u_2 \cdot v) u_2 = u_1 + \dfrac{3}{\sqrt{2}} u_2$

$\qquad = \left(1, 0, \dfrac{3}{2}, \dfrac{3}{2} \right)$

그러므로 $ab + cd = \dfrac{9}{4}$ 이다.

[다른 풀이]

w_1 과 w_2 를 열로 받아 만든 행렬을 A 라 할 때,

$A = \begin{pmatrix} 1 & -1 \\ 0 & 0 \\ 0 & \frac{1}{\sqrt{2}} \\ 0 & \frac{1}{\sqrt{2}} \end{pmatrix}, A^T A = \begin{pmatrix} 1 & -1 \\ -1 & 2 \end{pmatrix} A^T b = \begin{pmatrix} 1 \\ -1 + \frac{3}{\sqrt{2}} \end{pmatrix}$

$proj_w v = A(A^T A)^{-1}(A^T b)$

$= \begin{pmatrix} 1 & -1 \\ 0 & 0 \\ 0 & \frac{1}{\sqrt{2}} \\ 0 & \frac{1}{\sqrt{2}} \end{pmatrix} \begin{pmatrix} 2 & 1 \\ 1 & 1 \end{pmatrix} \begin{pmatrix} 1 \\ -1 + \frac{3}{\sqrt{2}} \end{pmatrix}$

$= \begin{pmatrix} 1 & -1 \\ 0 & 0 \\ 0 & \frac{1}{\sqrt{2}} \\ 0 & \frac{1}{\sqrt{2}} \end{pmatrix} \begin{pmatrix} 1 + \frac{3}{\sqrt{2}} \\ \frac{3}{\sqrt{2}} \end{pmatrix} = \begin{pmatrix} 1 \\ 0 \\ \frac{3}{2} \\ \frac{3}{2} \end{pmatrix}$ 이다.

그러므로 $ab + cd = \dfrac{9}{4}$ 이다.

224. $\dfrac{19}{3}$

풀이 R^4의 부분공간

$V = \{ (x_1, x_2, x_3, x_4) \in R^4 \mid x_1 + x_2 - x_4 = 0 \}$의 법선벡터가 $\vec{n} = (1, 1, 0, -1)$인 초평면이다. 벡터 $\vec{b} = (3, -5, 1, 5)$를 정사형 시킨벡터는 평면 $x + y - w = 0$에 수직인 직선 $r(t) = (t + 3, t - 5, 1, -t + 5)$과 평면 $x + y - w = 0$의 교점과 같다.

$t = \dfrac{7}{3}$ 일 때 교점이 발생하고 $r\left(\dfrac{7}{3}\right) = (a, b, c, d)$이다.

$a + b + c + d = t + 4 = \dfrac{7}{3} + 4 = \dfrac{19}{3}$ 이다.

[다른 풀이]

정사영된 벡터를 $Ax = (a, b, c, d)$라고 할 때,

$Ax = b - proj_n b$

$= (3, -5, 1, 5) - \dfrac{(1, 1, 0, -1) \cdot (3, -5, 1, 5)}{(1, 1, 0, -1) \cdot (1, 1, 0, -1)} (1, 1, 0, -1)$

$= (3, -5, 1, 5) - \dfrac{-7}{3} (1, 1, 0, -1)$

$= (3, -5, 1, 5) + \dfrac{7}{3} (1, 1, 0, -1)$

$= \left(\dfrac{16}{3}, -\dfrac{8}{3}, 1, \dfrac{8}{3} \right)$

이므로 $a + b + c + d = \dfrac{19}{3}$ 이다.

225. $3\sqrt{7}$

풀이 A의 열공간 $= A^T$의 행공간이고, A^T의 해공간은 A의 열공간과 수직관계이다.

$A^T = \begin{bmatrix} 1 & 1 & 0 & -1 \\ 2 & 2 & -1 & -1 \\ 0 & 1 & 1 & 0 \end{bmatrix}$ 이고 기본행 연산에 의하여

$\begin{bmatrix} 1 & 1 & 0 & -1 \\ 2 & 2 & -1 & -1 \\ 0 & 1 & 1 & 0 \end{bmatrix} \sim \begin{bmatrix} 1 & 1 & 0 & -1 \\ 0 & 0 & -1 & 1 \\ 0 & 1 & 1 & 0 \end{bmatrix} \sim$

$\begin{bmatrix} 1 & 1 & 0 & -1 \\ 0 & 1 & 1 & 0 \\ 0 & 0 & 1 & -1 \end{bmatrix} \sim \begin{bmatrix} 1 & 0 & 0 & -2 \\ 0 & 1 & 0 & 1 \\ 0 & 0 & 1 & -1 \end{bmatrix}$ 이므로

A^T의 해공간이면서 A의 열공간과 수직한 벡터공간의 기저는

$n = \begin{bmatrix} 2 \\ -1 \\ 1 \\ 1 \end{bmatrix}$ 이다.

A의 열공간은 초평면 $2x - y + z + w = 0$이고 벡터 v와의

거리는 $\dfrac{21}{\sqrt{7}} = 3\sqrt{7}$ 이다.

226. 풀이 참조

풀이 (1) $x - 2y + 3z - 4w = 0$의 해공간에 행공간이 수직이므로

행공간의 기저는 $n = \begin{bmatrix} 1 \\ -2 \\ 3 \\ -4 \end{bmatrix}$ 이므로

$T = I - \dfrac{nn^T}{|n|^2}$

$= \begin{bmatrix} 1 & 0 & 0 & 0 \\ 0 & 1 & 0 & 0 \\ 0 & 0 & 1 & 0 \\ 0 & 0 & 0 & 1 \end{bmatrix} - \dfrac{1}{30} \begin{bmatrix} 1 & -2 & 3 & -4 \\ -2 & 4 & -6 & 8 \\ 3 & -6 & 9 & -12 \\ -4 & 8 & -12 & 16 \end{bmatrix}$ 이다.

따라서 T의 모든 성분의 합은 $\dfrac{56}{15}$ 이다.

(2) 벡터공간 W는 초평면 $x - 2y + 3z - 4w = 0$이다.

벡터 X에서 W까지의 거리는 $\dfrac{17}{\sqrt{30}}$ 이다.

227. $\dfrac{\sqrt{6}}{3}$

풀이 벡터 $v = <1, a, b>$가 L의 핵공간 $\ker(L)$에 속하므로
$L(V) = L(1, a, b) = (2 - a, 1 + a + b) = (0, 0)$을 만족한다.
따라서 $a = 2, b = -3$이다.
또한 $proj_w v = \dfrac{w \cdot v}{w \cdot w} w = \dfrac{1}{3}(1, 2, 1)$이므로

$|proj_w v| = \dfrac{\sqrt{6}}{3}$ 이다.

228. ①

풀이 $\operatorname{Ker} T = \{x \in R^4 \mid T(x) = Ax = 0\}$ 이고

$A \sim \begin{pmatrix} 1 & 0 & 0 & -2 \\ 0 & 1 & -2 & 0 \\ 0 & 1 & -2 & 0 \\ 0 & 1 & -2 & 0 \end{pmatrix} \sim \begin{pmatrix} 1 & 0 & 0 & -2 \\ 0 & 1 & -2 & 0 \\ 0 & 0 & 0 & 0 \\ 0 & 0 & 0 & 0 \end{pmatrix}$

따라서 $\begin{pmatrix} 1 & 0 & 0 & -2 \\ 0 & 1 & -2 & 0 \\ 0 & 0 & 0 & 0 \\ 0 & 0 & 0 & 0 \end{pmatrix}\begin{pmatrix} x \\ y \\ z \\ w \end{pmatrix} = \begin{pmatrix} 0 \\ 0 \\ 0 \\ 0 \end{pmatrix}$ 에서

$z = t, w = s$라 하면 $x = 2w = 2s, y = 2z = 2t$이므로

$\ker T = \left\{ \begin{pmatrix} 2s \\ 2t \\ t \\ s \end{pmatrix} \middle| s, t \in R \right\} = span \left\{ \begin{pmatrix} 2 \\ 0 \\ 0 \\ 1 \end{pmatrix}, \begin{pmatrix} 0 \\ 2 \\ 1 \\ 0 \end{pmatrix} \right\}$

따라서 $M^t M = \begin{pmatrix} 2 & 0 & 0 & 1 \\ 0 & 2 & 1 & 0 \end{pmatrix} \begin{pmatrix} 2 & 0 \\ 0 & 2 \\ 0 & 1 \\ 1 & 0 \end{pmatrix} = \begin{pmatrix} 5 & 0 \\ 0 & 5 \end{pmatrix} = 5I$ 이고

$proj_{\ker T} u = Pu$에서 $P = M(M^t M)^{-1} M^T$

$Pu = \dfrac{1}{5} MM^t u = \dfrac{1}{5} M \begin{pmatrix} 2 & 0 & 0 & 1 \\ 0 & 2 & 1 & 0 \end{pmatrix} \begin{pmatrix} 10 \\ 30 \\ 30 \\ 10 \end{pmatrix} = \dfrac{1}{5} M \begin{pmatrix} 2 & 0 & 0 & 1 \\ 0 & 2 & 1 & 0 \end{pmatrix} \cdot 10 \begin{pmatrix} 1 \\ 3 \\ 3 \\ 1 \end{pmatrix}$

$= 2M \begin{pmatrix} 3 \\ 9 \end{pmatrix} = 6 \begin{pmatrix} 2 & 0 \\ 0 & 2 \\ 0 & 1 \\ 1 & 0 \end{pmatrix} \begin{pmatrix} 1 \\ 3 \end{pmatrix} = 6 \begin{pmatrix} 2 \\ 6 \\ 3 \\ 1 \end{pmatrix} = \begin{pmatrix} 12 \\ 36 \\ 18 \\ 6 \end{pmatrix}$

229. 4

풀이 벡터공간 W의 기저 $w_1 = \begin{pmatrix} 1 \\ 1 \\ 1 \\ 1 \end{pmatrix}$ $w_2 = \begin{pmatrix} 2 \\ -1 \\ -3 \\ 7 \end{pmatrix}$을 W에

정사영시키면 $T(v_1) = Pv_1 = v_1,\ T(v_2) = Pv_2 = v_2$가
성립한다. 즉, W의 기저는 사영변환행렬 P의 고윳값 1에
대응하는 고유벡터이다. 따라서 사영변환행렬의 모든 성분의 합은

$P \begin{pmatrix} 1 \\ 1 \\ 1 \\ 1 \end{pmatrix} = \begin{pmatrix} 1 \\ 1 \\ 1 \\ 1 \end{pmatrix}$ 이므로 4이다.

[다른 풀이]

W의 기저를 열벡터로 받은 행렬을 $M = \begin{pmatrix} 1 & 2 \\ 1 & -1 \\ 1 & -3 \\ 1 & 7 \end{pmatrix}$ 이라고 하면

사영변환행렬 $P = M(M^T M)^{-1} M^T$를 계산해서 행렬의 모든
성분을 구할 수도 있다.

230.

0

> 평면에 정사영 변환행렬의 고유치는 1,1,0이므로 사영행렬 A의
> 행렬식은 0이다. $\therefore \det A = 0 \Rightarrow \det A^2 = 0$

231.

3개

> (가) 사영행렬 P의 행렬식은 0이다. 따라서 정칙행렬이 아니다.
> (나) $rank A = rank P = tr P = 3$이다.
> (다) $nullity A = rank Q = 2$이다.
> (라) A의 행공간의 직교여공간은 A의 해공간이다.
> Px는 행공간의 벡터이고, Qx는 해공간의 벡터이므로
> 서로 직교한다. 따라서 $Px \cdot Qx = 0$이다.

232.

(1) $\dfrac{154}{15}$ (2) 2

> (1) 주어진 행렬을 표준기저에 대한 좌표벡터로 변환시켜서
> 풀이하자.
>
> $$[W]_E = \left\{ w_1 = \begin{pmatrix} 1 \\ -1 \\ 0 \\ 0 \end{pmatrix}, \ w_2 = \begin{pmatrix} 1 \\ 1 \\ 2 \\ 3 \end{pmatrix} \right\}$$ 는 직교기저이다.
>
> 벡터 $[C]_E = \begin{pmatrix} 4 \\ 5 \\ 2 \\ 3 \end{pmatrix}$ 를 $[W]_E$에 정사영시키면
>
> $$[T(C)]_E = proj_{w_1}[C] + proj_{w_2}[C]$$
> $$= \frac{w_1 \cdot [C]_E}{w_1 \cdot w_1} w_1 + \frac{w_2 \cdot [C]_E}{w_2 \cdot w_2} w_2 = \frac{-1}{2} w_1 + \frac{22}{15} w_2$$
> $$= \begin{pmatrix} \alpha \\ \beta \\ \gamma \\ \delta \end{pmatrix}$$
>
> $$\alpha + \beta + \gamma + \delta = \frac{1}{2}(0) + \frac{22}{15}(7) = \frac{154}{15}$$
>
> (2) 사영변환행렬 P의 대각원소의 합 $tr(P) = \dim(W) = 2$이고,
> $\det(P) = 0$이다.
> 따라서 $p_{11} + p_{22} + p_{33} + p_{44} + \det(P) = 2$이다.

233.

②

> $\{1, \ 2x-1\}$에 의해서 생성된 부분공간을 W라 하면 W로부터
> x^2에 가장 근사한 최소제곱해는 $proj_W x$를 의미한다.
> 따라서 1과 $2x-1$은 서로 직교기저이므로
> $$proj_W x = proj_1 x^2 + proj_{2x-1} x^2$$

$$= \frac{\langle x^2, 1 \rangle}{\langle 1, 1 \rangle} 1 + \frac{\langle x^2, 2x-1 \rangle}{\langle 2x-1, 2x-1 \rangle}(2x-1)$$ 이다.

$$\langle 1, 1 \rangle = \int_0^1 1 dx = 1, \ \langle x^2, 1 \rangle = \int_0^1 x^2 dx = \frac{1}{3},$$

$$\langle x^2, 2x-1 \rangle = \int_0^1 2x^3 - x^2 dx = \frac{1}{6},$$

$$\langle 2x-1, 2x-1 \rangle = \int_0^1 4x^2 - 4x + 1 dx = \frac{1}{3}$$ 이므로

$$\frac{\langle x^2, 1 \rangle}{\langle 1, 1 \rangle} 1 + \frac{\langle x^2, 2x-1 \rangle}{\langle 2x-1, 2x-1 \rangle}(2x-1)$$
$$= \frac{1}{3} + \frac{1}{2}(2x-1) = x - \frac{1}{6}$$ 이다.

234.

①

> $W = \{v_1, v_2\}$은 기저이고, 그람–슈미트 직교화 과정을 통해서
> 직교기저 $W = \{u_1, u_2\}$ 를 찾자. $v_1 = 1, v_2 = x^2$이므로
>
> $$u_1 = v_1 = 1, \ u_2 = v_2 - proj_{u_1} v_2 = x^2 - \frac{1}{3}$$
>
> $$\left(\because proj_{u_1} v_2 = \frac{\langle u_1, v_2 \rangle}{\langle u_1, u_1 \rangle} u_1 = \frac{\int_0^1 x^2 dx}{\int_0^1 1 dx} \cdot 1 = \frac{1}{3} \right)$$
>
> (1) $proj_{u_1} x = \dfrac{\langle u_1, x \rangle}{\langle u_1, u_1 \rangle} u_1 = \dfrac{\int_0^1 x dx}{\int_0^1 1 dx} \cdot 1 = \dfrac{1}{2}$
>
> (2) $proj_{u_2} x = \dfrac{\langle u_2, x \rangle}{\langle u_2, u_2 \rangle} u_2 = \dfrac{\int_0^1 x\left(x^2 - \frac{1}{3}\right) dx}{\int_0^1 \left(x^2 - \frac{1}{3}\right)^2 dx} \cdot u_2$
>
> $$= \frac{\frac{1}{12}}{\frac{4}{45}} \left(x^2 - \frac{1}{3} \right) = \frac{15}{16} x^2 - \frac{5}{16}$$
>
> $\|w - x\|$의 값이 최소가 되는 W의 원소는
>
> $$proj_W x = proj_{u_1} x + proj_{u_2} x = \frac{1}{2} + \frac{15}{16} x^2 - \frac{5}{16}$$
> $$= \frac{3}{16} + \frac{15}{16} x^2 = \frac{3}{16} v_1 + \frac{15}{16} v_2$$
>
> 이므로 $a + b = \dfrac{18}{16} = \dfrac{9}{8}$

■ 4. 이차형식

235. 풀이 참조

풀이

(1) $(x\ y)\begin{pmatrix} 3 & 3 \\ 3 & 5 \end{pmatrix}\begin{pmatrix} x \\ y \end{pmatrix}$

[참고]

만약 A가 대칭행렬이 아니라면

$(x\ y)\begin{pmatrix} 3 & 4 \\ 2 & 5 \end{pmatrix}\begin{pmatrix} x \\ y \end{pmatrix} = 3x^2 + 6xy + 5y^2$ 꼴로 나타낼 수 있다.

이때 $\begin{pmatrix} 3 & a \\ b & 5 \end{pmatrix}$에서 $a+b=6$이어야 한다.

(2) $(x\ y\ z)\begin{pmatrix} 1 & 3 & \frac{5}{2} \\ 3 & 7 & 2 \\ \frac{5}{2} & 2 & 5 \end{pmatrix}\begin{pmatrix} x \\ y \\ z \end{pmatrix}$

236. -3

풀이 $x^2+y^2+z^2+xy+yz = (x\ y\ z)\begin{pmatrix} 1 & a_{12} & a_{13} \\ a_{21} & 1 & a_{23} \\ a_{31} & a_{32} & 1 \end{pmatrix}\begin{pmatrix} x \\ y \\ z \end{pmatrix}$ 조건에서

$a_{11}+a_{12}+a_{13}=5$이므로 $a_{12}+a_{13}=4$이고

$\begin{cases} a_{12}+a_{21}=1 \\ a_{13}+a_{31}=0 \\ a_{23}+a_{32}=1 \end{cases}$에서 $a_{12}+a_{13}+a_{21}+a_{31}=1$

$\Rightarrow 4+a_{21}+a_{31}=1$ $\qquad \therefore a_{21}+a_{31}=-3$

237. ②

풀이 $2x^2+2xy+2y^2 = (x\ y)\begin{pmatrix} 2 & 1 \\ 1 & 2 \end{pmatrix}\begin{pmatrix} x \\ y \end{pmatrix}$ 이고 이때. $\begin{pmatrix} 2 & 1 \\ 1 & 2 \end{pmatrix}$의

고윳값은 $1, 3$ 이므로 대칭행렬 $\begin{pmatrix} 3 & 0 \\ 0 & 1 \end{pmatrix}$ 과 직교닮음이다.

따라서 주어진 곡선과 합동인 그래프를 갖는 이차방정식은 $3x^2+y^2=6$ 이다.

[다른 풀이]

$tr(A)=4$이므로 $ax^2+by^2=6$에서 $a+b=4$를 만족하는 식을 찾는 방법도 있다.

238. -5

풀이 이차형식으로 나타내면

$(x\ y\ z)\begin{pmatrix} 2 & 0 & 0 \\ 0 & 4 & 3 \\ 0 & 3 & -4 \end{pmatrix}\begin{pmatrix} x \\ y \\ z \end{pmatrix} = (X\ Y\ Z)\begin{pmatrix} \lambda_1 & 0 & 0 \\ 0 & \lambda_2 & 0 \\ 0 & 0 & \lambda_3 \end{pmatrix}\begin{pmatrix} X \\ Y \\ Z \end{pmatrix}$

$|A-\lambda I| = \begin{vmatrix} 2-\lambda & 0 & 0 \\ 0 & 4-\lambda & 3 \\ 0 & 3 & -4-\lambda \end{vmatrix} = (2-\lambda)(\lambda^2-16-9)$

$= (2-\lambda)(\lambda-5)(\lambda+5) = 0$이므로

$\lambda=2,\ 5,\ -5$이고 $a,\ b,\ c$ 중 가장 작은 값은 -5이다.

239. ①

풀이 $2xy+2xz = (x\ y\ z)\begin{pmatrix} 0 & 1 & 1 \\ 1 & 0 & 0 \\ 1 & 0 & 0 \end{pmatrix}\begin{pmatrix} x \\ y \\ z \end{pmatrix}$

$|A-\lambda I| = \begin{vmatrix} -\lambda & 1 & 1 \\ 1 & -\lambda & 0 \\ 1 & 0 & -\lambda \end{vmatrix} = \begin{vmatrix} 1 & 1 \\ -\lambda & 0 \end{vmatrix} - \lambda\begin{vmatrix} -\lambda & 1 \\ 1 & -\lambda \end{vmatrix}$

$= \lambda-\lambda(\lambda^2-1) = -\lambda^3+2\lambda = -\lambda(\lambda^2-2) = 0$

$\therefore \lambda = -\sqrt{2},\ 0,\ \sqrt{2}$

$\therefore (t_1\ t_2\ t_3)\begin{pmatrix} 0 & 0 & 0 \\ 0 & \sqrt{2} & 0 \\ 0 & 0 & -\sqrt{2} \end{pmatrix}\begin{pmatrix} t_1 \\ t_2 \\ t_3 \end{pmatrix} = \sqrt{2}\,t_2^{\ 2} - \sqrt{2}\,t_3^{\ 2}$

240. 6

풀이 $(x\ y)\begin{pmatrix} 5 & -2 \\ -2 & 8 \end{pmatrix}\begin{pmatrix} x \\ y \end{pmatrix} = 36 \Leftrightarrow X^TAX=36$

$|A-\lambda I| = \begin{vmatrix} 5-\lambda & -2 \\ -2 & 8-\lambda \end{vmatrix} = \lambda^2-13\lambda+40-4$

$= \lambda^2-13\lambda+36 = (\lambda-4)(\lambda-9)=0$

$\therefore \lambda = 4,\ 9$

$X=PY$로 치환하면

$X^TAX = Y^TP^TAPY = Y^T$

$= Y^T\begin{pmatrix} 4 & 0 \\ 0 & 9 \end{pmatrix}Y = 4y_1^2 + 9y_2^{\ 2} = 36$

$\therefore \dfrac{y_1^{\ 2}}{9} + \dfrac{y_2^{\ 2}}{4} = 1$

따라서 장축의 길이는 $2\cdot 3 = 6$이다.

241. $4\sqrt{2}$

풀이 $A = \begin{pmatrix} 34 & -12 \\ -12 & 41 \end{pmatrix}, B = (-40 \;\; -30), X = \begin{pmatrix} x \\ y \end{pmatrix}$라 하면,

이차다항식 $34x^2 - 24xy + 41y^2 - 40x - 30y - 25 = 0$

$\Rightarrow (x \;\; y)\begin{pmatrix} 34 & -12 \\ -12 & 41 \end{pmatrix}\begin{pmatrix} x \\ y \end{pmatrix} + (-40 \;\; -30)\begin{pmatrix} x \\ y \end{pmatrix} - 25 = 0$

$\Rightarrow X^t A X + BX - 25 = 0$

주축정리의 회전이동을 이용하여 교차항을 소거하자.

$|A - \lambda I| = \begin{vmatrix} 34 - \lambda & -12 \\ -12 & 41 - \lambda \end{vmatrix} = \lambda^2 - 75\lambda + 1250$

$\qquad\qquad = (\lambda - 25)(\lambda - 50) = 0$

이므로 $\lambda_1 = 25, \lambda_2 = 50$이고

대응하는 고유벡터 $v_1 = \frac{1}{5}\begin{pmatrix} 4 \\ 3 \end{pmatrix}, v_2 = \frac{1}{5}\begin{pmatrix} -3 \\ 4 \end{pmatrix}$이므로

$P = \frac{1}{5}\begin{pmatrix} 4 & -3 \\ 3 & 4 \end{pmatrix}$이다.

$Y = \begin{pmatrix} u \\ v \end{pmatrix}$라고 할 때, $X = PY, X^t = Y^t P^t$이므로

$X^t A X + BX - 25 = 0$

$\Rightarrow Y^t P^t A P Y + B P Y - 25 = 0$ 직교대각화에 의해서

$\Rightarrow Y^t D Y + B P Y - 25 = 0$

$\Rightarrow Y^t \begin{pmatrix} 25 & 0 \\ 0 & 50 \end{pmatrix} Y + (-50 \;\; 0)Y - 25 = 0$

$\Rightarrow 25u^2 + 50v^2 - 50u = 25$

$\Rightarrow u^2 + 2v^2 - 2u = 1$

$\Rightarrow (u-1)^2 + 2v^2 = 2$

$\Rightarrow \frac{(u-1)^2}{2} + v^2 = 1$이므로 장축은 $2\sqrt{2}$, 단축은 2이므로

장축과 단축의 곱은 $4\sqrt{2}$이다.

242. $\frac{9}{4}$

풀이 $5x^2 - 4xy + 8y^2 = (x \;\; y)\begin{pmatrix} 5 & -2 \\ -2 & 8 \end{pmatrix}\begin{pmatrix} x \\ y \end{pmatrix}$이고

$\begin{vmatrix} 5 - \lambda & -2 \\ -2 & 8 - \lambda \end{vmatrix} = \lambda^2 - 13\lambda + 36 = (\lambda - 9)(\lambda - 4)$이므로

$\lambda = 9, \lambda = 4$이다.

(i) $\lambda = 9$일 때, $\begin{pmatrix} -4 & -2 \\ -2 & -1 \end{pmatrix}\begin{pmatrix} x \\ y \end{pmatrix} = \begin{pmatrix} 0 \\ 0 \end{pmatrix} \Leftrightarrow 2x + y = 0$이므로

고유벡터는 $\frac{1}{\sqrt{5}}\begin{pmatrix} 1 \\ -2 \end{pmatrix}$이다.

(ii) $\lambda = 4$일 때, $\begin{pmatrix} 1 & -2 \\ -2 & 4 \end{pmatrix}\begin{pmatrix} x \\ y \end{pmatrix} = \begin{pmatrix} 0 \\ 0 \end{pmatrix} \Leftrightarrow x - 2y = 0$이므로

고유벡터는 $\frac{1}{\sqrt{5}}\begin{pmatrix} 2 \\ 1 \end{pmatrix}$이다.

따라서 주축정리에 의하여 $5x^2 - 4xy + 8y^2 \Rightarrow 9u^2 + 4v^2$이다.

$(8\sqrt{5} \;\; -4\sqrt{5})\begin{pmatrix} x \\ y \end{pmatrix} = (8\sqrt{5} \;\; -4\sqrt{5})\frac{1}{\sqrt{5}}\begin{pmatrix} 1 & 2 \\ -2 & 1 \end{pmatrix}\begin{pmatrix} u \\ v \end{pmatrix}$

$\qquad\qquad = (8 \;\; -4)\begin{pmatrix} 1 & 2 \\ -2 & 1 \end{pmatrix}\begin{pmatrix} u \\ v \end{pmatrix}$

$\qquad\qquad = (16 \;\; 12)\begin{pmatrix} u \\ v \end{pmatrix} = 16u + 12v$

이므로 $8\sqrt{5}\,x - 4\sqrt{5}\,y \Rightarrow 16u + 12v$이다.

그러므로 주축정리에 의하여

$5x^2 - 4xy + 8y^2 + 8\sqrt{5}\,x - 4\sqrt{5}\,y + 4 = 0$

$\Rightarrow 9u^2 + 4v^2 + 16u + 12v + 4 = 0$

$\Leftrightarrow 9\left(u^2 + \frac{16}{9}u + \left(\frac{8}{9}\right)^2\right) + 4\left(v^2 + 3v + \left(\frac{3}{2}\right)^2\right) = \frac{64}{9} + 9 - 4$

$\Leftrightarrow 9\left(u + \frac{8}{9}\right)^2 + 4\left(v + \frac{3}{2}\right)^2 = \frac{109}{9}$

$\Leftrightarrow 81\left(u + \frac{8}{9}\right)^2 + 36\left(v + \frac{3}{2}\right)^2 = 109$

$\Leftrightarrow \dfrac{\left(u + \frac{8}{9}\right)^2}{\frac{109}{81}} + \dfrac{\left(v + \frac{3}{2}\right)^2}{\frac{109}{36}} = 1$

$\Leftrightarrow \dfrac{B}{A} = \dfrac{\frac{109}{36}}{\frac{109}{81}} = \frac{81}{36} = \frac{9}{4}$이다.

243. $\frac{\pi}{4}$

풀이 $5x^2 + 4xy + 5y^2 = 9 \;\Leftrightarrow\; X^T A X = 9$이고

$A = \begin{pmatrix} 5 & 2 \\ 2 & 5 \end{pmatrix}$의 고유값 $\lambda = 3, 7$이다.

$\lambda = 3$일 때, 고유벡터 $X = \alpha\begin{pmatrix} 1 \\ -1 \end{pmatrix} \; (\alpha \neq 0)$

$\lambda = 7$일 때, 고유벡터 $X = \beta\begin{pmatrix} 1 \\ 1 \end{pmatrix} \; (\beta \neq 0)$

따라서 $P = \begin{pmatrix} \frac{1}{\sqrt{2}} & -\frac{1}{\sqrt{2}} \\ \frac{1}{\sqrt{2}} & \frac{1}{\sqrt{2}} \end{pmatrix}$는 A를 직교대각화하고 회전변환을

나타낸다. $X = PY$일 때, $X^T A X = 7u^2 + 3v^2 = 9$가 성립한다.

따라서 $7u^2 + 3v^2 = 9$가 회전변환 $T(Y) = PY = X$에 의해서

$5x^2 + 4xy + 5y^2 = 9$이 성립한다고 해석할 수 있다.

따라서 회전각은 $\frac{\pi}{4}$이다.

244. $-\dfrac{\pi}{4}$

풀이 $5x^2 + 4xy + 5y^2 = 9 \Leftrightarrow X^TAX = 9$이고

$A = \begin{pmatrix} 5 & 2 \\ 2 & 5 \end{pmatrix}$의 고유값 $\lambda = 3, 7$이다.

$\lambda = 3$일 때, 고유벡터 $X = \alpha\begin{pmatrix} 1 \\ -1 \end{pmatrix}$ $(\alpha \neq 0)$

$\lambda = 7$일 때, 고유벡터 $X = \beta\begin{pmatrix} 1 \\ 1 \end{pmatrix}$ $(\beta \neq 0)$

따라서 $Q = \begin{pmatrix} \dfrac{1}{\sqrt{2}} & \dfrac{1}{\sqrt{2}} \\ -\dfrac{1}{\sqrt{2}} & \dfrac{1}{\sqrt{2}} \end{pmatrix}$는 A를 직교대각화하고 회전변환을

나타낸다. $X = PY$일 때, $X^TAX = 3u^2 + 7v^2 = 9$가 성립한다.

따라서 $3u^2 + 7v^2 = 9$가 회전변환 $T(Y) = QY = X$에 의해서

$5x^2 + 4xy + 5y^2 = 9$이 성립한다고 해석할 수 있다.

따라서 회전각은 $-\dfrac{\pi}{4}$이다.

245. $-\dfrac{1}{2}$

풀이 (1) $2x^2 + 4xy - y^2 = 1 \Rightarrow (x \quad y)\begin{pmatrix} 2 & 2 \\ 2 & -1 \end{pmatrix}\begin{pmatrix} x \\ y \end{pmatrix} = X^TAX$

$|A - \lambda I| = \begin{vmatrix} 2-\lambda & 2 \\ 2 & -1-\lambda \end{vmatrix} = \lambda^2 - \lambda - 2 - 4$

$\quad = (\lambda - 3)(\lambda + 2) = 0$

$\therefore \lambda = -2, 3$

(i) $\lambda = 3$일 때, $\begin{pmatrix} -1 & 2 \\ 2 & -4 \end{pmatrix}\begin{pmatrix} x \\ y \end{pmatrix} = \begin{pmatrix} 0 \\ 0 \end{pmatrix} \Rightarrow v_1 = t\begin{pmatrix} 2 \\ 1 \end{pmatrix}$

(ii) $\lambda = -2$일 때, $\begin{pmatrix} 4 & 2 \\ 2 & 1 \end{pmatrix}\begin{pmatrix} x \\ y \end{pmatrix} = \begin{pmatrix} 0 \\ 0 \end{pmatrix} \Rightarrow v_2 = t\begin{pmatrix} -1 \\ 2 \end{pmatrix}$

따라서 두 고유공간의 정규직교기저로 나타낸 행렬

$P = \begin{pmatrix} \dfrac{2}{\sqrt{5}} & \dfrac{-1}{\sqrt{5}} \\ \dfrac{1}{\sqrt{5}} & \dfrac{2}{\sqrt{5}} \end{pmatrix}$를 $X = PY$로 변수변환하면

$X^TAX = Y^TP^TAPY = Y^TDY$

$\quad = (u \quad v)\begin{pmatrix} 3 & 0 \\ 0 & -2 \end{pmatrix}\begin{pmatrix} u \\ v \end{pmatrix} \Rightarrow 3u^2 - 2v^2 = 1$

회전변환 $T(Y) = PY = X$에 의해서

$3u^2 - 2v^2 = 1$을 $\theta = \cos^{-1}\left(\dfrac{2}{\sqrt{5}}\right) = \sin^{-1}\left(\dfrac{1}{\sqrt{5}}\right)$만큼

회전하면 $2x^2 + 4xy - y^2 = 1$이 된다. 역변환을 생각하면

$2x^2 + 4xy - y^2 = 1$을 $\alpha = -\theta$만큼 회전하면 $3u^2 - 2v^2 = 1$

이 된다. 따라서 $\tan\alpha = \tan(-\theta) = -\dfrac{1}{2}$이다.

246. 2

풀이 (1) $2x^2 + 4xy - y^2 = 1 \Rightarrow (x \quad y)\begin{pmatrix} 2 & 2 \\ 2 & -1 \end{pmatrix}\begin{pmatrix} x \\ y \end{pmatrix} = X^TAX$

$|A - \lambda I| = \begin{vmatrix} 2-\lambda & 2 \\ 2 & -1-\lambda \end{vmatrix} = \lambda^2 - \lambda - 2 - 4$

$\quad = (\lambda - 3)(\lambda + 2) = 0$

$\therefore \lambda = -2, 3$

(i) $\lambda = 3$일 때, $\begin{pmatrix} -1 & 2 \\ 2 & -4 \end{pmatrix}\begin{pmatrix} x \\ y \end{pmatrix} = \begin{pmatrix} 0 \\ 0 \end{pmatrix} \Rightarrow v_1 = t\begin{pmatrix} 2 \\ 1 \end{pmatrix}$

(ii) $\lambda = -2$일 때, $\begin{pmatrix} 4 & 2 \\ 2 & 1 \end{pmatrix}\begin{pmatrix} x \\ y \end{pmatrix} = \begin{pmatrix} 0 \\ 0 \end{pmatrix} \Rightarrow v_2 = t\begin{pmatrix} -1 \\ 2 \end{pmatrix}$

따라서 두 고유공간의 정규직교기저로 나타낸 행렬

$Q = \begin{pmatrix} \dfrac{1}{\sqrt{5}} & \dfrac{2}{\sqrt{5}} \\ \dfrac{-2}{\sqrt{5}} & \dfrac{1}{\sqrt{5}} \end{pmatrix}$를 $X = QY$로 변수변환하면

$X^TAX = Y^TQ^TAQY = Y^TDY$

$\quad = (u \quad v)\begin{pmatrix} -2 & 0 \\ 0 & 3 \end{pmatrix}\begin{pmatrix} u \\ v \end{pmatrix} \Rightarrow -2u^2 + 3v^2 = 1$

회전변환 $T(Y) = QY = X$에 의해서

$-2u^2 + 3v^2 = 1$을 $\theta = \sin^{-1}\left(\dfrac{-2}{\sqrt{5}}\right)$만큼 회전하면

$2x^2 + 4xy - y^2 = 1$이 된다. 역변환을 생각하면

$2x^2 + 4xy - y^2 = 1$을 $\alpha = -\theta = \sin^{-1}\left(\dfrac{2}{\sqrt{5}}\right)$만큼

회전하면 $-2u^2 + 3v^2 = 1$이 된다. $\therefore \tan\alpha = \tan(-\theta) = 2$

247. ④

풀이 ① $|1| = 1$, $\begin{vmatrix} 1 & 2 \\ 2 & 1 \end{vmatrix} = -3 < 0$

② $|2| = 2$, $\begin{vmatrix} 2 & 1 \\ 1 & 1 \end{vmatrix} = 1 > 0$,

$\begin{vmatrix} 2 & 1 & 1 \\ 1 & 1 & 2 \\ 1 & 2 & 1 \end{vmatrix} = \begin{vmatrix} 2 & 1 & 1 \\ -1 & 0 & 1 \\ -3 & 0 & -1 \end{vmatrix} = -\begin{vmatrix} -1 & 1 \\ -3 & -1 \end{vmatrix} = -4 < 0$

③ $|2| = 2$, $\begin{vmatrix} 2 & 0 \\ 0 & 1 \end{vmatrix} = 2 > 0$,

$\begin{vmatrix} 2 & 0 & 1 \\ 0 & 1 & 2 \\ 1 & 2 & 1 \end{vmatrix} = \begin{vmatrix} 0 & -4 & -1 \\ 0 & 1 & 2 \\ 1 & 2 & 1 \end{vmatrix} = \begin{vmatrix} -4 & -1 \\ 1 & 2 \end{vmatrix} = -8 + 1 = -7 < 0$

④ $|2| = 2$, $\begin{vmatrix} 2 & 0 \\ 0 & 1 \end{vmatrix} = 2 > 0$,

$\begin{vmatrix} 2 & 0 & 1 \\ 0 & 1 & 1 \\ 1 & 1 & 2 \end{vmatrix} = \begin{vmatrix} 0 & -2 & -3 \\ 0 & 1 & 1 \\ 1 & 1 & 2 \end{vmatrix} = \begin{vmatrix} -2 & -3 \\ 1 & 1 \end{vmatrix} = -2 + 3 = 1 > 0$

248. ②

풀이 모든 고유치가 양수가 되려면 주어진 행렬은 양정치행렬이어야 한다. 즉, 행렬 A는 모든 부분행렬식의 값이 양수가 되어야 한다.

부분행렬식 $\begin{vmatrix} 1 & 2 \\ 2 & k \end{vmatrix} = k - 4 > 0$ 이므로

$k > 4$를 만족해야 하고 $\begin{vmatrix} 1 & 2 & -1 \\ 2 & k & 0 \\ -1 & 0 & 2 \end{vmatrix} = k - 8 > 0$이다.

$k > 8$을 만족해야 하므로 동시에 만족하는 k의 범위는 $k > 8$이다.

249. 3

풀이 $V = \begin{pmatrix} x \\ y \end{pmatrix}$, $\|V\| = \sqrt{x^2 + y^2} = 1$,

$V^T A V = (x \quad y) \begin{pmatrix} 1 & 2 \\ 2 & 1 \end{pmatrix} \begin{pmatrix} x \\ y \end{pmatrix}$

$|A - \lambda I| = \begin{vmatrix} 1-\lambda & 2 \\ 2 & 1-\lambda \end{vmatrix} = \lambda^2 - 2\lambda - 3 = (\lambda - 3)(\lambda + 1) = 0$

$\therefore \lambda = -1, 3$

250. 6

풀이 행렬 $A = \begin{pmatrix} 3 & 1 \\ 1 & 3 \end{pmatrix}$이라 할 때,

$\begin{vmatrix} 3-\lambda & 1 \\ 1 & 3-\lambda \end{vmatrix} = \lambda^2 - 6\lambda + 8 = (\lambda - 2)(\lambda - 4)$이므로

A의 고유치는 2와 4이다. 그러므로 이차 형식에 의하여 $f(x, y)$의 최댓값은 4, 최솟값은 2이고 $a + b = 6$이다.

251. 3

풀이 $V = \begin{pmatrix} x \\ y \\ z \end{pmatrix}$, $\|V\| = \sqrt{x^2 + y^2 + z^2} = 1$

$V^T A V = (x \quad y \quad z) \begin{pmatrix} 1 & 1 & 0 \\ 1 & 2 & -1 \\ 0 & -1 & 1 \end{pmatrix} \begin{pmatrix} x \\ y \\ z \end{pmatrix}$

$|\lambda I - A| = \lambda^3 - 4\lambda^2 + 3\lambda$이므로

$\therefore \lambda = 0, 1, 3$

$\therefore M + m = 3 + 0 = 3$

252. 2

풀이 $R(v) = \dfrac{v^T A v}{v^T v} = \dfrac{v^T A v}{v \cdot v} = \dfrac{v^T A v}{\|v\|^2}$

$\qquad = \dfrac{v^T}{\|v\|} A \dfrac{v}{\|v\|}$

$u = \dfrac{v}{\|v\|}$ 라 하면 $u^T = \dfrac{v^T}{\|v\|}$ 이므로

$R(v) = u^T A u$ 즉, $\lambda_1 \le u^T A u \le \lambda_3$

$|A - \lambda I| = \begin{vmatrix} 1-\lambda & 0 & -1 \\ 0 & 1-\lambda & 0 \\ -1 & 0 & 1-\lambda \end{vmatrix} = (1-\lambda) \begin{vmatrix} 1-\lambda & -1 \\ -1 & 1-\lambda \end{vmatrix}$

$\qquad = (1-\lambda)(\lambda^2 - 2\lambda)$

$\qquad = \lambda(1-\lambda)(\lambda - 2) = 0$

$\therefore \lambda = 0, 1, 2$, 따라서 $u^T A u$의 최댓값은 2이다.

253. 풀이 참조

풀이 선형사상 T의 표준행렬 $A = \begin{pmatrix} 2 & 1 & 2 \\ 1 & -2 & 0 \\ 2 & 0 & 4 \end{pmatrix}$이다.

$|\lambda I - A| = \lambda^3 - 4\lambda^2 - 9\lambda + 12$

$\qquad = (\lambda - 1)(\lambda^2 - 3\lambda - 12) = 0$

A의 고윳값은 $\lambda = 1$, $\dfrac{3 \pm \sqrt{57}}{2}$이고 대소관계는

$\dfrac{3 - \sqrt{57}}{2} < 1 < \dfrac{3 + \sqrt{57}}{2}$이다.

A^2의 고윳값은 1, $\dfrac{33 \pm 3\sqrt{57}}{2}$이다.

$x^2 + y^2 + z^2 = 1$ 일 때, $X = (x, y, z)^T$ 라 하면

(1) $X^T A X$의 최댓값은 $\dfrac{3 + \sqrt{57}}{2}$이고

최솟값은 $\dfrac{3 - \sqrt{57}}{2}$이므로 최댓값과 최솟값의 합은 6이다.

(2) $|T(X)| = |AX|$의 최댓값은 $\dfrac{3 + \sqrt{57}}{2}$이고

최솟값은 1이므로 최댓값과 최솟값의 합은 $\dfrac{5 + \sqrt{57}}{2}$이다.

(3) $|(T \circ T)(X)| = |T(AX)| = |A^2 X|$의

최댓값은 $\dfrac{33 + 3\sqrt{57}}{2}$이고 최솟값은 1이므로

최댓값과 최솟값의 합은 $\dfrac{35 + 3\sqrt{57}}{2}$이다.

254. 32

풀이 $x^2 + \dfrac{y^2}{4} + \dfrac{z^2}{9} = 4$를 $x = X,\ y = 2Y,\ z = 3Z$로 치환하면

$X^2 + Y^2 + Z^2 = 4$이고, $f(X, Y, Z) = 2XY + 9Z^2$이고,

$f(x, y, z) = 2xy + 9z^2 = \begin{pmatrix} x & y & z \end{pmatrix} \begin{pmatrix} 0 & 1 & 0 \\ 1 & 0 & 0 \\ 0 & 0 & 9 \end{pmatrix} \begin{pmatrix} x \\ y \\ z \end{pmatrix}$에서

$\lambda = 9,\ \lambda = 1,\ \lambda = -1$이다. 직교행렬 P를 이용해서

$X = PY$치환을 하면 제약조건 $x^2 + y^2 + z^2 = 4$을 만족할 때,

$u^2 + v^2 + w^2 = 4$이고 $f(u, v, w) = -u^2 + v^2 + 9w^2$과 같다.

함수 $f(x, y, z) = 2xy + 9z^2$의 최댓값은 36이고

최솟값은 -4이다. 따라서 최댓값과 최솟값의 합은 32이다.

255. 14

풀이 $A = \begin{pmatrix} 2 & 0 & 1 \\ 0 & 3 & 0 \\ 1 & 0 & 4 \end{pmatrix}$의 고윳값은 $-1, 3, 7$이고

A^2의 고윳값은 $1, 9, 49$이다.

$|X| = \sqrt{x^2 + y^2 + z^2} = 2$이므로 $x^2 + y^2 + z^2 = 4$일 때

직교대각화에 의한 치환을 하면 $u^2 + v^2 + w^2 = 4$이다.

$|AX|^2 = AX \cdot AX = X^t A^t A X = X^t A^2 X$

$\qquad\quad = u^2 + 9v^2 + 49w^2$이므로

$1 \cdot 4 \le |AX|^2 = X^t A^2 X \le 49 \cdot 4$이므로

$2 \le |AX| \le 14$이다.

[다른 풀이]

$A = A^t$이고, A의 고윳값이 $|\lambda_1| < |\lambda_2| < |\lambda_3|$,

$x^2 + y^2 + z^2 = k^2\ (|X| = k)$일 때,

$|\lambda_1|\, k \le |AX| \le |\lambda_3|\, k$가 성립한다.

따라서 $2 \le |AX| \le 14$가 성립한다.

256. $\sqrt{7}$

풀이 $|AX|^2 = AX \cdot AX = (AX)^t AX = X^t A^t A X$

$A^t A = \begin{pmatrix} 1 & 2 \\ 1 & -1 \\ 1 & 1 \end{pmatrix} \begin{pmatrix} 1 & 1 & 1 \\ 2 & -1 & 1 \end{pmatrix} = \begin{pmatrix} 5 & -1 & 3 \\ -1 & 2 & 0 \\ 3 & 0 & 2 \end{pmatrix}$는 대칭행렬이고

고윳값은 $0, 2, 7$이다.

$0 \le |AX|^2 = X^t A^t A X \le 7$이므로

$|AX|$의 최댓값은 $\sqrt{7}$이다.

257. 3

풀이 $A^t A = \begin{pmatrix} 2 & -2 \\ 1 & 0 \\ 0 & 1 \end{pmatrix} \begin{pmatrix} 2 & 1 & 0 \\ -2 & 0 & 1 \end{pmatrix} = \begin{pmatrix} 8 & 2 & -2 \\ 2 & 1 & 0 \\ -2 & 0 & 1 \end{pmatrix}$이고

고윳값은 $0, 1, 9$이다. U_1, U_2가 직교 행렬이므로

$\| U_2 A U_3 \|$은 $|U_2 A U_3 X|$의 최댓값을 의미한다.

직교행렬의 성질에 의해서 $|U_3 X| = |X|$이고 $U_3 X = Y$라고

치환하면 다음과 같이 식을 정리할 수 있다.

$|U_2 A U_3 X|^2 = (U_2 A U_3 X) \cdot (U_2 A U_3 X)$

$\qquad\qquad\quad = X^T U_3^T A^T U_2^T U_2 A U_3 X = Y^T A^T A Y$

$|X| = |Y| \le 1$일 때 $Y^T A^T A Y = 0u^2 + v^2 + 9w^2$의

최댓값은 $|X| = |Y| = 1$일 때 갖는다.

따라서 $Y^T A^T A Y$의 최댓값은 9이다.

즉, $|U_2 A U_3 X|^2 \le 9$이므로 $|U_2 A U_3 X| \le 3$이 성립한다.

$\| U_2 A U_3 \|$의 값은 3이다.

■ 1. 최소제곱해 (Least squares solution)

258.　　(1, 2)

풀이　최소제곱해 $\hat{x} = (A^t A)^{-1} A^t b$이다.

$$A^t A = \begin{pmatrix} 4 & 0 & 1 \\ 0 & 2 & 1 \end{pmatrix} \begin{pmatrix} 4 & 0 \\ 0 & 2 \\ 1 & 1 \end{pmatrix} = \begin{pmatrix} 17 & 1 \\ 1 & 5 \end{pmatrix},$$

$$(A^t A)^{-1} = \frac{1}{84} \begin{pmatrix} 5 & -1 \\ -1 & 17 \end{pmatrix},$$

$$A^t b = \begin{pmatrix} 4 & 0 & 1 \\ 0 & 2 & 1 \end{pmatrix} \begin{pmatrix} 2 \\ 0 \\ 11 \end{pmatrix} = \begin{pmatrix} 19 \\ 11 \end{pmatrix}$$이므로

$$\hat{x} = \frac{1}{84} \begin{pmatrix} 5 & -1 \\ -1 & 17 \end{pmatrix} \begin{pmatrix} 19 \\ 11 \end{pmatrix}$$

$$= \frac{1}{84} \begin{pmatrix} 84 \\ 168 \end{pmatrix} = \begin{pmatrix} 1 \\ 2 \end{pmatrix}$$

259.　　④

풀이　$\begin{cases} 0 \cdot a + b = 6 \\ 1 \cdot a + b = 9 \\ 2 \cdot a + b = 10 \end{cases} \Leftrightarrow \begin{pmatrix} 0 & 1 \\ 1 & 1 \\ 2 & 1 \end{pmatrix} \begin{pmatrix} a \\ b \end{pmatrix} = \begin{pmatrix} 6 \\ 9 \\ 10 \end{pmatrix}$

$\Leftrightarrow Ax = b$, $x = (A^t A)^{-1} A^t b$

$$A^t A = \begin{pmatrix} 0 & 1 & 2 \\ 1 & 1 & 1 \end{pmatrix} \begin{pmatrix} 0 & 1 \\ 1 & 1 \\ 2 & 1 \end{pmatrix} = \begin{pmatrix} 5 & 3 \\ 3 & 3 \end{pmatrix},$$

$$(A^t A)^{-1} = \frac{1}{6} \begin{pmatrix} 3 & -3 \\ -3 & 5 \end{pmatrix},$$

$$A^t b = \begin{pmatrix} 0 & 1 & 2 \\ 1 & 1 & 1 \end{pmatrix} \begin{pmatrix} 6 \\ 9 \\ 10 \end{pmatrix} = \begin{pmatrix} 29 \\ 25 \end{pmatrix}$$

$$\therefore (A^t A)^{-1} A^t b = \frac{1}{6} \begin{pmatrix} 3 & -3 \\ -3 & 5 \end{pmatrix} \begin{pmatrix} 29 \\ 25 \end{pmatrix}$$

$$= \frac{1}{6} \begin{pmatrix} 12 \\ 38 \end{pmatrix} = \begin{pmatrix} 2 \\ \frac{19}{3} \end{pmatrix}$$

$$\therefore y = 2x + \frac{19}{3}$$

$x = 10$을 대입하면 $y = 20 + \frac{19}{3} \approx 26.3$

260.　　②

풀이　최소제곱직선을 $y = ax + b$라고 할 때,
$1 = b$, $3 = a + b$, $4 = 3a + b$를 만족한다.

따라서 $\begin{pmatrix} 0 & 1 \\ 1 & 1 \\ 3 & 1 \end{pmatrix} \begin{pmatrix} a \\ b \end{pmatrix} = \begin{pmatrix} 1 \\ 3 \\ 4 \end{pmatrix} \Leftrightarrow Ax = B$라 할 때,

$$\begin{pmatrix} a \\ b \end{pmatrix} = x = (A^T A)^{-1} A^T B = \begin{pmatrix} 10 & 4 \\ 4 & 3 \end{pmatrix}^{-1} \begin{pmatrix} 15 \\ 8 \end{pmatrix}$$

$$= \frac{1}{14} \begin{pmatrix} 3 & -4 \\ -4 & 10 \end{pmatrix} \begin{pmatrix} 15 \\ 8 \end{pmatrix} = \frac{1}{14} \begin{pmatrix} 13 \\ 20 \end{pmatrix}$$

이므로 최소제곱 직선은 $y = \frac{13}{14} x + \frac{10}{7}$ 이다.

261.　　②

풀이　최소제곱오차를 갖는 직선을 $y = ax + b$라고 할 때,
$0 = a + b$, $1 = 2a + b$, $2 = 4a + b$, $2 = 5a + b$를 만족해야 한다.

따라서 $\begin{pmatrix} 1 & 1 \\ 2 & 1 \\ 4 & 1 \\ 5 & 1 \end{pmatrix} \begin{pmatrix} a \\ b \end{pmatrix} = \begin{pmatrix} 0 \\ 1 \\ 2 \\ 2 \end{pmatrix}$이므로

$$\begin{pmatrix} a \\ b \end{pmatrix} = \left\{ \begin{pmatrix} 1 & 1 \\ 2 & 1 \\ 4 & 1 \\ 5 & 1 \end{pmatrix}^T \begin{pmatrix} 1 & 1 \\ 2 & 1 \\ 4 & 1 \\ 5 & 1 \end{pmatrix} \right\}^{-1} \begin{pmatrix} 1 & 1 \\ 2 & 1 \\ 4 & 1 \\ 5 & 1 \end{pmatrix}^T \begin{pmatrix} 0 \\ 1 \\ 2 \\ 2 \end{pmatrix}$$

$$= \begin{pmatrix} 46 & 12 \\ 12 & 4 \end{pmatrix}^{-1} \begin{pmatrix} 20 \\ 5 \end{pmatrix} = \frac{1}{184 - 144} \begin{pmatrix} 4 & -12 \\ -12 & 46 \end{pmatrix} \begin{pmatrix} 20 \\ 5 \end{pmatrix}$$

$$= \frac{10}{40} \begin{pmatrix} 2 & -6 \\ -6 & 23 \end{pmatrix} \begin{pmatrix} 4 \\ 1 \end{pmatrix} = \frac{1}{4} \begin{pmatrix} 2 \\ -1 \end{pmatrix}$$이다.

그러므로 최소제곱오차를 갖는 직선은 $y = \frac{1}{2} x - \frac{1}{4}$이다.

262.　　④

풀이　세 점 $(0, 1)$, $(1, 2)$, $(3, 3)$을 지나야 하므로
$1 = n$, $2 = m + n$, $3 = 3m + n$을 만족해야 한다.

따라서 $\begin{pmatrix} 0 & 1 \\ 1 & 1 \\ 3 & 1 \end{pmatrix} \begin{pmatrix} m \\ n \end{pmatrix} = \begin{pmatrix} 1 \\ 2 \\ 3 \end{pmatrix}$이라 할 때,

$$\begin{pmatrix} m \\ n \end{pmatrix} = \left\{ \begin{pmatrix} 0 & 1 & 3 \\ 1 & 1 & 1 \end{pmatrix} \begin{pmatrix} 0 & 1 \\ 1 & 1 \\ 3 & 1 \end{pmatrix} \right\}^{-1} \begin{pmatrix} 0 & 1 & 3 \\ 1 & 1 & 1 \end{pmatrix} \begin{pmatrix} 1 \\ 2 \\ 3 \end{pmatrix}$$

$$\Leftrightarrow \begin{pmatrix} m \\ n \end{pmatrix} = \begin{pmatrix} 10 & 4 \\ 4 & 3 \end{pmatrix}^{-1} \begin{pmatrix} 0 & 1 & 3 \\ 1 & 1 & 1 \end{pmatrix} \begin{pmatrix} 1 \\ 2 \\ 3 \end{pmatrix}$$

$$\Leftrightarrow \begin{pmatrix} m \\ n \end{pmatrix} = \frac{1}{14} \begin{pmatrix} 3 & -4 \\ -4 & 10 \end{pmatrix} \begin{pmatrix} 0 & 1 & 3 \\ 1 & 1 & 1 \end{pmatrix} \begin{pmatrix} 1 \\ 2 \\ 3 \end{pmatrix}$$

이므로 $a = \frac{3}{14}$이다.

■ 2. LU분해

263. 풀이 참조

풀이 $EA = \begin{pmatrix} 1 & 0 & -1 \\ 0 & 1 & 0 \\ 0 & 0 & 1 \end{pmatrix}\begin{pmatrix} 1 & 2 & 3 \\ 4 & 5 & 6 \\ 2 & 4 & 7 \end{pmatrix} = \begin{pmatrix} -1 & -2 & -4 \\ 4 & 5 & 6 \\ 2 & 4 & 7 \end{pmatrix}$

264. ④

풀이 $\begin{pmatrix} 1 & 0 & 1 \\ 2 & 1 & 2 \\ 1 & -1 & 2 \end{pmatrix} \sim \begin{pmatrix} 1 & 0 & 1 \\ 0 & 1 & 0 \\ 1 & -1 & 2 \end{pmatrix}(-2R_1 + R_2 \to R_2)$

$\sim \begin{pmatrix} 1 & 0 & 1 \\ 0 & 1 & 0 \\ 0 & -1 & 1 \end{pmatrix}(-R_1 + R_3 \to R_3)$

$\sim \begin{pmatrix} 1 & 0 & 1 \\ 0 & 1 & 0 \\ 0 & 0 & 1 \end{pmatrix}(R_2 + R_3 \to R_3)$ 에서

$E_1 = \begin{pmatrix} 1 & 0 & 0 \\ -2 & 1 & 0 \\ 0 & 0 & 1 \end{pmatrix}$, $E_2 = \begin{pmatrix} 1 & 0 & 0 \\ 0 & 1 & 0 \\ -1 & 0 & 1 \end{pmatrix}$, $E_3 = \begin{pmatrix} 1 & 0 & 0 \\ 0 & 1 & 0 \\ 0 & 1 & 1 \end{pmatrix}$ 이고

$E_3 E_2 E_1 A = U \Rightarrow A = (E_3 E_2 E_1)^{-1} U$

$\Rightarrow E_1^{-1} E_2^{-1} E_3^{-1} U = LU$

265. -1

풀이 $A = LU$ 이고 $|L| = 1$ 이므로 $|A| = |LU| = |L||U| = |U|$ 가 성립한다.

그러므로 $|U| = |A| = \begin{vmatrix} 2 & 3 & 4 \\ 1 & 2 & 3 \\ 0 & 1 & 1 \end{vmatrix} = \begin{vmatrix} 2 & -1 & 4 \\ 1 & -1 & 3 \\ 0 & 0 & 1 \end{vmatrix} = -1$ 이다.

266. 1

풀이 기본행 연산에 의하여 $\begin{pmatrix} 1 & 1 & 1 \\ 3 & 1 & 2 \\ 1 & -1 & 1 \end{pmatrix} \to \begin{pmatrix} 1 & 1 & 1 \\ 0 & -2 & -1 \\ 0 & -2 & 0 \end{pmatrix} \to$

$\begin{pmatrix} 1 & 1 & 1 \\ 0 & -2 & -1 \\ 0 & 0 & 1 \end{pmatrix}$ 이므로 상부삼각행렬 $U = \begin{pmatrix} 1 & 1 & 1 \\ 0 & -2 & -1 \\ 0 & 0 & 1 \end{pmatrix}$ 이고

하부삼각행렬 $L = \begin{pmatrix} 1 & 0 & 0 \\ 3 & 1 & 0 \\ 1 & 1 & 1 \end{pmatrix}$ 이다.

그러므로 U의 모든 성분의 합은 1이다.

267. ③

풀이 $A = v_1^T w_1 + v_2^T w_2 + v_3^T w_3$

$= \begin{pmatrix} 0 \\ 1 \\ 1 \end{pmatrix}(2\,4\,8) + \begin{pmatrix} 1 \\ 1 \\ 0 \end{pmatrix}(0\,1\,1) + \begin{pmatrix} 0 \\ 1 \\ 1 \end{pmatrix}(0\,0\,2)$

$= \begin{pmatrix} 0 & 0 & 0 \\ 2 & 4 & 8 \\ 2 & 4 & 8 \end{pmatrix} + \begin{pmatrix} 0 & 1 & 1 \\ 0 & 1 & 1 \\ 0 & 0 & 0 \end{pmatrix} + \begin{pmatrix} 0 & 0 & 0 \\ 0 & 0 & 2 \\ 0 & 0 & 0 \end{pmatrix} = \begin{pmatrix} 0 & 1 & 1 \\ 2 & 5 & 11 \\ 2 & 4 & 8 \end{pmatrix}$

이때 행렬 A 는 LU 분해를 하기 위해서는 행교환이 필수적이다. 즉 행렬 A 는 LU 분해가 불가능하다.

따라서 주어진 행렬 A 의 왼쪽에 행교환의 역할을 하는 치환행렬 (permutation matrix) P 를 곱해주어야 한다. 이때 치환행렬 P 는, 주어진 행렬 A 의 1 행의 1 열 자리에 선두가 생기도록 행교환의 역할을 하는 P 이어야 한다.

따라서 보기 ③의 치환행렬은 행렬 A 의 2 행과 3 행의 행교환을 하도록 하는 치환행렬이기에 답이 될 수 없다.

268. 160

풀이 행렬 A의 정규직교기저 열벡터를 갖는 행렬 Q에 대해 $A = QR$ (R은 상삼각행렬)로 분해된다. 이 때, $Q^{-1}A = R$이므로 R의 대각성분들의 곱은 R의 행렬식 $|R|$과 동일하다. 따라서, $|A| = |Q||R| = |R| (\because |Q| = 1)$이므로 R의 행렬식은 A의 행렬식과 동일하므로 $|R| = |A| = -160$이고, $|R|$의 절댓값은 $|-160| = 160$이다.

269. ②

풀이 $A^T A = \begin{pmatrix} 1 & 2 \\ 2 & 1 \\ 0 & 0 \\ 0 & 0 \end{pmatrix} \begin{pmatrix} 1 & 2 & 0 & 0 \\ 2 & 1 & 0 & 0 \end{pmatrix} = \begin{pmatrix} 5 & 4 & 0 & 0 \\ 4 & 5 & 0 & 0 \\ 0 & 0 & 0 & 0 \\ 0 & 0 & 0 & 0 \end{pmatrix}$이고

고윳값은 $\lambda_1 = 9$, $\lambda_2 = 1$, $\lambda_3 = 0$, $\lambda_4 = 0$이고
$\sigma_1 = \sqrt{\lambda_1} = 3$, $\sigma_2 = \sqrt{\lambda_2} = 1$이다.

(i) $\lambda_1 = 9$에 대응하는 단위고유벡터는 $v_1 = \begin{pmatrix} \dfrac{1}{\sqrt{2}} \\ \dfrac{1}{\sqrt{2}} \\ 0 \\ 0 \end{pmatrix}$ 이다.

(ii) $\lambda_2 = 1$에 대응하는 단위고유벡터는 $v_2 = \begin{pmatrix} \dfrac{1}{\sqrt{2}} \\ -\dfrac{1}{\sqrt{2}} \\ 0 \\ 0 \end{pmatrix}$ 이다.

(iii) $\lambda_3 = 0$, $\lambda_4 = 0$에 대응하는 단위고유벡터는
$v_3 = \begin{pmatrix} 0 \\ 0 \\ 1 \\ 0 \end{pmatrix}$, $v_4 = \begin{pmatrix} 0 \\ 0 \\ 0 \\ 1 \end{pmatrix}$이다.

따라서 $V = \begin{pmatrix} \dfrac{1}{\sqrt{2}} & \dfrac{1}{\sqrt{2}} & 0 & 0 \\ \dfrac{1}{\sqrt{2}} & -\dfrac{1}{\sqrt{2}} & 0 & 0 \\ 0 & 0 & 1 & 0 \\ 0 & 0 & 0 & 1 \end{pmatrix}$, $\Sigma = \begin{pmatrix} 3 & 0 & 0 & 0 \\ 0 & 1 & 0 & 0 \end{pmatrix}$이다.

$u_1 = \dfrac{1}{\sigma_1} A v_1 = \dfrac{1}{3} \begin{pmatrix} 1 & 2 & 0 & 0 \\ 2 & 1 & 0 & 0 \end{pmatrix} \begin{pmatrix} \dfrac{1}{\sqrt{2}} \\ \dfrac{1}{\sqrt{2}} \\ 0 \\ 0 \end{pmatrix} = \begin{pmatrix} \dfrac{1}{\sqrt{2}} \\ \dfrac{1}{\sqrt{2}} \end{pmatrix}$

$u_2 = \dfrac{1}{\sigma_2} A v_2 = \dfrac{1}{1} \begin{pmatrix} 1 & 2 & 0 & 0 \\ 2 & 1 & 0 & 0 \end{pmatrix} \begin{pmatrix} \dfrac{1}{\sqrt{2}} \\ -\dfrac{1}{\sqrt{2}} \\ 0 \\ 0 \end{pmatrix} = \begin{pmatrix} -\dfrac{1}{\sqrt{2}} \\ \dfrac{1}{\sqrt{2}} \end{pmatrix}$

$U = \begin{pmatrix} \dfrac{1}{\sqrt{2}} & -\dfrac{1}{\sqrt{2}} \\ \dfrac{1}{\sqrt{2}} & \dfrac{1}{\sqrt{2}} \end{pmatrix} = \dfrac{1}{\sqrt{2}} \begin{pmatrix} 1 & -1 \\ 1 & 1 \end{pmatrix}$이다.

■ 5. 선형변환의 기저변환

270.   522

풀이

(1) α, β, γ 구하기

$w_1 + w_2 + w_3 = v_1 + 3v_2 + 7v_3$ 이므로

$T(w_1 + w_2 + w_3) = \alpha v_1 + \beta v_2 + \gamma v_3$ 의

$\begin{pmatrix} \alpha \\ \beta \\ \gamma \end{pmatrix} = [T]_V^V \begin{pmatrix} 1 \\ 3 \\ 7 \end{pmatrix} = \begin{pmatrix} 1 & 1 & -1 \\ 2 & 0 & 1 \\ 1 & 1 & 0 \end{pmatrix} \begin{pmatrix} 1 \\ 3 \\ 7 \end{pmatrix} = \begin{pmatrix} -3 \\ 9 \\ 4 \end{pmatrix}$ 이다.

$\alpha \beta \gamma = -108$

(2) a, b, c 구하기 〈기저변환행렬을 이용하기〉

$V = \{v_1, v_2, v_3\}$ 라고 할 때, 표현행렬 $T]_V^V = \begin{pmatrix} 1 & 1 & -1 \\ 2 & 0 & 1 \\ 1 & 1 & 0 \end{pmatrix}$ 이

다.

여기서 $W = \{w_1, w_2, w_3\}$ 에 대하여 $T]_W^W = L$ 를 구한다면

$T(w_1 + w_2 + w_3) = \alpha w_1 + \beta w_2 + \gamma w_3$ 이 의미하는 것은

$L \begin{pmatrix} 1 \\ 1 \\ 1 \end{pmatrix} = \begin{pmatrix} a \\ b \\ c \end{pmatrix}$ 가 된다는 것이다.

문제에서 주어진 조건 $w_1 = v_1 + 2v_2 + 4v_3$, $w_2 = v_2 + 2v_3$,

$w_3 = v_3$ 는 W 를 V 로 표현한 것이다.

즉, $[W]_V = ([w_1]_V \ [w_2]_V \ [w_3]_V) = \begin{pmatrix} 1 & 0 & 0 \\ 2 & 1 & 0 \\ 4 & 2 & 1 \end{pmatrix}$ 이고

$[V]_W = ([W]_V)^{-1} = \begin{pmatrix} 1 & 0 & 0 \\ -2 & 1 & 0 \\ 0 & -2 & 1 \end{pmatrix}$ 이다.

$[V]_W [T]_V^V [W]_V = [T]_W^W = L$ 이므로

$L \begin{pmatrix} 1 \\ 1 \\ 1 \end{pmatrix} = [V]_W [T]_V^V [W]_V \begin{pmatrix} 1 \\ 1 \\ 1 \end{pmatrix} = [V]_W [T]_V^V \begin{pmatrix} 1 \\ 3 \\ 7 \end{pmatrix}$

$= [V]_W \begin{pmatrix} -3 \\ 9 \\ 4 \end{pmatrix} = \begin{pmatrix} -3 \\ 15 \\ -14 \end{pmatrix}$

따라서 $T(w_1 + w_2 + w_3) = -3w_1 + 15w_2 - 14w_3$ 이고,

$abc = 630$ 이다.

[다른 풀이]

$w_1 = v_1 + 2v_2 + 4v_3$, $w_2 = v_2 + 2v_3$, $w_3 = v_3$ 이며

$T(v_1) = v_1 + 2v_2 + v_3$,

$T(v_2) = v_1 + v_3$,

$T(v_3) = -v_1 + v_2$ 이므로

$T(w_1) = (v_1 + 2v_2 + v_3) + 2(v_1 + v_3) + 4(-v_1 + v_2)$

$\qquad = -v_1 + 6v_2 + 3v_3$

$T(w_2) = (v_1 + v_3) + 2(-v_1 + v_2) = -v_1 + 2v_2 + v_3$

$T(w_3) = -v_1 + v_2$ 이다.

$T(w_1 + w_2 + w_3) = -3v_1 + 9v_2 + 4v_3$

$\qquad = \alpha w_1 + \beta w_2 + \gamma w_3$

$\qquad = \alpha(v_1 + 2v_2 + 4v_3) + \beta(v_2 + 2v_3) + \gamma v_3$

$a = -3, b = 15, c = -14$ 이다. $\therefore abc = 630$

$\therefore \alpha\beta\gamma + abc = -108 + 630 = 522$

MEMO

"편입수학의 **ONE PICK**, 결과로 증명된 *Areum Math*"

개념 시리즈

❶ 베이직　　❹ 선형대수
❷ 미적분과 급수　　❺ 공학수학
❸ 다변수 미적분

문제풀이 시리즈

❶ 편입수학 익힘책
❷ 한아름 1200제
❸ 한아름 파이널

편입수학은 한아름 ❹ 선형대수

From. 한아름 선생님

그동안 강의 생활에서 매 순간 최선을 다했고 두려움을 피하지 않았으며 기회가 왔을 때 물러서지 않고 도전했습니다. 이 책은 그와 같은 마음을 바탕으로 그동안의 연구들을 정리하여 담은 것입니다. 자신의 인생을 개척하고자 결정한 여러분께 틀림없이 도움이 될 수 있을 것이라고 생각합니다. 믿고 함께한다면 합격이라는 목표뿐만 아니라 인생의 새로운 목표들도 이룰 수 있을 것입니다. 여러분의 도전을 응원합니다!

HOT LINE

유튜브 | 편입수학은 한아름　　　　**학원** | 브라운 편입학원　

카카오톡 ID | areummath　　　**네이버** | 편입수학은 한아름

"두려움을 자신감으로 바꾸는 아름매스!"

편입수학은 한아름으로 합격의 길을 찾아라!